U0371836

“信息化与工业化两化融合研究与应用”丛书编委会

信息化与工业化两化融合研究与应用

信息物理融合能源系统

管晓宏　赵千川　贾庆山　吴 江　刘 烃　著

科学出版社
北 京

内 容 简 介

本书全面阐述了信息物理融合能源系统的基础理论、最新研究方法以及相关应用。信息物理融合能源系统是信息网络与能源电力物理系统高度融合和集成的结果，为能源系统的节能减排、优化运行提供了新的途径。信息物理融合能源系统主要由智能电网、企业能源系统、智能楼宇能源系统、智能家居能源系统等能源终端系统组成。本书结合当前最新的科学前沿、关键技术和应用需求，系统讨论了信息物理融合能源系统的体系结构、感知技术、优化理论、可再生新能源、需求侧响应、综合安全等内容。

本书可作为信息物理融合系统、能源电力系统、智能电网等相关领域的研究人员和工程技术人员的参考书，也可作为高等院校自动化、计算机、信息工程、电气工程、物联网等专业研究生和高年级本科生的教材。

图书在版编目(CIP)数据

信息物理融合能源系统/管晓宏等著．—北京：科学出版社，2016
(信息化与工业化两化融合研究与应用)
ISBN 978-7-03-048408-6

Ⅰ.①信… Ⅱ.①管… Ⅲ.①信息技术-应用-物理学-研究 Ⅳ.①O4-39

中国版本图书馆 CIP 数据核字(2016)第 117769 号

责任编辑：姚庆爽 / 责任校对：蒋 萍
责任印制：张 倩 / 封面设计：黄华斌

科学出版社 出版
北京东黄城根北街 16 号
邮政编码：100717
http://www.sciencep.com
北京凌奇印刷有限责任公司 印刷
科学出版社发行 各地新华书店经销
*
2016 年 6 月第 一 版 开本：720×1000 1/16
2016 年 6 月第一次印刷 印张：19 3/4
字数：390 000

POD定价： 128.00元

“信息化与工业化两化融合研究与应用”丛书序

传统的工业化道路，在发展生产力的同时付出了过量消耗资源的代价：产业革命200多年以来，占全球人口不到15%的英国、德国、美国等40多个国家相继完成了工业化，在此进程中消耗了全球已探明能源的70%和其他矿产资源的60%。

发达国家是在完成工业化以后实行信息化的，而我国则是在工业化过程中就出现了信息化问题。回顾我国工业化和信息化的发展历程，从中国共产党的十五大提出“改造和提高传统产业，发展新兴产业和高技术产业，推进国民经济信息化”，到党的十六大提出“以信息化带动工业化，以工业化促进信息化”，再到党的十七大明确提出“坚持走中国特色新型工业化道路，大力推进信息化与工业化融合”，充分体现了我国对信息化与工业化关系的认识在不断深化。

工业信息化是“两化融合”的主要内容，它主要包括生产设备、过程、装置、企业的信息化，产品的信息化和产品设计、制造、管理、销售等过程的信息化。其目的是建立起资源节约型产业技术和生产体系，大幅度降低资源消耗；在保持经济高速增长和社会发展过程中，有效地解决发展与生态环境之间的矛盾，积极发展循环经济。这对我国科学技术的发展提出了十分迫切的战略需求，特别是对控制科学与工程学科提出了十分急需的殷切期望。

“两化融合”将是今后一个历史时期里，实现经济发展方式转变和产业结构优化升级的必由之路，也是中国特色新型工业化道路的一个基本特征。为此，中国自动化学会与科学出版社共同策划出版“信息化与工业化两化融合研究与应用”丛书，旨在展示两化融合领域的最新研究成果，促进多学科多领域的交叉融合，推动国际间的学术交流与合作，提升控制科学与工程学科的学术水平。丛书内容既可以是新的研究方向，也可以是至今仍然活跃的传统方向；既注意横向的共性技术的应用研究，又注意纵向的行业技术的应用研究；既重视“两化融合”的软件技术，也关注相关的硬件技术；特别强调那些有助于将科学技术转化为生产力以及对国民经济建设有重大作用和应用前景的著作。

我们相信，有广大专家、学者的积极参与和大力支持，以及丛书编委会的共同努力，本丛书将为繁荣我国“两化融合”的科学技术事业、增强自主创新能力、建设创新型国家做出应有的贡献。

最后，衷心感谢所有关心本丛书并为其出版提供帮助的专家，感谢科学出版社及有关学术机构的大力支持和资助，感谢广大读者对本丛书的厚爱。

中国工程院院士

2010年11月

前　言

信息物理融合系统是信息网络融入物理系统，在环境和状态感知基础上，集通信、计算和控制于一身的网络化系统，是孕育中的第四次工业革命的基础，也是我国信息化与工业化"两化融合"、"信息化带动工业化"的基础。本书围绕新型感知、传输、计算等信息技术应用于能源系统的优化和安全的主题，讨论如何通过可再生能源、可再生能源与传统能源、能源生产与需求等之间的配合协调，实现能源电力系统的安全节能优化。

本书首先从我国面临的能源环境严峻挑战出发，概述了从能源电力系统设计与运行的层面解决和改善能源环境问题的意义和可能性，介绍了信息物理融合系统以高度数字化、网络化、机器自组织为标志，论述了信息物理融合能源系统是信息网络与能源物理系统高度融合和集成的结果，也是能源电力系统规划和优化运行的基础。

本书包括四部分。第一部分主要介绍信息物理融合能源系统的典型结构和信息感知技术。其中第 2 章介绍了信息物理融合能源系统的组成，包括连接电源的智能电网和连接需求的企业能源系统、楼宇能源系统、家居能源系统等终端能源系统，简述这几类能源系统的典型结构，并且与传统能源电力系统的结构比较，讨论了信息物理融合的优势、信息物理融合能源系统的技术特征及挑战。

第 3 章介绍了信息物理融合能源系统信息感知框架。以无线传感器网络为代表的新一代智能感知与传感技术，为信息物理融合能源系统的大规模信息感知提供了经济高效和安全可靠的解决方案，讨论感知气象环境、能源信息的示例和面临的挑战。

第二部分主要讨论不确定可再生新能源的随机特性和预测方法，接入电力系统面临的问题和解决方法。第 4 章以风能为例，介绍了可再生能源在未来能源系统中的发展前景，以及风能的随机特性对信息物理融合能源系统的影响，进而分析了风力气象信息和风电信息的感知、风电场群的发电功率的预测与分析，引入实时相关性的概念，用以分析风电场群发电功率的随机特性。

第 5 章介绍了电力系统发电优化调度的背景、重要性和确定性电源优化调度的混合优化数学模型与方法，分析了接入风能和太阳能的可再生新能源后，系统调度面临的发电不确定性新问题，讨论了随机优化的新方法，给出了基于实际系统的数值测试和验证实例。

第三部分包括第 6 章～第 9 章，主要分析了需求侧的控制和优化方法，包括高耗能企业、楼宇和电动汽车等。第 6 章介绍了能源密集型企业中多种能源系统的特点：结构复杂、相互耦合、不确定性，且其能源成本占生产成本中的比重较高。此章以钢铁企业为例，从企业能源系统的信息感知、实现能源系统与生产计划调度的协调优化方面阐述了企业能源系统中信息物理融合的作用。

第 7 章分析并讨论了楼宇能源系统中人员感知与估计的方法，包括基于进出事件特征估计的人员分布信息协同感知和基于异质信息融合的人员分布信息协同感知两种方法。人员信息感知与估计方法对于感知建筑内各个区域的人员分布信息，控制包括暖通空调、照明等在内的楼宇能源系统的节能减排，提高运行效率至关重要。

楼宇建筑能耗占社会总能耗的比例近 40%，提高楼宇能源系统的效率，对于信息物理融合能源系统整体的节能减排具有极其重要的作用。第 8 章分析并讨论了楼宇能源系统终端设备的优化运行和基于微电网的新能源系统、终端设备、蓄电池系统及热电联产的楼宇能源系统联合优化运行。

第 9 章介绍了电动汽车和高耗能企业这两类典型柔性能源需求的控制与优化。针对电动汽车充电负荷需求，提出了车辆行驶行为特性模型和“最低费用-最小波动”的电动汽车充放电控制策略；针对高耗能企业内电力系统与煤气系统的关联运行，建立了高耗能企业电力-煤气耦合系统的产储耗一体化调度模型，在基于价格的需求响应机制下，综合协调负荷转移、自发电调度和煤气柜柜位调节，降低企业的总用电成本。

本书第四部分从网络可靠性和综合安全的角度讨论信息物理融合能源系统的安全稳定运行。第 10 章介绍了如何在异常情况下保持信息网络的连通性，从而提高信息物理融合能源系统的鲁棒性。对于一连通和不连通的信息网络，介绍了如何利用优化配置无线通信，实现系统的二连通并使得通信效率最高。对于部分节点受损失的信息物理融合系统，此章介绍最少资源的重构方法以实现网络重构。

第 11 章提出信息物理融合能源系统安全性不但是工程故障造成的物理安全(safety)问题，同时网络信息安全(security)的综合安全问题。此章介绍了实际故障数据与随机分支过程模型相结合分析故障连锁传播规模的方法，为应对大电网灾变情形下的潜在电网崩溃问题，提供了一个系统性的解决思路。针对电力系统状态估计的不良数据注入攻击，介绍了异常流量索引的智能电网信息-物理关联安全监控方法。针对物理融合能源系统的通信安全，介绍了基于通信信道物理特征的通信加密方法。

本书讨论国际学术前沿的重要问题，介绍关键技术及应用，对信息物理融合系统、能源电力系统、智能电网等相关领域的研究人员具有重要参考价值，也可以作为相关学科研究生选择研究课题的入门书。

作者感谢科学出版社姚庆爽编辑的宝贵意见和大力支持，同时感谢西安交通大学电子与信息工程学院智能网络与网络安全教育部重点实验室博士生李轩协助撰写了第5章的5.4节，研究生程兴瑞、顾运、桂宇虹、季建廷、李轩、刘坤、刘杨、苏曼、孙鸿、孙亚楠、唐哲、田决、姚娜娜等对本书细心校对。

作　者

2016年1月于西安交通大学

目　录

第1章 绪 论

本章提要

本章从我国能源环境面临的严峻挑战出发，概述了从能源电力系统设计与运行的层面解决能源环境问题的意义和可能性。介绍了信息物理融合系统是以生产高度数字化、网络化、机器自组织为标志的第四次工业革命的基础。由此引入的信息物理融合能源系统，作为一类信息物理融合系统，是信息网络与能源物理系统高度融合和集成的最新发展，由供应能源的智能电网和企业能源系统、智能楼宇能源系统、智能家居能源系统等多能源终端系统组成，为能源系统的节能优化提供了新途径。

1.1 我国能源环境问题的严峻挑战

能源与环境问题事关人类社会的生存和可持续发展。完全消耗煤、石油等化石能源的能耗模式难以为继。优化能源结构，充分利用多种能源特别是可再生能源，协调优化能源生产与需求，实现能源产需过程整体的节能减排，是满足新世纪日益增长的能源需求的必由之路[1-3]。

近年来，我国很多地区都出现了大面积、持续性的严重雾霾污染，所引起的环境危机直接关系到人民的生存环境。在系统整体层次上优化能源结构、优化能源系统运行、节能减排，是减少空气污染排放的重要途径之一。

我国一次能源的70%是燃煤，发电用煤占我国原煤消耗量的50%左右[4]。燃煤火力发电的生产过程是煤燃烧的能源转换过程，也是我国空气污染物和温室气体排放的主要源头之一。燃煤发电的节能减排能够从源头上减少工业生产的能耗和污染。

电力系统发电机组的节能优化调度能够保证以最节能的机组组合方式生产电能。获得准确的发电机组能耗特性是发电节能调度的基础。由于我国发电企业目前缺乏实时能耗曲线计算的关键参数测量技术和动态计算模型，实时能耗特性也很难精确获取。因此，即便火电机组实施了系统节能优化调度也很难真正达到节能效果。

我国化工、建材、黑色金属冶炼、有色金属冶炼四大高耗能行业用电量占全社会总用电量的近三分之一，单位产值的能源与国际先进水平相距甚远[5]，不仅工艺过程的节能潜力很大，优化运行企业能源系统也能够取得节能减排的巨大效益。

企业生产环境控制通常是高耗能的过程。许多对环境温度、湿度和空气质量有严格要求的过程如喷涂、焊接等需要严格的生产环境控制，需要消耗大量能源。已有研究表明，根据企业所处的气候和生产工艺条件，合理调度控制系统、协调生产调度和生产环境控制系统（包括厂房、空调系统、余热利用环节等），可带来显著的节能效果和可观的经济效益。

由于电能生产无法全部经济存储，生产量必须与系统需求或负荷实时匹配。同时，电能生产能耗与生产量之间具有非线性关系，系统需求的峰值与低谷之间电能生产的单位能耗可能相差 2 倍以上。因此，在不改变企业生产工艺的情况下，将企业生产调度、生产环境控制与能源生产系统运行特别是电力系统的运行协调配合、优化调度，或者说优化控制与调度能源需求，就能够在满足企业产品生产需求下（如交付期限、生产效率等），大大降低企业用能成本，相当于大大降低电力系统的一次能源能耗。

充分利用水能、风能、太阳能等可再生能源并与传统化石能源协调配合使用，是满足能源需求、保护人类生存环境的必由之路。风能、太阳能等可再生新能源大规模接入电力系统是历史的必然，也已经成为现实。2015 年中国风电累计装机容量达到 1.29 亿 kW，占全部发电装机容量的 8.6%；风电发电量 1863 亿 kWh，占全部发电量的 3.3%。

我国太阳能资源也十分丰富，太阳能光伏发电虽起步较晚，但增长迅速。2006 年以来，太阳能发电装机容量年增长速度均超过一倍，远超国际平均水平。近两年“太阳能屋顶计划”“金太阳”等应用示范工程以及一些大型光伏发电示范项目的实施，大大推进了太阳能的大规模利用，拟建的光伏发电项目总量超过 9GW[6]。

风能、太阳能等可再生新能源的共同特点是产能的不确定性，即能量的产生完全由风速、光照强度等自然条件决定，无法大规模经济存储。尽管全球的风能、太阳能资源总量足以满足人类全部的能源需求[7,8]，但由于自然环境状态的高度不确定性，且预测困难，很难按传统的方法在保证电网安全稳定运行的前提下，有效消纳新能源的大规模接入来满足实时需求。根据可再生新能源生产的特性，与水电、火电等传统能源恰当配合，对系统进行综合优化调度，能够显著提高对可再生新能源的消纳能力，从而大幅降低电力生产中化石燃料的消耗。

为提高可再生新能源的利用率，降低其不确定性对电网造成的影响，目前最可行的有效方法是规划可再生新能源与可存储的传统水电和抽水蓄能配合或“打包”使用[9,10]，存储消纳一部分随机变化的可再生能源，以便按照系统需求控制能源生产，同时为系统提供备用。然而，水电的生产涉及水资源的利用，要同时考虑防洪、输水、灌溉、航运、环保、生态等多个目标和需求。水电与其他能源系统协调配合、中长期和短期调度相结合，可优化水资源的效能，提高可再生新能源的利用率，节约大量化石能源并降低环境污染。随着三峡工程、“南水北调”工程、西部水电能源基地的建设，水电与可再生新能源的协调配合将取得巨大的社会经济效益。

现代能源和资源系统通常具有网络化的特点，如电力系统、水资源系统等。物理资源通过网络关联，满足物质和能量守恒，并耦合网络节点的动态特性，构成复杂的网络化动态系统。流域水系网络可能包含了多支流的梯级水库，具有动态延时和水力耦合，并且与水火发电系统的运行密切相关。多种发电资源的决策变量包含了离散(如机组启停)和连续(如发电量)变量，每台机组有各自复杂的运行约束。电能通过电网输送，在满足系统需求的同时要满足电网安全约束。因此，网络化水资源与水、火、风电系统的动态优化调度问题异常复杂。

当电能生产包含较大比例的可再生新能源时，一方面由于产能具有高度不确定性，电网很难按传统的方法满足电能需求。另一方面如前所述，高耗能企业需求侧的能源消耗通常也具有不确定性的特点，不确定的系统需求与不确定的可再生新能源生产交织，给能源系统的运行提出了全新的挑战。

实现上述节能减排的关键是在信息科技的支撑下，充分感知环境和系统状态信息，对能源生产和消耗实时监测、预测、统一优化调度和控制，使能源生产和消耗优化协调和配合，最充分地利用可再生新能源。

信息物理融合系统(cyber-physical system，CPS)为解决能源环境问题提供了新途径[11]。信息物理融合系统是信息网络深度融入许多应用领域的物理系统，在环境和系统状态感知基础上，集通信、计算和控制于一身的网络化系统，通过获取充分的信息优化系统参数和控制策略，取得稳定、可靠、鲁棒、高效等性能，是下一代网络化基础设施和工程系统的基础。现代物联网(internet of things，IoT)[12-14]、智能电网(smart grid，SG)[15,16]、智能交通系统(intelligent transportation systems，ITS)[17]等都属于信息物理融合系统。

1.2 信息物理融合系统概述

信息物理融合系统是信息网络深度融入物理系统，在环境和状态感知基础上，集通信、计算和控制于一身的网络化系统，是孕育中的第四次工业革命的基础。信息物理融合系统2006年最先由美国学术界提出[11]。当时已经出现的物理系统与信息网络融合的趋势受到关注，学术界和工业界都认识到信息物理融合系统将对新世纪的科技和产业发展产生深远影响。最近德国政府提出“工业4.0”计划，认为信息物理融合系统将成为第四次工业革命的基础[18,19]。我国正处于一个特殊的发展时期，工业化和信息化正在同时进行。信息化与工业化“两化融合”、“信息化带动工业化”是我国较长时期的国策。我国政府提出了相应的“中国制造2025”

计划。

德国联邦教研部与经济技术部在 2013 年汉诺威工业博览会上提出“工业 4.0”的概念，描绘了制造业的未来愿景，提出继蒸汽机的应用、规模化生产和电子信息技术等三次工业革命后，人类将迎来以信息物理融合系统为基础，以生产高度数字化、网络化、机器自组织为标志的第四次工业革命[18,19]。

如图 1-2-1 所示，工业化始于 18 世纪末，蒸汽机带动纺织机为代表的机器引入工业，彻底改变了工业生产方式。以电力在工业中的广泛应用为标志的第二次工业革命开始于 20 世纪初。20 世纪 70 年代，电子与信息技术在工业广泛应用，引发了第三次工业革命，制造过程实现自动化，机器不仅接管了相当比例的“体力劳动”，而且还接管了一些“脑力劳动”。近三十年来，越来越多的信息基础设施和服务将通过智能网络和云计算提供，功能强大的、自主的微处理器(嵌入式系统)越来越多地以有线和无线方式互联，正在引起实体物理世界与虚拟网络世界(cyberspace)相融合，以虚拟网络-实体物理系统的方式体现，意味着资源、信息、物品和人的互联，进入了工业化的第四个阶段，即工业 4.0[18]。

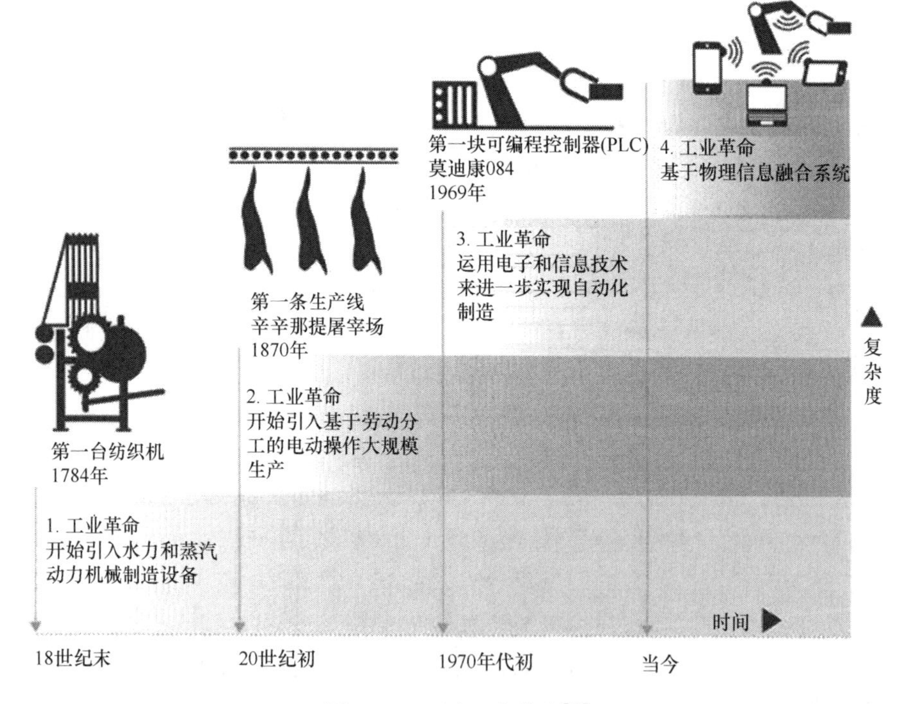

图 1-2-1　四次工业革命[18]

网络是信息物理融合系统的基础。信息与计算系统的网络化始于 20 世纪 70 年代。计算机互联网的原型是美国国防部和国家科学基金会支持开发的 APPA-

NET。20世纪80年代发展的分布式控制系统(distributed control system,DCS)主要基于计算机局域网技术,目前已经成为工业控制系统的标准。无线以太网的发展最初是20世纪70年代的ALOHA系统,用于美国夏威夷州各岛屿之间的通信。20世纪90年代,IEEE 801.11b成为计算机无线局域网的标准,被广泛采用为工厂自动化和办公自动化的系统,成为无线网络基础设施的标准。

近年来具有无线通信、数据收集和处理、协同合作等功能的无线传感器网络,形成了一种全新的信息获取和处理模式,微型传感器节点可以随机或者特定地布置在目标环境中,通过无线通信实现自组织,获取周围环境的信息,形成分布自治系统,相互协同完成特定的任务[20,21]。具有无线通信和识别能力且价格十分低廉的射频标签对物品进行无接触的快速标示和识别,大大提高了物流管理的精确度和效率。

无线传感器网络的应用前景十分广阔。无线传感器网络最初是用于战场监测等领域的军事用途,但迅速推广到民用领域,主要包括生态环境监测、基础设施安全、先进制造、物流管理、医疗健康、工业传感、智能交通控制等。基于传感器网络的定位和目标跟踪是传感器网络的重要应用。相比GPS,基于传感器网络的定位无须利用卫星信号,可以在室内环境应用,并且成本低廉。在军事应用方面可以用于为己方导航和对敌方目标检测与跟踪,在民用方面可用于交通系统车辆跟踪、工业现场监控和楼宇安全系统等。

如果说信息物理融合系统的提出是基于应用系统的特点,作为典型信息物理融合系统的物联网则是从计算机和互联网技术的角度,通过各种无线和/或有线的长距离和/或短距离通信网络连接智能终端设备和设施包括传感器、移动终端、工业系统、智能家居与智能楼宇系统、视频监控系统等,实现"机器到机器(M2M)"的互联互通。

互联网通过信息交换把作为用户的人联系在一起。物联网则是把机器和物品通过互联网连接起来,物物相息,以实现系统的智能化管理和控制。物联网强调数据的集成化,使系统用户任意检索所需的各类数据,在各种大数据分析工具的帮助下,挖掘数据所代表的事务和规律之间的内在联系。

1.3 信息物理融合能源系统概述

信息物理融合能源系统(cyber-physical energy system,CPES)是能源电力系统中的信息网络与能源电力物理系统高度融合和集成的最新发展。虽然信息物理融合能源系统在近几年的文献中已有讨论[22-29],但由于该领域的研究刚刚起步,学术界对其结构、组成和主要功能并没有完全一致的定见。一般认为,信息物理融合能源系统主要由负责电能供应的智能电网和负责其他能源供需的企业能源系统、智能楼宇能源系统、智能家居能源系统等能源终端系统组成,如图1-3-1所示。

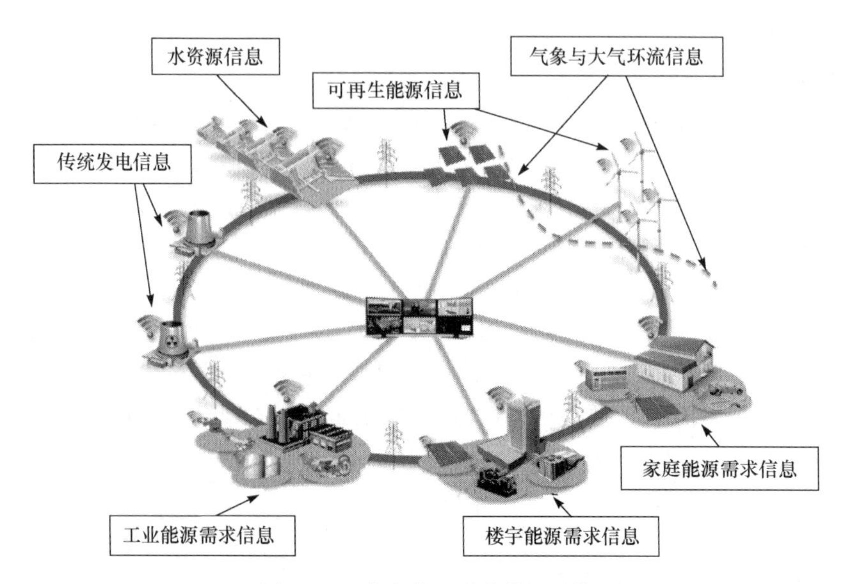

图 1-3-1 信息物理融合能源系统

信息物理融合能源系统是信息物理融合系统在能源领域的应用。构建信息物理融合能源系统,利用信息获取和处理技术如新型传感器、传感器网络等,能够保证获取更加准确的能耗、环境、系统状态等节能优化与控制所必需的信息。在信息获取与分析的基础上使得信息物理融合能源供需系统的整体节能优化成为可能。

信息与物理系统高度融合,能够在信息和物理系统层次上包含产能不确定的可再生新能源、遍布于系统供需两端的分布式能源和储能设备,支持能源流与信息流在在供应侧和需求侧双向流动,具有可靠、自治、自愈控制等特点。所有物理设备和器件能够联网,可在不同层次上组成网络,并保证网络信息安全。

智能电网为实现电网的安全节能优化奠定了基础。先进传感测量、信息获取与处理、通信、控制与优化等信息技术在智能电网中应用,实施电网实时监测、统一调度和控制,提供分时和实时电价信息,能够支持分布式发电及用户的负载控制和需求响应,实现电能供应者和使用者之间信息与能源的双向流动[15,16]。

在智能电网技术支持下,电能生产与需求的协调与优化匹配成为可能。综合考虑能源生产的不确定特性,协调需求侧电能和其他能源介质的生产、存储和使用,优化需求侧的能源使用,实现发电与用电优化匹配与动态优化调度,可以促进发电不确定性在需求侧的有效消纳,达到节能降耗的目标。

微电网的概念形成于 21 世纪初[22-26],其基本思想是将发电设备、负荷、储能设备以及控制通信设备等结合,形成一个单一可控的单元,同时向局部地区的用户提供电能和热能。微电网既可与传统电网联网运行,也可在电网故障或需要时与主网断开单独运行。微电网与传统电网间灵活的并行运行方式能够有效协调传统电网与分布式电源间的矛盾，充分挖掘分布式能源为电网和用户所带来的价值和效益，成为一个能够实现自我控制、保护和管理的自治系统，相对独立地实现节能减排、系统优化与调度、故障检测与保护以及提高电能质量等目标。

在信息物理融合能源系统的支持下，通过新型传感器与传感器网络的信息获取和计算，深度了解和分析主要由可再生新能源造成的能源生产不确定特性，对产需协调实现节能降耗和系统优化、保证电网安全经济运行非常重要。可再生新能源风能的生成与传播具有时空耦合的物理规律，在较大地理区域内会出现不同风电场的发电能力不确定性相互抵消，总体不确定性降低的情况[1,30,31]。其次，可再生能源具有季节互补性。瑞典学者的研究表明[32]，集结后的风能和太阳能具有明显的负相关性：冬季风能远大于太阳能，夏季则相反。风电、太阳能、水电具有较为明显的互补性，根据可再生新能源生产的特性，与水电、火电等传统能源恰当配合，对系统进行综合优化调度，能够显著提高对可再生新能源的消纳能力，从而大幅降低电力生产中化石燃料的消耗。目前，由于缺乏可再生能源的环境与状态实时检测基础设施和有效数据，可再生新能源产能的实时预测精度普遍比较差，大大低于传统电网负荷预测的精度，如何提高预测精度具有极大挑战性。建立信息物理融合的区域能源信息获取系统十分必要，我们将在第3章详细论述。

高耗能企业如冶金企业的能源系统由企业自备电厂和输配电网络构成的电力系统，煤气发生、储罐及煤气管道构成的煤气系统，气体制备（氧气、氮气、氩气等）、存储及输送管道构成的供气系统，蒸汽系统等组成，涉及多种能源介质，一定条件下可以存储或转换（高炉煤气既可存储也可以作为自备发电燃料），构成复杂的网络化关联动态系统。高耗能企业的能耗与生产工艺关系密切，受到生产计划调度的直接影响，与能源系统的运行策略直接相关[33]。信息物理融合能源系统能够支持在满足生产需求且不改变生产工艺的情况下，优化调度运行企业能源系统包括确定自备电厂发电量和电网提供电量、确定高炉煤气的发电使用量和存储量气体制备量和存储量等，实现节能减排[34]。

我国的建筑运行能耗大约为全社会商品用能的三分之一，是节能潜力最大的用能领域[35]。建筑能源系统包括空调、照明、电梯等耗能设备和城市电网、城市热网、太阳能制热、太阳能发电、分布式风力发电等产能设备，以及蓄电池、蓄冷用冰、蓄热用水等蓄能设备。与高能耗企业不同，楼宇建筑中的能源需求多属于柔性负荷，与建筑结构、人员活动、室内外环境有关，在时间与空间上具有较强的耦合性，且具有较大的不确定性[36,37]。通过需求响应与节能优化，楼宇建筑具有巨大的节能降耗潜力。现有研究多针对单类设备，分析如何提高运行效率，如针对中央空调冷机（热泵）、水循环系统、风循环系统、除湿系统、新风系统、冷却塔、中央空调系统整体、照明系统、遮阳百叶、电梯、储能系统等。集成调度建筑内的多能源系统，具有重大的节能降耗的潜力[38]。

高耗能企业与楼宇建筑能源系统是典型的需求侧多能源系统。信息物理融合能源系统通过提供准确的实时能源价格和终端能源需求信息，支持能源在供应侧和需求侧双向流动，对利用需求响应节能至关重要。通过以实时能源价格特别是实时电价为基础的需求响应（demand response，DR）和以多能源存储与转换为基础的节能优化，可以提高系统的总体能效水平[26]。

信息物理融合能源系统为能源系统的节能优化提供了新的途径。整体规划和优化运行综合能源系统，能够在基本不改变能源供需工艺的基础上，通过充分配合与协调多种可再生能源、可再生能源与传统能源、能源生产与需求，实现综合能源系统的安全节能减排。

1.4 本章小结

信息物理融合系统是信息网络融入物理系统，在环境和状态感知基础上，集通信、计算和控制于一身的网络化系统，是孕育中的第四次工业革命的基础，也是我国信息化与工业化“两化融合”、“信息化带动工业化”的基础。信息物理融合能源系统是信息网络与能源电力物理系统高度融合和集成的结果，主要由智能电网、企业能源系统、智能楼宇能源系统、智能家居能源系统等能源终端系统组成。信息物理融合能源系统为能源系统的节能优化提供了新的途径。信息获取和处理技术如新型传感器、传感器网络等的发展能够保证获取更加准确的能耗、环境、系统状态等节能优化与控制所必需的信息。先进系统工程方法使得求解复杂信息物理融合能源系统的节能优化问题同时保证安全性成为可能。整体规划和优化运行综合能源系统，能够在基本不改变能源供需工艺的基础上，通过充分配合与协调多种可再生能源、可再生能源与传统能源、能源生产与需求，实现综合能源系统的安全节能减排。

参考文献

[1] 周孝信. 电网和电网技术的代际传承和发展，2010. http://nskeylab. xjtu. edu. cn/index/upload/ InheritanceandDevelopmentofPG. pdf.

[2] 李俊峰，等. 风光无限：中国风电发展报告 2011. 北京：中国环境科学出版社，2011.

[3] 李俊峰，等. 2012 中国风电发展报告. 北京：中国环境科学出版社，2012.

[4]《中国电力年鉴》编辑委员会. 中国电力年鉴 2011. 北京：中国电力出版社，2013.

[5] 中电联统计信息部. 2011 年 1—10 月份全国电力生产简况. 中国电力企业管理，2011(12)：90-91.

[6] 国际半导体设备与材料行业协会 . 2012 中国光伏产业发展报告(白皮书)，2012.

[7] Lu X，McElroy M，Kiviluoma J. Global Potential for Wind-generated Electricity. Proceedings of the National Academy of Sciences，2009，106(27)：10933-10938.

[8] Jacobson M, Archer C. Saturation wind power potential and its implications for wind energy. Proceedings of the National Academy of Sciences, 2012, 109(39): 15679-15684.
[9] 严陆光. 看准方向，坚定信心，大力促进我国大规模非水可再生能源发电的前进. 电工电能新技术, 2009, (2): 1-6.
[10] 严陆光，等. 关于筹建青海大规模光伏发电与水电结合的国家综合能源基地的建议. 电工电能新技术, 2010, (4): 1-9.
[11] Lee E. Cyber-Physical Systems—Are Computing Foundations Adequate? Position Paper for NSF Workshop On Cyber-Physical Systems: Research Motivation, Techniques and Roadmap. 2006: 6-14.
[12] Atzoria L, Ierab A, Morabito G. The Internet of Things: A survey. Computer Networks, 2010, 54(15): 2787-2805.
[13] 邬贺铨. 物联网的应用与挑战综述. 重庆邮电大学学报(自然科学版), 2010, (5): 526-531.
[14] Singh D, Tripathi G, Jara A. A Survey of Internet-of-Things: Future Vision, Architecture, Challenges and Services. IEEE World Forum on Internet of Things (WF-IoT), 2014, 16(1): 287-292.
[15] Farhangi H. The Path of the Smart Grid. IEEE Power and Energy Magazine, 2010, 8(1): 18-28.
[16] US Department of Energy. Office of Electric Transmission and Distribution. Grid 2030: A National Vision for Electricity's Second 100 Year, 2003.
[17] Junping Z, Wang F, Wang K, et al. Data-Driven Intelligent Transportation Systems: A Survey. IEEE Transactions on Intelligent Transportation Systems, 2011, 12(4): 1624-1639.
[18] Kagermann H, Wahlster W, Helbig J. Recommendations for Implementing the Strategic Initiative INDUSTRIE 4.0. National Academy of Science and Engineering, 2013.
[19] 乌尔里希·森德勒, Industrie 4.0. 北京：机械工业出版社, 2014.
[20] Yick J, Mukherjee B, Ghosal D. Wireless Sensor Network Survey. Computer Networks, 2008, 52(12): 2292-2330.
[21] Potdar V, Sharif A, Chang E. Wireless Sensor Networks: A Survey. International Conference on Advanced Information Networking and Applications Workshops, Bradford, 2009: 636-641.
[22] US Department of Energy, Office of Electric Transmission and Distribution. The Role of Microgrids in Helping to Advance the Nation's Energy System.
[23] Colson C M, Nehrir M H. A Review of Challenges to Real-time Power Management of Microgrids. Proceedings of 2009 IEEE Power Energy Society General Meeting, Calgary, Canada, PESGM2009-001250.
[24] 鲁宗相，等. 微电网研究综述. 电力系统自动化, 2007, (19): 100-107.
[25] Siemen. 2014 Survey, the Utility View of Microgrid. 2014.
[26] Guan X, Xu Z, Jia Q. Energy Efficient Buildings Facilitated by Microgrid. IEEE Transactions on Smart Grid, 2010, 1(3): 243-252.

[27] Macana C, Quijano N, Mojica-Nava E. A survey on cyber physical energy systems and their applications on smart grids. Procedings of IEEE PES Conference Innovative Smart Grid Technology, 2011, 10: 1-7.

[28] Palensky P, Widl E, Elsheikh A. Simulating cyber-physical energy systems: challenges, tools and methods. IEEE Transactions on Systems, Man and Cybernetcs: Systems, 2014, 44(3): 318-326.

[29] Kleissl J, Agarwal Y. Cyber-Physical Energy Systems: Focus on Smart Buildings. Proceedings of ACM DAC'10, June 13-18, 2010, Anaheim, California, USA.

[30] Li P, Guan X, Wu J. Modeling dynamic spatial correlations of geographically distributed wind farms and constructing ellipsoidal uncertainty sets for optimization based generation scheduling. IEEE Transactions on Renewable Energy, 2015, 6(4): 1594-1605.

[31] Wu J, Guan X, Zhou X et al. Estimation and characteristic analysis of aggregated generation of geographically distributed wind farms. Proceedings of IEEE PES General Meeting, Detroit, 2011: 24-29.

[32] Heide D, Bremenb L, Greinerc M. Seasonal Optimal Mix of Wind and Solar Power in a Future, Highly Renewable Europe. Renewable Energy, 2010, 35(11): 2483-2489.

[33] Wang Z, Gao F, Zhai Q, et al. Electrical Load Tracking Analysis for Demand Response in Energy Intensive Enterprise. IEEE Transactions on Smart Grid, 2013, 4(4): 1917-1927.

[34] Gao Y, Gao F, Zhai Q. et al. Self-Balancing Dynamic Scheduling of Electrical Energy for Energy-intensive Enterprises. International Journal of Systems Sciences, 2013, 44(6): 1006-1025.

[35] 清华大学建筑节能研究中心. 中国建筑节能年度发展研究报告 2012. 北京: 中国建筑工业出版社, 2012.

[36] 清华大学 DeST 开发组. 建筑环境系统模拟分析方法: DeST. 北京: 中国建筑工业出版社, 2006.

[37] Wang H, Jia Q, Song C, et al. Building Occupant Level Estimation Based on Heterogeneous Information Fusion. Information Sciences, 2014, 272: 145-157.

[38] Liu Z, Song F, Jiang Z, et al. Optimization Based Integrated Control of Building HVAC System. Building Simulation, 2014, 7(4): 375-387.

第2章　信息物理融合能源系统的典型结构

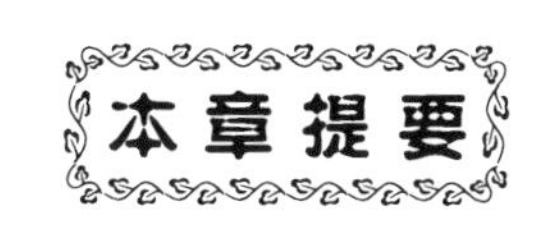

信息物理融合能源系统主要由连接电源的智能电网和连接需求的企业能源系统、楼宇能源系统、家居能源系统等终端能源系统组成。本章将简述这几类能源系统的典型结构，并且与传统能源电力系统的结构比较，讨论信息物理融合的优势、信息物理融合能源系统的技术特征以及问题和挑战。

2.1　智能电网

2.1.1　智能电网的特点

智能电网是典型的复杂信息物理融合网络化系统，集成了电能与信息网络，利用海量传感器、先进计量设备、信息通信网络等手段，实现信息远程获取和设备远程控制，使得新能源的分布式接入、分布式储能、需求侧主动响应以及对电动/混合动力汽车的支撑成为可能。

智能电网的核心是智能，主要表现在：①智能信息获取和处理。通过智能仪表(smart meter)和传感器网络实时测量能量和信息的双向分布式流动，融合、处理海量信息。②分散智能控制。由于网络化系统的规模巨大，必须采用基于局部信息实现安全和经济性的全局目标的控制策略。③智能响应和对策。电网根据用户的能耗模式制定动态实时定价，用户根据电网动态实时定价动态确定可控需求。传统电网基础设施和运行模式不具备上述特点。

智能电网的实现面临前所未有的挑战。智能电网的调度与控制问题将面临高度不确定性。首先，智能电网必须容纳和支持大规模的风能/太阳能电场和其他低碳排放的分布式可再生能源接入，其生产能力取决于环境，具有高度不确定性。分布式储能设备(如混合动力电动汽车(PHEV))的移动造成的网络拓扑结构变化的不确定。此外，网络智能设备的显著增加造成传感和测量失效的可能性增加，导致海量多元信息融合过程中的不确定性。

智能电网制定动态实时定价，利用智能仪表来实现需求侧负荷管理和互动，以减少在峰值时段供应和需求之间的差距，减轻输电网络的挤塞情况，以至于推迟或避免新建电源或传输线的投资。但同时用户需求的动态反应与互动,也将影响系统定价的最优性。需要建立不同用户(工业企业、商业建筑、家庭)需求特性和最优响应,通过对双方互动的博弈行为的分析得到使系统达到最佳效率平衡点的双方策略。

智能电网可能包含众多以企业、商业楼宇、住宅小区等为单位的微电网(microgrid)。通过有效的通信和控制手段,基于多智能体的分散控制,将电网的不确定性影响分散到各个微网之中,实现微网内部的高效运作和优化也是智能电网应用的新课题。

智能电网的可靠性和安全性不仅取决于各传感器、仪表、发电机组、控制设备和执行机构的可靠性,也取决于物理和信息网络的连接,需要研究保证高可靠性和可重构的网络拓扑结构。不同于一般计算机网络和信息网络,智能电网的安全性更加复杂,其物理安全性(电网安全)与信息安全互相关联,特别是大量的传感器和仪表可能遭遇非授权的使用、执行机构被非法控制,使得系统面临特殊的信息获取和网络信息传输的安全性问题。

2.1.2 智能电网的结构

为了支撑电力系统的现代化,智能电网的建设需要首先从系统的结构上进行突破[1-3],而不是仅仅停留在现有的电力系统组成的框架之内。

传统电网具有明显的层次结构:直接用于生产、变换、输送、疏导、分配和使用电能的电气设备,如发电机、变压器、断路器、输电线路、电动机等,称为电气"一次设备";对电力系统内一次设备进行监察、测量、控制、保护、调节的补助设备,称为电力"二次设备"。

这种不对等的层次结构就决定了电力系统中由一次设备构成的能源网络处于主导地位,二次设备只是处于从属地位。这种结构在提供电力系统的基本功能支撑作用的同时,也造成了电网智能化的困难。

为了应对未来电网的挑战,将电力系统建成由对等和并行运行的"能源网络"与"信息网络"相互融合的系统,正逐步成为智能电网研究者的共识。图 2-1-1 是智能电网的典型结构。

相对于传统电网,结构上的改变是实现智能电网目标的需要。例如,信息网络的全面建立和全局覆盖为原本相对独立运行的能源网络节点提供了信息交互和决策协同的机会,从整体上应该能够提升电力系统电力能源生产、传输、使用等各环节的协同优化能力和共同应对灾变及安全威胁的能力。

2.1.3 智能电网的技术特征

在智能电网的设计中,为了发挥信息网络和能源网络融合带来的好处,避免由

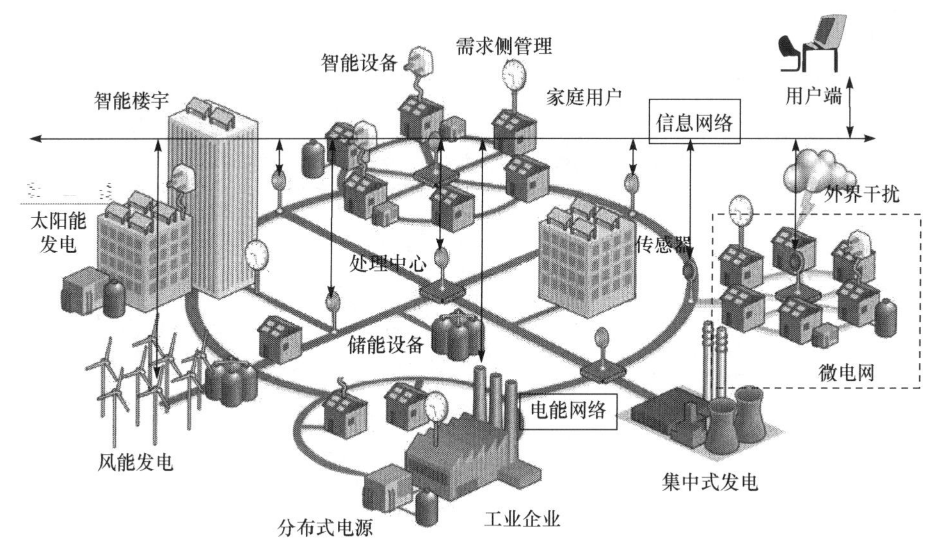

图 2-1-1　智能电网的典型结构

于系统大规模互联、紧密耦合带来的潜在风险和安全威胁，需要研究和确定智能电网技术特征，以便确定电网继数字化、信息化之后实现“智能化”的内涵。

这里主要介绍文献中梳理出的比较全面的智能电网技术指标[4]，作为设计智能电网的参考。

该指标体系分为三层。一级指标包括智能电网规模基础、智能电网技术支撑能力和智能电网发展效果三项。针对每项一级指标，又细分为若干二级指标。例如，智能电网规模基础指标中包括了以下五项指标。具体的前两级指标体系如下。

1）智能电网规模基础

(1) 电源接入能力；

(2) 输变电智能化；

(3) 配电智能化；

(4) 用电智能化；

(5) 调度智能化。

2）智能电网技术支撑能力

(1) 集成通信技术；

(2) 参数量测技术；

(3) 先进运行控制技术；

(4) 决策支持技术；

(5) 智能交互技术。

3）智能电网发展效果

(1) 发电侧效果；

(2) 电网侧效果;

(3) 用户侧效果。

该指标体系中,智能电网发展效果的评价细化三级指标如表 2-1-1 所示。

表 2-1-1　智能电网发展效果评价指标体系[4]

智能电网发展效果	发电侧	温室气体减排
		固体废物减排
		节约水资源
		可再生能源发电量占总体发电量比重
	电网侧	电网结构坚强性
		电能存储能力
		电网故障自愈能力
		电网抗攻击能力
		智能预测准确率
		智能诊断准确率
		智能电网容量利用率
		电网运营效率提升率
		智能无功补偿率
		电能质量智能优化能力
		电网线损智能优化能力
	用户侧	移峰填谷负荷量
		用户电能使用智能优化能力
		用电需求调节效益

2.2　企业能源系统

钢铁、化工等高耗能企业的能源系统与企业流程运行密切相关。企业的流程运行本质是“一种多因子‘流’,按照一定的‘程序’,在一个由诸多性质不同的工序组成的复杂网络结构中流动运行的现象”。流程运行过程有三个要素:“流”“流程网络”“程序”。“流程网络”实际上是指开放系统中的“资源流”“节点”和“连接器”整合在一起的物质-能量-时间-空间结构[5]。高耗能企业的流程运行中,最主要的“流”即是“物质流”和“能量流”。在信息流的驱动下,各种物料沿着产品生命周期的轨迹流动形成物质流,各种能源沿着转换、使用、排放的路径流动形成能量流。物质流和能量流既独立又相互联系、彼此制约,物质流是流程生产的主体,能量流推动物质流的流动和转变。相应的,生产系统(CRM)和能源系统(EMS)构成了高耗能企业最主要的子系统，如图 2-2-1 所示。

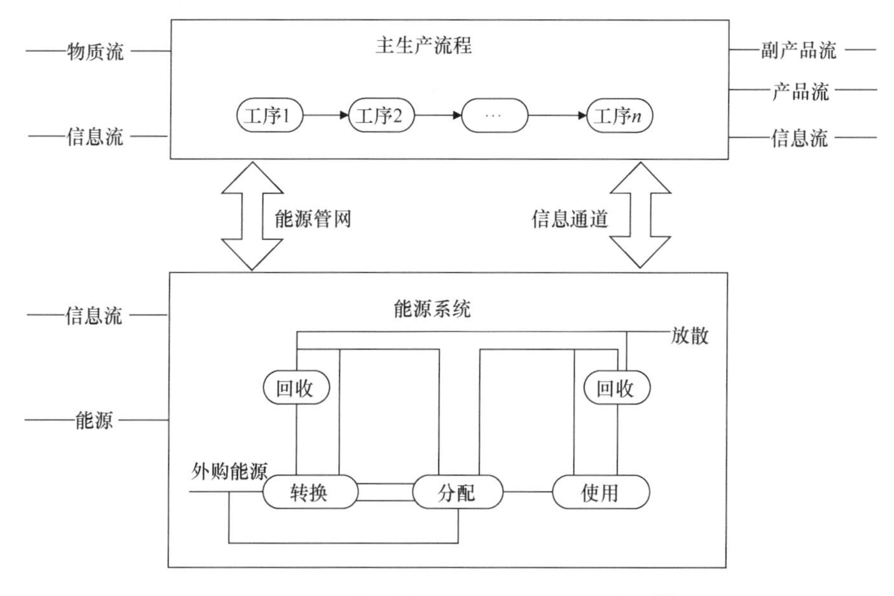

图 2-2-1　生产系统和能源系统关系示意图[6]

高耗能企业的生产制造流程一般由若干个加工步骤(工序、装置等)组成，这些组元或进行物质或能量的传递，或进行物质或能量的转换，或进行物质或能量的储运，其中一些过程行为是有序、受控的，一些过程行为是随机的、无序的和难以受控的。而制造流程的运行特征则往往是流程中各加工步骤串联作业，所有组元协同集成地生产；一般是前工序的输出即为后工序的输入，互相衔接、互相缓冲匹配。制造流程中，加工步骤的作用一般是将输入量转变为输出量，即体现为组元所具有的特定功能。由于制造流程中加工步骤的功能各异，种类复杂而且数量多，机器相互间的“界面”关系的多样化，制造流程呈现出复杂性和整体性的特征。

制造流程中，产品物质流的输出量随时间的变化过程是一种重要的运行特征。按照产品流输出的时间行为特征可以将制造流程分为：连续运行制造流程、准连续运行制造流程、间歇运行制造流程。其中，间歇作业流程的运行特点是其产品的输出是分批方式，在一定时间域内呈时断时续，时有时无的状态。并且与连续生产过程相比，间歇生产过程的全部生产活动以及经济效益很大程度上依赖于生产过程的计划与调度。而高耗能企业的制造流程中，通常同时具备连续运行制造流程、准连续运行制造流程、间歇运行制造流程。以大型联合钢铁企业为例，其制造流程是一类由不同功能但又相互关联、相互支撑、相互制约的多种工序和多种装置及相关设施构成的，工序串联并集成运行的复杂过程系统。其制造流程囊括了以下三种类型：①连续运行制造流程：高炉炼铁过程实际上就是一个连续运行的子系统；②准连续运行制造流程:高炉—转炉—热轧制造流程基本属于准连续运行制造流程,其中某些工序(装置)属于间歇运行作业;③间歇运行制造流程:炼钢炉的作业方式具有典型的间歇运行特点,甚至以较大的时间尺度来看连轧机,也会出现在一定时间域内热连轧机的产品输出形式呈时断时续的现象。

以钢铁企业为例[7],钢铁企业的各种能源经一系列加工、转换、改质环节到能源产品或排放物,组成了能源转换过程;各种能源产品经分配进入各个用户使用直到废弃物排放,组成了能源使用过程。各种能源介质沿着转换、使用、排放的路径流动,形成了能量流。以碳素流为例,它从洗精煤或燃料煤开始:洗精煤经合适配比进入焦炉,转化为焦炭、焦炉煤气和副产化工产品;燃料煤与铁矿粉等混合,经烧结机生产烧结矿并排放出二氧化碳等气体。焦炭、煤粉与烧结矿等进入高炉,经还原反应生产液态含碳铁水和二次能源高炉煤气。高温含碳铁水,经吹氧转变为液态钢并产生转炉煤气。焦炉煤气、高炉煤气和转炉煤气供给热风炉、焦炉、加热炉和锅炉等用户,经燃烧释放热能,最后以二氧化碳形式排向环境[8]。

高耗能企业中,电能主要用于为大型驱动型设备提供驱动力(如轧钢),或用于在大型加热型设备中转化为热能(如电炉炼钢),或用于气体制备(如制氧制氮)。企业的能源系统由企业自备电厂和输配电网络构成的电力系统,煤气发生、储罐及煤气管道构成的煤气系统,气体制备(氧气、氮气、氩气等)、存储及输送管道构成的供气系统、蒸汽系统等组成,涉及多种能源介质,一定条件下可以存储或转换(高炉煤气既可存储也可以作为自备发电燃料),企业的电力系统与生产过程和其他能源系统耦合在一起,构成复杂的网络化关联动态系统。

图 2-2-2 所示为国内某钢铁企业电力系统简要示意图,图中,带箭头的实线表示物料流,带箭头的虚线表示高炉煤气流,无箭头的实线表示电力流。企业的电能消耗与生产过程关系密切,受到生产计划调度的直接影响。企业生产的电能消耗模式与生产工艺和计划调度密切相关。企业的电能消耗也同其他能源系统的运行也直接相关,涉及电力、煤气、蒸汽等相互关联的多能源系统,可能同时具备能源生产与储备能力。企业内有些能源有多种用途,有些能源的来源并非单一,并且多种能源之间存在可相互转换的关系并与生产过程密切耦合。如电能作为所有高耗能企业生产过程不可缺少的能源,包括了外购电、自备电厂发电、生产过程中的余热余压发电等多种来源。企业生产过程通常会产生一些可以作为燃料的副产品,例如煤气。煤气可与煤或天然气进行混合后发电以供应生产过程。

与地区电网整体用电负荷所体现出的拟周期性、缓变的规律截然不同的是,企业用电量与大型关键生产设备启停及生产节奏有着非常重要的关系,在很多情况下呈现出不确定性、大容量冲击、大幅度波动的特征,本书将其简称为“涌动型负荷”。主要设备启停引起的冲击波动有时超过企业总负荷的 10%。生产任务的执行和设备启停时间存在不确定性,设备突发故障和复杂生产流程也有众多不可控

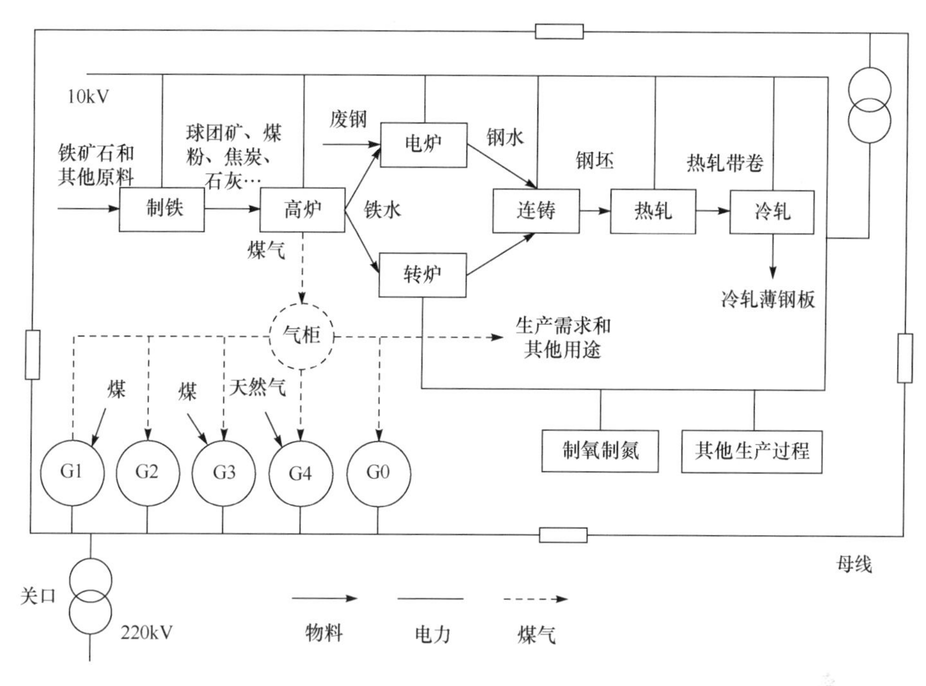

图 2-2-2 某钢铁企业电力系统示意图[6]

因素。以电炉炼钢为例,电极进入原料会产生大幅不确定冲击负荷,电力系统需要预留相应的备用,消耗额外电能。如果多台大型耗能设备同时产生不确定涌动负荷,会大大增加额外能源消耗。这种涌动型负荷,产生了较大程度的用电污染,地区电网为消除这些负荷冲击的影响需要预留出额外的热备用发电能力,也为地区电网实时发电控制增加了额外的能量消耗[9-11]。

2.3 楼宇能源系统

2.3.1 楼宇能源系统的结构

楼宇能源系统一般是包含分布式能源(如可再生新能源和发电机组)和分布式储能设备的需求侧能源系统[12-14]。图 2-3-1 所示为一个典型的智能楼宇能源系统,其主要由供能端能源设备、储能设备和负载端能耗设备组成。供能端不仅包括传统的城市电网、热网以及天然气网,还包括可再生新能源系统(如太阳能电池板、太阳能集热器和风力发电等)、自治发电机组(如冷热电联产系统、燃料电池等)。储能设备主要包括蓄电池、蓄冰罐、蓄热水池、电动车等。楼宇能源系统的负载端主要包括了空调系统、照明系统、IT 信息中心、电梯等能耗设备。

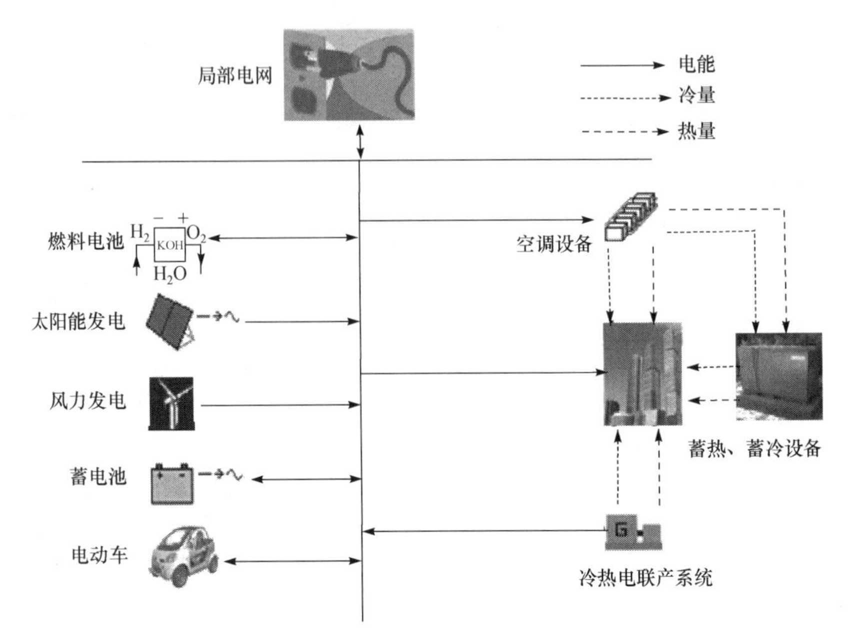

图 2-3-1　典型智能楼宇能源系统[15]

楼宇能源系统的主要功能是以安全节能方式满足楼宇各部分的电、冷、热、热水等需求。楼宇能源系统运行有如下两点要求:第一,能够满足楼宇中人员的舒适度需求。人员舒适度需求主要包括室内温度需求、湿度需求、照度需求和二氧化碳浓度需求等。楼宇能源系统依照人员需求模式,通过控制空调冷机、风机盘管、新风系统、百叶窗、照明系统等能耗设备,提供令人员满意的室内环境,并满足人员其他方面需求。第二,提高楼宇能源系统的效率,降低能耗或运行成本。楼宇能源系统依照负载端能耗需求模式,通过协调配合供能端多种能源设备的运行,实现降低运行成本的目的。以上两个基本要求是相互统一而又存在一定矛盾的,处理两者关系的一般原则是:在保证满足人员舒适度需求的前提下尽量实现楼宇能源系统运行费用最小化。

楼宇能源系统通常具有以下四个特点:第一,楼宇能源系统具有网络化的特点。一方面,物理资源通过房间网络关联,满足物质和能量守恒,构成了一个复杂的网络化动态系统。另一方面,人员需求、位置以及系统设备和气象条件等信息资源通过传感器网络相互关联,使楼宇能源系统成为一个典型的信息物理融合能源系统。第二,楼宇能源系统中包含了多种类型的能源,如电能、热能、天然气、太阳能等。这些能源由于系统的多种需求而相互耦合,并且还可通过一些能源设备相互转化。如图 2-3-2 所示,太阳能通过太阳能电池板可以转化为电能,而通过太阳能集热器则可以转化为热能;电能通过空调冷机可以转化为热/冷量,而通过照明设备可以变为照度；天然气通过冷热电联产机组可转化为电能、热量、冷量等。此外，楼宇能源系统的供能端和负载端也因为储能设备而存在时间尺度上耦合。第三，楼宇能源系统中能源设备和能耗设备的决策变量包含了离散(如设备启停)和连续(如发电量和耗电量)变量，每台设备有各自复杂的运行约束。第四，楼宇系统中的能源需求多属于柔性负荷，与楼宇结构、人员移动和需求、室内外环境等因素有关，在时间与空间上具有较强的耦合性和较大的不确定性。综上，楼宇能源系统是一个复杂的、多尺度耦合的、网络化动态信息物理融合能源系统，其节能优化问题异常复杂。

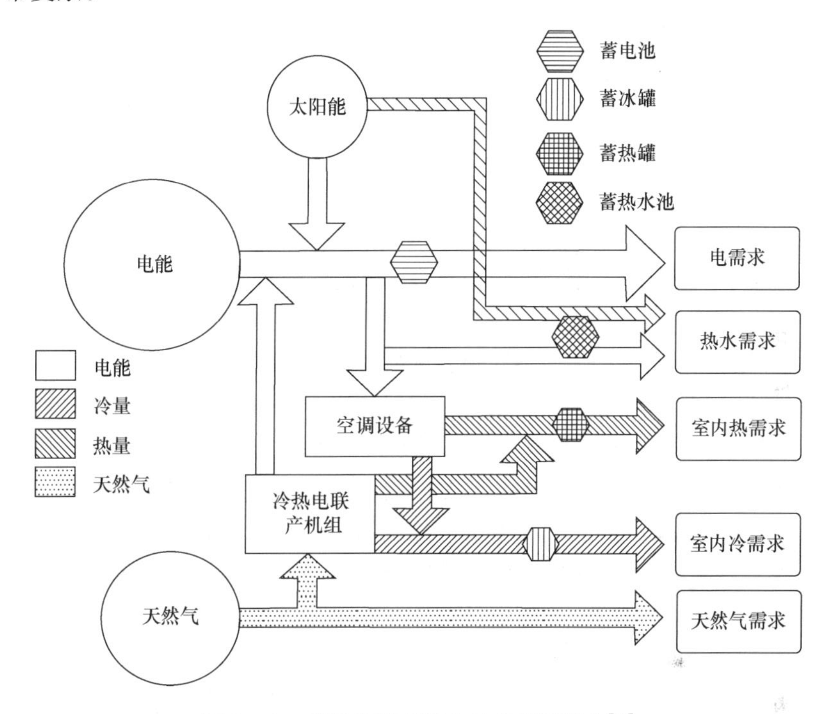

图 2-3-2　楼宇能源系统中的多能源耦合[16]

2.3.2　楼宇能源系统的节能优化问题及挑战

楼宇能耗占社会总能耗 30%～40%，具有很大的节能空间。如何提高楼宇能源系统运行效率和降低系统负荷，是当前国际学术界和工业界最关心的研究课题之一。

目前，已有许多关于楼宇能源系统中单类设备或子系统节能优化的研究，如针对中央空调冷机(热泵)[17]、水循环系统[18]、风循环系统[19]、中央空调系统整体[20]、照明系统[21]、遮阳百叶[22]等。但是，由于楼宇能源系统是包含电能、热能等多种能源形式的关联多能源系统，因此通过单纯叠加单一设备的优化方法并不能有效提高楼宇能源系统的运行效率。例如,夏季下午光线充足时,打开遮阳百叶可以满足室内的照度需求、降低室内电负荷需求,但同时又会增加室内的冷负荷需求,显然这个问题不能由简单地叠加空调设备、照明设备和遮阳百叶的单一优化方法而解决。综上,我们需要综合考虑楼宇能源系统供需两侧的能源和能耗设备,实施协调联合控制才可能很好地解决楼宇能源系统节能优化问题。

为了达到上述目的,我们需要采用先进的信息技术,对温度、湿度、照度、空气质量等舒适度状态以及楼宇用户的数量、位置、运动情况等进行广泛测量。基于上述准确信息并在信息物理融合技术的支持下,通过房间的控制终端,有效降低多能源负荷,对可再生能源、空调系统、照明系统、能源存储设备等进行优化控制、调度、协调,有效处理楼宇能源系统需求的不确定性,这样就可以在不对楼宇能源系统的物理设备进行重大改变的情况下,实现楼宇能耗的显著降低。也就是说,信息物理融合技术能够对楼宇能源系统进行实时监测、统一调度和控制,容纳风能、太阳能等新型可再生能源,提高楼宇能源系统的效率,为楼宇节能降耗提供必需的基础设施,使楼宇能源系统中多种能源生产和需求的协调与优化匹配成为可能。

然而,楼宇能源系统的优化运行存在许多困难和挑战,主要包括以下五点。

(1) 楼宇能源系统的多尺度耦合。楼宇能源系统存在复杂的耦合关系,其可归结为如下三个方面:第一,供能端的多种能源因为负载端需求而相互耦合;第二,供能端和负载端由于储能设备而存在时间尺度上的相互耦合;第三,各种能源设备和能耗设备由于能源相互转化形式的多样性而相互耦合。

(2) 楼宇能源系统中多样的个性化需求。楼宇能源系统的需求主要表现为各房间内人员的舒适度需求。由于人员舒适度需求受个人的心理状态、生活习惯、情绪等因素影响,通常情况下,各个房间的需求是不相同的,而且可能会存在很大差异。如果能够协调处理楼宇系统中多样的个性化需求,也可能为楼宇能源系统带来更大的节能空间。

(3) 楼宇能源系统节能优化是一个包含复杂动态约束的多阶段决策问题。一方面,楼宇能源系统的优化模型包含许多动态约束,如室内温度的热过程模型和储能设备的运行约束等,这些动态约束包含若干耦合的离散和连续变量,给求解楼宇能源系统的优化问题带来很大挑战;另一方面,储能设备有限的容量、电价的变化以及供需不确定性等,都使当前时段的决策会影响未来时段的决策。

(4) 楼宇能源系统节能优化问题的规模通常很大。楼宇能源系统优化问题可能是一个包含几十万甚至几百万个决策变量的大规模优化问题。其策略空间的大小是随问题规模的增大而指数增加的。因此一些传统的优化方法(如动态规划、分枝定界等)并不能直接应用于求解楼宇能源系统节能优化问题,这是因为这些方法在求解大规模问题时可能会发生维数灾难。

(5) 楼宇能源系统的高不确定性。楼宇能源系统的能源供应端出力和负载端需求都具有高不确定性。一方面,能源供应端包含了太阳能发电、太阳能集热和风力发电等可再生新能源系统,其出力因受太阳辐射和室外环境因素等影响,具有很大的随机波动;另一方面,负载端的电、冷、热、热水等需求受室内人员行为和移动以及太阳辐射和室外环境等因素的影响,也具有高不确定性。负载端和供能端的高不确定性给系统需求的实时满足、楼宇能源系统的安全稳定运行以及楼宇能源系统的优化调度都提出了巨大的挑战。

2.4　本章小结

信息物理融合能源系统主要由连接电源的智能电网和连接需求的企业能源系统、楼宇能源系统、家居能源系统等终端能源系统组成。在能源网络和信息网络相互融合的结构下,信息物理融合能源系统各单元之间具有更强的协同能力,系统整体的优化控制能力大大提高,具有提效节能的巨大空间,比传统能源电力系统以能源网络为主导的结构有明显优势。

参考文献

[1] Ipakchi A, Albuyeh F. Grid of the future. IEEE Power & Energy Magazine, 2009, 7(2): 52-62.

[2] 余贻鑫,栾文鹏. 智能电网述评. 中国电机工程学报,2009,29(34):1-8.

[3] 余贻鑫,栾文鹏. 智能电网的基本理念. 天津大学学报,2011,44(5):377-384.

[4] 王智东,李晖,李隽,等. 智能电网的评估指标体系. 电网技术,2009,33(17):14-18.

[5] 殷瑞钰. 冶金流程工程学. 北京:冶金工业出版社,2009.

[6] 王兆杰. 需求响应视角下的高耗能企业产储耗协调电能调度. 西安:西安交通大学博士学位论文,2014.

[7] 蔡九菊. 钢铁企业物质流与能量流及其相互关系. 东北大学学报,2006,27(9):979-982.

[8] 蔡九菊. 钢铁企业能量流模型化研究. 中国冶金,2006,16(5):48-52.

[9] Ortega-Vazquez M, Kirschen D. Estimating the spinning reserve requirements in systems with significant wind power generation penetration. IEEE Transactions on Power Systems, 2009, 24(3): 114-124.

[10] Soler D, Frías P, Gómez T, et al. Calculation of the elastic demand curve for a day-ahead secondary reserve market. IEEE Transactions on Power Systems, 2010, 25(2): 615-623.

[11] Aminifar F, Fotuhi-Firuzabad M, Shahidehpour M. Unit commitment with probabilistic spinning reserve and interruptible load considerations. IEEE Transactions on Power Systems, 2009, 24(1): 388-397.

[12] Huang Y. The impact of climate change on the energy use of the US residential and commercial building sector. Lawrence Berkeley National Laboratory, Berkeley, CA, 2006.

[13] Ziebik A, Hoinka K, Kolokotroni M. System approach to the energy analysis of complex

building. Energy and buildings,2005:930-938.

[14] 清华大学建筑节能研究中心. 中国建筑节能年度发展报告(2012). 北京:中国建筑工业出版社,2012.

[15] Guan X,Xu Z,Jia Q. Energy efficient buildings facilitated by microgrid. IEEE Trans. on Smart Grid,2010,1(3):243-252.

[16] Xu Z,Guan X,Jia Q,et al. Performance Analysis and Comparison on Energy Storage Devices for Smart Building Energy Management. IEEE Trans. on Smart Grid,2012,3(4):2136-2147.

[17] 杨智超,曹金鹏,肖丽. 冷机节能群控-集中管理、降低能耗、楼宇自控的节能趋势. 变频器世界,2011,10:130-132.

[18] 李峥嵘,汤泽,刘新续. 变水量系统在空调系统节能中的应用. 上海节能,2006,2:9-12.

[19] 刘佳畅. 中央空调系统变频节能改造方案. 变频器世界,2007,11:68-71.

[20] 龚明启. 中央空调系统动态运行节能优化策略研究. 广州:广州大学硕士学位论文,2006.

[21] 曹学林. 建筑照明节能设计分析. 低压电器,2008,2:32-36.

[22] 李峥嵘,夏麟. 基于能耗控制的建筑外百叶遮阳优化研究. 暖通空调,2007,37(11):11-13.

第3章　信息物理融合能源系统的信息感知

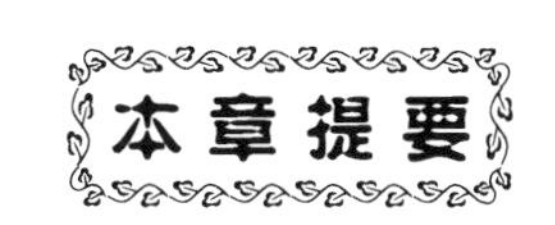

信息感知是信息物理融合能源优化运行的基础。获取能源供应和需求的信息,进行深度大数据分析和计算,分析、预测不确定可再生新能源和不确定能源的供应与需求,对于实现系统节能降耗和保证安全性非常重要。目前的传感器技术已经从单一的数据测量向网络化技术转变,以无线传感器网络为代表的新一代智能感知技术与传统传感器技术相结合,为信息物理融合能源系统的大规模信息感知提供了经济高效和安全可靠的解决方案。本节对无线传感器网络技术进行了概述,并对其应用于气象环境、能源信息等能源系统相关领域的示例和挑战进行了讨论。

3.1　信息物理融合能源系统信息感知框架

获取充分的信息和数据是信息物理融合能源系统优化运行的基础。在新型传感器与传感器网络的支撑下,在系统整体范围内同步获取能源供应和需求的信息,进行深度的大数据分析和计算,就能够以更高的精度和效率,分析、预测不确定可再生新能源和不确定能源需求,这对于在系统范围内协调能源生产与需求,实现节能降耗和系统优化并保证安全性非常重要。

对于不同的供/用电单元,需要获取的信息与获取方式可能有很大不同。例如,对于风能、太阳能等可再生能源功能系统,其产能取决于高度不确定的气象环境,动态关系十分复杂,需要获取风速、光照等气象信息。基于信息物理融合能源系统的结构,实现气象、地理环境与电力系统的综合能源信息感知,为可再生能源系统的感知与分析提供了可能。

以高耗能企业为代表的工业用电需求与大型驱动型和加热型设备的启停及生产直接相关,呈现高不确定、大容量冲击、大幅度波动特征。只有通过对生产过程、能源系统进行全面信息感知,深入分析企业能源特别是用电负荷的整体随机性特征以及与生产计划、工况波动间的关系,才能够为节能生产提供基础。

建筑多能源系统需求的随机性是室内人员需求的随机性、室外环境的随机性、设备运行效率、建筑结构与功用共同作用的结果,其中前两者随机动态变化显著。

在信息物理融合能源系统技术支持下，充分利用建筑内部传感信息，感知人员的实时需求，为大幅降低建筑运行能耗或用电成本提供了可能。

针对不同的感知对象，其信息物理融合能源系统信息感知框架应该包括如图 3-1-1 所示内容。

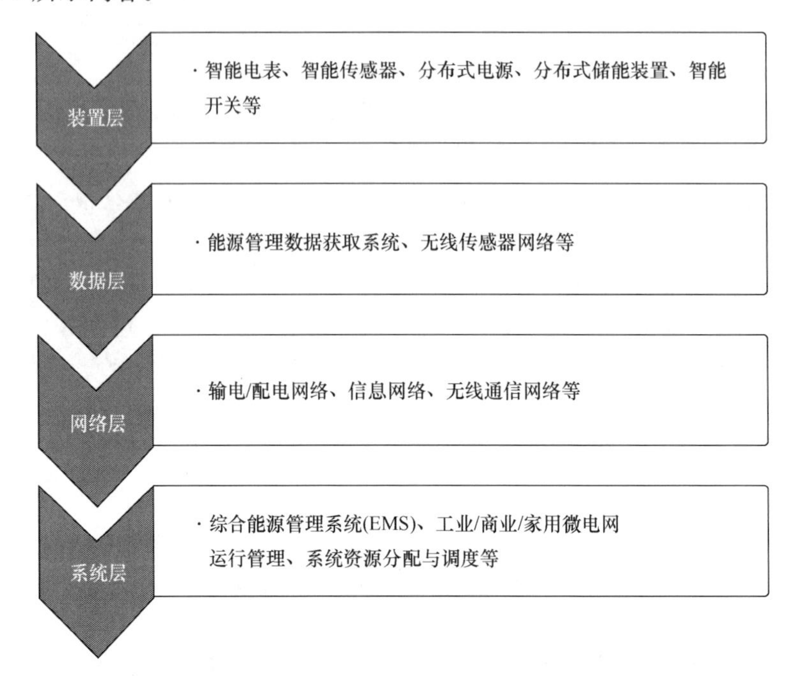

图 3-1-1　信息物理融合能源系统信息感知框架

信息物理融合能源系统通常需要获取时空分布的多源信息和大数据，以支撑系统整体的建模、分析和优化。例如，对于大型风电场群而言，其风机分布在上百平方公里区域内，在主风向上往往会排列数十台风机绵延几十公里。由于尾流衰减效应的存在，坐落在下风向的风机将不可避免地受到影响。同时，由于受地形、地貌、温度、湿度等因素的影响，风速及其环境的动态变化也会改变风机的风-电转化效率。在这种情况下，对于风电场环境温湿度，各风机所处近地风场的感知就尤为重要，需要获取这些数据并进行融合分析，以实现对整个风电场出力的变化的有效描述。

为了达到节能、舒适、安全的目标，智能建筑中经常关注三类信息：人员信息、环境信息、设备信息。环境信息包括建筑内外的空气温度、湿度、CO_2 浓度、环境噪声、光照强度等。设备信息包括暖通空调系统冷机的进出口水温、水循环系统中各级泵的工作状态、末端系统风机盘管的进出口水温和进出口空气温度、风机档位、灯光开关、电梯状态等。这些空间上分散的各类信息，需要建筑一个网络化对象进行整体检测及融合分析，以实现楼宇的统一建模和运行策略优化。

目前的传感器技术已经从单一的数据测量向网络化技术转变，以无线传感器网络为代表的新一代智能感知技术与传统传感器技术向结合，为 CPES 的大规模感知提供了经济、高效、便捷、安全、可靠的解决方案[1]。以下对无线传感器网络的基本原理和特点作概括性的介绍。

近年来随着无线通信、集成电路、传感器以及微机电系统（MEMS）等技术的飞速发展，使得低成本、低功耗、多功能的微型无线传感器的大量生产成为可能，这些微型无线传感器具有无线通信、数据采集和处理、协同合作等功能，无线传感器网络（以下简称传感器网络）就是由许多这些传感器节点协同组织起来的。传感器网络的节点可以随机或者特定地布置在目标环境中，它们之间通过特定的协议自组织起来，能够获取周围环境的信息并且相互协同工作完成特定任务。

传感器网络被认为是 21 世纪最重要的技术之一，它将会对人类未来的生活方式产生深远影响，2003 年 2 月"MIT Technology Review"评出对人类未来生活产生深远影响的十大新兴技术，传感器网络被列为第一[2]。

传感器网络最初来源于美国先进国防研究项目局（Defense Advanced Research Projects Agency，DARPA）的一个研究项目，当时处于冷战时期，为了监测敌方潜艇的活动情况，需要在海洋中布置大量的传感器，使用这些传感器所监测的信息来实时监测海水中潜艇的行动。但是由于当时技术条件的限制，传感器网络的应用只能局限于军方的一些项目中，难以得到推广和发展。近年来随着无线通信、微处理器、MEMS 等技术的发展，传感器网络的理想蓝图能够得以实现，其应用前景越来越广。

传感器网络本身是典型的信息物理融合系统，由大量体积小、成本低，具有无线通信、传感、数据处理的传感器节点（sensor node）组成，传感器节点一般由传感单元、处理单元、通信模块、电源模块等功能模块组成[3]，如图 3-1-2 所示。除此之外，根据具体应用的需要，可能还会有定位系统、电源再生单元和移动单元等。其中电源单元是最重要的模块之一，有的系统可能采用太阳能电池等方式来补充能量，这样很适合在野外等基础设施缺乏的环境中部署。

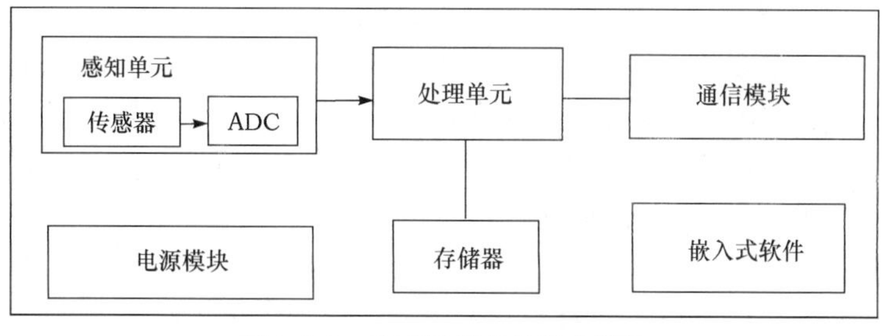

图 3-1-2　传感器节点的组成模块

许多应用需要在传感器网络节点特定信息感知时进行空间定位。有些传感器节点可采用全球定位系统(GPS)进行定位,但 GPS 定位在很多应用场景受到限制,如不能应用于建筑物内部等。通常情况下,网络中可能有某些传感器节点配有 GPS(扮演信标节点的角色),其他节点通过局部定位算法得到它们与配有 GPS 的节点之间的相对位置,这样所有节点都能知道各自的具体位置了。除借助 GPS 的定位方式外,还有离散梯度法等间接定位方式。

传感器网络的结构如图 3-1-3 所示。大量传感器节点被布置在整个被观测区域中,各个传感器节点将自己所探测到的有用信息通过初步的数据处理和信息融合之后传送给用户,数据传送的过程是通过相邻节点接力传送的方式传送回基站,然后再通过基站以卫星信道或者有线网络连接的方式传送给最终用户。

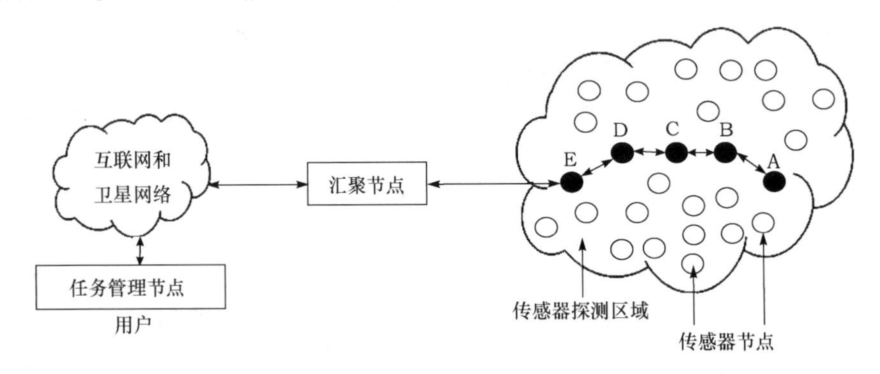

图 3-1-3 传感器网络的结构

传感器网络是信息物理融合能源环境信息感知特别是区域气象环境信息感知必不可少的网络化基础设施。

3.2 气象环境信息感知

3.2.1 气象环境信息感知与获取

1. 风电场传感器系统

风电场中对气象环境信息的感知主要通过测风塔上装备的传感器设备实现[4]。测风塔通常布置在风电场中周围开阔的区域,并且所测资料能够较真实地反映风电场的风况和满足风电场风能资源评估、设计的需要。测风塔测量风速主要通过风速仪和风向标传感器来实现,并且一般至少要布置不少于 3 层的风速观测传感器设备[5]。风速和风向参数的采样时间间隔应不大于 3s,并且自动计算和记录每 10min 的平均值和标准偏差以及每 10s 内的最大风速及其对应时间和方向[6]。除测量风速和风向外,测风塔上还会布置温度、气压、湿度等气象传感器,用以对风电场环境下的温度、气压、湿度、降雨等气象要素进行测量[4]。温度、气压、相对湿度等气象参数一般每10min进行一次采样并记录。另外,风电机组的机舱上一般也装备有风速仪、风向标和温度测量装置。机舱上的风速仪用于判别启动风速和停机风速,由于其处于风轮的下风向,测量结果并不准确,因此一般不用来生成风电功率曲线[7]。

2. 光伏发电传感器系统

光伏发电系统不仅要检测反映系统运行状态的电流、电压、输出功率等物理量,还需要对影响系统安全运行的环境因素进行测量,如太阳辐射强度、风速、温度、照度等气象因素[8,9]。太阳辐射强度是决定光伏发电系统是否能够发电的关键因素,它的测量通过光强传感器来完成。光强传感器利用光电池的输出短路电流与光照强度辐射成正比的原理,选取一块标定过标准光强的光电池,通过测量其短路电流和表面温度来计算光照强度。风速传感器系统主要用于检测光伏发电系统所处区域的风况情况。当风速传感器系统检测到环境风力过大时,系统会自动启动防风保护功能,让光伏组件快速收平。温度传感器可以探测光伏发电系统运行中的环境和组件温度,用于分析系统是否正常运行[10]。

3.2.2 数值天气预报

数值天气预报是预测和分析可再生新能源实时产能的基础。目前,数值天气预报的通用方法是在给定的初始条件和边界条件下,采用离散化差分等数值方法来求解大气控制方程组,进而预报未来的大气运动状态[11]。由于地表风很容易受到地形、地表粗糙度以及大气湍流等复杂因素的影响,当前的数值天气预报模式还无法精确地提供风场风机的气象元素预测数据。由于大气中包含着各种不同尺度的运动,其空间尺度的变化范围可以从几十米到上万米。因此,针对不同的研究目的,数值天气预报可分为不同尺度的预报模式。如全球天气预报模式分辨率为50~100km;区域中尺度模式分辨率为10~60km;风暴尺度模式分辨率为1~10km[12]。当然,分辨率越高也意味着需要更高计算能力的计算机。

目前国内常用的中尺度数值天气预报模式有MM5(mesoscale model 5)和WRF(weather research forecast)。MM5是美国国家大气研究中心(NCAR)和美国宾夕法尼亚州立大学(PSU)开发的新一代中尺度非流体静力模式,是具有数值天气预报业务系统功能和天气过程机理研究功能的综合系统,是较先进的中尺度数值预报模式,广泛应用在各种中尺度现象研究中[13]。WRF模式是由美国国家大气研究中心、国家环境预报中心(NCEP)、预报系统实验室(FSL)和俄克拉何马大学的风暴分析预报中心四个单位的科学家共同参与开发研究的新一代中尺度预报模式和同化系统,在风电预测领域有着广泛的应用[14]。WRF模式采用高度模块化、并行化和分层设计技术，集成了迄今为止中尺度方面的研究成果。WRF 模式包含高分辨率非静力应用的优先级设计、更合理的模式动力框架、与模式本身相协调的先进的资料同化系统以及可达几公里的水平分辨率及集合参数化物理过程方案等。在使用 WRF 模式求解大气动力学和热力学方程组时，可选取 NECP/NCAR 的逐 6 小时再分析数据作为中尺度数值天气预报模式的初始条件和边界条件。输出结果可以精确到覆盖风电场的 5×5 网格点的风电机组轮毂高度的风速和风向，空间分辨率为 3km，预测范围为 24h，时间步长为 1h。

3.3 能源信息感知

3.3.1 能源管理系统

能源管理系统(energy management system，EMS)是以帮助工业生产企业在扩大生产的同时，通过能耗信息感知和计量、能源计划、监控、统计、消费分析、能耗设备管理等多种手段，合理计划和利用能源，降低单位产品能源消耗，提高经济效益为目的信息化管控系统。

能源管理系统的基本管理职能包括：

(1) 能耗信息感知和计量；

(2) 能源系统设备运行状态的监视；

(3) 能源系统主设备的集中控制、操作、调整和参数的设定；

(4) 能源系统的综合平衡、合理分配、优化调度和管理；

(5) 能源系统异常、故障和事故处理；

(6) 能源运行数据的数据库归档和即时查询。

工业企业是我国能源消耗大户，其能源消耗量占全国能源消耗总量的 70%左右，而不同类型工业企业的工艺流程、装置情况、产品类型、能源管理水平对能源消耗会产生不同的影响。建设一个全厂级的集中统一的能源管理系统可以完成对能源数据进行在线的采集、计算、分析及处理，从而在能源物料平衡、调度与优化、能源设备运行与管理等方面发挥重要的作用。

3.3.2 高级测量体系

在智能电网技术的推动下，高级测量体系(advanced metering infrastructure，AMI)作为电网智能化的第一步，将对终端用户的用能信息感知起到重要作用。

AMI 系统是一个使用智能电表通过多种通信介质测量、收集并分析用户用电数据、提供开放式双向通信的系统，是智能电网的基础信息平台。其系统结构主要包括以下各个部分。

1. 智能电表

智能电表是可编程的电表。其基本功能即对多种计量值(如电能量、有功功率、无功功率、电压等)进行测量和储存。

如图 3-3-1 所示,智能电表具有内置通信模块,能够接入双向通信系统和数据中心进行信息交流,支持电表的即时读取(可随时读取和验证用户的用电信息)、远程接通和开断、装置干扰和窃电检测、电压越界检测,也支持分时电价或实时电价和需求侧管理。智能电表还有一个十分有效的功能,在检测到失去供电时电表能发回断电报警信息(许多是利用内置电容器的蓄电来实现),这给故障检测和响应提供了很大的方便。

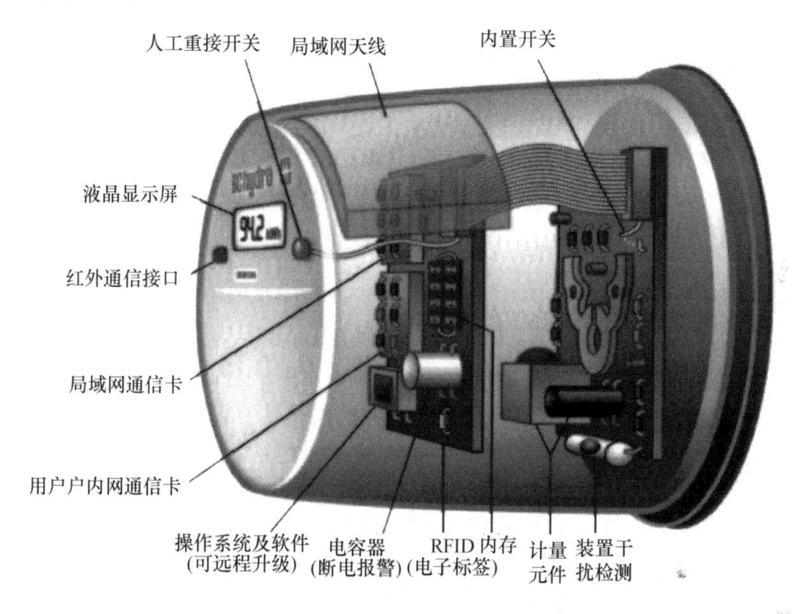

图 3-3-1　智能电表功能示意图

智能电表能够作为电力公司与用户户内网络进行通信的网关,使得用户可以近于实时地查看其用电信息和从电力公司接收电价信号。当系统处于紧急状态或需求侧响应并得到用户许可时,电表可以中继电力公司对用户户内电器的负荷控制命令。

智能电表的一些典型功能还包括:

(1) 提供双向计量,能支持具有分布式发电的用户;

(2) 提供断电报警和供电恢复确认信息处理;

(3) 提供电能质量的监视;

(4) 进行远程编程设定和软件升级;

(5) 支持远程时间同步；

(6) 根据需求侧响应要求而限制负荷。

2. 网络通信

智能电表的很大一部分功能都要靠其通信模块来实现，因此合适的通信网络是智能电表得以发挥其作用的基础。

通过通信网络，供电公司能够每天多次读取智能电表，并能把表计信息包括故障报警和装置干扰报警近于实时地从电表传到数据中心。常见的通信系统的架构主要分为广域网(wide area network，WAN)、社区网络(neighborhood area network，NAN)和户内网络(home-area network，HAN)三层结构，如图 3-3-2 所示。

社区网连接电表和数据集中器，而数据集中器则通过广域网和数据中心相连。数据集中器通常在杆塔上、在变电站里或在其他的一些设施上，它们是社区网和广域网的交汇点。

智能电表负责户内网中数据的采集和资料的上传，是连接户内网络同社区网络的交汇点。

利用相同的网络设施，也可以实现交易中心的实时电价、调度中心的负荷响应命令和家庭内部负荷控制的信息传递。

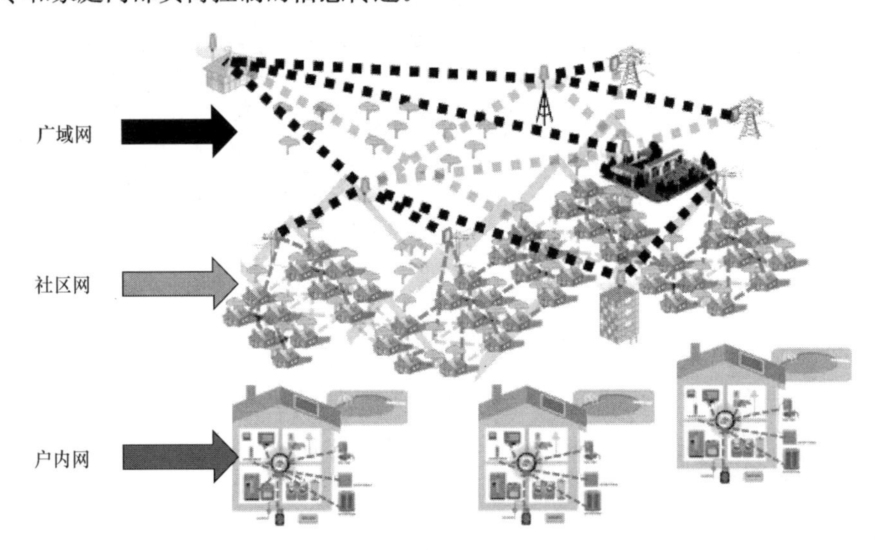

图 3-3-2　广域网、社区网络、户内网三层架构

1) 社区网通信

社区网可以为一个区域内的几十到数百个智能电表提供接入支持。供电公司利用户内网络同社区网络进行连接，实现数据交互。

在社区网络中，数据集中器即时或按照预先设定的时间收集或接收附近电表的计量值或信息，再利用广域网把数据传到数据中心。数据集中器可以中继数据中心发给下游电表和用户的命令和信息。社区网络对通信的速率要求不高，因此对它最主要的考量是以最低的成本连接用户。常见的通信方式为电力线宽带(BPL)、网格状无线射频网络(RF mesh networks)等，如图 3-3-3 所示。

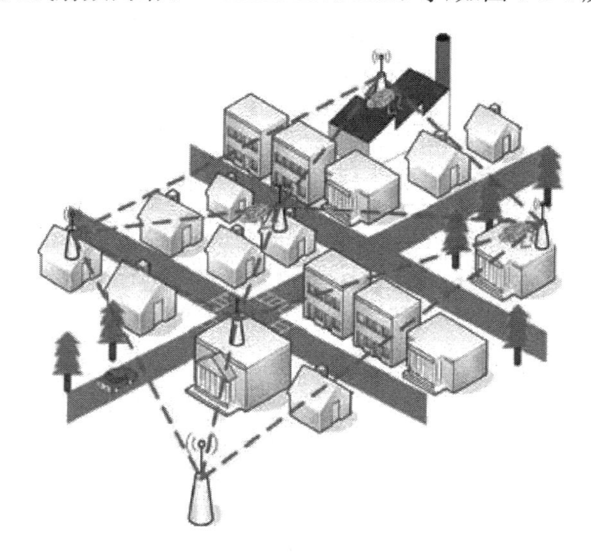

图 3-3-3　基于 RF mesh networks 的社区网络示意图

社区网络是连接供电公司和终端用户的重要媒介，CISCO Systems、AT&T 等通信巨头都已提出了相应的解决方案。

2) 户内网络通信

户内网络通过网关或用户入口把智能电表和用户户内可控的电器或装置(如可编程的温控器)连接起来，使得用户能根据电力公司的需要，积极参与需求侧响应或电力市场。

户内网络中一个重要的设备是处于用户室内的户内显示器(IHD)。它接受电表的计量值和电力公司的价格信息并把这些信息连续地近于实时地显示给用户，使得用户及时和准确地了解用电情况、费用和市场信息。鼓励用户节约用电，根据市场或系统的要求调整他们的用电习惯，如把一些用电调整至系统需求低谷时段。根据不同的项目实验，这些措施可降低峰荷 5%以上。户内网络也可根据用户的选择来设定，根据不同的电价信号便可进行负荷控制，而无须用户不停地参与用电调整。

同时，它还可以限定来自电力公司和局部的控制动作权限。户内网络的用户入口可以处在的不同的设备上，如电表、相邻的集中器、由电力公司提供的独立的网关或用户的设备(如用户自己的因特网网关)。

迄今为止，户内网络的技术规范还在争论和发展之中。但其从网关到户内显示器之间的通信技术，主要有无线或电力线载波两种。主要的标准是 ZigBee(无线),HomePlug(载波)和 IPv6。目前 ZigBee 在市场上的接受度最高。图 3-3-4 即表示了基于 Zigbee 的户内网络解决方案。

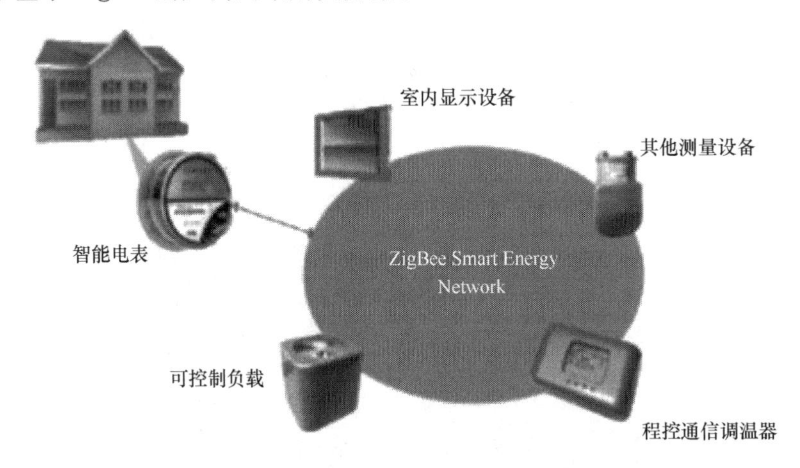

图 3-3-4 基于 ZigBee 的户内网络示意图

3.3.3 楼宇能耗及相关信息感知

建筑能耗占当今社会总能消耗相当大的比例。在美国和欧洲发达国家,这一比例高达 40%。提高建筑能耗效率对于解决目前的全球性能源危机至关重要。能耗测量是感知和获取负荷水平的基础。楼宇建筑特别是大型公共建筑,有多种类型的用能设备,仅仅测量总能耗对于信息物理融合能源系统能耗的动态建模和优化运行是远远不够的。从系统节能减排的实际需要出发,亟待对所有可控的用能设备进行能耗分项计量,以便建立起基础的参考数据,便于衡量可控设备的用能效率,评估这些设备运行中不同的节能减排措施的效果,进而根据楼宇用户通过这些用能设备产生的能耗负荷需求动态地优化设备的运行。

感知和获取建筑内各个区域的人数分布信息对于提高优化运行暖通空调系统、照明系统,提高楼宇能源系统效率以及面对突发事件的快速响应至关重要。很多传感技术被用于室内人员的定位与检测,如 RFID、视频和红外技术。每一种技术都有各自的局限性,并且不同技术受限于不同因素的影响。例如,RFID 系统采用无线信号的接收信号强度(RSSI)作为定位数据源,而无线信号在室内具有多径效应,对基于 RSSI 的定位影响很大;而视频技术容易受到背景光照、人员密度和视角的影响。

1. 楼宇能耗的分项计量

由于用能设备类型众多,我国住房和城乡建设部制定了导则,对建筑能耗进行了分类,如表 3-3-1 所示。

表 3-3-1　建筑总能耗分类模型

	一级子项	二级子项
建筑总用电	照明插座用电	照明和插座用电
		走廊和应急照明用电
		室外景观照明用电
	空调用电	冷热站用电
		空调末端用电
	动力用电	电梯用电
		水泵用电
		通风机用电
	特殊用电	信息中心、洗衣房、厨房餐厅、游泳池、健身房或其他特殊用电

分类后，对建筑不同类型的设备便于建立细分的能耗基础数据测量记录，为量化管理、建立各类负荷的统计模型提供了依据。国内外学者也对能耗的更详细的分类进行了研究。比较有代表性的工作如清华大学建筑学院给出的一种分类方案[15]，如图 3-3-5 所示。

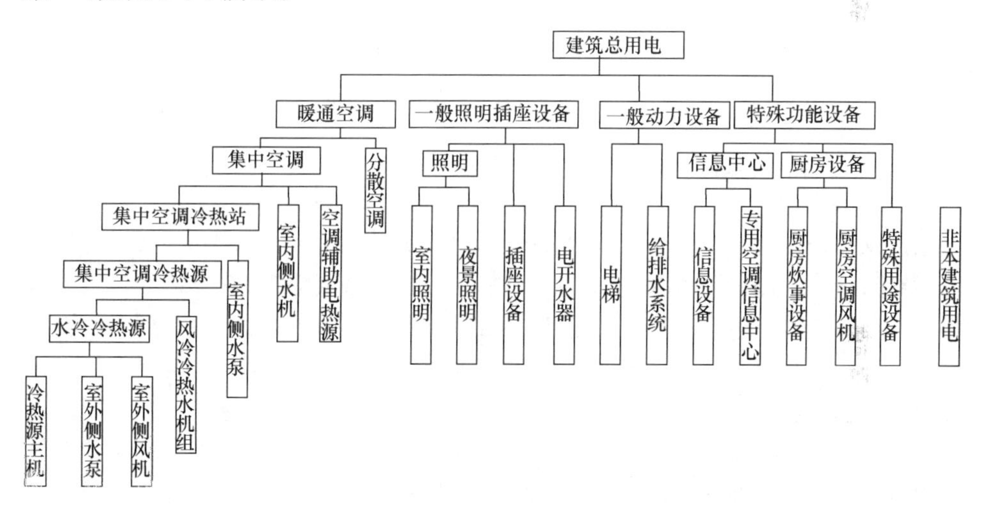

图 3-3-5　建筑能耗分类法图示[15]

该分类法的优势在于，综合了若干已有的方法，在功能上有可比性、易用性两大特点，在形式上具有完备性、适应性的特点，能够较好地服务于节能减排和辅助以节能诊断为目的的信息物理融合能源系统模型基础数据采集。

在实践中，由于用能设备数量庞大，加上现有楼宇的配电连接方式多样，为了能够详细采集特定类型设备的耗电量，有时需要对配电网络进行详细梳理，并在特定分支上加装电能表。有时这样改造的成本偏高。波形因数法是一种利用信号处理方法减少加装电能表数量的方法。其基本原理是不同类型的用电设备运行时的电流波形也不同，通过在配电网某个分支的进线端加装电流互感器监测电流变化来判断用电设备的类型和运行时间。典型用能设备的电流波形如图 3-3-6 所示。

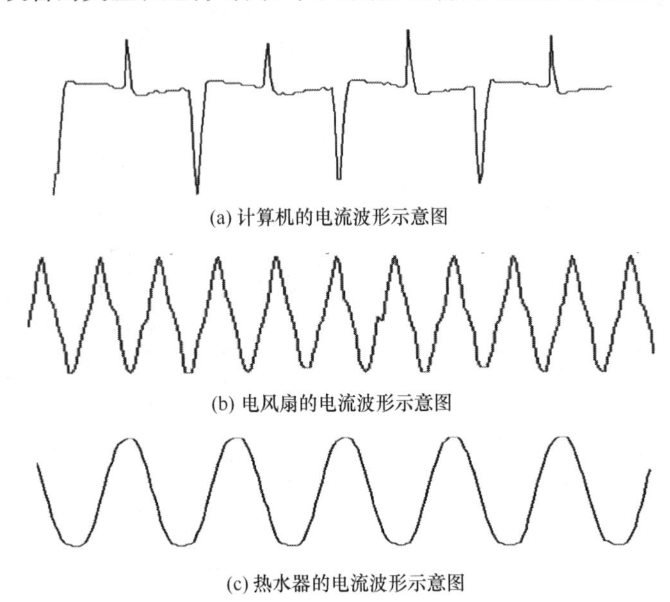

(a) 计算机的电流波形示意图

(b) 电风扇的电流波形示意图

(c) 热水器的电流波形示意图

图 3-3-6　典型用能设备的电流波形[16]

2. 人员信息感知

信息物理融合系统中一类重要的信息来源是人员信息，包括人员的位置、数目、身份、行为、心理等。这些信息对于建筑节能、舒适度提升、安全疏散具有关键作用。办公建筑、商业建筑、住宅建筑的能耗与建筑各分区内的人数有密切关系。通过多种定位与计数手段，获得人员在建筑内的实时分布，可以让暖通空调调整末端出力，提高建筑能源系统的总体效率。人员行为部分体现了舒适度的需求。通过用视频、红外以及人机交互了解各人员的实时舒适性需求，可以在提高建筑能效的同时，提高人员的舒适度。人员在建筑特别是超高层建筑以及具有复杂内部结构的建筑内的分布，在应急疏散时具有重要价值，据此可以动态均衡各疏散通路的压力。本节综述了人员信息感知的系统与方法，有兴趣的读者可以参考文献[17]。关于人员分布的详细估计算法也可以参见本书第 7 章。

我们通过一个简单的例子来说明人员信息感知在建筑节能领域的作用。如图 3-3-7所示，对于夏季的一幢办公建筑，在白天工作时间，由于室内人员较多，需要较大的冷量供给，根据监测系统提供的人员数据可以控制制冷设备工作在高负荷状态；而在中午，办公室内部的人员相对较少，基于监测系统提供的人员数目变化，可以控制制冷设备工作在较低负荷状态；在夜间，办公室内部处于无人员或少人员状态，通过监测系统提供的信息，可以关闭制冷设备。基于人员信息感知系统提供的办公建筑内人员数和分布信息，可以优化控制建筑物制冷设备的工作状态，从而达到节省建筑整体能耗的目的。

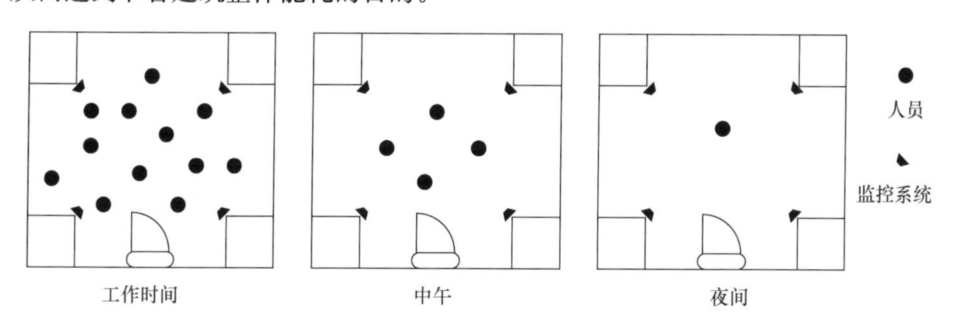

图 3-3-7　办公室工作时间、中午、夜间监测

目前建筑内人员分布信息感知方面的相关研究从感知方式上大体分为三类：被动式传感器人员信息感知、主动式传感器人员信息感知、融合式传感器人员信息感知。

在被动式传感器人员信息感知方面，被动式传感器本身不发射电磁波，而是通过接收目标发出或反射的电磁波来探测目标的位置等信息，相对于主动式传感器，被动式传感器具有抗干扰能力强、隐蔽性好等优点，被动传感器系统可分为三大类：测时差定位系统、测向交叉定位系统、测向测时差定位系统。目前广泛应用的传感器系统有视频系统、红外系统、CO_2传感器系统等。这类系统应用优势在于不需要人员的配合，可实现对人员分布信息的感知。其中视频系统是目前研究中应用最多的系统，通过对人员图像特征的识别，对所探测范围的人员分布进行统计(图 3-3-8)。Easy Living 是一套基于视频的定位系统，利用立体摄像机采用基于多视角的定位技术实现对人员的定位和跟踪。然而这些方法具有共同的缺点，由于需要做视频处理，该系统的能耗很大，并且系统的精度也可能随着环境的变化而变化，容易受到纹理、阴影和光照的影响，并且视频监测也会有盲区，这些都会导致人员密度估计精度降低。另外视频系统在应用中还会遇到一个非常重要的问题，视频系统容易暴露人们的隐私，在应用中容易受到用户的反感，同时视频系统由于需要运行快速的视频处理算法，一般来说硬件性能要求较高，成本较高。

红外系统通过获取目标的红外辐射信息来得到相应的位置等信息，常由红外辐射源、红外辐射收集装置、红外探测器和相应的信号处理装置所组成(图 3-3-9)。红外辐射源包括发射红外线的目标以及反射或者散射红外线的目标，同时，如果目

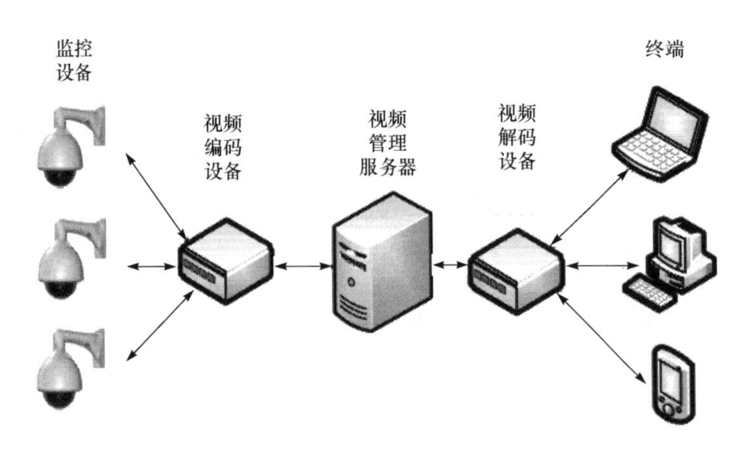

图 3-3-8　视频监控系统

标的红外辐射强度低于周围背景的红外辐射强度，这样的目标同样可以被视作红外辐射源；红外辐射收集装置的作用是收集红外辐射，进行成像、分光、滤光，最后将其有效地传输给红外探测器；红外探测器的作用是将红外辐射转变为电信号，这一部分是红外系统的核心部分；信号处理装置的作用是将红外探测器输出的较弱的信号进行放大和信息处理。

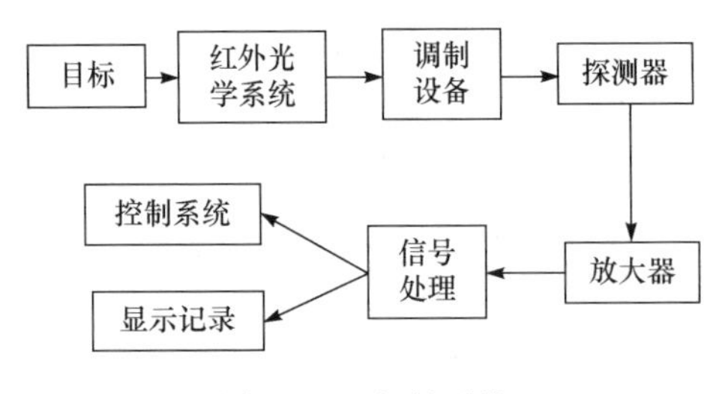

图 3-3-9　红外系统

红外系统从技术上可分为两种：一种采用热释电计数，实现对人体红外波的探测，进而实现人员分布感知，如利用红外热释电传感器实现了基于 RBF 神经网络的人员计数；另一种采用红外光对射计数，通过人员通过时对光的遮挡计数实现人员分布信息感知，如利用基于支持向量机的红外对射光传感的人员定位方法。这类系统优势在于成本很低，不会受到环境影响，也不会暴露人们隐私，因此这类系统也被人们广泛地接受和应用，目前在大型商场、地铁、公交以及一些办公大楼都有应用。然而这类系统也存在着不足，例如，热释电红外系统感知精度较低，对于多人同时进入其探测范围无法区分；红外对射光系统则需要被安装在比较窄的地方，如走廊或者门口等，同样这类系统对于并行人员的通过也是无法检测的。

CO_2传感器系统通过检测房间内的 CO_2的浓度估计人员的分布情况。这类系统应用比较受限，容易受限于房间的开放程度，因此其检测精度不高，并且不具有普遍性，很难在实际的楼宇中大量应用。

在主动式传感器人员信息感知方面，目前应用最多的传感器系统主要有 RFID 系统、WIFI 系统、超声波系统、超宽带脉冲定位系统等。这类系统一般需要人员配合，携带一个定位标签。由于采用的是对定位标签的定位，因此这类系统一般都具有定位精度相对较高的特点。但是各类系统也都有各自的不足，如 RFID 系统和 WIFI 系统采用射频信号，而射频信号在室内具有多径效应，影响其定位精度。而超声波系统，如 Cricket 系统，对方向要求较高，在实际应用中受到很大限制。超宽带脉冲定位技术定位精度很高，但是其成本很高，一般很难在智能建筑中应用。其中 RFID 和 WIFI 系统都是基于 RF 信号的定位系统，使用 IEEE 802.11 技术，在这方面成熟的系统有 RADAR、SpotON、LANDMARC、Ekahau。RADAR 系统采用 RSSI 信号比对的方法进行定位，在系统初始安装时，会记录不同地方的 RSSI 信号，在定位时，将获取的 RSSI 信号与数据库中记录的数据进行比对，以判断定位位置。RADAR 适合于具有稳定 RF 信号的环境中，因为 RSSI 容易受到室内电磁环境的影响，电磁环境如果发生改变，RADAR 估计出的人员位置就会与真实位置相差甚远。SpotON 系统是一个三维空间中定位的 Adhoc 传感器网络，LANDMARC 采用主动式 RFID 系统，利用大量低成本的标签作为定位参考，将待定位目标携带的标签的 RSSI 与这些参考标签的信号对比，从而估计出目标位置。参考标签的密度越高，该系统的定位精度就越高。

在融合式传感器人员信息感知方面，主要目标是融合多系统人员分布感知信息，提高整体人员信息感知的精度。目前这方面存在的主要工作大多数采用经典的信息融合方法，如贝叶斯方法、贝叶斯网络、Dempster-Shafer 证据理论、模糊估计和神经网络等。详细讨论参见本书第 7 章。

3.4　本章小结

传感器和传感器网络技术的发展，为信息物理融合能源系统的信息感知、状态监测和整体系统的节能优化提供了新的机遇。本章介绍了典型信息物理融合能源系统中的各种信息感知系统和方法。由于信息物理融合能源系统的时空分布和网络化特点，基于传感器网络技术，实现泛在信息的综合感知与融合，对于在此基础上建模、控制和优化至关重要。在信息物理融合能源系统环境下保证信息感知的可靠性、服务质量方面仍需要开展更为全面和深入的研究。

参考文献

[1] Gungor V C, Lu B, Hancke G P. Opportunities and challenges of wireless sensor networks in Smart Grid. IEEE Transactions on Industrial Electronics, 2010, 57(10): 3557-3564.

[2] Featured story, Fureture 10 Emerging Technologies that Will Change the World, MIT Technology Review, Febuary 2003:1-3.
[3] 夏俐,等. 无线传感器网络及应用简介. 自动化博览,2005,21(S2):34-34.
[4] 黎发贵,等. 浅谈风电场测风. 水力发电,2008,34(7):82-84.
[5] 李军,等. 风能资源评估中地表粗糙度的研究. 资源科学,2011,33(12):2341-2348.
[6] 程启明,等. 风力发电中风速测量技术的发展. 自动化仪表,2010,31(7):1-4.
[7] 宋丽莉,等. 风电场风资源测量与计算的精度控制. 气象,2009,35(3):73-80.
[8] 王长贵,等. 太阳能光伏发电实用技术. 北京:化学工业出版社,2005.
[9] 彭传诲,等. 大功率光伏阵列输出特性现场测试技术. 电器与能效管理技术,2012(1):26-30.
[10] 王昌长,等. 电力设备的在线监测与故障诊断. 北京:清华大学出版社,2006.
[11] 沈桐立,等. 数值天气预报. 北京:气象出版社,2009.
[12] 盛裴轩,等. 大气物理学. 北京:北京大学出版社,2012.
[13] Grell G A, Dudhiaand J, Stauffer D. A description of the fifth generation Penn State/NCAR mesoscale model (MM5). NCAR Tech Notes NCAR/TN-398 + STR, doi: 10.5065/D60Z716B, 1994.
[14] Michalakes J, Dudhia J, Gill D, et al. Design of a next-generation regional weather research and forecast model: Towards Teracomputing, World Scientific, River Edge, New Jersey, 1998:117-124.
[15] 王鑫. 公共建筑用能分项计量综合关键技术研究. 北京:清华大学博士学位论文,2010.
[16] 李树宝,等. 新型电能分项计量系统. 电测与仪表:2011,48(544):63-65.
[17] Wang H, Jia Q S, Song C, et al. Building occupant level estimation based on heterogeneous information fusion. Information Sciences, 2014, 272(3):145-157.

第4章　不确定可再生新能源的预测与随机特性

本章提要

风能作为一种清洁的可再生能源具有良好的发展前景，但是其自身固有的随机性，会对信息物理能源系统造成很大的冲击和影响。如何更好掌握风电的随机特性，缓解其对信息物理网络的冲击是本章的主要目的。本章重点分析了风电并网对电网调度的影响以及风力气象信息和风电信息感知的重要性；基于风力气象信息和风电信息，提出了新的风电场群的发电功率概率预测模型；并在此基础上提出了实时相关性的概念，用以分析风电场群发电功率的随机特性。

4.0　本章符号列表

$\psi u, \psi v$	风速水平分量
ω	风速垂直分量
Φ	位势高度
$\psi x, \psi y$	水平坐标
ρ	气压
t	时间
$\Delta\psi x$	x 坐标方向差分距离
$\Delta\psi y$	y 坐标方向差分距离
$\Delta\rho$	ρ 坐标方向差分距离
Δt	t 坐标方向差分距离
R	气体常数
c_p	定压比热
$\vec{W}_{i,n}^{\mathrm{ms}}$	t_n时刻风电场 i 上方风速
$\vec{W}_{i,n}^{\mathrm{sf}}$	t_n时刻风电场 i 的地表风速
κ	卡曼常数
w_z	地标 z 高度风速
$w_{i,n}^{\mathrm{tb}}$	t_n时刻风电场 i 的风机轮毂高度处风速

$\widetilde{w}_{i,n}$	t_n时刻风电场i风速
ζ_i	$w_{i,n}^{\mathrm{tb}}$上的附加白噪声
$\boldsymbol{\Lambda}$	白噪声ζ_i的协方差矩阵
$pc_i(\cdot)$	风电场i的功率曲线函数
$g_{i,n}$	t_n时刻风电场i的归一化发电功率
$\boldsymbol{g}_n$	t_n时刻风电场发电功率向量
G_i	风电场i额定装机量
$\boldsymbol{f}(\cdot)$	非线性状态方程
$\boldsymbol{h}(\cdot)$	非线性输出方程
$\boldsymbol{\xi}_n,\boldsymbol{\eta}_n$	t_n时刻状态方程和输出方程的附加白噪声
$\boldsymbol{Q}_n$	$\boldsymbol{\xi}_n$在t_n时刻的协方差矩阵
$\boldsymbol{R}_n$	$\boldsymbol{\eta}_n$在t_n时刻的协方差矩阵
$\boldsymbol{x}_n$	t_n时刻系统状态向量
$\boldsymbol{\chi}_n$	t_n时刻系统边界条件向量
$\hat{\boldsymbol{x}}_{n\mid n}$	t_n时刻系统滤波状态
$\boldsymbol{P}_{n\mid n}$	t_n时刻系统状态滤波协方差矩阵
$\hat{\boldsymbol{x}}_{n+\tau\mid n}$	提前τ步预测状态
$\boldsymbol{\Gamma}_{n+1\mid n}$	t_n时刻系统矩阵
$\boldsymbol{H}_n$	t_n时刻输出矩阵
$\boldsymbol{P}_{n+1\mid n}$	提前一步预测状态协方差矩阵
$\boldsymbol{K}$	卡尔曼增益矩阵
$\hat{\boldsymbol{g}}_{n+\tau\mid n}$	提前τ步风电功率预测向量
$\hat{g}_{i,n+\tau\mid n}$	t_n时刻风电场i的提前τ步预测功率
$\boldsymbol{S}_{n+\tau\mid n}$	提前τ步风电预测(误差)协方差矩阵
σ_{ii}	风电场i预测功率标准差
σ_{ij}	风电场i和j预测功率协方差
Ω	椭球不确定性集合
Θ	椭球不确定性集合中风电预测误差协方差矩阵
γ	椭球不确定性集合中的鲁棒参数
$\boldsymbol{\rho}_{n+\tau\mid n}$	风电场提前τ步预测功率实时相关系数矩阵
σ^{Agg}	风电场群总体预测发电功率标准差
$[g_{i,n}^{(1-\alpha)/2},g_{i,n}^{(1+\alpha)/2}]$	风场i在t_n时刻$\alpha\times100\%$置信度下的发电功率预测区间
λ_i	矩阵$\boldsymbol{\Sigma}^1/\gamma$第$i$个特征值

4.1 风电并网对电网调度运行的影响

风电作为清洁的可再生能源备受世界各国瞩目，风电装机量与发电量与日俱增。根据国家能源局风电产业监测情况[1]，2014年中国风电新增装机1981万kW，累计并网装机容量达到9637万kW，稳居世界第一。我国已分别在甘肃酒泉、新疆哈密、河北、吉林、内蒙古东部、内蒙古西部、江苏沿海、山东等风能资源丰富地区，规划建设8个千万千瓦级风电基地。以甘肃酒泉风电基地为例，2013年酒泉基地建成和在建风电装机总规模达到1020万kW，风电上网率达到了85%。这对环境保护、节约能源以及生态平衡都有着重要的意义。但是，目前国内的风电场一般处于电网末端。以上述几大风电基地为例，多处于新疆、甘肃、内蒙古等经济比较落后地区，本地负荷较小，无法就地消纳。需要大规模集中接入电网，长距离传输。而由于风电的不确定特性，大规模风电并网运行对电网的电能质量、电网安全稳定及电力系统调度带来了负面的影响和挑战。

在电力系统中，电源的发电量必须随负荷的变化精确调节和匹配。由于传统的火电、水电等电源是基本可控的，而且负荷随机性较低，负荷预测精度比较高，因此调度部门根据负荷预测结果可以确定优化的调度计划。但是风电的不确定性远高于负荷，而且其精度普遍较低，这给发电计划的指定和调度带来了很大的困难。通常为了消除风电波动对电力系统实时调度与控制影响，需要预留足够的旋转备用容量，即在指定时间内能够快速调节的功率。当系统旋转备用容量不足时，电网就存在着发生安全事故的潜在危险。如2005年1月丹麦West Denmark电网、2008年2月美国Texas电网、2009年1月西班牙电网等相继发生了由于系统备用不足，局部风电场发电功率突然变化，导致多个地区不得不切负荷限电的安全事故。因此，电网调度一般采用保守的方式，为风电预留出足够的备用容量以平衡其波动，但是额外预留的系统旋转备用容量，会造成常规发电设备的浪费，增加了系统能耗和发电成本。

此外，风电可能具有"反调峰"特性，即在用电高峰期风速低、发电量少，而到了夜晚低负荷时风速大、可发电量大。因此，风电发电的功率波动常会和用电负荷波动的趋势相反，即相当于"削谷填峰"。图4-1-1为某地区某典型日的负荷曲线和风电场发电功率曲线。可以发现，负荷高峰期为9:00～12:00，18:00～21:00。而这段时间内风电场的发电量大都比较小；而当21:00之后负荷需求下降后，风电场的发电功率却有了显著增加。因此，在风电功率曲线与负荷曲线叠加后，会使得峰谷差进一步加大。尤其在大规模风电装机并网的情况下，电网为提高全网调峰容量，需要在全网中留有足够多的正、负旋转备用，大大降低了电网运行的经济性。

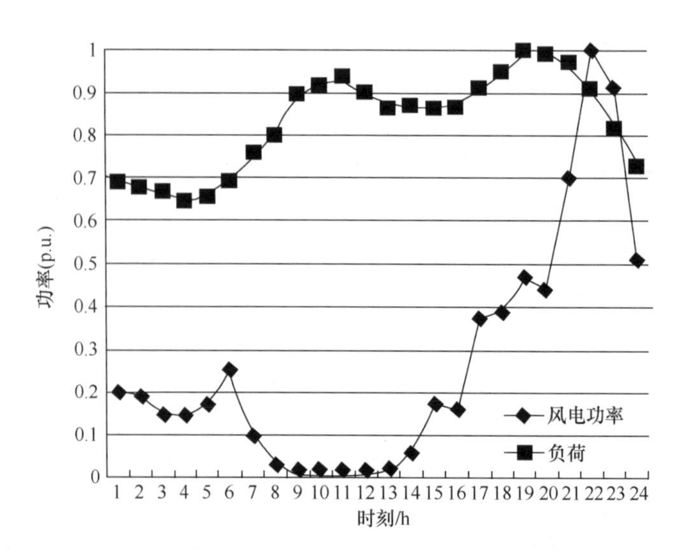

图 4-1-1　某地典型日负荷曲线和风电场发电功率曲线

为了改善风电并网对系统调度的影响，可以从以下几个方面入手：第一，提高风电预测精度，完善风电预测系统，做好风电调度的计划管理，根据预测结果合理优化和安排常规机组的发电计划；第二，改善电源结构，提高水电等可再生能源的利用率，将风电与可存储的传统可再生能源——水电和抽水蓄能配合或"打包"使用，以消纳一部分随机变化的风电，同时为整体系统提供备用，增加电网的调峰能力；第三，加强末端电网建设，增强电网接纳多风电场能力，让风电的不确定性相互"抵消"(将在本章 4.3 节讨论)。

4.2　风力气象信息与风电感知

风电场发电功率预测是提高电网消纳风能能力、改善电力系统运行安全性和经济性最有效的手段之一。基于风电场输出功率的预测结果，电网调度部门可以合理安排发电计划和系统旋转备用容量，提高电网运行的经济性。另外，通过预测风电的波动，还可以合理安排措施，以提高系统安全性和可靠性。图 4-2-1 为典型的风电场发电预测方法框架图。预测模型的输入分为风力气象信息和风电信息。风力气象信息主要指基于数值天气预报数据得到的和风机发电相关的风速、风向、温度和湿度等气象信息；风电信息感知是指通过风场中各种传感器获得的风电机实时发电功率和气象数据以及风场测风塔气象传感器所收集到的风速、风向和温度等实时气象信息数据。下面分别讨论这两部分内容。

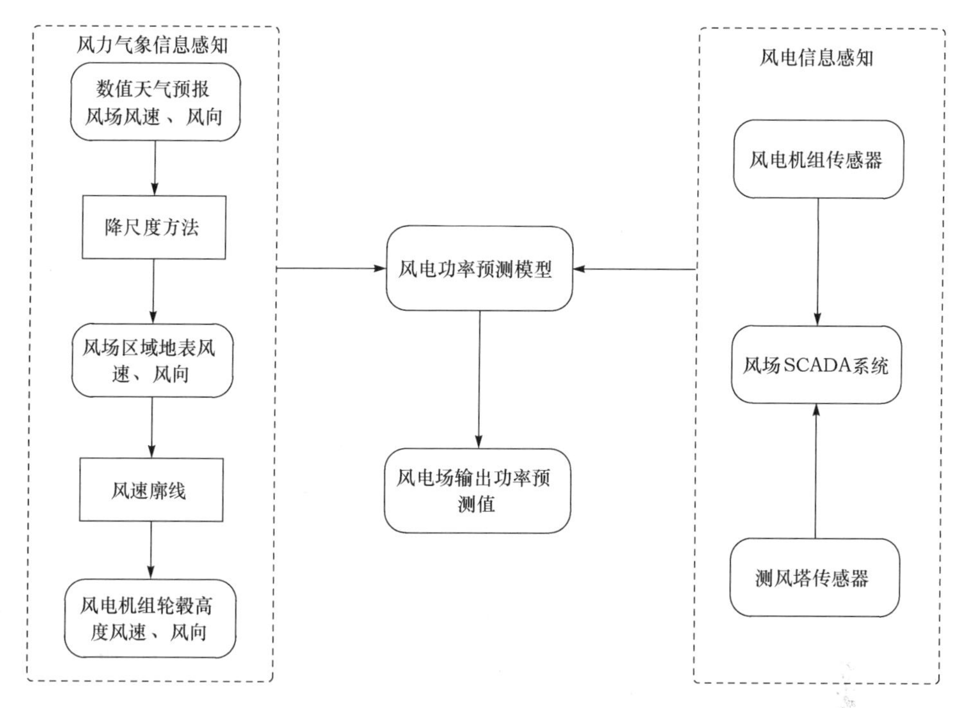

图 4-2-1　典型的风电功率预测方法框架图

4.2.1　风力气象信息感知

对风电机组来说，其发电功率的大小主要由风机轮毂处的风速、空气密度、温度和湿度等风力气象信息决定。因此，风力气象信息感知和预测对风电功率预测方法很重要。数值天气预报[2]（numerical weather prediction，NWP）是风力气象信息感知的基础。如图 4-2-1 所示，以数值天气预报数据为基础通过降尺度方法以及风速廓线准则，可以对风机轮毂处的气象信息做出相应的预测，进而预测风电场的发电功率。数值天气预报是风电功率预测系统的重要输入，其预报的准确与否直接影响了风电预测结果的精度。

1）数值天气预报模式

数值天气预报是在给定的初始条件和边界条件下，采用离散化差分等数值方法来求解大气控制方程组，进而预报未来的大气运动状态。针对不同的研究目的，数值天气预报可分为不同尺度的预报模式。如全球天气预报模式分辨率为 50～100km；区域中尺度模式分辨率为 10～60km；风暴尺度模式分辨率为 1～10km。风电场发电预测通常使用中尺度数值天气预报数据[3]。模式内的大气三维空间被分割成为排列整齐的网格点阵，而各网格点上气象变数的数值则代表了当前大气的状况。网格点数量越多、模式分辨率越高，越能够细致地勾画出未来的大气状况,但同时电脑运算量亦会大幅增加。模式方程组及描述物理过程的方案都包含了近似和假设的成分。要求解模式方程组,首先要集合最新资料把初始状况正确地建立起来。在业务运作上,大气初始状况的分析是利用最新气象观测资料订正先前的模式预报,再进行新一轮的预报运算。

2) 降尺度方法

数值天气预报提供了未来一段时间内风场附近位置点的风速、风向等相关的气象信息。但是,这些数值天气预报气象信息的空间和时间分辨率有限,需要通过降尺度方法,将这些气象信息转化为风场地表高分辨率的风速及风向信息。降尺度方法的好坏直接关系到预测模型输入信息的精确程度,对预测结果的精确与否影响很大。降尺度本身有两层含义:第一是提高原有低分辨率气象数据的分辨率;第二是指基于高空大气资料来获得局地地表区域及相应尺度特征的资料[4]。

降尺度方法主要包括统计降尺度法和动力降尺度法。统计降尺度法的基本原理是采用统计经验的方法来建立低分辨率数值天气预报数据与风场地表气象变量之间的线性或非线性联系,如基于多元线性回归、相关性分析、神经网络和支持向量机法等[5-7]。该方法具有计算量小、模型相对易于构造和形式灵活多变等特点。但缺点是需要大量的观测资料,并且缺乏物理机理的支撑。动力降尺度法是通过区域气候模式,利用大尺度的气象背景信息,建立更高分辨率的气象变量分布场[8,9]。区域气候模式建立在大尺度与区域尺度要素之间非线性作用的基础上,物理意义明确并且不受观测资料的影响。但缺点是精确的物理模型需要很长的计算时间,如果物理模型不精确会影响降尺度的计算结果。

3) 风速廓线

风机高度一般不超过100m,处于大气近地面层。风机轮毂高度处的风速可以通过近地面层风速廓线来获得。风速廓线描述了地表近地面层中的风速随高度变化而变化的情况。地表对风电摩擦阻力随着离地面高度的增加而减小,从而使风速随高度的增加而变大。按照地表大气稳定度的不同,近地面层可以区分为中性、稳定和不稳定三种状态。在实际计算中,通常假定地表层大气是中性的。在中性条件下,风速在垂直方向上的变化规律可以由如下的对数风速廓线来准确描述[10]:

$$\frac{x_u}{x_u^*}=\frac{1}{\kappa}\ln\frac{x_z}{x_{z_0}} \tag{4-2-1}$$

其中,x_{z_0} 为地表粗糙度,指的是对数风速廓线公式中平均风速等于零的高度;x_u^* 为摩擦风速,κ 为卡曼常数[11]。利用对数风速廓线我们可以得到地表风速和风电机轮毂高度风速的转换关系。设地表(10m)风速为 w^{sf},风机轮毂高度处风速为 w^{tb},则根据对数风速廓线,有

$$w^{\mathrm{tb}}=w^{\mathrm{sf}}\cdot\ln\left(\frac{x_{z_{\mathrm{sf}}}}{x_{z_0}}\right)\Big/\ln\left(\frac{x_{z_{\mathrm{tb}}}}{x_{z_0}}\right) \tag{4-2-2}$$

其中，地表粗糙度 x_{z_0} 常通过统计方法来确定，即利用对数风速廓线公式，在近中性的情况下用平均风速观测资料在(x_u，$\ln x_z$)坐标中进行线性拟合，$x_u=0$ 的高度就是 x_{z_0}[12]。而 $x_{z_{sf}}$，$x_{z_{tb}}$ 分别为与 w^{sf}，w^{tb} 观测高度对应的风速廓线系数。风速观测资料通常来源于风场内部测风塔设备所记录的历史风速数据。最后将得到的风机轮毂风速预测结果作为风电场功率预测模型的输入来进行预测。

4.2.2　风电感知

1. 风电感知的重要性

风电感知指通过风机和测风塔内置的前端传感器设备获得的风电机实时发电功率以及风速、风向、气压和温度等气象信息的过程。风电感知在风电预测和风电机运行控制等方面中有着重要的作用。风机在实际运行中，其所在地的风速、风向、压力和温度等气象条件是实时变化的，这些都会对风机发电功率特性造成影响，使得风机发电功率与风速的对应关系动态变化。因此，在进行风电功率预测时，可以根据传感器所收集的风机周围的实时气象状况，建立风电机发电功率动态估计模型，进而在预测风速基础上更好地对风电场发电功率进行预测，提高风电预测精度[13]。另外，风电机内置的风速仪、风向标、转速传感器和温度指示器等传感器，实时记录了风电机运行状态，风场工作人员根据这些信息对风机进行实时控制，以保证风机的安全稳定运行和提供高质量的电能。

另外，测风塔数据也可以用来对数值天气预报数据进行比对和模式矫正。由于数值天气预报模式和降尺度技术中的地理网格精度的限制，在使用数值天气预报数据进行风电预测前必须对其准确度进行判定和误差校正。而测风塔所提供的风电场区域的实时气象监测数据是重要的校正数据。根据累积的测风塔实测气象资料和相应时段的数值天气预报预测数据，可以分析预报误差规律，对最新预报结果进行相应的误差校正。同时，也可以改进数值天气预报模式的输入参数，进而提高其预报的准确率[14]。

2. 风电场 SCADA 系统

风电场 SCADA(supervisory control and data acquisition)系统是实现风电感知的重要依靠。SCADA 系统，即数据采集与监视控制系统。SCADA 系统是以计算机为基础的 DCS 与电力自动化监控系统，它应用领域很广，可以应用于电力、冶金、石油、化工、燃气等领域的数据采集与监视控制以及过程控制等诸多领域。风电场 SCADA 系统主要负责监控和控制风电场的运行和维修，通过收集风电场数据，分析和报告风电机组的运行情况[16]。通过组建光纤环网或者星形网络将风场各风机、测风塔等前端传感器与中央监控系统构建以太网络。数据采集系统通过多种通用接口，实现将风电场内风机、变电站、测风塔、气象站等前端传感器记录的信息进行采集，通过现场光纤网络，将采集数据接入中央监控系统并存入数据库。现场SCADA系统监控中心可实现对现场装机容量、风机部件参数、风机控制器组件气象基础信息等信息进行监视，并对风机开关机进行远程控制，实现风场的风机网络拓扑图监控[17]。

风电场SCADA系统应具有以下特点[18]。

(1) 远距离通信能力强。对处在丘陵或山区地区的风电场来说，覆盖面积通常比较大。监控中心与所控制风电机组的距离会比较远。因此，SCADA系统首先要满足远距离通信的要求，以便快捷地实现对风电场内各风电机组状况的监控和通信。

(2) 实时性强。由于风力发电受自然条件的影响比较大，因此相关的电力系统运行参数变化会非常频繁和迅速，这对运行和监控系统的实时性要求很高。

(3) 可靠性高。SCADA系统所采集、传送的数据及相应的监控命令对保证电力系统正常运行具有至关重要的作用，因此可靠性必须高。

图4-2-2给出了一种典型的风电场SCADA系统架构，该系统由变电站、测风塔、风电机组、远程接口单元(remote interface unit，RIU)、现场通信网络(site communications network，SCN)、SCADA服务器、工作站、数据库、应用服务器和远程客户端等组成[19]。SCADA系统的特征是在每一个风电机、测风塔和变电站都有一个RIU。在风电机组中的RIU用于连接风电机控制器和SCN，能对风电机的实时风速、发电功率等信息进行存储和处理，如风电机数据采集、数据存储、数

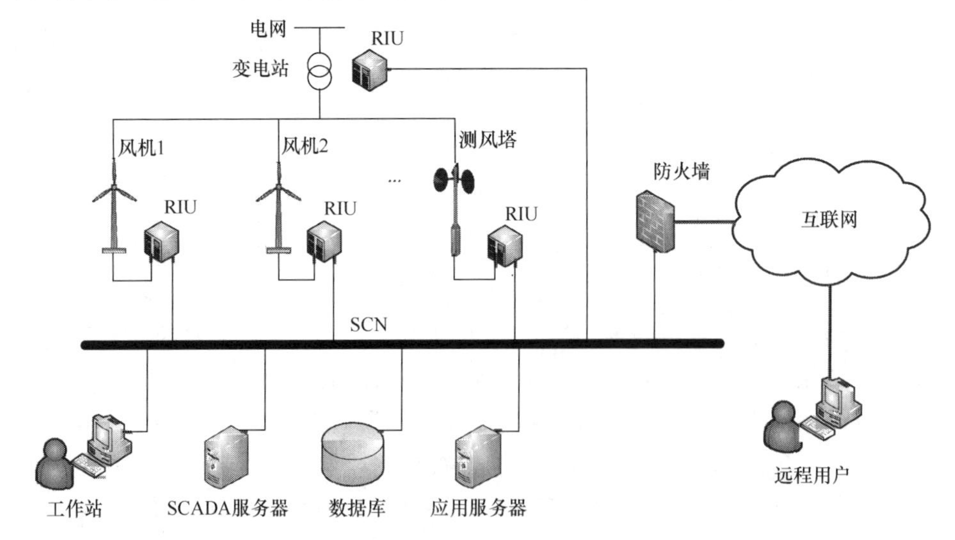

图4-2-2　典型风电场SCADA系统架构

据传输等,减少系统对现场通信网络可靠性的依赖。测风塔上装载了多种气象要素测量传感器、数据采集模块和通信模块等,实时监测系统每隔 5min 将其采集计算得到的数据发送并保存在数据库中。

3. 风电场信息物理融合能源系统

获取充分的信息和数据是信息物理融合能源系统优化运行的基础。在新型传感器与传感器网络的支撑下,在系统整体范围内同步获取系统环境和状态信息,进行深度的大数据分析和计算,就能够以更高的精度和效率分析、预测系统中的各种不确定性因素,实现系统的安全、高效运行。

从系统划分上来说,信息物理融合系统由两部分组成:其一是按照自然物理规则运行,并直接作用于现实世界的物理系统;其二是实现物理系统信息感知、传输、分析,并通过控制指令反作用于物理环境的信息系统。具体对于风电场物理信息融合能源系统,其物理系统包括了近地风场的大气运动、风机的传动机制与电机励磁等过程,涉及大气动力学、机械、电气等多个领域;而其信息系统的主要目标是整合不同用途的传感器资源,通过多源信息融合和深度大数据计算,更好地实现风电感知、系统分析与优化控制。其系统如图 4-2-3 所示。

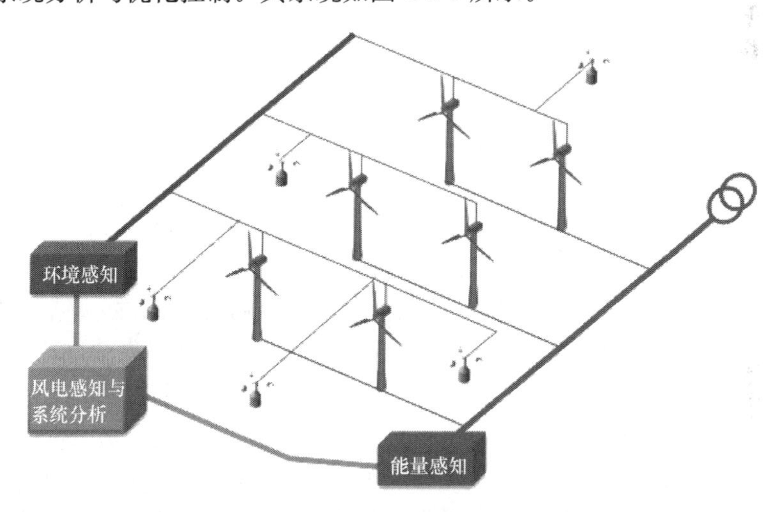

图 4-2-3　风电场物理信息融合能源系统框图

通过风电场信息物理融合系统可以更好地实现风场物理环境和电力物理信息的充分感知。目前,风电机组已有相对完备的传感器装置,例如,利用风机的测风装置可实时获取风速、风向、气压和温度等气象信息;而风电场 SCADA 系统也可以实时获得各风机的发电数据和运行状态。从风-电转换的角度,风电机利用风能并将其转换为电能,随着风速从零增加,风电机会处于不同的工作状态,输出功率也会相应变化。而且,在风速太小和过大的情况下,风电机是不能工作的。理论上来说,风电机的输出功率和风速之间存在一个饱和非线性的转换关系,而此关系受环境、工况等影响较大。因此对于风机的信息感知与融合,其工作的重心是风速、风电之间关系的建模与分析。

测风塔是风电感知中的重要组成部分。在风电场风况实时监测和风电预测方面发挥着重要作用。测风塔上装载了测风速计、风向标、气压计、温湿度计等传感器设备,采用分层梯度来测量和采集风电场微气象环境场内的风、温度、湿度、气压等气象信息。其上搭载的气象要素实时监控系统,每隔 5min 将采集计算得到的数据发送至数据接收平台并入库。在基于统计时间序列的风电预测方法中,可以直接采用测风塔实时记录的风速、风向等历史数据作为数据源来训练模型,实时数据用来对预测模型的参数进行校正。另外,在基于数值天气预报的风电预测方法中,测风塔记录的大量地面分层高度风速数据可以用来绘制风速廓线,估计风场地表粗糙度,进而更好地估计风机轮毂的风速和发电功率。

同时,风场 SCADA 系统也是实现风电感知的重要依靠,它主要负责监控和控制风电场的运行和维修,通过收集风电场数据,分析和报告风电机组的运行情况。

4.3 基于气象模型与感知的风电概率预测

4.3.1 风电功率预测方法介绍

电力系统调度及电力市场交易通常关注的是未来 48h 内并网风电场所能提供的发电量,从时间尺度上来看属于短期预测问题。从预测方法上来说,风电输出功率预测主要分为统计方法和物理方法两种。统计预测方法以历史数据为基础,如风电场输出功率、测风塔风速和风向以及数值天气预报数据提供的风速、风向、气压和温度等气象预测数据等,采用时间序列(ARMA)、数据拟合和神经网络等方法进行建模,预测未来时刻的风电场功率[20-22]。在 6h 内统计类方法具有较高的预测精度。该方法的不足是需要大量的历史数据,模型需要训练,并且缺乏物理机理的支撑。物理预测方法以数值天气预报系统提供的风速、风向、气压和温度等气象预测数据为基础,结合风场地表地形、粗糙度和风机排列等信息来计算风电机组轮毂高度处的风速和风向值,然后再根据风电场功率曲线得到风电场输出功率的预测值。物理方法不需要大量的历史数据,适用于复杂地形[23,24]。缺点是需要丰富的气象预报信息,物理模型需要建立得比较复杂。物理方法在预测时间较长时的精度要比统计方法高。

现阶段超短期(4h内)风电预测误差维持在10%左右,这样的预测精度同电网调度所涉及的其他参量的预测水平尚有较大差距。为了弥补预测误差的不足,近几年来国外学者提出了概率预测方法[25-27]。风电概率预测方法除了可以提供点预测值之外,还可以提供风电的不确定性信息,并以概率的形式给出风电功率的预测结果。最常见的即为区间预测,即以置信区间的形式给出预测结果的范围,预测结果依某一概率大小分布在该区间内[25]。区间预测方法在国外开展了一定的研究,包括重采样法、核函数法和分位数回归法等,都属于统计类方法[25-27]。但是,已有的风电概率预测方法主要针对于单个风场预测问题,并不适用于我国的风电发展现状。随着我国风电的大规模开发,单机、单场的容量剧增,而且往往沿着同一风带梯级建设若干风电场,集中接入电网,形成1～10GW级的风电场群。对这些地域关联的风电场群来说,在一段时期内容易受到同一气象模式的影响,风能的生成和传播也具有相似或相同的物理背景。这使得各风电场发电之间存在着一定的时空耦合关系。而以上的概率预测方法缺乏大气运动物理机理的支撑,也没有充分利用这些风场群之间的时、空相关性。同时,这些方法需要大量的历史数据来训练模型,而我国新建风场较多,数据完备性不足,难以实现精确的建模。

4.3.2　基于气象模型和风电感知的风电场群功率概率预测

在本节,我们提出了一种基于大气运动原理的风电场群功率概率预测方法。首先,建立区域内风电场群的随机动态系统。该随机动态系统主要由两部分组成:描述风场上空大气风速、温度和气压等气象信息的时空运动的中尺度大气动力学系统状态模型和描述高空大气风速和地面风场输出功率转换关系的系统量测模型。在此动态随机系统模型的基础上,以SCADA系统实时提供的风电功率量测信息为反馈,采用扩展Kalman滤波的方法对系统状态和参数进行更新,并输出各风场输出功率的预测值和预测误差协方差矩阵,最终得到风电场群中各风场输出功率的概率预测结果。系统流程图如图4-3-1所示。

1. 建立系统状态方程

以中尺度大气动力学原理为基础,利用中尺度大气斜压原始方程组,建立描述风电场群所在区域上空大气运动的系统状态方程。斜压原始方程组由一系列偏微分方程组成,描述了大气运动所遵从的几个物理规律,即动量守恒定律、能量守恒定律、干空气质量守恒定律和理想气体状态方程[28]:

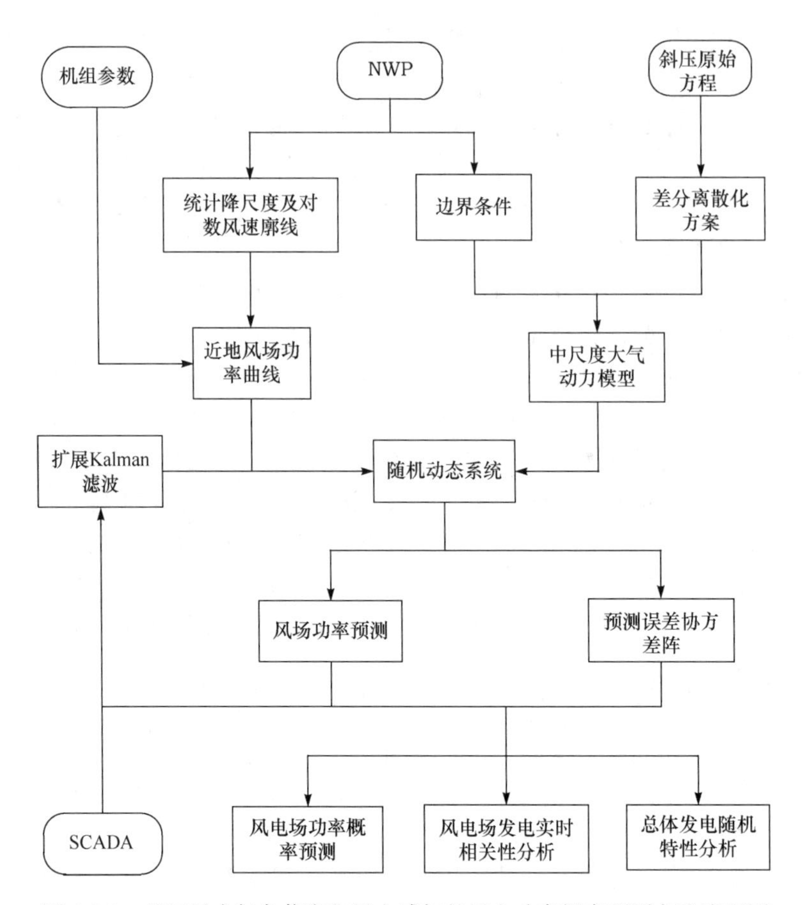

图 4-3-1　基于风力气象信息和风电感知的风电功率概率预测方法流程图

$$\begin{cases}\dfrac{\partial\psi u}{\partial t}+u\dfrac{\partial\psi u}{\partial\psi x}+v\dfrac{\partial\psi u}{\partial\psi y}+\omega\dfrac{\partial\psi u}{\partial\rho}=-\dfrac{\partial\Phi}{\partial\psi x}+f_0\psi v\\ \dfrac{\partial\psi v}{\partial t}+u\dfrac{\partial\psi v}{\partial\psi x}+v\dfrac{\partial\psi v}{\partial\psi y}+\omega\dfrac{\partial\psi v}{\partial\rho}=-\dfrac{\partial\Phi}{\partial\psi y}-f_0\psi u\\ \dfrac{\partial T}{\partial t}+u\dfrac{\partial T}{\partial\psi x}+v\dfrac{\partial T}{\partial\psi y}+\omega\dfrac{\partial T}{\partial\rho}-\dfrac{R_0 T}{c_p\rho}\omega=0\\ \dfrac{\partial\Phi}{\partial\rho}=-\dfrac{R_0 T}{\rho}\\ \dfrac{\partial\psi u}{\partial\psi x}+\dfrac{\partial\psi v}{\partial\psi y}+\dfrac{\partial\omega}{\partial\rho}=0\end{cases}\tag{4-3-1}$$

采用数值差分的方法，将以上斜压原始方程组离散化。首先，定义系统状态变量为 $\boldsymbol{x}=[\psi u,\psi v,T,\Phi,\omega]^{\mathrm{T}}$，在 x，y，p 和 t 方向上离散化便可得到如下离散的状态点：

$$\begin{cases}\psi u_{i,j,k}^{n}=\psi u(i\Delta\psi x,j\Delta\psi y,k\Delta p,n\Delta t)\\ \psi v_{i,j,k}^{n}=\psi v(i\Delta\psi x,j\Delta\psi y,k\Delta p,n\Delta t)\\ T_{i,j,k}^{n}=T(i\Delta\psi x,j\Delta\psi y,k\Delta p,n\Delta t)\\ \Phi_{i,j,k}^{n}=\Phi(i\Delta\psi x,j\Delta\psi y,k\Delta p,n\Delta t)\\ \omega_{i,j,k}^{n}=\omega(i\Delta\psi x,j\Delta\psi y,k\Delta p,n\Delta t)\end{cases}\tag{4-3-2}$$

以及离散状态点 $\boldsymbol{x}_n=[\psi u^n,\psi v^n,T^n,\Phi^n,\omega^n]^{\mathrm{T}}$。采用时间前向差分和空间中央差分的方法[29]，将斜压原始方程组差分离散化：

$$\begin{cases}\psi u_{i,j,k}^{n+1}=\psi u_{i,j,k}^{n}-\dfrac{\Delta t}{2\Delta\psi x}\psi u_{i,j,k}^{n}\psi u_{\Delta i,j,k}^{n}-\dfrac{\Delta t}{2\Delta\psi y}\psi v_{i,j,k}^{n}\psi u_{i,\Delta j,k}^{n}\\ \qquad-\dfrac{\Delta t}{\rho_{k+1}-\rho_{k-1}}\omega_{i,j,k}^{n}\psi u_{i,j,\Delta k}^{n}-\dfrac{\Delta t}{2\Delta\psi x}\Phi_{\Delta i,j,k}^{n}+\Delta t f_0\psi v_{i,j,k}^{n}\\ \psi v_{i,j,k}^{n+1}=\psi v_{i,j,k}^{n}-\dfrac{\Delta t}{2\Delta\psi x}\psi u_{i,j,k}^{n}\psi v_{\Delta i,j,k}^{n}-\dfrac{\Delta t}{2\Delta\psi y}\psi v_{i,j,k}^{n}\psi v_{i,\Delta j,k}^{n}\\ \qquad-\dfrac{\Delta t}{\rho_{k+1}-\rho_{k-1}}\omega_{i,j,k}^{n}\psi v_{i,j,\Delta k}^{n}-\dfrac{\Delta t}{2\Delta y}\Phi_{i,\Delta j,k}^{n}-\Delta t f_0 u_{i,j,k}^{n}\\ T_{i,j,k}^{n+1}=T_{i,j,k}^{n}-\dfrac{\Delta t}{2\Delta\psi x}\psi u_{i,j,k}^{n}T_{\Delta i,j,k}^{n}-\dfrac{\Delta t}{2\Delta\psi y}\psi v_{i,j,k}^{n}T_{i,\Delta j,k}^{n}\\ \qquad-\dfrac{\Delta t}{\rho_{k+1}-\rho_{k-1}}\omega_{i,j,k}^{n}T_{i,j,\Delta k}^{n}+\dfrac{R\Delta t}{\rho_k c_p}T_{i,j,k}^{n}\omega_{i,j,k}^{n}\\ \Phi_{i,j,k}^{n+1}=\dfrac{1}{2}\left[\Phi_{i,j,k+1}^{n+1}+\Phi_{i,j,k-1}^{n+1}+\left(\dfrac{\rho_{k+1}}{\rho_k}-\dfrac{\rho_k}{\rho_{k-1}}\right)RT_{i,j,k}^{n+1}\right]\\ \omega_{i,j,k}^{n+1}=\dfrac{1}{2}(\omega_{i,j,k+1}^{n+1}+\omega_{i,j,k-1}^{n+1})+\dfrac{1}{2}(\rho_{k+1}+\rho_{k-1}-2\rho_k)\left(\dfrac{\psi u_{\Delta i,j,k}^{n+1}}{2\Delta\psi x}+\dfrac{\psi v_{i,\Delta j,k}^{n+1}}{2\Delta\psi y}\right)\end{cases}\tag{4-3-3}$$

以上各式加入随机白噪声即为系统随机离散状态方程，可概况描述为

$$\boldsymbol{x}_{n+1}=\boldsymbol{f}(\boldsymbol{x}_n,\boldsymbol{\chi}_n,n)+\boldsymbol{\zeta}_n\tag{4-3-4}$$

其中，$\boldsymbol{\chi}_n$ 为系统边界条件，由 NWP 数据提供；$\boldsymbol{\zeta}_n$ 为零均值的随机白噪声，其协方差矩阵为 $\boldsymbol{Q}_n$。

2. 建立系统量测方程

系统量测方程描述了高空大气状态和风场输出功率的非线性关系，通过以下三个步骤得到。

(1) 采用统计降尺度法将高空风转化为地表(10m)风。

首先建立描述风场 i 的高空风 $\vec{W}_{i,n}^{\mathrm{ms}}$ 和地表风 $\vec{W}_{i,n}^{\mathrm{sf}}$ 的回归模型[29]：

$$\vec{W}_{i,n}^{\text{sf}}=a_{i,n}+b_{i,n}\vec{W}_{i,n}^{\text{ms}}+\varepsilon_{i,n} \tag{4-3-5}$$

其中，$a_{i,n}$和$b_{i,n}$为回归系数；$\varepsilon_{i,n}$为残差。回归系数是采用相关向量的方法(vector correlation method)进行实时动态更新的。地表风速$w_{i,n}^{\text{sf}}=|\vec{W}_{i,n}^{\text{sf}}|$。

(2) 采用对数风速廓线将地表风速转化为风场风机轮毂高度风速。

对数风速廓线描述了大气近地面层内风速随垂直高度变化的规律。根据对数风速廓线，x_z高度处的风速w_z可描述为[11]

$$w_z=\frac{x_u^*}{\kappa}\ln\left(\frac{x_z}{x_{z_0}}\right) \tag{4-3-6}$$

其中，x_{z_0}为地表粗糙度；x_u^*为摩擦风速；κ为卡曼常数。由此，风机轮毂处风速$w_{i,n}^{\text{tb}}$可表示为

$$w_{i,n}^{\text{tb}}=w_{i,n}^{\text{sf}}\cdot\ln\left(\frac{x_{z_{\text{tb}}}}{x_{z_0}}\right)\Big/\ln\left(\frac{x_{z_{\text{sf}}}}{x_{z_0}}\right) \tag{4-3-7}$$

(3) 通过风电场功率曲线关系得到风电场预测功率。

对单个风电机组来说，轮毂处风速和其风电输出功率具有饱和非线性转换关系，图 4-3-2 为某典型风电机组在一段时间内的风速和风电输出功率图。其中黑色数据点为观察样本，点实线为理想情况下的风电机组功率曲线，设为$pc_i(\cdot)$，$1\leqslant i\leqslant I$。可以发现风机的实际输出功率会在随机因素的影响下，偏离理想的功率曲线。

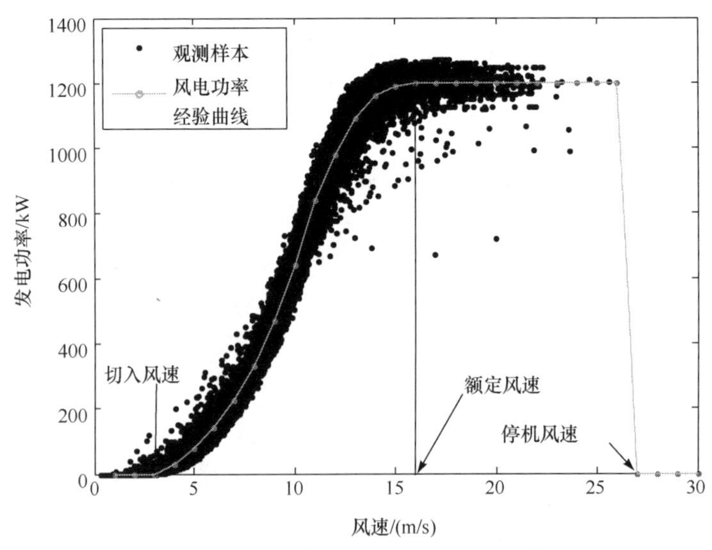

图 4-3-2　风电机组发电功率曲线

我们将整个风场假定为一台等同额定功率的风电机组，其归一化后的输出功率为

$$g_{i,n}=pc_i(\widetilde{w}_{i,n})/G_i \tag{4-3-8}$$

其中，G 为风场装机量；$\widetilde{w}_{i,n}$ 为风场风速，

$$\widetilde{w}_{i,n}=w_{i,n}^{\mathrm{tb}}+\zeta_i \tag{4-3-9}$$

ζ_i 为高斯白噪声，用以描述实际输出功率偏离理想转换函数曲线的随机偏离。

通过以上几个步骤，我们便可将大气状态（高空风速）转换为风场输出功率，由此，可以建立非线性随机系统量测方程：

$$\boldsymbol{g}_n=\boldsymbol{h}(\boldsymbol{x}_n,n)+\boldsymbol{\eta}_n \tag{4-3-10}$$

其中，$\boldsymbol{g}_n=g_{i,n}(i=1,2,\cdots,I)$ 为风场输出功率向量；$\boldsymbol{\eta}_n$ 为零均值高斯白噪声，其协方差矩阵为 $\boldsymbol{R}_n$。

3. 系统状态估计和风电输出功率预测

前面，我们建立了如下的随机离散非线性动态系统：

$$\begin{cases}\boldsymbol{x}_{n+1}=\boldsymbol{f}(\boldsymbol{x}_n,\boldsymbol{\chi}_n,n)+\boldsymbol{\zeta}_n\\ \boldsymbol{g}_{n+1}=\boldsymbol{h}(\boldsymbol{x}_{n+1},n+1)+\boldsymbol{\eta}_{n+1}\end{cases} \tag{4-3-11}$$

以扩展 Kalman 滤波算法为基础[31]，结合 SCADA 系统提供的实时风电场输出功率信息，实现系统的状态和参数更新，进而对风电场输出功率进行预测。设系统初始状态和状态协方差矩阵为 $\hat{\boldsymbol{x}}_{0|0}$ 和 $\boldsymbol{P}_{0|0}$。基于初始滤波值，可以得到一步预测状态及其一步预测状态协方差矩阵为

$$\begin{cases}\hat{\boldsymbol{x}}_{n+1|n}=\boldsymbol{f}(\hat{\boldsymbol{x}}_{n|n},\boldsymbol{\chi}_n,n)\\ \boldsymbol{P}_{n+1|n}=\boldsymbol{\Gamma}_{n+1|n}\boldsymbol{P}_{n|n}\boldsymbol{\Gamma}_{n+1|n}^{\mathrm{T}}+\boldsymbol{Q}_n\end{cases} \tag{4-3-12}$$

其中，$\boldsymbol{\Gamma}_{n+1|n}=[\nabla_{\boldsymbol{x}}\boldsymbol{f}(\boldsymbol{x},\chi_n,n)^{\mathrm{T}}]^{\mathrm{T}}|_{\boldsymbol{x}=\hat{\boldsymbol{x}}_{n|n}}$ 为系统状态方程 $\boldsymbol{f}(\cdot)$ 在状态 $\hat{\boldsymbol{x}}_{n|n}$ 处展开得到的雅可比矩阵。设 SCADA 系统实时更新的量测信息为 $\boldsymbol{z}_n$，则系统状态滤波值及滤波协方差矩阵为

$$\begin{cases}\hat{\boldsymbol{x}}_{n+1|n+1}=\hat{\boldsymbol{x}}_{n|n}+\boldsymbol{K}\cdot[\boldsymbol{z}_{n+1}-\boldsymbol{h}(\hat{\boldsymbol{x}}_{n+1|n},n+1)]\\ \boldsymbol{P}_{n+1|n+1}=[\boldsymbol{I}-\boldsymbol{K}\boldsymbol{H}_{n+1}]\boldsymbol{P}_{n+1|n}\end{cases} \tag{4-3-13}$$

其中，$\boldsymbol{K}$ 为滤波矩阵

$$\boldsymbol{K}=\boldsymbol{P}_{n+1|n}\boldsymbol{H}_{n+1}^{\mathrm{T}}[\boldsymbol{H}_{n+1}\boldsymbol{P}_{n+1|n}\boldsymbol{H}_{n+1}^{\mathrm{T}}+\boldsymbol{R}_{n+1}]^{-1} \tag{4-3-14}$$

$\boldsymbol{H}_{n+1}=[\nabla_{\boldsymbol{x}}\boldsymbol{h}(\boldsymbol{x},n+1)^{\mathrm{T}}]^{\mathrm{T}}|_{\boldsymbol{x}=\hat{\boldsymbol{x}}_{n+1|n}}$ 为系统量测方程 $\boldsymbol{h}(\cdot)$ 在状态 $\hat{\boldsymbol{x}}_{n+1|n}$ 展开得到的雅可比矩阵。随着时间的进行，SCADA 系统不断获得实时最新的量测信息，系统便不断更新，得到最新的状态滤波值 $\hat{\boldsymbol{x}}_{n+1|n+1}$ 和滤波协方差矩阵 $\boldsymbol{P}_{n+1|n+1}$。基于 $\hat{\boldsymbol{x}}_{n+1|n+1}$ 和 $\boldsymbol{P}_{n+1|n+1}$，可得风场输出功率的一步预测值为

$$\hat{\boldsymbol{g}}_{n+1|n}=\boldsymbol{h}(\hat{\boldsymbol{x}}_{n+1|n},n+1) \tag{4-3-15}$$

及其预测误差协方差矩阵

$$\boldsymbol{S}_{n+1|n}=\boldsymbol{H}_{n+1}\boldsymbol{P}_{n+1|n}\boldsymbol{H}_{n+1}^{\mathrm{T}}+\boldsymbol{R}_{n+1} \tag{4-3-16}$$

通过不断迭代以上两式,可以得到风场输出功率提前 τ 步预测值及其预测误差协方差矩阵,设为

$$\hat{\boldsymbol{g}}_{n+\tau|\tau}=\hat{g}_{i,n+\tau|n},\quad i=1,2,\cdots,I \tag{4-3-17}$$

$$\boldsymbol{S}_{n+\tau|n}=\begin{bmatrix}\sigma_{11}^{2} & \cdots & \sigma_{1M}\\ \vdots & & \vdots\\ \sigma_{M1} & \cdots & \sigma_{MM}^{2}\end{bmatrix} \tag{4-3-18}$$

由此,可以得到风场 i 提前 τ 步的预测值和预测误差方差:$(\hat{g}_{i,n+\tau|n},\sigma_{ii}^{2})$。国外有学者的研究使用Beta分布来近似描述风电输出功率预测误差[32]。Beta分布的两参数可以通过矩方法直接确定[33],并且其定义域为[0,1],可以直接对应归一化后的风电输出功率范围。缺点和不足是,和风电预测误差的分布还是有一定的偏差。Beta分布的概率密度函数为如下形式[33]:

$$f(x;p,q)=\frac{\Gamma(p+q)}{\Gamma(p)\Gamma(q)}x^{p-1}(1-x)^{q-1},\quad 0\leqslant x\leqslant 1 \tag{4-3-19}$$

其中,p 和 q 为形状参数。其期望和方差分别为

$$\begin{cases}E[X]=\dfrac{p}{p+q}\\ \mathrm{var}[X]=\dfrac{pq}{(p+q)^{2}(p+q+1)}\end{cases} \tag{4-3-20}$$

因此,对Beta分布来说,在确定其期望和方差为$(\hat{g}_{i,n+\tau|n},\sigma_{ii}^{2})$后,可以通过上两式得到形状参数 p 和 q,进而概率分布 $\hat{f}$ 也就确定了。风电输出功率的区间预测可以通过Beta分布的分位数方便地得到。设 $\alpha\times100\%$ 置信区间下的风电输出功率的区间预测范围为$[g_{i,n}^{(1-\alpha)/2},g_{i,n}^{(1+\alpha)/2}]$,则 $g_{i,n}^{(1-\alpha)/2}$ 和 $g_{i,n}^{(1+\alpha)/2}$ 分别为分布 $\hat{f}$ 的 $(1-\alpha)/2$ 和 $(1+\alpha)/2$ 的分位数值。

4.3.3 数值算例

本节我们将用实际的风场系统来测试模型和算法的效果。本算例中包括7个风电场,位于内蒙古自治区。分别为:

WF1:长风协合二连浩特风电场;

WF2:大唐灰腾梁风电场;

WF3:国华杭盖风电场;

WF4:京能哲里根图风电场;

WF5:大唐大西山风电场;

WF6:中广核四子王旗杜尔伯特风电场;

WF7：中广核宏基风电场。

7 个风电场的地理位置如图 4-3-3 所示。NWP 数据来自美国国家海洋和大气管理局网站所提供的大尺度全球再分析数据[34]。由于该数据的空间和时间精度均较低，算例测试中将该数据进行插值，以得到满足空间和时间精度要求的 NWP 数据信息。风场输出功率和 NWP 数据时间为 2012 年 8 月。

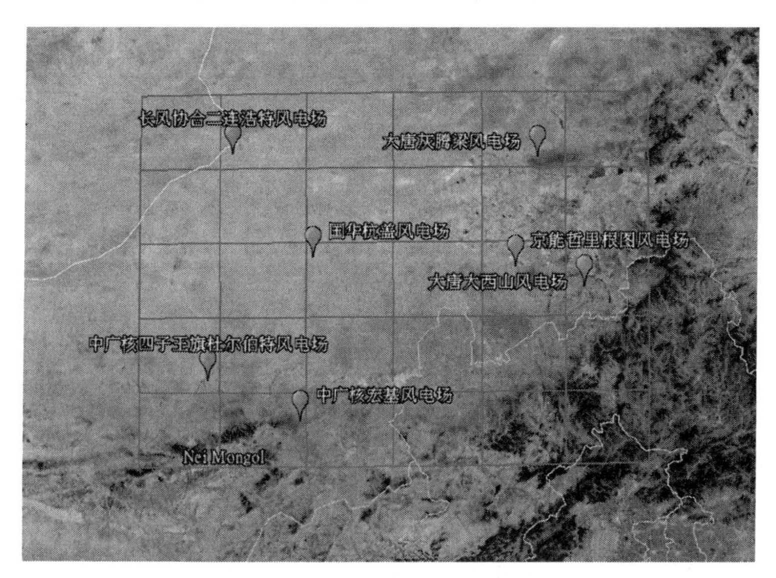

图 4-3-3　风场地理分布图

本章中，概率区间预测结果用以下两个指标来评价：Reliability 指标和 Sharpness 指标[35]。Reliability 指标是最重要的衡量指标，它指在一定置信水平下，名义置信水平和样本落入区间预测内的统计比例之间的偏差。偏差越接近于 0，就表明概率预测结果越好，偏差在 ±10% 以内则是好的区间预测结果。Sharpness 指标指不同置信水平下概率区间预测结果的平均宽度，一般来说，这个宽度越小表明概率区间预测结果越好。图 4-3-4 展示了 3 个典型风电场在 10%～90% 的置信水平下的 Reliability 指标结果。结果显示在大多数置信水平下本方法可以提供较好的区间预测结果。出现偏差较大的情况主要和本方法所选的 Beta 分布有时无法很好地拟合风电预测误差有关。图 4-3-5 为 3 个典型风电场在 10%～90% 置信水平下的 Sharpness 指标结果。结果表明风场 3 的区间预测宽度要高于其他两个风电场，较大的区间预测宽度则意味着更高的覆盖率水平，这也和图 4-3-4 中的结果相符合。

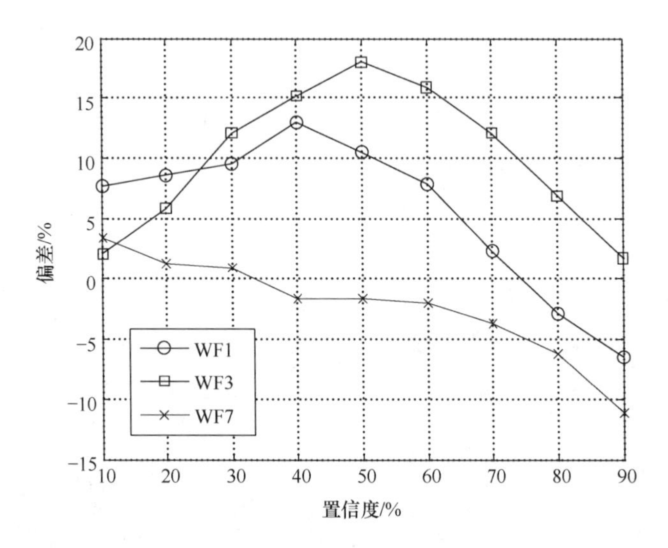

图 4-3-4 Reliability 指标图

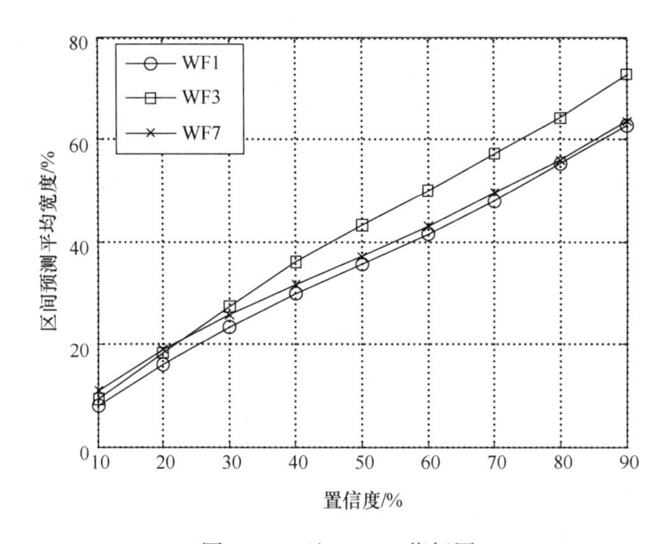

图 4-3-5 Sharpness 指标图

4.4 风电场群总体发电随机特性分析

4.4.1 风电场群发电功率实时相关性分析与应用

风电运行的实践表明,在较大地理区域内会出现不同风电场的出力随机特性相互抵消、总体不确定性降低的情况。这说明同风系下地理分布多风电场间的不确定性可能存在互补现象,使得总体发电功率的波动性比单个风电场更低。而在同一气象模式下,风能的生成和传播也具有相似或相同的物理背景。前文建立的基于大气运动原理的风电场群输出功率概率预测模型,可以用来研究风电场群输出功率的相关性,并揭示风电场群总体发电的内在联系。通过进一步量化分析可再生新能源的总体随机特性,有助于确定合理的风电消纳调度计划,提高风能的利用率。

1. 实时相关性分析

已有的风电场发电相关性分析主要是基于样本互相关分析方法,目的通常是提高风电场输出功率的预测精度[36,37]。样本互相关分析法是最常用的相关性分析方法,该方法通过分析历史样本数据来估计变量之间的相关程度,并提供样本统计相关性矩阵或样本统计相关系数矩阵。该方法虽然简单易行,但是缺乏物理机理的支撑,没有考虑大气运动对风电场群间发电的影响。同时,由于风场所处的大气边界层流体运动的混沌特性,风电输出功率是一个时变、非平稳的随机过程。因此,受不同时刻大气运动的影响,各风场发电功率之间的相关性也是时变的。然而,基于历史数据的统计相关性信息只是对历史时间内的相关性的描述。因此,用它们来预测未来某个时段内的相关性情况可能会出现很大的误差。

为了克服统计相关性的这些不足,我们提出实时相关性的概念,用以预测未来时刻风电场间发电功率的瞬时相关性情况。4.3 节建立的风电场群发电功率概率预测模型提供了风电场群发电功率预测误差协方差矩阵:

$$\boldsymbol{S}_{n+\tau|n}=\begin{bmatrix}\sigma_{11}^2 & \cdots & \sigma_{1I}\\ \vdots & & \vdots\\ \sigma_{I1} & \cdots & \sigma_{II}^2\end{bmatrix} \tag{4-4-1}$$

根据 Kalman 滤波原理,风电功率预测误差协方差矩阵也是风电功率的预测协方差矩阵,体现了预测功率的相关性情况[31]。而通过扩展 Kalman 滤波算法得到的$\boldsymbol{S}_{n+\tau|n}$也就是风电功率在未来某个时刻真实协方差矩阵的次优估计。同时,由于$\boldsymbol{S}_{n+\tau|n}$是随着新的风电功率量测信息而动态实时更新的,因此为了区别统计相关性,可以认为它包含了风电预测功率的实时相关性信息。

$\boldsymbol{S}_{n+\tau|n}$中的对角线元素的平方根$\sigma_{ii}$($i=1,2,\cdots,I$)为各风电场发电功率的预测标准差,可以用它们来衡量各风电场发电功率在未来时刻的波动大小。根据$\boldsymbol{S}_{n+\tau|n}$还可以得到风电场群的总体发电功率的预测标准差

$$\sigma^{\mathrm{Agg}}=\sqrt{\sum_{i=1}^{I}\sigma_{ii}^2+\sum_{i=1}^{I}\sum_{j=1,j\neq i}^{I}\sigma_{ij}} \tag{4-4-2}$$

基于$\boldsymbol{S}_{n+\tau|n}$还可以得到其对应的实时相关性系数矩阵

$$\boldsymbol{\rho}_{n+\tau|n}=\begin{bmatrix}\rho_{11} & \cdots & \rho_{1M}\\ \vdots & & \vdots\\ \rho_{M1} & \cdots & \rho_{MM}\end{bmatrix} \tag{4-4-3}$$

其中，$\rho_{ij}=\sigma_{ij}/\sqrt{\sigma_{ii}\sigma_{jj}}\,(i,j=1,2,\cdots,I)$为风场 i 和 j 预测发电功率的实时相关系数。$\rho_{ij}>0$ 则表明风场 i 和 j 预测发电功率呈正相关，这也意味着总体发电功率的波动性可能会增加；$\rho_{ij}<0$ 则表明风场 i 和 j 预测发电功率呈负相关，两风场的发电功率可能会相互抵消，并最终使得总体发电功率的波动性降低。

2. 在含风电的鲁棒优化机组组合问题中的应用

实时相关性可以应用到含风电的机组组合鲁棒优化问题中。机组组合问题是指为了实现电力供需平衡，合理利用发电资源，而预先对发电机组的启停和发电功率大小进行调度安排[38]。风电由于其具有很大的不确定性，给电网调度带来了很大挑战。近几年来，基于鲁棒优化方法的机组组合模型获得了广泛的研究，并取得了较好的成果。鲁棒优化机组组合模型中使用不确定性集合(uncertainty set)来描述风电的不确定性，并通过双层结构算法，求解在该不确定性集合下，最经济安全的机组调度结果[39-41]。在有风电场间相关性信息的情况下，可以建立如下椭球不确定性集合(ellipsoidal uncertainty set)[42,43]：

$$\Omega=\{\boldsymbol{g}_{n+\tau}:(\boldsymbol{g}_{n+\tau}-\hat{\boldsymbol{g}}_{n+\tau|n})^{\mathrm{T}}\boldsymbol{\Theta}^{-1}(\boldsymbol{g}_{n+\tau}-\hat{\boldsymbol{g}}_{n+\tau|n})\leqslant\gamma\} \tag{4-4-4}$$

其中，$\hat{\boldsymbol{g}}_{n+\tau|n}$为提前 τ 步的预测功率；$\gamma\in(0,I]$为不确定性参数，用以调节不确定性集合的大小。矩阵 $\boldsymbol{\Theta}$ 为风电场风电预测误差的相关系数矩阵，已有的文献中都选择使用基于预测误差历史数据得到的样本相关性矩阵来估计 $\boldsymbol{\Theta}$[43]。在本章中使用实时相关性矩阵 $\boldsymbol{S}_{n+\tau|n}$来估计 $\boldsymbol{\Theta}$。

为了对不确定性集合做出评价，我们在此提出以下两个直观的指标。

(1) 不确定性集合的体积：指集合 Ω 所表示的椭球的体积，它衡量了不确定性集合的大小。根据鲁棒优化原理，集合越大，意味着优化结果越保守。集合(4-4-4)中的椭球体积为[44]

$$V=\frac{2(\pi\gamma)^{I/2}}{I\cdot\Gamma(I/2)}\prod\nolimits_{i=1}^{I}\lambda_i^{-1/2} \tag{4-4-5}$$

其中，$\Gamma(\cdot)$为 gamma 函数，$\lambda_i\,(i=1,2,\cdots,I)$为矩阵 $\boldsymbol{\Theta}^{-1}/\gamma$ 的特征值。

(2) 不确定性集合的准确率：指在一段时间内风场实际发电功率落入椭球集合 Ω 中的比例。它衡量了椭球集合的准确性。

通常来说，不确定性集合的体积越大，准确率就越高。但是较大的体积会使得优化结果变得更加保守。因此，一个好的不确定性集合应该在这两个指标中达到平衡，即具有较小的体积，同时也拥有较高的准确率。

4.4.2　数值算例

本节仍使用 4.3.3 节中内蒙古 7 个风场的算例。表 4-4-1 统计了在使用实时相关性协方差矩阵和统计协方差矩阵建立的椭球不确定性集合的体积和准确率结果。方法一(V1,C1)为基于历史风电预测误差的统计相关性协方差矩阵建立的椭球集合,方法二(V2,C2)为基于实时相关性协方差矩阵建立的椭球集合。可以发现,本方法建立的椭球集合不但在大部分情况下体积要小于统计方法,而且准确率要更高。这证明在建立椭球不确定性集合时,实时相关性信息要优于统计相关性信息。可以更好地用来估计风电场之间的预测误差的不确定性关系。以 5 个风场为例,图 4-4-1 展示了某天中这些风场预测出力之间的实时相关系数和统计相关系数情况。其中,实线表示实时相关系数,虚线代表统计相关系数。很明显,两者的大小和变化趋势之间有着很大的不同。根据表 4-4-1 的结果,实时相关系数应该更接近未来时刻发电功率的瞬时相关系数结果。

表 4-4-1　基于实时相关性和统计相关性建立的椭球不确定集合的体积和准确率

(统计相关性:V1 和 C1;实时相关性:V2 和 C2)

提前预测时间(15min)	体积		准确率/%	
	V1	V2	C1	C2
1	0.041	0.694	67.7	99.4
2	0.191	0.712	62.9	99.0
3	0.602	0.726	59.4	98.3
4	0.688	0.737	54.2	97.5
5	1.238	0.746	50.6	96.9
6	1.458	0.755	46.0	95.4
7	2.162	0.765	43.1	94.6
8	2.105	0.770	39.4	93.8
9	2.302	0.774	37.3	93.3
10	2.611	0.778	36.3	92.5
11	3.004	0.779	38.8	91.5
12	3.242	0.783	36.7	91.3
13	4.387	0.786	36.3	90.4
14	4.201	0.786	34.0	89.0

续表

提前预测时间(15min)	体积		准确率/%	
	V1	V2	C1	C2
15	4.393	0.787	33.1	88.1
16	4.698	0.788	31.0	87.7
17	4.196	0.792	30.8	86.5
18	4.085	0.793	30.8	84.8
19	3.981	0.792	30.0	84.0
20	3.270	0.791	29.0	82.7

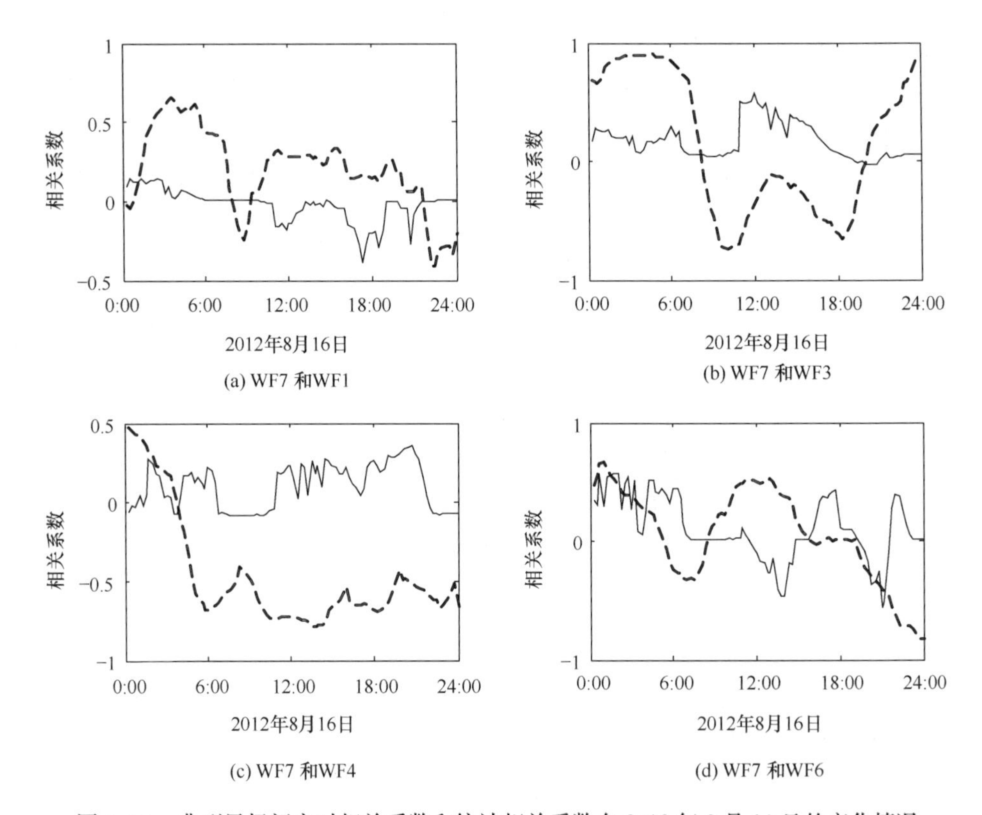

图 4-4-1　典型风场间实时相关系数和统计相关系数在 2012 年 8 月 16 日的变化情况

(实线:实时相关系数;虚线:统计相关系数)

表 4-4-2 为 2012 年 8 月 5 日 17:00 时 7 个风电场之间的实时相关系数情况。结果表明,不同风场间确实存在着负相关的现象。正是由于这些负相关特性的存在,使得不同风电场输出功率波动性相互抵消,进而降低了风场群总体输出功率的波动性。从表 4-4-2 中可以发现,风场 5 和风场 7 之间存在较强的负相关作用。以

风场 5 和风场 7 为例，图 4-4-2 展示了在当前时刻下，这两个风场预测功率标准差和它们的总体预测功率标准差随提前预测时间间隔增加而变化的情况。可以发现，各风场的预测功率标准差随提前预测步数的增加而呈变大趋势。这是由于随着提前预测步数的增加，风电的不确定性变大，预测结果也会变得越来越不准确，风电场发电功率的波动性变得越来越强。同时，我们可以发现两个风场的总体发电功率的预测标准差要小于单个风场，这也证明了负相关性会降低总体发电功率的波动性。

表 4-4-2　7 个风电场在 2012 年 8 月 5 日 17:00 时的实时相关系数情况

风场	WF1	WF2	WF3	WF4	WF5	WF6	WF7
WF 1	1	0.04	0.47	−0.06	0.03	0.23	0.26
WF 2	0.04	1	−0.16	0	0.78	−0.17	−0.28
WF 3	0.47	−0.16	1	0.03	−0.20	0.26	0.38
WF 4	−0.06	0	0.03	1	−0.02	0.04	−0.06
WF 5	0.03	0.78	−0.20	−0.02	1	−0.20	−0.31
WF 6	0.23	−0.17	0.26	0.04	−0.20	1	0.45
WF 7	0.26	−0.28	0.38	−0.06	−0.31	0.45	1

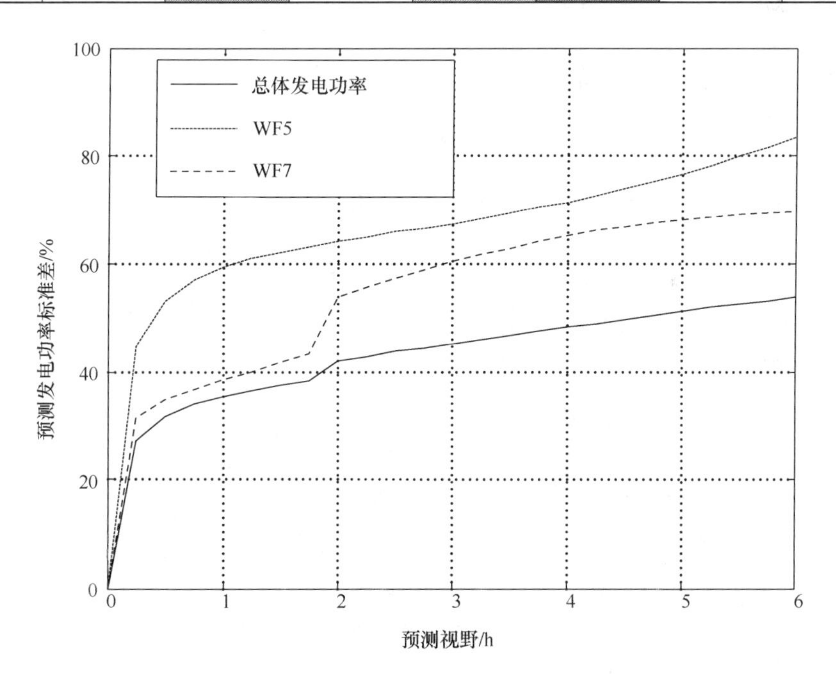

图 4-4-2　WF5 和 WF7 风电场的预测发电功率标准差及其总体预测发电功率标准差在不同预测时间间隔下的变化情况

4.5 本章小结

风能作为一种清洁的可再生能源具有良好的发展前景，但是其自身固有的随机性会对信息物理能源系统造成很大的冲击和影响。如何更好掌握风电的随机特性，缓解其对信息物理网络的冲击是本章的主要目的。本章首先介绍了风电并网对电网调度的影响、风电场信息感知与预测的现状，以及风电场信息物理融合系统。强调了风力气象信息和风电信息感知在风电预测方面所发挥的重要作用。

基于风力气象信息和风电信息，我们提出了风电场群发电功率概率预测模型，以大气运动原理、风速降尺度和风场发电功率模型为基础，结合风场最新的实时量测信息，通过扩展 Kalman 滤波对模型参数和状态进行更新，实现了各风电场发电功率和实时相关性的预测。在算例中，通过鲁棒优化机组组合问题中的椭球不确定性集合，证实了实时相关性信息较统计相关性信息能更好地反映风场发电功率瞬时的相关性情况。在算例中我们还对风电场群总体输出功率进行了定量的分析和研究，结果表明各风电场发电功率之间确实存在着负相关性的作用，而正是由于这些负相关性的作用，使得风电场群总体发电功率不确定性要低于单个风电场。

本章的主要内容基于作者及课题组的研究工作[44-49]。

参考文献

[1] 国家能源局，2014 年风电产业监测情况，2015 年 2 月 12 日 . http://www. nea. gov. cn/2015-02/12/c_133989991. htm

[2] 沈桐立，田永祥，葛孝贞，等 . 数值天气预报 . 北京：气象出版社，2003.

[3] 杨志凌 . 风电场功率短期预测方法优化的研究 . 北京：华北电力大学博士学位论文，2011.

[4] 刘永和，郭维栋，冯锦明，等 . 气象资料的统计降尺度方法综述 . 地球科学进展，2011，26(8)，837-847.

[5] Salameh T，Drobinski P，Vrac M，et al. Statistical downscaling of near-surface wind over complex terrain in southern France. Meteorology and Atmospheric Physics，2009，103(1-4)：253-265.

[6] Zorita E，Storch H. The analog method as a simple statistical downscaling technique：Comparison with more complicated methods. Journal of Climate，1999，12(8)：2474-2489.

[7] Rooy W，Kok K. A combined physical-statistical approach for the downscaling of model wind speed. Weather and Forecasting，2004，19(3)：485-495.

[8] Landberg L，Watson S. Short-term prediction of local wind conditions. Bound. -Layer Meteorol. ，1994，70(1-2)：171-195.

[9] Landberg L. A mathematical look at a physical power prediction model. Wind Energy,1998, 1:23-28.

[10] Burton T,et al. (2002,Apr). Wind Energy Handbook. [Online]. Available: http://onlinelibrary. wiley. com/book/10. 1002/0470846062.

[11] 盛裴轩,毛节泰,李建国,等．大气物理学．北京:北京大学出版社,2003.

[12] Bayem H,Phulpin Y,Dessante P,et al. Probabilistic computation of wind farm power generation based on wind turbine dynamic modeling. Proceedings of the 10th International Conference on Probabilistic Methods Applied to Power Systems,2008:1-6.

[13] 周海,匡礼勇,程序,等．测风塔在风能资源开发利用中的应用研究．水电自动化与大坝监测,2010,34(5):5-8.

[14] 张国强,张伯明．基于组合预测的风电场风速及风电机功率预测．电力系统自动化,2009,33(18):92-109.

[15] 林小进,杨善水,王莉,等.非并网风电 SCADA 系统设计．电力系统自动化,2008,11(10):87-90.

[16] 万海东,祁博宇,夏毅军．风电场中 SCADA 系统设计．现代电子技术,2010,(01):201-203.

[17] 宋晓萍,廖明夫．基于 Internet 的风电场 SCADA 系统框架设计．电力系统自动化,2006,30(17):89-92.

[18] 颜娜．风电场监控通信安全研究．湖南:湘潭大学硕士学位论文,2009.

[19] Potter C,Negnevitsky M. Very short-term wind forecasting for Tasmanian power generation. IEEE Transactions on Power Systems,2006,21(2):965-972.

[20] Sideratos G,Hatziargyriou N. An advanced statistical method for wind power forecasting. IEEE Transactions on Power Systems,2007,22(1):258-265.

[21] Khalid M,Savkin A. A method for short-term wind power prediction with multiple observation points. IEEE Transactions on Power Systems,2012,27(2):579-586.

[22] Kou P,Gao F,Guan X. Sparse online warped Gaussian process for wind power probabilistic forecasting. Applied Energy,2013,108:410-428.

[23] Landberg L,Giebel G,Nielsen H A,et al. Short-term prediction—An overview. Wind Energy,2003,6(3):273-280.

[24] Nielsen H,Madsen H,Nielsen T. Using quantile regression to extend an existing wind power forecasting system with probabilistic forecasts. Wind Energy,2006,9:95-108.

[25] Pinson P,Kariniotakis G. Conditional prediction intervals of wind power generation. IEEE Transactions on Power Systems,2010,25(4):1845-1856.

[26] Juban J,Siebert N,Kariniotakis G. Probabilistic short-term wind power forecasting for the optimal management of wind generation. Proc. IEEE Power Tech 2007,Lausanne,2007:683-688.

[27] Holton J R. An Introduction to Dynamic Meteorology. 4th ed. Amsterdam:Elsevier Academic Press,2004:28-54.

[28] Kalnay E. Atmospheric Modeling, Data Assimilation and Predictability. London: Cambridge University Press, 2002: 72-94.

[29] Achberger C, Ekström M, Barring L. Estimation of local near-surface wind conditions—a comparison of WASP and regression based techniques. Meteorological Applications, 2002, 9(2): 211-221.

[30] Bar-Shalom Y, Li X, Kirubarajan T. Estimation with Applications to Tracking and Navigation: Theory, Algorithms and Software. New York: John Wiley & Sons, Inc., 2002: 199-210, 381-387.

[31] Bludszuweit H, Dominguez-Navarro J, Llombart A. Statistical analysis of wind power forecast error. IEEE Transactions on Power Systems, 2008, 23(3): 983-991.

[32] Johnson N, Kotz S, Balakrishnan N. Continuous Univariate Distribution. 2nd Ed. New York: John Wiley & Sons, Inc., 1995: 210-235.

[33] NREL. Wind Integration Datasets. Colorado: National Renewable Energy Laboratory. http://www.nrel.gov/electricity/transmission/about_datasets.html

[34] Pinson P, Nielsen H, Madsen H, et al. Non-parametric probabilistic forecasts of wind power: Required properties and evaluation. Wind Energy, 2007, 10(6): 497-516.

[35] Focken U, Lange M, Mönnich K, et al. Short-term prediction of the aggregated power output of wind farms—A statistical analysis of the reduction of the prediction error by spatial smoothing effects. Journal of Wind Engineering & Industrial Aerodynamics, 2002, 90(3): 231-246.

[36] Damousis I, Alexiadis M, Theocharis J, et al. A fuzzy model for wind speed prediction and power generation in wind parks using spatial correlation. IEEE Transactions on Energy Conversion, 2004, 19(2): 352-361.

[37] Devore J. Probability and Statistics: For Engineering and the Sciences. 5th ed. Upper Saddle River: Prentice Hall, 2004: 215-221, 528-536.

[38] Guan X, Luh P, Yan H, et al. An optimization based method for unit commitment. Int. International Journal of Electrical Power & Energy Systems, 1992, 14(6): 9-17.

[39] Bertsimas D, Litvinov E, Sun X, et al. Adaptive robust optimization for the security constrained unit commitment problem. IEEE Transactions on Power Systems, 2013, 28(1): 52-63.

[40] Jiang R, Wang J, Guan Y. Robust unit commitment with wind power and pumped storage hydro. IEEE Transactions on Power Systems, 2012, 27(2): 800-810.

[41] Bertsimas D, Brown D, Caramanis C. Theory and applications of robust optimization. SIAM Review, 2011, 53(3): 464-501.

[42] Guan Y, Wang J. Uncertainty sets for robust unit commitment. IEEE Transactions on Power Systems, 2014, 29(3): 1-2.

[43] Wang X. Volumes of generalized unit balls. Mathematics Magazine, 2005, 78(5): 390-395.

[44] 李湃. 大规模风电场群发电功率随机特性分析与应用. 西安:西安交通大学博士学位论

文,2015.

[45] Li P,Guan X,Wu J,et al. Modeling dynamic spatial correlations of geographically distributed wind farms and constructing ellipsoidal uncertainty sets for optimization based generation scheduling. IEEE Transactions on Sustainable Energy,2015,6(4):1594-1605.

[46] Li P,Guan X,Wu J. Aggregated wind power generation probabilistic forecasting based on particle filter. Energy Conversion and Management,2015,96(1):579-587.

[47] 李湃,管晓宏,吴江. 基于大气动力模型的多风电场发电功率预测场景生成方法. 中国电机工程学报,2015,35(18):4581-4590.

[48] 李湃,管晓宏,吴江,等. 基于天气分类的风电场群总体发电功率特性分析. 电网技术,2015,39(7):1866-1872.

[49] Li P,Guan X,Wu J,et al. Probabilistic forecasting of aggregated generation for regional wind farms with geographical dynamic model. Proceedings of IEEE Power & Energy Society General Meeting (PES General Meeting),San Diego,July 22-26,2012.

第 5 章　包含可再生新能源的电力系统发电优化调度

电力系统发电优化调度是通过电力生产系统运行优化来实现节能减排的重要途径。大型电力系统调度问题通常包含上百至数百机组，数千条输电线的安全约束，既有发电量等连续决策变量，也有开关机等离散决策变量，是典型的 NP-Hard 的混合动态优化问题。电力系统接入风能和太阳能的可再生新能源后，系统调度面临发电不确定性新问题。本章首先介绍了电力系统发电优化调度的背景、重要性和挑战，详细给出了确定性电源优化调度的混合优化数学模型。针对近年来特别关注的风能、太阳能等高不确定可再生新能源，本章讨论了随机优化模型和鲁棒优化模型，介绍了相应的求解方法，给出了基于实际系统的数值测试和验证实例。

5.0　本章符号列表

变量：

$h_j(t)$	第 j 个水电机组第 t 时段的水头
$p_j^H(t)$	第 j 个水电机组第 t 时段的输出功率
$p_k^P(t)$	第 k 个抽蓄机组第 t 时段的输出功率
$p_i^T(t)$	第 i 个火电机组第 t 时段的输出功率
$p_l^W(t)$	第 l 个风电场第 t 时段的输出功率
$\widetilde{p}_h^W(t)$	第 h 个“合并”风电节点在 t 时段的输出功率
$q^H(t)$	发电用水向量
$q_j^H(t)$	第 j 个水电机组发电用水向量
$q_d^H(t,g)$	第 t 时段发电用水量延时至下游水库的向量
$v_j^H(t)$	第 j 个水电机组第 t 时段的开关机离散决策变量，1 代表开机，−1 代表关机
$v_i^T(t)$	第 i 个火电机组第 t 时段的开关机离散决策变量，1 代表开机，−1 代表关机
$v_i^D(t)$	第 i 个火电机组第 t 时段的关机操作变量，1 代表进行一次关机

操作，0 代表不进行关机操作

$v_i^U(t)$　第 i 个火电机组第 t 时段的开机操作变量，1 代表进行一次关机操作，0 代表不进行关机操作

$x^V(t)$　水库在第 t 时段的库容向量

$z_j^H(t)$　第 j 个水电机组第 t 时段已经开(关)机时间的离散状态变量

$z_i^T(t)$　第 i 个火电机组第 t 时段已经开(关)机时间的离散状态变量

$\xi^H(t)$　第 t 时段的水库自然来水向量

常量：

$\boldsymbol{B}^V$　水库的水利耦合矩阵

Δ_i^r　第 i 个火电机组在单位时间内的最大变化量或爬升率

$\bar{F}_n$　第 n 条输电线上的输电功率上限

$\boldsymbol{\Gamma}$　电网导纳矩阵决定的母线到传输线灵敏向量，其下标 n_i, n_j, n_k, n_m 为接入机组 i, j, k 发电量和负载 m 的母线编号

$\xi^H(t)$　第 t 时段的自然来水向量

$P^D(t)$　第 t 时段的系统负载需求

$P_m^D(t)$　第 m 个负荷第 t 时段的负载

$P^R(t)$　第 t 时段的系统备用需求

$\bar{p}_i^T, \underline{p}_i^T$　第 i 个火电机组的最大与最小发电量

$\bar{p}_l^W(t), \underline{p}_l^W(t)$　第 l 个风电场第 t 时段的发电功率上限与下限

$\underline{q}_j^H, \bar{q}_j^H$　第 j 个水轮机组的最小和最大用水量

$\bar{r}_i^T$　第 i 个火电机组的最大备用贡献

$\bar{\tau}_j^H, \underline{\tau}_j^H$　第 j 个水电机组的最小开机与最小关机时间

$\bar{\tau}_i^T, \underline{\tau}_i^T$　第 i 个火电机组的最小开机与最小关机时间

$\bar{x}^V, \underline{x}^V$　水库的最大与最小容量

x_0^V, x_T^V　水库的初容量与末容量

函数：

$C_i^T(g)$　第 i 个火电机组的能耗或费用函数

$S_i^T(g)$　第 i 个火电机组的启动能耗或费用函数

$r_j^H(g)$　第 j 个水电机组对系统备用的贡献函数

$r_k^P(g)$　第 k 个抽蓄机组对系统备用的贡献函数

$r_i^T(g)$　第 i 个火电机组对系统备用的贡献函数

5.1 电力系统调度简介

现代电力系统通常由输电网连接不同种类的电源和负载而构成。传统电源包括燃煤、石油或天然气驱动的火电机组，核能驱动的核电机组，水力发电机组，抽水蓄能机组等。电力系统优化调度主要指电力系统的发电调度，主要问题是对给定的系统负载需求，在满足系统备用和输电安全性及机组运行约束的前提下，确定各机组的启停和发电量，使整个电力生产过程能耗或费用最低，并最大限度地提高资源利用率，减小污染排放[1-15]。

在电力市场环境下，机组运行不再以能耗或费用最低为目标，而是取决于机组的电量-报价函数，市场交易的完成依赖于对调度问题的求解，调度的目标函数是各机组的报价函数之和[16,17]。同时，电力系统优化调度问题的求解也是发电商估算成本、制定竞价策略的基础[3]。

大型电力系统调度问题通常包含上百至数百机组，需要考虑数千条输电线的安全约束，既有发电量等连续决策变量，也有开关机等离散决策变量。机组运行既包括爬升区间等连续动态约束，也包括最小开机时间和最小关机时间等离散动态约束，属于典型的非确定性多项式计算困难（nondeterministic polynomial hard, NP-Hard）的混合动态优化问题。即便获取可行调度而非最优调度，问题仍属于NP-Hard 问题。

水力发电对降低发电消耗的化石类能源具有重要意义。水力发电不需要消耗煤、石油等不可再生资源，但水力资源和水库库容有限，且受到灌溉、航运、防洪等多种因素的制约，水力和抽水蓄能发电要与火电进行协调，还要考虑梯级水利网络化约束、水流延时、水头影响、非线性水电转换关系、不连续运行区间、离散（机组启停）控制特性等众多因素。水火电联合优化调度是具有水利网络化约束的混合动态优化问题。

当风能、太阳能等可再生能源接入电力系统时，风电和太阳能机组的产能高度不确定性是电力系统调度面临的新问题。因为风能、太阳能完全由风速、光照强度等自然条件决定。自然风速、光照强度具有高度不确定性且预测困难，电力系统调度必须考虑不确定性，要解决的问题就成为更加复杂的不确定混合动态优化问题。

电力生产必须消耗大量的煤、石油、天然气等不可再生的一次能源，排放大量的污染物。电力工业属于高耗能、高污染行业，但同时又是国民经济发展不可或缺的支柱。电力系统节能优化调度可节约大量能源，降低环境污染，取得巨大社会经济效益。对于一个装机容量 1000 万～3000 万 kW 的大型水火电系统而言，节约1%～2%的发电成本就意味着每年数亿元的经济效益[1,15]。因此，电力系统优化调度对国民经济发展至关重要，也是国际学术界相关领域近三十年来具有挑战性的前沿问题。

本章内容主要基于作者的研究工作[1-14,26]。

5.2　电力系统的确定性调度模型

电力系统优化调度问题一般分为以天为时间单位的长期调度，调度周期为数月至一年；以小时为时间单位的短期调度，调度周期为一天至数天。设电力系统有 I 个火电机组，J 个水电机组，K 个抽蓄机组，调度周期为 T。优化调度问题可用下列混合优化或混合整数规划模型表示[1,2,6,12]，其目标函数为

$$\min_{p_i^T, p_j^H, p_k^P, v_i^T} C = \sum_{t=1}^{T} \left\{ \sum_{i=1}^{I} \left[C_i^T(p_i^T(t)) + S_i^T(z_i^T(t-1), z_i^T(t)) \right] \right\} \tag{5-2-1}$$

问题的约束分为两类。一类为系统负载需求和安全性约束，涉及全部或部分机组，主要包括：

系统负载需求

$$\sum_{i=1}^{I} p_i^T(t) + \sum_{j=1}^{J} p_j^H(t) + \sum_{k=1}^{K} p_k^P(t) = P^D(t) \tag{5-2-2}$$

系统备用

$$\sum_{i=1}^{I} r_i^T(p_i^T(t)) + \sum_{j=1}^{J} r_j^H(p_j^H(t)) + \sum_{k=1}^{K} r_k^P(p_k^P(t)) \geqslant P^R(t) \tag{5-2-3}$$

$r_k^P(\mathrm{g}), r_j^H(\mathrm{g}), r_i^T(\mathrm{g})$ 是不同机组对系统备用的贡献，与机组开关状态和发电水平有关，反映了机组在给定时间内提供发电增量的能力，如下式：

$$r_{ti}(p_i^T(t)) = \begin{cases} \min\{\bar{r}_i^T, \bar{p}_i^T - p_i^T(t)\}, & z_i^T(t) > 0 \\ 0, & \text{其他} \end{cases} \tag{5-2-4}$$

电网安全

$$\begin{aligned} -\bar{F}_n \leqslant F_n(t) = & \sum_{i=1}^{I} \Gamma_{n_i} \cdot p_i^T(t) + \sum_{j=1}^{J} \Gamma_{n_j} \cdot p_j^H(t) \\ & + \sum_{k=1}^{K} \Gamma_{n_k} \cdot p_k^P(t) - \sum_{m=1}^{M} \Gamma_{n_m} \cdot P_m^D(t) \leqslant \bar{F}_n \end{aligned} \tag{5-2-5}$$

另一类约束涉及单机组或由于水系耦合形成的机组或上下游水库群的物理约束和运行约束，主要包括：

火电机组开关机状态转移与约束

$$\begin{cases} z_i^T(t+1) = z_i^T(t) + v_i^T(t), & z_i^T(t) \cdot v_i^T(t) > 0 \\ z_i^T(t+1) = v_i^T(t), & \text{其他} \end{cases} \tag{5-2-6}$$

$$\begin{cases} v_i^T(t) = 1, & 1 \leqslant z_i^T(t) < \bar{\tau}_i^T \\ v_i^T(t) = -1, & -\underline{\tau}_i^T < z_i^T(t) \leqslant -1 \end{cases} \tag{5-2-7}$$

火电机组容量与最小发电量

$$\begin{cases} \underline{p}_i^T \leqslant p_i^T(t) \leqslant \overline{p}_i^T, & z_i^T(t) > 0 \\ p_i^T(t) = 0, & z_i^T(t) < 0 \end{cases} \tag{5-2-8}$$

爬升约束

$$p_i^T(t) - \Delta_i^r \leqslant p_i^T(t+1) \leqslant p_i^T(t) + \Delta_i^r, \quad z_i^T(t) > 0 \quad 且 \quad z_i^T(t+1) > 0 \tag{5-2-9}$$

其中,Δ_i 为火电机组 i 在单位时间内的最大变化量或爬升率。

不失一般性,假设水电机组来自同一个水系的阶梯水库,水库库容状态方程:

$$x^V(t+1) = x^V(t) + \boldsymbol{B}^V q_d^H(t,\tau) - q^H(t) + \xi^H(t) \tag{5-2-10}$$

其中,$q_d^H(t,\tau^H) = [q_1^H(t-\tau_1^H), q_2^H(t-\tau_2^H), \cdots, q_J^H(t-\tau_J^H)]^{\mathrm{T}}$ 为所有发电用水量延时至下游水库的向量。

水库容量约束与初、末容量:

$$\underline{x}^V \leqslant x^V(t) \leqslant \overline{x}^V, \quad x^V(0) = x_0^V, \quad x^V(T) = x_T^V \tag{5-2-11}$$

水轮机组的运行约束:

$$\underline{q}_j \leqslant q_j(t) \leqslant \overline{q}_j, \quad 机组运行 \tag{5-2-12}$$

$$q_j(t) = 0, \quad 机组关闭 \tag{5-2-13}$$

水电机组开关机状态转移与约束:

$$\begin{cases} z_j^H(t+1) = z_j^H(t) + v_j^H(t), & z_j^H(t) \cdot v_j^H(t) > 0 \\ z_j^H(t+1) = v_j^H(t), & 其他 \end{cases} \tag{5-2-14}$$

$$\begin{cases} v_j^H(t) = 1, & 1 \leqslant z_j^H(t) < \overline{\tau}_j^H \\ v_j^H(t) = -1, & -\underline{\tau}_j^H < z_j^H(t) \leqslant -1 \end{cases} \tag{5-2-15}$$

水电机组开(关)机时间的状态变量 $z_j^H(t)$ 和决策变量 $v_j^H(t)$ 与火电机组类似,但与火电机组的开关机热物理约束不同,水电机组的开关机状态约束主要是防止水轮机过于频繁地开关。

水轮机组用水量与发电量的水电转换关系,即水电机组 j 的发电量 $p_j^H(t)$ 与用水量 $q_j(t)$ 之间的函数可用分段线性函数近似,将在 5.3 节详细讨论。

抽水蓄能机组的发电特性和水库库容特性与水电机组相似,但能够使用电能抽水注入水库中,相当于用水量和发电量为负的水电机组。

5.3 电力系统的确定性优化调度方法

电力系统的确定性优化调度方法的研究是多年来非常活跃的研究领域。目前,学术界和工业界通用的主要方法是拉格朗日松弛法和基于分支定界和割平面的通用混合整数规划法[1-12,18-22]。

5.3.1 拉格朗日松弛法

拉格朗日松弛法的基本思想是用带有价格信息的拉格朗日乘子松弛系统约束(5-2-2)、(5-2-3)、(5-2-5)，将原问题分解为两级优化问题。下级由多个子问题组成，相当于独立调度各个机组，可高效求解。上级协调子问题，优化拉格朗日乘子。两极优化问题收敛后，再将子问题的解修改成可行解。

拉格朗日松弛法的优点是计算复杂性大大降低，计算量几乎随问题规模线性增长，对求解大规模问题十分有利。其次，虽然拉格朗日松弛法最后得到的可行解只是一个次优解，但其对偶解是原问题最优解的下界。如果可行解与对偶解相距比较近，可以定量地评估调度方案的好坏。拉格朗日松弛法的缺点是对偶解一般不可行，即被松弛的系统约束(5-2-2)、(5-2-3)、(5-2-5)不能满足，必须采用启发式方法在对偶解的基础上获得可行解。

拉格朗日松弛优化方法框架如图5-3-1所示。

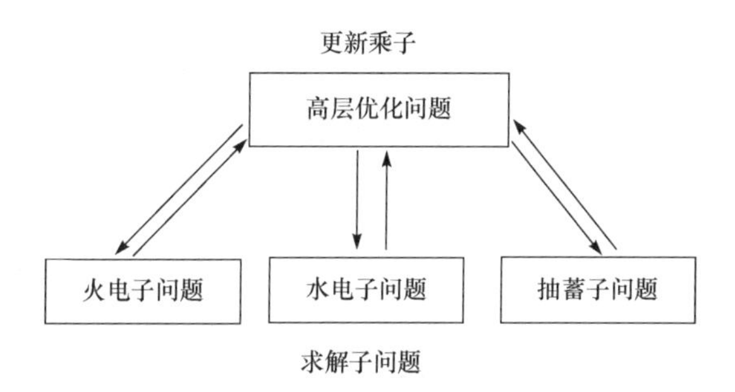

图5-3-1　拉格朗日松弛优化方法框架

原问题的拉格朗日函数如下：

$$
\begin{aligned}
L = \sum_{t=1}^{T}\Bigg\{ & \sum_{i=1}^{I}\left[C_i^T(p_i^T(t)) + S_i^T(t)\right] \\
& + \lambda(t)\left[P^D(t) - \sum_{i=1}^{I} p_i^T(t) + \sum_{j=1}^{J} p_j^H(t) + \sum_{k=1}^{K} p_k^P(t)\right] \\
& + \mu(t)\left[P^R(t) - \sum_{i=1}^{I} r_i^T(p_i^T(t)) + \sum_{j=1}^{J} r_j^H(p_j^H(q_j(t))) + \sum_{k=1}^{K} r_k^P(p_k^P(t))\right] \\
& + \sum_{n=1}^{N}\gamma_{n1}(t)\Bigg[-\overline{F}_n - \Bigg(\sum_{i=1}^{I}\Gamma_{n_i}\cdot p_i^T(t) + \sum_{j=1}^{J}\Gamma_{n_j}\cdot p_j^H(t) + \sum_{k=1}^{K}\Gamma_{n_k}\cdot p_k^P(t) \\
& - \sum_{m=1}^{M}\Gamma_{n_m}\cdot P_m^D(t)\Bigg)\Bigg] + \sum_{n=1}^{N}\gamma_{n2}(t)\Bigg[\Bigg(\sum_{i=1}^{I}\Gamma_{n_i}\cdot p_i^T(t) + \sum_{j=1}^{J}\Gamma_{n_j}\cdot p_j^H(t) \\
& + \sum_{k=1}^{K}\Gamma_{n_k}\cdot p_k^P(t) - \sum_{m=1}^{M}\Gamma_{n_m}\cdot P_m^D(t)\Bigg) - \overline{F}_n\Bigg]\Bigg\}
\end{aligned}
\tag{5-3-1}
$$

其中，$\lambda(t),\mu(t),\gamma_{n1}(t),\gamma_{n2}(t)$分别是松弛系统需求、备用和输电约束的拉格朗日乘子。将上式拉格朗日函数中的决策变量按机组或水系整理，可以获得相对于机组和水系的子问题。

火电机组i的子问题目标函数如下：

$$\min_{p_i^T,v_i^T} L_i^T = \sum_{t=1}^{T}\left[C_i^T(p_i^T(t))+S_i^T(z_i^T(t-1),z_i^T(t)) - \left[\lambda(t)+\Gamma_{n_i}\left(\sum_{n=1}^{N}\gamma_{n1}(t)-\gamma_{n2}(t)\right)\right]p_i^T(t)-\mu(t)r_i^T(p_i^T(t))\right] \quad (5\text{-}3\text{-}2)$$

约束为(5-2-2)～(5-2-8)。

火电子问题的求解可用动态规划法求解。如果机组没有(5-2-9)的爬升约束，则每个时刻的开机最优发电量可通过优化一个单变量函数求得，开关机状态转移图可由式(5-2-6)、式(5-2-7)获得，节点的费用函数在开机的最优发电量获得后可计算。整个调度区间的最优开关机状态可以通过动态规划法高效求解[1]。

如果机组有(5-2-9)的爬升约束，则火电子问题必须考虑连续变量和离散变量的混合动态过程。定义机组连续运行的期间为离散状态，能够使得连续变量决策与离散变量决策解偶，应用双动态规划方法，即构造动态规划递推获得分段线性函数包括非凸目标函数的最优解，标准动态规划获得最优开关机状态，就能够避免连续变量离散化[7]，不用权衡。

水电机组子问题目标函数如下：

$$\min_{p_j^H,v_j^H} L_j^H = \sum_{t=1}^{T}\sum_{j=1}^{J}\left[-\left[\lambda(t)+\Gamma_{n_j}\left(\sum_{n=1}^{N}\gamma_{n1}(t)-\gamma_{n2}(t)\right)\right]p_j^H(t)-\mu(t)r_j^H(p_j^H(t))\right] \quad (5\text{-}3\text{-}3)$$

约束为(5-2-10)～(5-2-15)。

由于水电机组的水力关联，不能像火电机组子问题一样只考虑单机组求解，必须将同一水系有水力关联水库上的机组看成一个子问题(5-3-3)求解。目前比较有效且通用的方法是将问题(5-3-3)转换成标准混合整数规划问题，应用分支定界-割平面法求解[9,14]。如何将开关机动态转移与约束转换成标准约束将在5.3.2节讨论。

高效构造近优可行解是拉格朗日松弛法求解电力系统优化调度最重要的步骤之一。研究者提出了多种启发式方法试图解决该问题。当问题包含安全约束(5-2-5)使得构造可行解的难度大大增加。实际上，求解对偶问题的方法相对比较系统，而缺乏构造可行解的高效、系统性算法一直是拉格朗日松弛法求解电力系统优化调度问题的困难和挑战。

本书作者和团队对构造电力系统优化调度可行解的系统化方法进行了深入研究[8,13]，提出并证明了判断电力系统优化调度离散状态可行性的充要条件，解析必要条件和解析充分条件[10,11]。在此基础上，提出了拉格朗日松弛法框架下构造可行解的系统化方法。首先利用解析性判定条件来判断开关机离散状态的可行性，使得不可行的开关机状态在调整后更接近于可行的机组组合，减小被松弛约束的违反程度。以“机会成本”定量衡量可行解的质量，建立了调整不可行开关机离散状态的 0-1 规划问题，提出了相应的分枝定界求解算法。

5.3.2　通用混合整数规划方法

分枝定界算法和割平面算法通常是电力系统优化调度最常用的求解方法[18-24]。分枝定界法的求解先根据离散变量的取值建立树状搜索空间，其中节点代表原问题离散决策的一部分取值，该节点的子节点是此取值基础上的进一步细分，代表一系列解空间互不相交的问题。子节点解空间的并集是该节点的解空间。整个分解过程重复到分枝定界树的叶子节点，代表某个具体解。分枝定界法的主要思想是如何搜索和“剪枝”，常采用的搜索策略包括深度优先(depth first)、广度优先(breadth first)、最好的下界优先等，根据具体问题确定效率最高的策略。分枝定界法在搜索树节点过程中通过定界可以“剪掉”无用的分枝，大大减小搜索空间。在求解最小化问题的搜索过程中，如果已知某节点相应目标函数值的下界大于已取得的可行解目标函数值或者原问题最优解的上界，则该节点的所有子节点就不必考虑或者可以“剪掉”。求解原问题目标函数的下界通常用求解拉格朗日松弛对偶问题或者先将原问题的离散决策变量看成连续变量、求解连续优化问题获得。

割平面方法的基本思想是先构造一个足够大的、能够包含原问题最优解的区域作为初始可行域。在求解过程中不断增加割平面约束，“割掉”一部分肯定不包含原问题最优解的区域。此过程反复进行，直至找到问题的最优解，且满足原问题所有约束。如何建立割平面方程是影响割平面算法效率的主要因素[23]。

分枝定界算法与割平面算法结合称为分枝定界-割平面法(branch-and-cut)能够大大提高算法效率[18-24]，已经成为求解一般混合整数规划问题的主流方法。优化节点的选择、分枝变量的选取、搜素策略的优化能够进一步提高算法效率。虽然电力系统优化调度问题是复杂混合整数规划 NP 困难问题，但因为其问题的结构化明显，包括目标函数中与连续决策变量相关的项通常是分段线性凸函数、结构明显的等式约束(5-2-2)和不等式约束(5-2-3)、(5-2-5)，适合于分枝定界-割平面法求解。

近年来，随着优化理论和算法的完善，成熟的商业软件包如 CPLEX、Xpress、OSL 等被广泛用于求解电力系统优化调度问题。IBM ILOG 公司的 CPLEX 综合了线性规划、分枝定界、割平面等多种算法的优点，可以有效求解较大规模的线性规划、混合整数规划以及二次规划问题[24]。CPLEX 设置了多达上百种复杂而高效的预处理运算法则，采用了分枝定界-割平面法，利用了数百种割平面新方法，很多区域电力调度中心和电力市场基于 CPLEX 定制开发软件包，可以为大多数电力系统优化调度实际问题更高效地获得高质量解。

采用通用混合整数规划方法求解电力系统优化调度问题与问题模型密切相关。数学上等价的模型，计算效率可能相差很大。很多研究者关注如何建立适合于商业软件包高效求解的电力系统优化调度问题[21,22]。目前，通用方法求解大规模非线性混合整数规划问题非常困难，通用算法设计的程序不能在实际中使用。许多针对问题结构的加速算法基于线性混合整数模型。所以，线性化建模是最关键的问题，主要包括目标和约束的线性化，开关机动态转移和约束的线性化表示。

1. 目标函数线性化

目标函数式(5-2-1)是火电机组开机的非线性能耗 $C_i^T(p_i^T(t))$ 和启停能耗 $S_i^T(z_i^T(t-1),z_i^T(t))$ 之和。工业界普遍采用分段线性凸函数作为 $C_i^T(p_i^T(t))$。如果 $C_i^T(p_i^T(t))$ 为非线性凸函数，我们首先需要进行线性化，并建立相应的等效线性函数。为此引入以下变量：M_i^T 为火电机组 i 能耗曲线的线性化段数；$p_{i,m}^T(t)$ 为机组 i 在能耗曲线第 m 段上的发电量，$\rho_{i,m}^T$ 为机组 i 在能耗曲线第 m 段的斜率，$m=1,2,3,\cdots,M_i^T$。

假定将处于开机状态的火电机组 i 的发电区间 $[\underline{p}_i^T,\overline{p}_i^T]$ 均分，每段的段长为 $(\overline{p}_i^T-\underline{p}_i^T)/M_i^T$，且 $0\leqslant p_{i,m}^T(t)\leqslant(\overline{p}_i^T-\underline{p}_i^T)/M_i^T$。因为 $C_i^T(p_i^T(t))$ 为凸，则 $\rho_{i,m}^T\leqslant\rho_{i,m+1}^T$ 且很容易用反证法证明 $p_{i,m}^T(t)\geqslant p_{i,m+1}^T(t)$。换言之，$p_{i,m}^T(t)$ 按 m 的顺序依次取非零值。显然

$$p_i^T(t)=\underline{p}_i^T+\sum_{m=1}^{M_i^T}p_{i,m}^T(t) \tag{5-3-4}$$

用 M_i^T 个 $p_{i,m}^T(t)$ 代替 $p_i^T(t)$ 成为决策变量，能耗曲线或函数可写成下列线性仿射函数的形式：

$$C_i^T(p_i^T(t))=\begin{cases}C_i^T(\underline{p}_i^T)+\sum_{m=1}^{M_i^T}\rho_{i,m}^T\cdot p_{i,m}^T(t), & p_i^T(t)\neq 0\\ 0, & p_i^T(t)=0\end{cases} \tag{5-3-5}$$

结合实际系统数据发现，对非线性能耗曲线如果采用全局最优线性逼近（最大绝对误差最小），则最大相对误差不超过 1%，绝大部分在 0.5%以下[5]，如图 5-3-2 所示。如果采用分段线性逼近进一步减小模型误差，算例测试表明，当分段数为 5 或 6 时，分段线性逼近的误差已接近于 0，完全满足工程实际需求。

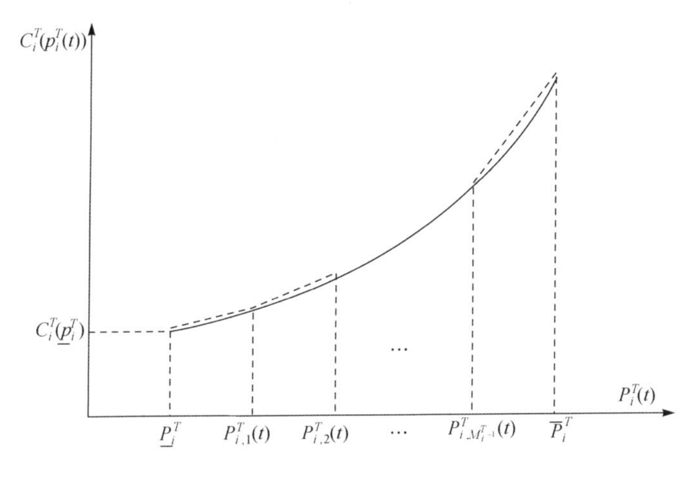

图 5-3-2　目标函数分段线性化

2. 约束线性化

电力系统优化调度问题中的很多约束具有非线性特性。水电机组发电量是典型用水量、水库水头(水库水面与水轮机组的高差)等的多元非线性函数。对于水头影响较大的水库,水电转换关系不仅流过水轮机的流量,还要考虑水库水头的变化。发电量是水流量和水头的非线性二元函数。我们的研究发现若在水电机组的发电区间内进行最优二元线性拟合,精度完全能够满足工程要求[9,14]。为此,采用分片二元线性拟合:

$$p_{hj}(t)=\omega_{1j}q_j(t)+\omega_{2j}h_j(t)+\omega_{3j}(t) \tag{5-3-6}$$

其中,ω_{1j},ω_{2j}和ω_{3j}分别为水电机组j的流量系数、水头系数和常系数。

水库的水头与库容一般是非线性函数关系,但可采用最佳一致线性逼近方法,将水头近似为库容的一元函数:

$$h_j(t)=\upsilon_{1j}x_j^V(t)+\upsilon_{2j} \tag{5-3-7}$$

其中,υ_{1j}和υ_{2j}分别为水库j的库容系数和常系数。综合式(5-3-6)和式(5-3-7),可得到水电机组发电量与水流量、库容的二元线性转换关系:

$$p_j^H(t)=a_j^Hq_j(t)+b_j^Hx_j^V(t)+c_j^H(t) \tag{5-3-8}$$

其中,a_j^H,b_j^H和c_j^H为水电机组j的线性水电转换系数。

3. 开关机状态转移与约束的线性化表示

最小开关机时间约束(5-2-6)、(5-2-7)是非线性离散决策变量约束。引入新的离散决策变量,就能够有效实现线性化[12]。设$v_i^D(t)$为火电机组i在t时刻关机操作0-1变量,1表示进行一次关机操作,0表示不进行关机操作;$v_i^U(t)$为火电机

组 i 在 t 时刻开机操作 0-1 变量，1 表示进行一次开机操作，0 表示不进行开机操作。最小开关机时间可由下列 2 个离散变量的线性不等式表示：

$$v_i^U(t)+\sum_{\tau=t+1}^{\min\{T,t+\tau_i^T-1\}} v_i^D(\tau)\leqslant 1 \tag{5-3-9}$$

$$v_i^D(t)+\sum_{\tau=t+1}^{\min\{T,t+\underline{\tau}_i^T-1\}} v_i^U(\tau)\leqslant 1 \tag{5-3-10}$$

式(5-3-9)、式(5-3-10)利用新定义的 0-1 变量，以线性约束的形式完全等效描述了最小开关机时间约束。

4. 数值计算与验证

我们应用国家电网公司西北电网系统对上述建模与求解方法进行数值计算和验证[13]。测试系统中包含 5 个省的输电网、4 条省际传输线(包括网际输电)、146 台火电机组、3 条水系的 6 个梯级水库、26 台水电机组，调度周期为 1 天(24h)，目标为发电费用最小，基本与能耗最小等价。

验证系统基于 Windows 系统 C++语言平台开发，调用 CPLEX 软件包求解混合整数规划问题。负荷数据来自西北电网 2007 年 10 月 30 日、31 日的调度计划，各水、火电机组物理参数、传输线参数、水库库容、水库自然来水、水流延迟和地区燃料价格等数据由西北电网提供，见表 5-3-1。

表 5-3-1　系统主要参数

主要参数	案例 1	案例 2
参调火电机组数	118	119
参调水电机组数	22	24
峰值负荷/MW	24040	21891
低谷负荷/MW	19435	17687
负荷均值/MW	21387	19368
负荷最大波动/MW	354	358
备用系数/%	10	10

表 5-3-2 列出了主要数值结果，在燃料费用曲线分段数为 10 的情况下，2 个案例的基本模型考虑了各类复杂约束，参加调度的机组多，变量数目都超过了 10000 个，其中约 2/3 为离散变量，各类约束超过了 25000 个，采用本章提出的线性化方法转化为线性混合整数规划问题。实际数据验证表明，案例的求解结果可行且合理。

表 5-3-2　案例求解结果

求解结果	案例 1	案例 2
系统总发电量/10^4kWh	46313	42785
火电比例/%	79	81
水电比例/%	21	19
优化发电费用/万元	2735.83	2710.19
原发电计划费用/万元	2798.43	2754.16
成本节约/%	2.29	1.62

比较案例求解结果和电网原发电计划的发电费用，案例 1 和案例 2 分别节约发电费用 2.29%和 1.62%，相当于每天为电网节约五十万元，每年可达几亿元人民币。

5.4　含可再生新能源的随机优化调度模型与方法

当电力系统的电源包括风能、太阳能等可再生新能源时，最大特点是产能的不确定性，即发电量由风速、光照强度等自然条件决定，电力调度必须考虑不确定电源造成的系统不确定性。如果风能、太阳能的发电功率在系统中所占的比例较小，可将其看成负值的负载。然而，当风能、太阳能的发电功率在系统中占有相当比例时，其预测精度如第 4 章所述比系统负载的预测精度低一个数量级以上。因此，调度问题通常考虑为不确定优化或随机优化问题[25]。

研究者提出了许多方法以解决不确定性优化调度问题[25]，作者团队的研究人员提出了最新的求解方法[26]。由于电力系统的调度问题规模大，比较实用的随机优化方法主要包括两类，即基于情景树的随机优化方法和鲁棒优化方法[25]。随机优化调度问题的目标函数通常是能耗或费用的均值。情景树方法的基本思想是将不确定可再生能源发电量的实现用有限个有代表性的场景及相应概率来表示。优化满足所有场景下约束的可行解，并使得所有场景下的能耗或费用均值最小[27]。基于情景树随机优化方法的优点是可以用 5.3 节所述的确定性优化调度方法求解，而缺点是找到有限个代表性场景和相应的概率十分困难，场景个数即求解精度与求解计算量是矛盾的，找到合适平衡点并非易事[28]。

鲁棒优化调度与基于情景树的随机优化调度的思路不同，不需要生成场景和相应的概率分布，其基本思路是优化所有满足约束的可行解中的“最坏”，即在使所有可行解能耗或费用最大的解最优(使“最坏”解的能耗或费用最小)。已有求解鲁棒优化调度的方法的思路是通过对偶变换，将原问题转换成三级或二级优化问题[28]。鲁棒优化调度框架下，约束的个数与确定性优化调度问题相同，不像情景树的随机优化调度方法那样随场景数大大增加，也不需要生成场景，优点明显。但是，由于多级优化框架下复杂的目标函数结构，通常采用将离散开关机决策变量与连续决策变量分解的 Benders 分解方法，通过多层迭代获得最优解，计算量会大大增加[29]。此外，因为鲁棒优化调度考虑的是“最坏”情况下优化并满足约束，可能使得解过于“保守”，即很多机组开机，以便在发生概率很小的“极端”或“最坏”情景下最优，而当“最坏”情景不发生时的解比较差，因而解的平均或期望性能也比较差。

考虑上述两种方法的优缺点，作者团队提出了“全场景可行近似期望”优化调度新方法[26]，其核心思想是利用调度解可行性的解析条件，保证解在预测期间内风电任意实现下的可行性，即保证所有场景下调度方案的传输安全性。在求解计算方面，利用调度解可行性的解析条件，通过优化迭代，且“合并”不确定性节点，提高算法效率，而不需要鲁棒优化调度的 Benders 分解和多层迭代优化。

与情景树随机优化方法相比，可行近似期望优化方法不需要生成大量情景，也不需要获取相应的概率分布信息，且可以保证风电预测期间内解的可行性或安全性。与鲁棒优化的方法相比，可行近似期望优化方法的目标是多场景下的期望近似最优，保持了解的“鲁棒性”优势，但并不局限于“最坏”场景下的最优，减小解的“保守”性，同时避免了 Benders 分解的多层迭代优化计算复杂性高的问题。

5.4.1 含可再生能源的可行近似期望优化调度模型

与鲁棒优化方法类似，可行近似期望优化方法使用“不确定集”来表示风力发电的区间。这种表示不需要概率分布信息，而仅需要在某时段内风电机组发电的上下限，是一个确定性集合。

设系统有 N_U^S 个不确定性电源节点，定义

$$\Omega_W = \{ p_l^W(t) \mid \underline{p}_l^W(t) \leqslant p_l^W(t) \leqslant \overline{p}_l^W(t),\ \ l=1,2,\cdots,N_U^S,\ \ t=1,2,\cdots,T \} \tag{5-4-1}$$

其中，$p_l^W(t)$为不确定电源 l 在 t 时刻的发电量，为随机变量。对应$\underline{p}_l^W(t)$，$\overline{p}_l^W(t)$分别是 t 时刻的发电量的上下限，可以根据实际需求，定义为其区间预测值或其他有物理意义的数值。“不确定集”的大小也是影响解“保守性”的重要因素之一。集合 Ω_W 包含的空间越大，对应可行域越小，最终得到的解越“保守”，通常表现为机组开机数量较多。

为了简化表达，在不失一般性的情况下，假设系统中有传统火力发电机组和风力发电机组，火电机组可以代表一类可调度的发电机组，而风力发电机组代表一类发电功率不确定的发电机组。在 N_S个场景下，含可再生能源的可行近似期望模型目标函数如下：

$$\min_{v_i^T, p_{i,s}^T} \sum_{t=1}^{T} \left\{ \sum_{i=1}^{I} \left[\sum_{s=1}^{N_S} \rho_s C_i^T(p_{i,s}^T(t)) + S_i^T(z_i^T(t-1), z_i^T(t)) \right] \right\} \tag{5-4-2}$$

其形式与基于情景的方法类似。新方法将根据调度可行解的充要条件保证所有可能的风电发电功率下调度计划可行，这也是方法名称中“可行”的含义。$\sum_{s=1}^{N_S}\rho_s C_i^T(p_{i,s}^T(t))$为所有场景下特定机组特定时段燃料费用的“近似期望”。之所以是“近似”，是因为风电实现值在求解问题时并非已知量，ρ_s作为第s个场景的权重值，可以根据对保守性和经济性的要求指定，满足

$$0\leqslant\rho_s\leqslant 1,\quad \sum_{s=1}^{N_S}\rho_s=1 \tag{5-4-3}$$

在每个场景下，需要满足如下约束：

风电发电率

$$p_{l,s}^W(t)\in\Omega_W \tag{5-4-4}$$

负荷平衡约束

$$\sum_{i=1}^{I}p_{i,s}^T(t)+\sum_{l=1}^{L}p_{l,s}^W(t)=P^D(t) \tag{5-4-5}$$

电网安全

$$-\overline{F}_n\leqslant F_n(t)=\sum_{i=1}^{I}\Gamma_{n_i}\cdot p_{i,s}^T(t)+\sum_{l=1}^{L}\Gamma_{n_l}\cdot p_{l,s}^W(t)-\sum_{m=1}^{M}\Gamma_{n_m}\cdot P_m^D(t)\leqslant\overline{F}_n \tag{5-4-6}$$

火电机组容量与最小发电量：

$$\begin{cases}\underline{p}_i^T\leqslant p_{i,s}^T(t)\leqslant\overline{p}_i^T, & z_i^T(t)>0\\ p_{i,s}^T(t)=0, & z_i^T(t)<0\end{cases} \tag{5-4-7}$$

限于篇幅，这里仅写出最重要的几个约束。其余约束与确定性问题类似，在此不再赘述。

5.4.2　机组开关机状态可行的充要条件

传统的基于场景的模型在理论上需要包含无穷多的场景，以保证所有不确定电源实现下解的可行性。假设不对经济性进行任何要求(这需要在得到机组启停状态后，再次进行经济分配问题的求解)，选取的场景全部为概率极低风电极端实现值，由于时段间存在耦合，若穷举所有的极端场景，其数量多达$2^{N_S T}$，对应的优化问题规模是十分巨大的。本节中的机组开关机状态可行的充要条件，允许使用者仅考虑其中约2^{N_S}个场景，就可以保证所有风电实现值下的解可行。

为了表达方便，首先给出机组开关机状态可行的定义：给定一组机组开关机状态$z_i^T(t)$，若对任意不确定电源的发电实现$p_l^W(t)\in\Omega$，存在$p_i^T(t)$满足约束(5-4-5)～(5-4-7)，且$z_i^T(t)$与$p_i^T(t)$满足单机运行约束(5-2-6)～(5-2-9)，则称该开关机状

态可行。

定义以下变量：

$$R^W=\left\{\eta\,|\,\eta=\begin{bmatrix}I^W\\ \Gamma^W\end{bmatrix}p^W(t),\ \underline{p}^W(t)\leqslant p^W(t)\leqslant\overline{p}^W(t)\right\}\subset\mathbb{R}^{N+1}$$

$$R^D=\left\{\alpha\,|\,\alpha=\begin{bmatrix}I^D\\ \Gamma^D\end{bmatrix}p^D(t)\right\}\subset\mathbb{R}^{N+1}$$

$$R^F=\left\{\beta=\begin{pmatrix}0\\ \delta\end{pmatrix}\middle|-\overline{F}\leqslant\delta\leqslant\underline{F}\right\}\subset\mathbb{R}^{N+1}$$

$$R^P(z_i^T(t))=\left\{\gamma\,|\,\gamma=\begin{bmatrix}I^T\\ \Gamma^T\end{bmatrix}p^T(t),p^T(t)\text{满足(5-4-6)}\right\}\subset\mathbb{R}^{N+1}$$

其中，I^W，I^D，I^T 为元素皆为 1 的行向量；Γ^W，Γ^D，Γ^T 分别为不确定电源、负荷及火电对应母线到传输线灵敏矩阵；$p^W(t)$，$p^D(t)$，$p^T(t)$分别为不确定电源、负荷、火电在 t 时刻的发电功率(负载需求)向量。

作者团队的研究结果如下[26]。

(1) R^D，R^F，R^W，$R^P(z_i^T(t))$和 $R^D+R^F-R^P(z_i^T(t))$皆为凸集。其中，R^D 包含空间中与负荷相关的一点，R^F 集合包含一个超平行六面体区域，R^W 与 $R^P(z_i^T(t))$包含空间中一个超平行六面体区域的线性变换，R^W 的形状与不确定电源发电区间相关，$R^P(z_i^T(t))$形状与机组发电区间密切相关，机组的开关机状态 $z_i^T(t)$也会直接影响该集合包含区域的形状。

(2) R^W 的顶点皆包含于下面的集合：

$$VR^W=\left\{v\,|\,v=\begin{bmatrix}I^W\\ \Gamma^W\end{bmatrix}p_l^W(t),p_l^W(t)=\overline{p}_l^W(t)\text{或}\underline{p}_l^W(t),l=1,2,\cdots,L\right\}$$

可以看到，该集合共包含 2^L 个点，这也意味着 R^W 最多有 2^L 个顶点。

(3) 机组的开关机状态 $z_i^T(t)$可行当且仅当 $z_i^T(t)$满足

$$VR^W\subseteq R^D+R^F-R^P(z_i^T(t))\tag{5-4-8}$$

具体证明和推导见文献[26]。

根据上述结果，我们可以建立一个含 2^{N_S}种场景的混合整数规划(MILP)形式的优化模型，该模型的解可以满足机组的开关机状态在不确定电源任何实现值下的可行性。

需要注意的是，尽管为了方便表达，上述结果是在单时段问题下叙述的，但不同于基于情景的方法，可行近似期望法在多时段问题上，可以保持情景数量基本不变[26](仅再添加 2 个场景即可)。也就是说，上述结果的发现，很大程度上消除了时段间耦合带来的场景数目过多的问题，使模型的数量从理论上的无穷变为 2^{N_S}，给问题的求解带来了极大的便利。

5.4.3　基于列合并方法的可行近似期望模型求解

尽管通过机组的开关机状态可行性充要条件，成功建立了 2^{N_S} 种场景的 MILP 优化模型，但与确定性问题相比，其规模仍然不算很小。从 5.4.2 节的结论可以看出，问题的规模取决于不确定电源节点的数量 L。如果能将其减少，问题规模会得到很大的缩小。

作者团队找到了有效"合并"不确定电源节点的有效方法[26]。假设系统不确定电源节点数可以合并为 N_H 个，$\widetilde{p}_h^W(t)$ 是第 h 个合并节点在第 t 时段的发电量，Φ_h 是第 h 个合并节点所包含不确定电源节点的集合，令

$$\widetilde{p}_h^W(t)=\sum_{l\in\Phi_h}p_l^W(t)$$

合并后的约束(5-2-2)、(5-2-3)会有如下形式：

$$\sum_{i=1}^{I}p_i^T(t)+\sum_{h=1}^{H}\widetilde{p}_h^W(t)=P^D(t) \tag{5-4-9}$$

$$\begin{aligned}-\overline{F}_n+\sum_{h=1}^{H}\varepsilon_h\leqslant\sum_{i=1}^{I}\Gamma_{n_i}\cdot p_i^T(t)+\sum_{h=1}^{H}(\alpha_{n_h}\cdot\widetilde{p}_h^W(t)+\beta_{n_h})\\-\sum_{m=1}^{M}\Gamma_{n_m}\cdot P_m^D(t)\leqslant\overline{F}_n-\sum_{h=1}^{H}\varepsilon_h\end{aligned} \tag{5-4-10}$$

其中，α_{n_h}，β_{n_h} 为待求的逼近参数；ε_h 为逼近误差的绝对值，加 $\sum\varepsilon_h$ 则用以保证可行解对原问题的充分性。

对特定的线路 n 和 Φ_h，逼近参数可以通过求解如下最优一致逼近问题获得，其目标函数为逼近误差的绝对值：

$$\varepsilon_h=\min_{\alpha_{n_h},\beta_{n_h}}\left[\max_{\underline{p}_l^W(t)\leqslant p_l^W(t)\leqslant\overline{p}_l^W(t)(l\in\Phi_h)}\left|\sum_{l\in\Phi_h}(\Gamma_{n_l}\cdot p_l^W(t)-\alpha_{n_h}\cdot p_l^W(t)-\beta_{n_h})\right|\right] \tag{5-4-11}$$

我们可以得到式(5-4-11)的解析表达[26]。假设 Φ_h 中共含 $|\Phi_h|$ 个元素，为符号简洁，我们用 α，β 来代替 α_{n_h}，β_{n_h}。

首先，对 Γ_{n_l} 进行排序，由从小到大的顺序排列为：$a_1\leqslant a_2\leqslant\cdots\leqslant a_{|\Phi_h|}$。对 $p_l^W(t)$ 作线性变换，使其下界为 0：$x_l=p_l^W(t)-\underline{p}_l^W(t)\in[0,\overline{p}_l^W(t)-\underline{p}_l^W(t)]=[0,\overline{x}_l]$。

现在，我们有 α 的最优解 $\alpha^*=a_{l^*}$，l^* 满足

$$\lambda_j=\sum_{l=1}^{j-1}\overline{x}_l-\sum_{l=j}^{|\Phi_h|}\overline{x}_l,\quad\lambda_{l^*}\leqslant 0,\quad\lambda_{l^*+1}\geqslant 0 \tag{5-4-12}$$

β 的最优解 β^* 为

$$\beta^*=\frac{1}{2}\sum_{l=1}^{|\Phi_h|}(a_l-a_{l^*})\overline{x}_l \tag{5-4-13}$$

此时该问题的目标函数最优值为

$$\varepsilon_h = \frac{1}{2}\left[\sum_{l=l^*+1}^{|\Phi_h|}(a_l - a_{l^*})\bar{x}_l - \sum_{l=1}^{l^*}(a_l - a_{l^*})\bar{x}_l\right] \tag{5-4-14}$$

相比于直接求解(5-4-11)的优化问题，解析计算方法在计算效率上具有极大的优势。此外，将不确定电源节点进行分组合并非常重要。换言之，如何选择 Φ_h 中的元素，是影响合并效果的重要因素。我们可以应用基于贪婪算法的框架，平衡合并节点数量和误差水平，最终取得良好的合并结果[26]。

现在回顾一下可行近似期望方法的建模和求解思路。

(1) 利用机组的开关机状态可行的充要条件，保证在不确定性电源的任意实现下的可行性，可行场景数量由无穷减少到了 2^{N_S}，并基于这个结果给出了一个混合整数规划形式的优化模型。($\infty \rightarrow 2^{N_S}$)

(2) 使用节点合并的方法，将场景数量由 2^{N_S} 进一步减小为 2^{N_H} ($N_H \ll N_L$)，提高计算效率。($2^{N_S} \rightarrow 2^{N_H}$)

5.5 本章小结

本章介绍了电力系统调度的背景和优化调度对节能减排的重要意义，详细讨论了优化调度的混合整数规划数学模型，描述了连续爬升约束、阶梯水库动态转移和约束、开关机离散动态转移和约束。针对确定性优化调度问题，本章讨论了基于拉格朗日松弛法的优化调度方法，给出了求解框架、对偶问题的数学模型、子问题求解方法、乘子更新方法以及获取可行解的系统化方法思路。本章讨论了应用通用混合整数规划分支定界法和割平面法的基本框架，主要介绍了应用此方法求解的关键步骤，即目标函数和约束的线性化，以及开关机状态转移与约束的线性化表示。数值计算与验证结果表明，对电力系统进行精细化的发电优化调度，能够大大减少能耗和燃料费用，提高可再生能源的利用率。本章还介绍了含可再生能源的随机优化调度方法——近似期望优化方法，能够确保在不确定性电源的任意实现下机组开关机状态的可行性，并且只进行单层期望优化。相对于鲁棒优化方法大大提高了计算效率，保证实际问题规模下计算时间可行。

参考文献

[1] Guan X, Luh P, Yan H, et al. An optimization based method for unit commitment. International Journal of Electrical Power & Energy Systems, 1992, 14(1): 9-17.

[2] Guan X, Ni E, Li R, et al. An optimization-based scheduling algorithm for scheduling hydrothermal power systems with cascaded reservoirs and discrete hydro constraints. IEEE Transactions on Power Systems, 1997, 12(4): 1775-1780.

[3] Guan X, Ho Y, Lai F. An ordinal optimization based bidding strategy for electric power suppliers in the daily electric energy market. IEEE Transactions on Power Systems, 2001, 16 (4): 788-797.

[4] Zhai Q, Guan X, Cui J. Unit commitment with identical units: successive subproblem solving method based on Lagrangian relaxation, IEEE Transactions on Power Systems, 2002, 17(4): 1250-1257.

[5] Zhai Q, Guan X, Yang J. Fast unit commitment based on optimal linear approximation to nonlinear fuel cost: Error analysis and applications. Electric Power Systems Research, 2009, 79 (11): 1604-1613.

[6] Zhai Q, Guan X, Cheng J, et al. Fast identification of inactive security constraints in SCUC problems. IEEE Transactions on Power Systems, 2010, 25(4): 1946-1954.

[7] Zhai Q, Guan X, Gao F. Optimization based production scheduling with hybrid dynamics and constraints. IEEE Transactions on Automatic Control, 2010, 55(12): 2778-2792.

[8] Wu H, Guan X, Zhai Q, et al. A systematic method for constructing feasible solution to SCUC problem with analytical feasibility conditions. IEEE Transactions on Power Systems, 2012, 27 (1): 526-534.

[9] Tong B, Zhai Q, Guan X. An MILP based formulation for short-term hydro generation scheduling with analysis of the linearization effects on solution feasibility. IEEE Transactions on Power Systems, 2013, 28(4): 3588-3599.

[10] Zhai Q, Wu H, Guan X. Analytical conditions for determining feasible commitment states of SCUC problems. Proceedings of 2010 IEEE PES General Meeting, Minneapolis, Minnesota, July 26-29, 2010.

[11] Lei X, Guan X, Zhai Q. Constructing valid inequalities for cutting infeasible discrete solutions by analytical feasible conditions on unit commitment with transmission constraints. IEEE Transactions on Power Systems, 2015: 1-11. (Online)

[12] 翟桥柱. 电力系统优化调度模型与算法研究. 西安:西安交通大学博士学位论文, 2005.

[13] 吴宏宇. 考虑安全约束的电力系统节能优化调度模型及算法研究. 西安:西安交通大学博士学位论文, 2011.

[14] 童博. 网络化水资源及梯级水电系统的优化调度研究. 西安:西安交通大学博士学位论文, 2013.

[15] Padhy N. Unit commitment—A bibliographical survey. IEEE Transactions on Power Systems, 2004, 19(2): 1196-1205.

[16] Li T, Shahidehpour M. Price-based unit commitment: A case of Lagrangian relaxation versus mixed integer programming. IEEE Transactions on Power Systems, 2005, 20 (4): 2015-2025.

[17] Sioshansi R, O'Neill R, Oren S. Economic consequences of alternative solution methods for centralized unit commitment in day-ahead electricity markets. IEEE Transactions on Power Systems, 2008, 23(2): 344-352.

[18] Hobb B. Next Generation of Unit Commitment Models//Series on Operations Research/Management Science. Dordrecht:Kluwer Academic Publishers,2001.

[19] Chang G,Aganagic M,Waight G,et al. Experiences with mixed integer linear programming based approaches. IEEE Transactions on Power Systems,2001,16(4):743-749.

[20] Carrion M,Arroyo J. A computationally efficient mixed-integer linear formulation for the thermal unit commitment problem. IEEE Transactions on Power Systems,2006,21(3):1371-1378.

[21] Frangioni A,Gentile C,Lacalandra F. Tighter approximated MILP formulations for unit commitment problems. IEEE Transactions on Power Systems,2009,24(1):105-113.

[22] Borghetti A,D'Ambrosio C,Lodi A,et al. An MILP approach for short-term hydro scheduling and unit commitment with head-dependent reservoir. IEEE Transactions on Power Systems,2008,23(3):1115-1124.

[23] Wolsey L,Nemhauser G. Integer and Combinatorial Optimization. New York:Wiley,1999.

[24] The ILOG CPLEX users′ manual,available:http://www-01. ibm. com/software/-integration/optimization/cplex-optimizer/

[25] Zheng Q,Wang J,Liu A. Stochastic optimization for unit commitment—A review,IEEE Transactions on Power Systems,2014,29(1):1-12.

[26] Zhai Q,Li X,Lei X,et al. Feaible approximate expectation optimization method for SCUC with uncertain renewable power sources. submitted to IEEE Transactions on Power Systems. (under review)

[27] Takriti S,Birge J,Long E. A stochastic model for the unit commitment problem. IEEE Transactions on Power Systems,1996,11(3):1497-1508.

[28] Bertsimas D,Litvinov E,Sun X,et al. Adaptive robust optimization for the security constrained unit commitment problem. IEEE Transactions on Power Systems,2013,28(1):52-63.

[29] Jiang R,Wang J,Guan Y. Robust unit commitment with wind power and pumped storage hydro. IEEE Transactions on Power Systems,2012,27(2):800-810.

[30] Heitsch H,Römisch W. Scenario reduction algorithms in stochastic programming. Computational optimization and applications,2003,24(2-3):187-206.

第6章 企业能源系统的运行优化

能源密集型企业的多种能源系统具有结构复杂、相互耦合、不确定性的网络化特点，其能源成本在生产成本中占有较高比重。企业能耗感知与测量是企业能源系统的根本，企业能耗的实时感知监测，为企业能源的运行优化提供了数据支持。本章以钢铁企业为例，从企业能源系统的深度感知、实现能源系统与生产的深度协调优化方面阐述了CPES在企业能源系统中的应用。

6.0 本章符号列表

G	副产煤气种类，G=BFG，LDG，COG
λ^{Oil}	重油价格，单位：元/kg
$\lambda_t^{Ele,buy}$	第t时段对外买电价格，单位：元/kWh
$\lambda_t^{Ele,sell}$	第t时段对外卖电价格，单位：元/kWh
$\lambda^{Gas,rel}$	煤气放散排放价格，单位：元/m^3
λ^{Wat}	工业用水折算价格，单位：元/kg
Cp_G^{Gas}	副产G煤气的热值，单位：kJ/m^3
Cp^{Oil}	重油热值，单位：kJ/kg
$\gamma_i^{Min,Gas}$	第i台锅炉的混合煤气热值下限，单位：kJ/m^3
$GH_G^{Max,Gas}$	G类煤气柜的柜位上限，单位：m^3
$GH_G^{Min,Gas}$	G类煤气柜的柜位下限，单位：m^3
$GH_G^{Init,Gas}$	G类煤气柜的初始容量，单位：m^3
$p^{dem}(t)$	第t时段的系统电力需求量，单位：kWh
H^{Wat}	锅炉进水的焓，单位：kJ/kg
H^{stmH}	高压蒸汽的焓，单位：kJ/kg
H^{stmM}	中压蒸汽的焓，单位：kJ/kg
H^{stmL}	低压蒸汽的焓，单位：kJ/kg
H^{Con}	汽轮机凝汽的焓，单位：kJ/kg

$F_j^{\mathrm{Max,stmH}}$ 第 j 台汽轮机进汽量上限,单位:kg
$F_j^{\mathrm{Min,stmH}}$ 第 j 台汽轮机进汽量下限,单位:kg
$F_j^{\mathrm{Max,stmM}}$ 第 j 台汽轮机中压抽汽量上限,单位:kg
$F_j^{\mathrm{Max,stmL}}$ 第 j 台汽轮机低压抽汽量上限,单位:kg
$F_j^{\mathrm{Max,Con}}$ 第 j 台汽轮机凝汽量上限,单位:kg
$Q^{\mathrm{Min,stmH}}(t)$ 第 t 时段高压蒸汽系统需求量,单位:kg
$Q^{\mathrm{Min,stmM}}(t)$ 第 t 时段中压蒸汽系统需求量,单位:kg
$Q^{\mathrm{Min,stmL}}(t)$ 第 t 时段低压蒸汽系统需求量,单位:kg
$p_j^{\mathrm{Max,gen}}$ 第 j 台汽轮机发电机额定功率,单位:kW
$\Delta_j^{\mathrm{Max,ele,gen}}$ 第 j 台汽轮机发电机出力爬坡上限,单位:kW
$F_i^{\mathrm{Max,boil}}$ 第 i 台锅炉额定功率,单位:kg/h
$F_{G,i}^{\mathrm{Max,GB}}$ 第 i 台锅炉中副产 G 煤气流速的上限,单位:$\mathrm{m^3/h}$
$F_{G,i}^{\mathrm{Min,GB}}$ 第 i 台锅炉中副产 G 煤气流速的下限,单位:$\mathrm{m^3/h}$
$F_G^{\mathrm{Gas,gen}}(t)$ 第 t 时段富余的副产 G 煤气发生量,单位:$\mathrm{m^3}$
η_i^{b} 第 i 台锅炉效率
η_j^{tb} 第 j 台汽轮发电机的效率
$F_i^{\mathrm{Oil}}(t)$ 第 t 时段第 i 台锅炉的重油使用量,单位:kg
$F_{G,i}^{\mathrm{GB}}(t)$ 第 t 时段第 i 台锅炉中副产 G 煤气使用量,单位:$\mathrm{m^3}$
$p^{\mathrm{gate}}(t)$ 第 t 时段外部电网关口流量,单位:kWh
$p_j^{\mathrm{gen}}(t)$ 第 t 时段第 j 台汽轮发电机的发电量,单位:kWh
$PC(t)$ 第 t 时段净电费,单位:元
$R_G^{\mathrm{Gas}}(t)$ 第 t 时段副产 G 煤气的放散量,单位:$\mathrm{m^3}$
$GH_G^{\mathrm{Gas}}(t)$ 第 t 时段副产 G 煤气的煤气柜柜位,单位:$\mathrm{m^3}$
$F_i^{\mathrm{stmH\text{-}Dem}}(t)$ 第 t 时段第 i 台锅炉产生的高压蒸汽入管网量,单位:kg
$F_i^{\mathrm{stmH\text{-}M}}(t)$ 第 t 时段第 i 台锅炉产生的高压转中压的蒸汽量,单位:kg
$F^{\mathrm{stmM\text{-}L}}(t)$ 第 t 时段中压转低压的蒸汽量,单位:kg
$Q^{\mathrm{stmH}}(t)$ 第 t 时段管网高压蒸汽总量,单位:kg
$Q^{\mathrm{stmM}}(t)$ 第 t 时段管网中压蒸汽总量,单位:kg
$Q^{\mathrm{stmL}}(t)$ 第 t 时段管网低压蒸汽总量,单位:kg
$F_i^{\mathrm{Wat}}(t)$ 第 t 时段第 i 台锅炉的进水量,单位:kg
$F_j^{\mathrm{stmH}}(t)$ 第 t 时段第 j 台汽轮机的进汽量,单位:kg
$F_j^{\mathrm{stmM}}(t)$ 第 t 时段第 j 台汽轮机的中压蒸汽抽汽量,单位:kg

$F_j^{stmL}(t)$ 第 t 时段第 j 台汽轮机的低压蒸汽抽汽量，单位：kg

$F_j^{Con}(t)$ 第 t 时段第 j 台汽轮机的凝汽量，单位：kg

6.1 企业能源管理系统与制造执行系统概述

随着工业信息化的深入发展，以信息技术改造现有的能源利用体系，最大限度提高能源效率，实现能源系统与生产的深度协调优化，是解决能源问题的最大挑战。协调优化可以有效实施的前提是企业具备对生产过程能耗和排放状态的有效监测和深度感知，并依托于高效的企业能源管理信息化系统。目前高耗能企业基本都配备有企业能源管理系统(energy managment system，EMS)与制造执行系统(manufacturing execution system，MES)，为企业能源优化调度提供数据保证与应用平台。

6.1.1 企业能源管理系统

工业用户是我国能源消耗的大户，占全国能源消耗总量的70%左右，而不同类型工业企业的工艺流程、装置情况、产品类型、能源管理水平对能源消耗都会产生不同的影响。建设一个全厂级的集中统一的能源管理系统可以完成对能源数据进行在线的采集、计算、分析及处理，从而实现对能源物料平衡、调度与优化、能源设备运行与管理等方面发挥着重要的作用。

能源管理系统是企业信息化系统的一个重要组成部分，因此在企业信息化系统的架构中，把能源管理作为大型企业自动化和信息化的重要组成部分。例如，力控(ForceCon)产品家族以实时数据库系统为核心，可以从数据采集、联网、能源数据海量存储、统计分析、查询等提供一个能源管理系统的整体解决方案，公司调度管理人员能在能源管控中心实时对系统的动态平衡进行直接控制和调整，达到节能降耗的目的。典型能源系统架构包括能源调度管理中心、通信网络、远程数据采集单元等三级物理结构，符合基于基础自动化向信息化建设发展的原则。

数据采集与监控(supervisory control and data acquisition，SCADA)系统是能源管理系统获得实时数据的子系统，可以对运行设备进行监视，实现数据采集、设备控制、测量、参数调节以及各类信号报警等各项功能。SCADA系统的应用领域很广，它可以应用于电力系统、给水系统、石油、化工等领域的数据采集与监视控制以及过程控制等诸多领域。

由于各个应用领域对SCADA的要求不同，所以不同应用领域的SCADA系统发展也不完全相同。在能源电力系统中，SCADA系统应用最为广泛，技术发展也最为成熟。它作为能量管理系统最主要的子系统，是提高效率、正确掌握系统运行状态、加快决策、快速诊断出系统故障状态等的基础，已经成为系统优化调度不可缺少的工具。它对提高电网运行的可靠性、安全性与经济效益，减轻调度员的负担，实现调度自动化，提高调度效率和水平有着不可替代的作用。

6.1.2 企业制造执行系统

制造执行系统是一套位于上层的计划管理系统与底层的工业控制系统之间的面向车间层的管理信息系统，它为操作人员、管理人员提供计划的执行、跟踪以及所有资源(人、设备、物料、客户需求等)的当前状态和历史状况。

制造执行系统能通过信息的传递对从生产命令下发到产品完成的整个生产过程进行优化管理。当工厂中有实时事件发生时，制造执行系统能及时对这些事件作出反应、报告，并用当前准确的数据对它们进行约束和处理，有效地指导工厂的生产过程，提高工厂及时交货的能力，改善物料的流通性能，提高生产回报率。

制造执行系统能够帮助企业解决生产中遇到的一些瓶颈问题，从而改进生产线运行性能，达到降低在制品(work in process，WIP)库存、缩短产品制造周期、提高生产效率并控制生产成本的目标。

制造执行系统大致可分为两大类。

(1) 专用的制造执行系统(Point MES)。主要是针对某个特定的领域问题而开发的系统，如车间维护、生产监控、有限能力调度或是与 SCADA 系统协调等。

(2) 集成的制造执行系统 (Integrated MES)。起初针对特定的、规范化的环境设计，目前已拓展到许多领域，如航空、装配、半导体、食品和卫生等行业，在功能上已实现了与上层事务处理和下层实时控制系统的集成。

6.2 企业多能源系统

企业多能源系统的主要功能是为企业生产过程提供所需的各种能源。在能源管理系统与制造执行系统协调配合下，通过分析企业能源供求特性，建立企业多能源系统能耗关联模型，就能够在此基础上优化运行企业多能源系统，达到节能减排的目的。

6.2.1 高耗能企业多能源系统

高耗能企业如钢铁企业的生产过程伴随着巨大的能源消耗与物料消耗，是资源密集、能源密集和排放密集的产业。由于国际能源价格与日趋严格的环保法规的限制，能源成本和环保代价构成能源密集型企业的主要成本，节能减排受到极大关注[1]。如何更加合理地利用其各种能源和载能工质，提高能源的利用效率是企业、政府及学术界的关注点。

高耗能企业具有复杂的能源系统结构，以钢铁企业为例，其包含副产煤气、电力、蒸汽等多种能源介质，具有品种类型多、副产能源多、转换空间大和优化难度高的特点。副产煤气、电力和蒸汽均具有自己的运行网络，以各自的工作方式运行。但由于存在耦合关系，各种能源最终构成了复杂的网络化系统结构。我国钢铁企业能源在转化、存储、运输过程中损耗和放散严重，低能源利用率成为企业能耗与国际先进水平差距的主要原因之一[2]。从网络化多能源系统的角度对能源进行优化调度，才能提出可行、合理和全面的优化方案，解决能源生产、转化、存储、运送过程中的节能和损耗问题。

由于各种能源介质在各自子系统中有形式不同的输入与输出，具有不同的运行目标，能源之间的转化关系又导致设备运行和时空耦合，因此使得网络化多能源系统的调度问题非常复杂。同时，电力负荷、煤气发生量等能源的需求具有不确定性，能源系统的调度必须考虑不确定性以及与外部能源供应系统的协调。

企业网络化多能源系统的优化调度是企业能源管理系统需要解决的离线决策、实时调度和优化运行的核心问题。解决好这个问题有利于挖掘企业能源系统的节能潜力，从系统层次降低企业综合能耗和环境污染，提高其经济效益与市场竞争力。

6.2.2 企业多能源系统运行优化的研究

国外由于钢铁工业起步较早、发展完善，在钢铁企业节能优化研究方面较为丰富[3-6]。近年来，国内在钢铁企业能源节约技术方面已进行诸多研究[2,5,7,8]，但在能源系统优化方面尚处于起步阶段。目前现有能源模型研究大多基于钢铁生产过程中单能源消耗模型，对钢铁企业的多能源介质整体的优化调度研究仍然较少。

文献[9]采用混合整数规划方法建立了钢铁企业燃料供需预测模型，对钢铁企业副产煤气的优化分配和煤气柜柜位控制进行研究。文献[10]在此基础上，主要考虑了锅炉燃烧使用效率、烧嘴控制和煤气柜位控制等，建立了煤气最佳分配的多时段优化方法。文献[11]、[12]以钢铁企业为背景，从热电联产利用率和经济效益角度确定蒸汽最优分配方案。在电力系统优化方面，本课题组提出了钢铁企业的负荷、日用电量预测算法，并对钢铁企业中关口平衡和自备电厂发电问题进行了研究[13-15]。

上面的研究大部分是针对单能源系统的调度问题，对于综合考虑多种能源的调度问题研究仍较少。Sigworth 提出研究钢铁企业的能源优化问题，应当采用大系统的观点，将各个设备、各个环节及各个区域的能源生产和使用联系起来，考察整个能源系统的消耗。文献[16]针对工业负荷，考虑热电联产中的蒸汽和电力，给出了热电联产优化模型。文献[17]考虑钢铁企业煤气、蒸汽能源的产生和转化给出了较为简单的确定性能源优化模型。

现有方法鲜有对多种能源介质和多个优化目标有合理全面建模,同时也并未考虑能源介质预测的不确定性,最终导致模型给出的调度方案在对相互耦合、系统复杂的各种能源介质进行实际调度时难以得到理想的效果。

6.2.3 企业网络化能源系统结构

高耗能企业生产过程中需要消耗大量的能源和载能工质,也可能产生大量的二次能源。以钢铁企业为例,生产过程使用多种能源及能源介质(如电、蒸汽、副产煤气等),并拥有包括能源产生、储存、转换及消耗等环节在内的复杂能源系统。图 6-2-1为某钢铁企业的能源流动图,能够说明复杂的能源系统结构和流程。

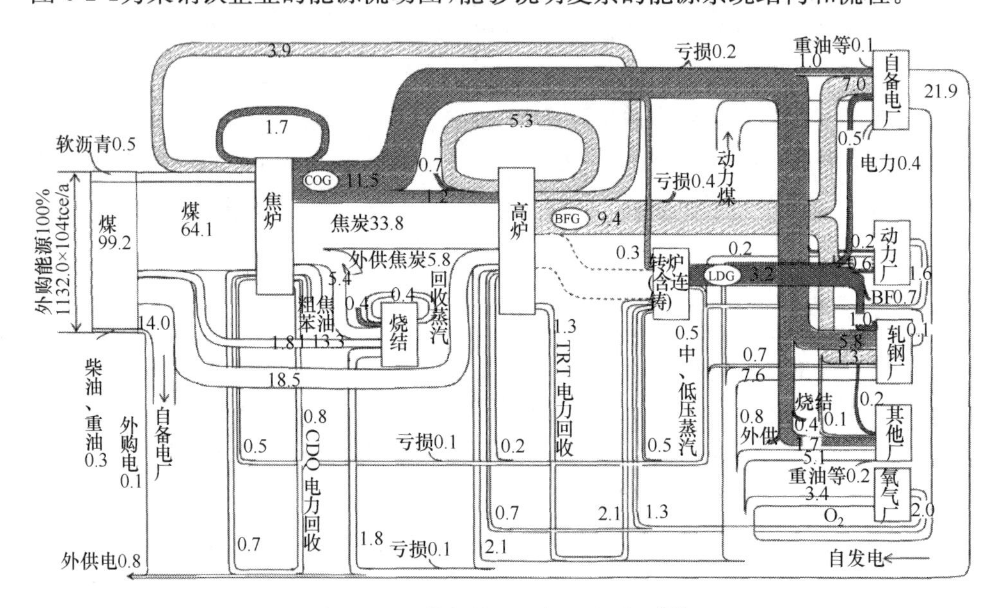

图 6-2-1 某钢铁企业能源流动图[12]

如图 6-2-1 所示,钢铁企业的生产活动与能源的产生消耗相联系。钢铁企业的焦炉、高炉和转炉在钢铁生产过程中会产生三种主要的副产煤气,即焦炉煤气(COG)、高炉煤气(BFG)和转炉煤气(LDG)。同时,轧钢、转炉和烧结等环节也对各种类煤气有一定的需求量。富余的煤气则可用煤气柜存储或进行热电联产。

电能是钢铁企业生产过程中的主要能源之一,各大中型企业普遍建立了自备电厂,满足企业电力需求。由于钢铁企业涌动性负荷具有不确定性,自备电厂出力不能完全平衡负荷,因此企业需要通过与外部电网的关口进行买卖电。TRT(高炉煤气余压透平发电)和 CDQ(干熄焦余热发电)也已被广泛运用到钢铁企业中,满足部分电力需求。

蒸汽作为一种重要的能源也具有复杂的能源网络。钢铁生产过程中的焦炉、高炉、轧钢等环节需要大量蒸汽，而余热锅炉、蒸汽锅炉和热电联产装置都能产生蒸汽。蒸汽由于具有较高的温度和压力，同电能一样，不能进行大量存储而需直接使用。

同时，几种能源之间也存在相互的耦合关系。以自备电厂为例，各种类副产煤气可以与煤粉或重油掺烧，在动力锅炉中产生蒸汽推动汽轮机发电，也可以供往蒸汽锅炉直接产生蒸汽。所以各时段发电量、蒸汽发生量与煤气消耗量、煤气柜位有很强的耦合关系。发出更多电力需要消耗更多的煤气，反之则消耗更少煤气，对于蒸汽与副产煤气的关系也有相似的结论。另一方面，对于一定的煤气消耗量，将更多蒸汽用于生产意味着更少的蒸汽用于发电，因此蒸汽发生量和发电出力之间也存在耦合关系。这种特性广泛存在于高耗能工业中，对高耗能的水泥、石化工业进行分析也可得到相似的结论。同时由于储能设备的存在，能源也存在时段间的耦合。

由于钢铁企业内部多种能源存在复杂的产生/消耗关系，且各种能源之间存在相互的耦合，因此整个钢铁企业具有一种带有复杂的、网络化、不确定性的多能源结构。

6.2.4 企业多能源供求特性

钢铁企业多种能源供求关系分析如下。

1. 副产煤气的供求特性

煤气的需求可分为生产需求和发电需求。轧钢、转炉和烧结等生产环节的某些设备(如保温坑)对各类副产煤气有一定的需求量，副产煤气优先供给生产环节保证生产。而富余煤气则用于自备电厂发电、煤气柜存储或者空排放散。通过调节自备电厂锅炉的负荷可改变煤气的消耗速度，因此需要调节煤气柜的柜位以避免煤气放散造成的经济和环境损失。当副产煤气不能满足发电所需的用量时，可以通过掺烧重油或煤粉的方式增强能源供给，但会带来额外的燃料成本。

而钢铁企业的副产煤气主要由焦炉、高炉和转炉环节在钢铁生产过程中产生，其产生量与生产强度相关。且各类煤气的热值不同，焦炉煤气的富余量较小，热值最高；高炉煤气产生量大，但热值较低。

2. 电能的供求特性

大型钢铁企业中包含很多高耗电的生产环节，如电炉炼钢、烧结、冷轧、热轧等，整个企业用电量巨大。大型用电设备的突然启停会导致瞬间负荷波动较大，如图 6-2-2 所示。这种大幅度波动、大容量冲击、高不确定性的负荷是钢铁企业的典型特征，称之为涌动性负荷。

钢铁企业电能主要来源于自备电厂发电、对外购电和 TRT(高炉煤气余压透平发电)、CDQ(干熄焦余热发电)等余热余压发电。如图 6-2-2 所示,钢铁企业的总负荷较大,为了保证生产同时降低成本,其建有自备电厂,满足企业电力需求。但由于涌动性的负荷特性,自备电厂难以达到自发自用自平衡的目的。因此,当发电出力小于负荷时,企业需要以当时的买电价格从外部电网买电以满足生产需求;当发电出力大于负荷需求时,企业则以卖电价格向外部电网卖电。目前国内外钢铁企业普遍采用 TRT、CDQ 设备提高能源利用率。

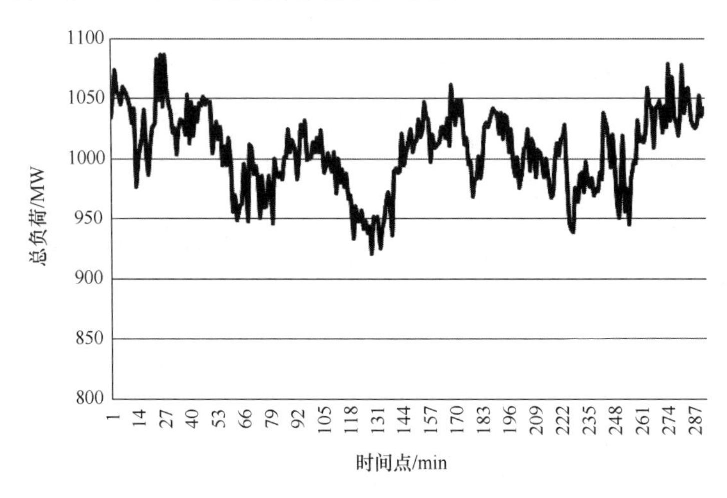

图 6-2-2　某典型钢铁企业 24h 总负荷曲线图

3. 蒸汽的供求特性

钢铁企业的蒸汽系统根据压力等级可以分为高压蒸汽系统、中压蒸汽系统和低压蒸汽系统。也有如宝钢等企业将蒸汽系统分为高压和中压蒸汽系统。不同品质的蒸汽具有不同的压力和温度:高压蒸汽系统运行压力较大、温度较高;低压蒸汽系统的运行压力较小、温度较低。

钢铁生产各个环节对蒸汽品质的需求不尽相同。炼铁环节主要使用高压蒸汽;连铸、冷轧等环节使用中压蒸汽;轧钢、生活等则使用低压蒸汽。同时各品质蒸汽的需求量也不同,低压蒸汽的需求量较大而高压蒸汽较小。

钢铁企业蒸汽系统的供应主要有四类来源:低压余热汽源、汽轮机抽汽汽源、背压汽源和锅炉汽源。低压余热汽源依靠余热锅炉利用生产过程中的余热提供低压蒸汽;抽汽汽源则是利用抽凝式汽轮机工作时的抽汽得到不同品质的蒸汽;背压汽源则是使用背压发电机组做工前后的蒸汽作为来源;锅炉汽源则是使用蒸汽锅炉迅速产生蒸汽,调节管网的压力和负荷波动。

不同品质蒸汽的产生量和需求量之间一般不相等。如图 6-2-3 所示,钢铁企业高压蒸汽的产生量较大，低压蒸汽的需求量较大，部分高压蒸汽需要通过减温减压阀降为中、低压蒸汽降级使用。虽然通过管网的减温减压处理能够得到满足品质需求的蒸汽，但减温减压过程会造成能量浪费，降低经济效益。因此通过合理的调度各品质蒸汽，减少其降级使用是有必要的。

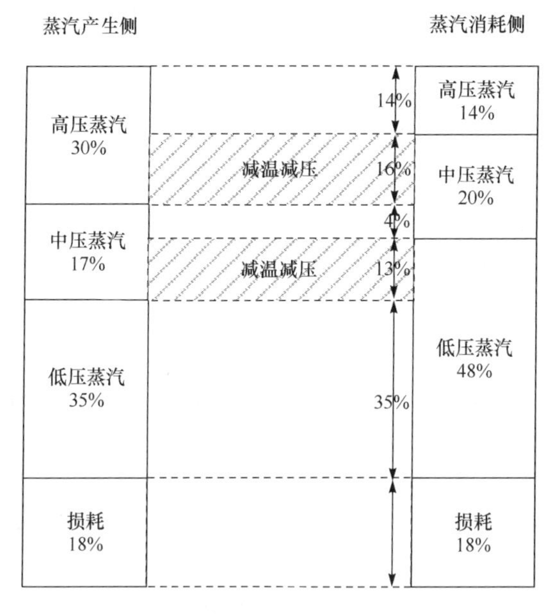

图 6-2-3　某钢铁企业蒸汽产生与消耗关系

6.2.5　多能源系统调度问题分析与简化

由上述讨论可知，在考虑企业网络化多能源系统优化运行时，仅考虑单能源难以获得整体系统的优化效果，调度方案可操作性问题也非常重要。因此，需要将多种能源介质相互耦合的多能源系统集中调度，通常称为企业多能源系统的联合调度问题。

在实际系统中，优化调度问题复杂且相互耦合，可以对问题进行以下简化。

(1) 各生产环节所需煤气为企业必备生产要素，是能源调度时的不可调度量。在调度问题中可仅考虑富余煤气，即由焦炉、高炉和转炉产生，减去各生产环节煤气需求的焦炉煤气、高炉煤气和转炉煤气余量。富余煤气的发生量可通过生产计划和历史数据预测获得。

(2) TRT 和 CDQ 设备分别利用高炉余压与干熄焦余热发电，其机组发电量与企业生产节奏相关，在进行能源调度时为不可调度量。且 TRT 机组和 CDQ 机组的发电量可能占系统总用电量的比例很小。因此在进行用电预测时，可用需求将其抵消，对最终调度结果影响可忽略不计。

(3) 蒸汽消耗量可根据生产计划、历史数据等进行预测。假设蒸汽的需求量已知。在蒸汽的产生端,由于余热锅炉不可调度,且余热汽源可由生产计划和历史数据得到,即调度问题中的蒸汽需求为各品质蒸汽实际需求量与余热蒸汽发生量之差。

以上分析对问题进行了一定程度的简化,但由于实际情况的复杂性,为了建立合适的模型,可以对调度问题做出合理假设。

1) 煤气能源相关

(1) 不考虑煤气的黏滞性,调度时段内煤气调度计划能够及时执行。

(2) 不考虑煤气发生瞬时冲击,管网可以保证冲击安全性,不发生放散。

(3) 仅考虑重油为掺烧能源,其他掺烧能源可换算为重油并更改燃料曲线。

(4) 考虑锅炉燃烧效率参数为常量,且各燃烧水平下的效率不变。

(5) 假设燃料充分燃烧,能源消耗与锅炉功率为线性关系。

2) 蒸汽能源相关

(1) 不考虑蒸汽的黏滞性,调度时段内蒸汽调度计划能够及时执行。

(2) 不考虑减温减压过程中蒸汽压力、温度的误差及质量变化。

(3) 抽凝式和背压式汽轮机抽汽的品质归类为中压蒸汽和低压蒸汽。

(4) 不考虑汽轮发电机效率的时变,且各出力水平下的效率不变。

3) 电力能源相关

自备电厂发电机组由企业自行调度,且发电计划可实现。

根据以上简化和假设,所建立的问题模型具有较为合理的应用背景和较为通用的适用条件。具体内容可参见文献[18]。

6.3 企业多能源系统优化调度

6.3.1 多能源联合优化调度模型

考虑一个拥有焦炉煤气、高炉煤气和转炉煤气三种副产煤气和高、中、低压三种品质蒸汽的网络化多能源系统。系统共拥有 I 台可调度锅炉和 J 台汽轮发电机,调度周期长度为 T 个时段。

网络化多能源调度问题的优化目标是实现钢铁企业总的能源利用成本最低。因此其目标函数应由调度周期内的燃料成本、锅炉给水成本、煤气放散成本和对外购电成本四部分构成,目标函数表述如下:

$$\min C = \sum_{t}\sum_{i}(\lambda^{\mathrm{Oil}}F_i^{\mathrm{Oil}}(t) + \lambda^{\mathrm{Wat}}F_i^{\mathrm{Wat}}(t)) + \sum_{t}\sum_{G}(\lambda^{\mathrm{Gas,rel}}R_G^{\mathrm{Gas}}(t)) + \sum_{t}PC(t) \tag{6-3-1}$$

其中,C 表示调度周期内的企业能源成本；$\sum_t \sum_i (\lambda^{\mathrm{Oil}} F_i^{\mathrm{Oil}}(t))$ 表示调度周期内所有锅炉燃烧重油的费用；$\sum_t \sum_i (\lambda^{\mathrm{Wat}} F_i^{\mathrm{Wat}}(t))$ 表示调度周期内所有锅炉给水成本；$\sum_t \sum_G (\lambda^{\mathrm{Gas,rel}} R_G^{\mathrm{Gas}}(t))$ 表示煤气放散费用；$\sum_t PC(t)$ 则表示调度周期内的净电费。由于副产煤气不会增加企业购买成本,故不将其放入目标函数中。

基本的网络化多能源短期调度模型一共包含四类约束。第一类约束是系统平衡约束,即各种能源介质在网络中的平衡;第二类约束是系统运行约束,即系统中各类设备的物理约束;第三类约束是能源转换约束,涉及不同能源间的转化关系;第四类是一些其他方面的约束。

1. 系统平衡约束

系统平衡约束包含煤气平衡约束、电力平衡约束和蒸汽平衡约束。主要涉及各类能源介质在自身网络中的物料和能量守恒。

1）煤气平衡约束

$$GH_G^{\mathrm{Gas}}(t) = GH_G^{\mathrm{Gas}}(t-1) + \left(F_G^{\mathrm{Gas,gen}}(t) - \sum_i F_{G,i}^{\mathrm{GB}}(t)\right) - R_G^{\mathrm{Gas}}(t) \tag{6-3-2}$$

该约束表示每种副产煤气在本时段的煤气柜柜位(即煤气储存量)与煤气产生量、煤气消耗量、空排放散量及前一时段煤气柜柜位之间的质量平衡关系。

2）电力平衡约束

$$p^{\mathrm{dem}}(t) = p^{\mathrm{gate}}(t) + \sum_j p_j^{\mathrm{gen}}(t) \tag{6-3-3}$$

该约束表示该时段各机组发电量与外部电网净受入电量能够满足企业电力需求。

3）锅炉蒸汽平衡约束

$$F_i^{\mathrm{Wat}}(t) = F_i^{\mathrm{stmH}}(t) + F_i^{\mathrm{stmH\text{-}M}}(t) + F_i^{\mathrm{stmH\text{-}Dem}}(t) \tag{6-3-4}$$

该约束表示锅炉产生高压蒸汽的用途,即锅炉产生的高压蒸汽量应等于对应汽轮机进汽量、高压转中压蒸汽量以及供应生产环节的高压管网蒸汽量。

4）汽轮机蒸汽平衡约束

$$F_j^{\mathrm{stmH}}(t) = F_j^{\mathrm{stmM}}(t) + F_j^{\mathrm{stmL}}(t) + F_j^{\mathrm{Con}}(t) \tag{6-3-5}$$

该约束表示汽轮机中的质量守恒,即各时段各汽轮机组的中、低压抽汽量、凝汽量与汽轮机进气量之间的质量平衡关系。

5）高压蒸汽总量约束

$$\sum_i F_i^{\mathrm{stmH\text{-}Dem}}(t) = Q^{\mathrm{stmH}}(t) \tag{6-3-6}$$

该约束表示各锅炉供应生产环节的高压蒸汽量之和应等于管网中高压蒸汽总量。

6）中压蒸汽总量约束

$$\sum_{j} F_{j}^{\text{stmM}}(t) + \sum_{i} F_{i}^{\text{stmH-M}}(t) - F^{\text{stmM-L}}(t) = Q^{\text{stmM}}(t) \tag{6-3-7}$$

该约束表示中压蒸汽系统的供应关系，即中压蒸汽总量应等于各汽轮机中压抽汽量与高压转中压蒸汽量之和再减去转为低压的蒸汽量。

7）低压蒸汽总量约束

$$\sum_{j} F_{j}^{\text{stmL}}(t) + F^{\text{stmM-L}}(t) = Q^{\text{stmL}}(t) \tag{6-3-8}$$

该约束表示了低压蒸汽系统的供应关系，即低压蒸汽总量应等于各汽轮机低压抽汽量与中压转为低压的蒸汽量之和。

2. 系统运行约束

系统运行约束包含电力系统约束、煤气系统约束和蒸汽系统约束。主要指多能源系统内各类设备在运行过程中应处在额定范围内。

1）发电能力约束

$$p_{j}^{\text{gen}}(t) \leqslant \zeta \cdot p_{j}^{\text{Max,gen}} \tag{6-3-9}$$

该约束描述了时段内汽轮机组的发电量不能超过其在额定功率下的发电量。

2）机组爬升约束

$$\left| p_{j}^{\text{gen}}(t) - p_{j}^{\text{gen}}(t-1) \right| \leqslant \zeta \cdot \Delta_{j}^{\text{Max,ele,gen}} \tag{6-3-10}$$

该约束要求机组在两个连续时段的发电变化量要限制在一定范围内。当发电出力变化过于剧烈时，可能损坏机组或缩短寿命。

3）混合煤气热值约束

$$\frac{\sum_{i} \sum_{G} \left(Cp_{G}^{\text{Gas}} \cdot F_{G,i}^{\text{GB}}(t) \right)}{\sum_{i} \sum_{G} F_{G,i}^{\text{GB}}(t)} \geqslant \gamma_{i}^{\text{Min,Gas}} \tag{6-3-11}$$

该约束要求各时段锅炉中副产煤气的混合热值满足锅炉对燃料热值的最低要求。

4）煤气柜位约束

$$GH_{G}^{\text{Min,Gas}} \leqslant GH_{G}^{\text{Gas}}(t) \leqslant GH_{G}^{\text{Max,Gas}} \tag{6-3-12}$$

该约束表示煤气柜位应该在一定范围内活动，无论柜位击底或撞顶，都不应超出其容量。

5）锅炉燃烧能力约束

$$\zeta \cdot F_{G,i}^{\text{Min,GB}} \leqslant F_{G,i}^{\text{GB}}(t) \leqslant \zeta \cdot F_{G,i}^{\text{Max,GB}} \tag{6-3-13}$$

该约束表示锅炉煤气使用量需要满足锅炉工作时对煤气流量的上下限约束。

6）汽轮机工作容量约束

$$F_j^{\mathrm{Min,stmH}} \leqslant F_j^{\mathrm{stmH}}(t) \leqslant F_j^{\mathrm{Max,stmH}} \tag{6-3-14}$$

$$F_j^{\mathrm{stmM}}(t) \leqslant F_j^{\mathrm{Max,stmM}} \tag{6-3-15}$$

$$F_j^{\mathrm{stmL}}(t) \leqslant F_j^{\mathrm{Max,stmL}} \tag{6-3-16}$$

$$F_j^{\mathrm{Con}}(t) \leqslant F_j^{\mathrm{Max,Con}} \tag{6-3-17}$$

该约束说明汽轮机的进汽、抽汽、凝汽都需要在额定范围内进行。

7）锅炉额定功率约束

$$F_i^{\mathrm{stmH}}(t) + F_i^{\mathrm{stmH\text{-}M}}(t) + F_i^{\mathrm{stmH\text{-}Dem}}(t) \leqslant \zeta \cdot F_i^{\mathrm{Max,boil}} \tag{6-3-18}$$

该约束要求时段内锅炉蒸发量不应超过其额定蒸发量。

3. 能源转换约束

能源转换约束包含煤气与蒸汽之间的能源转换约束和蒸汽与电力之间的能源转换约束，主要涉及这两种能源转化过程中的能量守恒。

1）煤气-蒸汽能量转换约束

$$\begin{aligned} & H^{\mathrm{stmH}}\left(F_i^{\mathrm{stmH}}(t) + F_i^{\mathrm{stmH\text{-}Dem}}(t) + F_i^{\mathrm{stmH\text{-}M}}(t)\right) - H^{\mathrm{Wat}} F_i^{\mathrm{Wat}}(t) \\ & = \left(\sum_G Cp_G^{\mathrm{Gas}} F_{G,i}^{\mathrm{GB}}(t) + Cp^{\mathrm{Oil}} F_i^{\mathrm{Oil}}(t)\right)\eta_i^{\mathrm{b}} \end{aligned} \tag{6-3-19}$$

该约束表示锅炉中的能量守恒，即各时段锅炉燃烧各类副产煤气燃料和重油燃料的总能量乘以锅炉效率应等于锅炉工作所需的能量。

2）蒸汽-电力能量转换约束

$$p_j^{\mathrm{gen}}(t) = \left(H^{\mathrm{stmH}} F_j^{\mathrm{stmH}}(t) - H^{\mathrm{stmM}} F_j^{\mathrm{stmM}}(t) - H^{\mathrm{stmL}} F_j^{\mathrm{stmL}}(t) - H^{\mathrm{ConH}} F_j^{\mathrm{Con}}(t)\right)\eta_j^{\mathrm{tb}} \tag{6-3-20}$$

该约束表示汽轮发电机中的能量守恒，即各时段汽轮机进汽携带的能量减去各阶段抽汽和凝汽所带走的能量，乘以锅炉效率应等于蒸汽做功的发电量。

4. 其他约束

1）净电费约束

$$PC(t) = \begin{cases} \lambda^{\mathrm{Ele,buy}}(t) \times p^{\mathrm{gate}}(t), & p^{\mathrm{gate}}(t) > 0 \\ 0, & p^{\mathrm{gate}}(t) = 0 \\ \lambda^{\mathrm{Ele,sell}}(t) \times p^{\mathrm{gate}}(t), & p^{\mathrm{gate}}(t) < 0 \end{cases} \tag{6-3-21}$$

该约束表示同一时段内，$PC(t) > 0$ 时，系统以买电价格从外部电网买电；$PC(t) < 0$时，系统以卖电价格向外电网卖电。

2）蒸汽需求约束

$$Q_t^{\mathrm{stmH}} \geqslant Q_t^{\mathrm{Min,stmH}} \tag{6-3-22}$$

$$Q_t^{\text{stmM}} \geqslant Q_t^{\text{Min, stmM}} \tag{6-3-23}$$

$$Q_t^{\text{stmL}} \geqslant Q_t^{\text{Min, stmL}} \tag{6-3-24}$$

该约束表示时段内,各品质的蒸汽总量能够满足企业生产对各类品质蒸汽的需求。

3）初值约束

$$GH_{G,0}^{\text{Gas}} = GH_G^{\text{Init, Gas}} \tag{6-3-25}$$

至此,我们建立了一个以能源消耗最少、经济效益最好为目标函数的煤气、蒸汽、电力相互耦合的多能源多时段数学规划模型。其结构简图如图 6-3-1 所示。

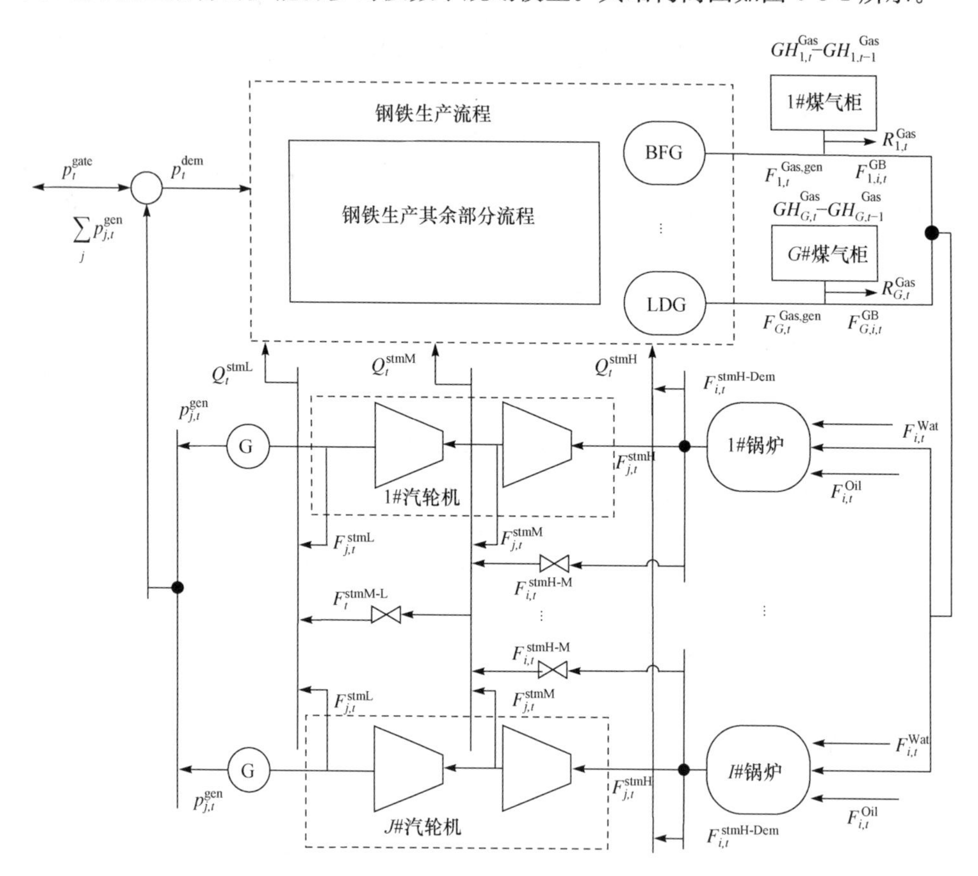

图 6-3-1 网络化多能源调度基本模型结构简图

6.3.2 多目标网络化多能源联合调度

6.3.1 节提出的模型可以实现合理调度多种能源系统,在约束范围内保证优化目标的最小化。但该模型同时存在多解,因此实际生产中除了该优化目标,还应该考虑对煤气柜的柜位进行优化。这主要是基于以下两个原因。

(1) 有效降低事故风险。钢铁企业一般建有煤气柜,利用煤气柜对煤气供需波动进行缓冲,同时存储富余煤气用于发电。当煤气柜位到达最大后,需要进行强制放散,严重情况下可能损坏煤气柜;柜位撞底则使其失去管网调节能力。冲顶和撞底事故会对企业造成较大的经济损失。一般煤气柜设有高位报警和低位报警。当煤气柜位高于高位或低于低位时,冲顶和撞底的风险较大。因此,对柜位进行优化,使其远离高位和低位能够有效规避事故的发生。

(2) 消除柜位调节的多解性。由于煤气柜为储能设备,煤气消耗量与煤气柜位之间存在积分关系,模型存在多个不同柜位波动水平的最优解。因此,可以针对基本模型存在的多解性对煤气柜位水平进行优化。

仅对实际能源成本进行优化已经不能满足现实的需求,对煤气柜位的优化也是重要的研究内容。本节基于短期调度基本模型,引入第二个优化目标,即煤气柜位累计偏移量最小的优化目标,利用四段线性惩罚实现煤气柜位优化,惩罚函数 $B_G(t)$ 如图 6-3-2 所示。

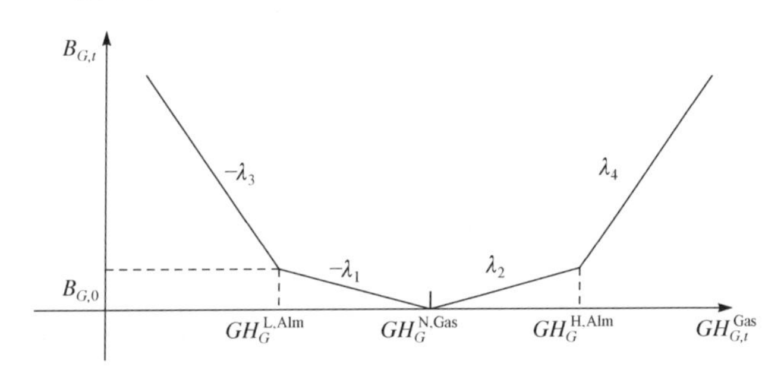

图 6-3-2　煤气柜位惩罚函数示意图

其中,$GH_G^{L,Alm}$ 和 $GH_G^{H,Alm}$ 分别为煤气柜位低报警位和高报警位;$GH_G^{N,Gas}$ 表示煤气柜位的正常标准柜位;λ_1 和 λ_2 为弱惩罚系数;λ_3 和 λ_4 为强惩罚系数,且 $\lambda_3>\lambda_1$,$\lambda_4>\lambda_2$;$B_{G,0}$ 为煤气低柜位时的边界惩罚值。利用此惩罚函数对超过报警位 $GH_G^{L,Alm}$ 和 $GH_G^{H,Alm}$ 的高风险柜位以 λ_3 或 λ_4 系数进行强惩罚,并加上边界惩罚值 $B_{G,0}$;对靠近标准柜位 $GH_G^{N,Gas}$ 未超过报警位的低风险柜位以 λ_1 或 λ_2 进行弱惩罚。

采用此分段线性函数作为惩罚函数,主要基于以下两方面考虑。

(1) 采用此分段线性函数能够很好地模拟不同柜位下煤气柜位冲顶和撞底的风险。当煤气柜位靠近标准柜位时,煤气柜吸收冲击能力强、溢出风险较小,因而进行弱惩罚。同理,远离标准柜位则应进行强惩罚。

(2) 线性的惩罚函数相对于二次的惩罚函数来说更易于求解。当使用线性惩罚函数时,目标函数和新增约束都是线性的,因此柜位优化问题也易于转化为线性规划问题,大大降低模型的求解难度。

由于柜位优化的目的是使得调度过程中柜位尽量处于低位警报和高位警报之间，远离高溢出风险区，并且尽量靠近标准柜位。因此该柜位优化目标应为调度周期累计惩罚值最小，即

$$\min B = \sum_{t} \sum_{G} B_G(t) \tag{6-3-26}$$

其中，$B_G(t)$为第 t 时段 G 类煤气柜柜位的惩罚值。

多目标优化研究多个数值目标函数在给定条件下的最优化问题。一定意义上，实际优化问题一般都存在多个潜在优化目标，多目标优化在工程领域有广泛的应用。

在本问题中，由于企业能源成本优化和柜位风险优化对于提高企业经济效益及控制煤气柜事故风险都具有重要意义，因此考虑实际能源成本最小化和煤气柜位累计惩罚最小化为目标，建立双目标优化调度模型，用公式表示为

$$\min \begin{pmatrix} C \\ B \end{pmatrix} \tag{6-3-27}$$

其中，C 和 B 分别为式(6-3-1)和式(6-3-26)中所示的调度周期企业的能源成本和调度周期累计惩罚值。

约束条件则应为 6.3.1 节中全部四类约束条件，以及柜位惩罚函数约束。

6.4 企业多能源系统算例分析

6.4.1 算例参数数据设定

本算例数据采用国内某典型钢铁企业实际数据进行测试。考虑到多种能源的暂态特性，时间选择不宜过长和过短，该算例采用长 1.5h 共 6 个调度时段的调度周期，每个调度时段为 15min。本章提出的多目标优化调度模型存在多种解法，方便起见，本测试使用上述的分层优化法求解该调度模型。模型目标函数的相关参数和使用的外部分时电价分别见表 6-4-1 与表 6-4-2。

表 6-4-1 目标函数中各价格参数取值

参数名称	符号	取值	单位
重油价格	λ^{Oil}	2.5	元/kg
工业用水折算价格	λ^{Wat}	0.0025	元/kg
煤气放散碳排放价格	$\lambda_t^{\mathrm{Gas,rel}}$	3.583	元/m^3

续表

参数名称	符号	取值	单位
柜位惩罚系数	λ_1	0.3	元/m³
	λ_2	0.3	元/m³
	λ_3	2	元/m³
	λ_4	3	元/m³

表 6-4-2　外部电网分时电价费率

外部电网分时电价	调度时段/15min						单位
	1	2	3	4	5	6	
买电电价	0.56	0.926	0.56	0.56	0.219	0.219	元/kWh
卖电电价	0.2	0.2	0.2	0.2	0.2	0.2	元/kWh

在本算例中考虑由副产煤气、电力、蒸汽三种能源所构成的网络化多能源系统，其中副产煤气包含富余的高炉煤气、焦炉煤气和转炉煤气；系统包含两台锅炉，分别对应一台抽凝式汽轮机组和一台背压式汽轮机组，两台锅炉和两台汽轮机效率分别为 0.8、0.85 和 0.9、0.8；蒸汽系统一共包含三种品质的蒸汽网络，即高压蒸汽(5.3MPa)、中压蒸汽(3.5MPa)、低压蒸汽(1.0MPa)。其中各能源产生与需求量相关参数见表 6-4-3，各系统设备相关参数见表 6-4-4。

表 6-4-3　各能源产生量与需求量

能源种类		调度时段/15min						单位
		1	2	3	4	5	6	
电力需求量		12750	11250	11500	14500	18750	15500	kWh
富余煤气发生量	BFG	125000	117000	130400	129000	135000	133000	m³
	COG	12000	12600	13200	12500	11300	11500	m³
	LDG	750	700	720	820	1000	940	m³
蒸汽需求量	高压	3225	2950	3275	3175	3500	3475	kg
	中压	10000	9400	9500	10625	12150	12000	kg
	低压	20375	18500	18750	22750	26500	23750	kg

表 6-4-4　多能源设备变量上下限参数

设备变量种类	设备 1		设备 2		单位
	下限	上限	下限	上限	
发电机出力	0	48000	0	30000	kW
汽轮机进汽	60000	150000	60000	150000	kg/h
汽轮机中压抽汽	0	23000	0	25000	kg/h
汽轮机低压抽汽	0	25000	0	135000	kg/h
汽轮机凝汽	0	100000	0	0	kg/h
锅炉蒸发功率	0	160000	0	160000	kg/h
锅炉 BFG 管网	0	132000	0	132000	m^3/h
锅炉 COG 管网	0	12000	0	12000	m^3/h
锅炉 LDG 管网	0	3000	0	3000	m^3/h

本章模型提出煤气柜位优化旨在控制柜位风险，工业用煤气柜设有标准柜位、高报警柜位和低报警柜位指示不同的风险水平，本算例中企业具有高炉煤气柜、焦炉煤气柜、转炉煤气柜各一个，各煤气柜柜位参数见表 6-4-5。

表 6-4-5　企业煤气柜柜位参数　　单位：m^3

煤气柜种类	低报警柜位	标准柜位	高报警柜位	初始柜位	煤气柜容积
高炉煤气柜	35000	100000	175000	115000	200000
焦炉煤气柜	18000	50000	82000	54000	100000
转炉煤气柜	5000	25000	45000	24000	50000

6.4.2　确定性多能源短期调度模型算例分析

基于以上算例数据进行测试，可得到如图 6-4-1 所示的算例测试结果。其中，图 6-4-1 (b)表示此调度方案下三种煤气柜的柜位变化情况。在此调度方案中，各煤气柜位均出现波动，其中焦炉煤气和转炉煤气相比于标准柜位波动较大，而高炉煤气波动较小。这是由于焦炉煤气的热值最高，而高炉煤气的热值最低，为了保证系统的能量供应，若小幅度减少焦炉煤气的使用量将会大幅增加高炉煤气的使用量，造成其大幅度偏离标准柜位，不利于控制其柜位风险。如图 6-4-1 所示，由于第二层的柜位优化的作用，使得模型在若干能源成本最小的调度方案中选择了焦炉煤气使用较多而高炉煤气和转炉煤气使用较少的调度方案，获得了更好的柜位优化效果。可见模型在柜位控制目标方面获得了理想的效果。

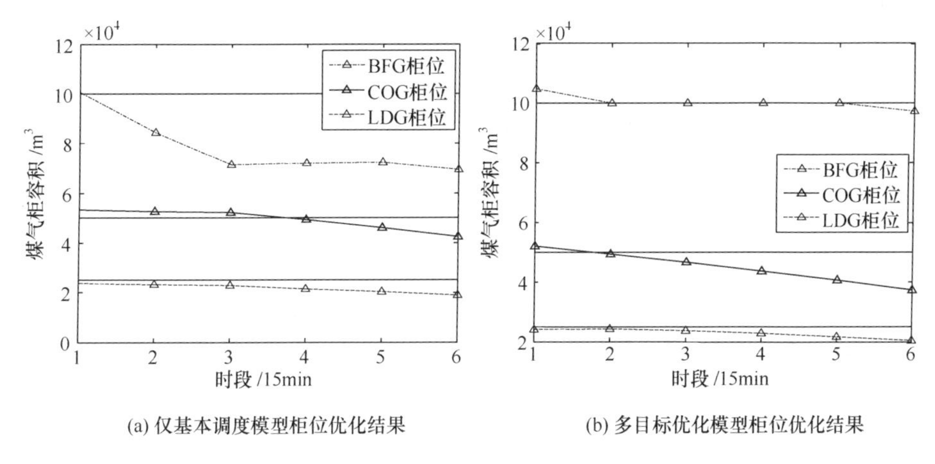

(a) 仅基本调度模型柜位优化结果　(b) 多目标优化模型柜位优化结果

图 6-4-1　考虑柜位优化目标前后的煤气柜位变化曲线

在表 6-4-6 中，两种锅炉各调度时段重油使用量均为 0，这是由于系统富余煤气产生量和储存量较为充足，通过燃烧三种煤气也可达到锅炉的混合热值要求，因此系统选择多使用副产煤气避免购买重油，降低能源成本。

表 6-4-6　调度周期内各锅炉煤气及重油使用量

锅炉使用燃料		调度时段/15min						单位
		1	2	3	4	5	6	
锅炉 1	BFG	14308.5	7748.94	5941.45	6562.61	5844.31	5844.31	m³
	COG	1843.55	3000	3000	3000	3000	3000	m³
	LDG	0	0	713.574	480.637	750	750	m³
	重油	0	0	0	0	0	0	kg
锅炉 2	BFG	24610.2	23832.3	24158.6	23187.4	25405.7	24868.7	m³
	COG	3000	3000	3000	3000	3000	3000	m³
	LDG	0	0	0	750	614.483	750	m³
	重油	0	0	0	0	0	0	kg

由之前的分析可知，由于焦炉煤气热值较高，因此最终的调度方案中，焦炉煤气的使用量增加到最大，即管网允许的最大使用量。同时需要对高炉煤气柜位进行控制，因此高炉煤气使用量则由富余煤气产生量与标准煤气柜位共同决定。测试中在最后一个时段由于焦炉煤气和转炉煤气使用量已达到最大，需要增加高炉煤气供应保证蒸汽产生量，因此此时段高炉煤气使用量则是由蒸汽需求量决定。转炉煤气的使用量则是由高炉煤气与焦炉煤气的使用量决定，在焦炉煤气使用量达到最大和高炉煤气柜位变为标准柜位后，根据能源系统的总需求量

调节使用。

如表 6-4-6 所示，各类副产煤气在两个锅炉中的使用情况并不相同，这主要是由各锅炉所连接的汽轮机发电能力、管网设备约束和蒸汽系统需求共同决定的。

6.5　本章小结

本章介绍了企业能源管理系统以及企业制造执行系统，讨论分析了企业网络化多能源系统的结构和供需特性，提出了企业网络化多能源联合调度模型，从基本模型多解性角度出发，引入累计惩罚最小的优化目标，结合基本模型能源成本最小化的优化目标，建立起多目标优化模型。

本章的主要内容基于作者及课题组的研究工作[18,19]。

参考文献

[1] 娄湖山. 国内外钢铁工业能耗现状和发展趋势及节能对策. 冶金能源，2007，26(2)：7-11.

[2] 刘文超，等. 钢铁企业能耗分析及节能对策研究. 工业炉，2011，33(3)：8-10.

[3] Andersen J P，Hyman B. Energy and material flow models for the US steel industry. Energy，2001，26(2)：137-159.

[4] Larsson M，Dahl J. Reduction of the specific energy use in an integrated steel plant-the effect of an optimisation model. ISIJ International，2003，43(10)：1664-1673.

[5] Sakamoto Y，Tonooka Y，Yanagisawa Y. Estimation of energy consumption for each process in the Japanese steel industry：A process analysis. Energy Conversion and Management，1999，40(11)：1129-1140.

[6] 潘昊，等. 钢铁工业节能技术进展及应用. 节能，2010，29(1)：11-14.

[7] 张钦，等. 电力市场下需求响应研究综述. 电力系统自动化，2008，32(3)：97-106.

[8] 王萌，等. 钢铁工业节能减排技术及其在国内的应用. 环境工程，2010，28(2)：59-62.

[9] Akimoto K，Sannomiya N，Nishikawa Y，et al. An optimal gas supply for a power plant using a mixed integer programming model. Automatica，1991，27(3)：513-518.

[10] Kim J H，Yi H S，Han C. A novel MILP model for plantwide multiperiod optimization of byproduct gas supply system in the iron and steel-making process. Chemical Engineering Research and Design，2003，81(8)：1015-1025.

[11] 朱凡，等. 热电联热力系统优化运行研究. 宝钢技术，2001，(1)：31-34.

[12] 田永华. 钢铁企业蒸汽合理利用及优化分配研究. 沈阳：东北大学硕士学位论文，2011.

[13] 高琳，等. 电力系统短期负荷预测的多神经网络 Boosting 集成模型. 西安交通大学学报，2004，38(10)：1026-1030.

[14] Zhou D，Gao F，Guan X，et al. Daily electricity consumption forecast for a steel corporation based on NNLS with feature selection. International Conference on Power System Technology，Singapore，2004：1292-1297.

[15] 高云龙,等. 高耗能企业关口平衡优化调度及其输出功率控制方式. 中国电机工程学报,2010,30(19):76-83.

[16] Ashok S, Banerjee R. Optimal operation of industrial cogeneration for load management. IEEE Transactions on Power Systems,2003,18(2):931-937.

[17] 张琦,等. 钢铁企业富余煤气-蒸汽-电力耦合模型及其应用. 化工学报,2011,62(3):753-758.

[18] 张豪. 考虑不确定性的钢铁企业网络化多能源多目标联合调度模型研究. 西安:西安交通大学博士学位论文,2013.

[19] 王兆杰. 需求响应视角下的高耗能企业产储耗协调电能调度. 西安:西安交通大学博士学位论文,2014.

第 7 章　楼宇能源系统的人员信息感知与估计

本章提要

感知建筑内各个区域的人员分布信息，对于包括暖通空调、照明等在内的楼宇能源系统的节能减排，提高日常运行的能源效率，以及面对突发事件的应急响应系统快速响应效率非常重要，也是以尽可能少的能耗使得驻在人员满意办公和居住环境的基础。本章讨论了楼宇能源系统的人员感知与估计方法，给出了数值计算实例，并且讨论了采用多种信息感知技术和应用多源信息融合方法以提高估计精度。

7.0　本章符号列表

Δ^s	时间周期
M^s	区域的总数
m^s	观测系统个数
$n_i(k)$	i 区在 k 时刻的真实人数
$e_{i,j}(k)$	时刻 k 从 i 区到 j 区的人数
$e_{*,i}(k)$	k 时刻到达 i 区的总人数
$e_{i,*}(k)$	k 时刻离开 i 区的总人数
$\bar{e}_{i,j}(k)$	k 时刻从 i 区到 j 区的观测人数
$\bar{n}_i(k)$	k 时刻 i 区的观测人数
$\hat{n}_i(k)$	k 时刻区域 i 的估计人数
$\Pr(\bar{n}_i(k)>0)$	k 时刻 i 区的观测人数分布
$\Delta n_i(k)$	k 时刻对区域 i 的估计人数的修正量
$p_{i,j}$	人员从 i 区走到 j 区的概率
$p'_{i,j}$	区域 i 存在一个正 1 偏差推送到 j 区的概率
$p^{-1}_{i,j}$	区域 i 存在一个负 1 偏差推送到 j 区的概率
$\Delta n_i(k)=\pm 1$	估计误差
$\varepsilon_1, \varepsilon_2$	阈值
$[n_i(k), t]$	一个离开事件

T	转置
N	全体非负整数集
P^s	概率符号
a_t^{NOP}	时刻 t 区域内人数的平均值
ρ	相关系数
$f_X(x), f_Y(y)$	观测结果 X 和 Y 的概率密度函数
$F(R_X), F(R_Y)$	R_X 和 R_Y 的累积分布函数
R_X, R_Y	系统的伪随机数种子
$\Phi(\cdot)$	标准高斯分布的累积分布函数
$N(\bar{n}_k, \sigma_k^2)$	高斯分布
$\hat{n}^*(k)[\boldsymbol{i}(k)]$	最佳估计
$p_{n_{k+1}}[i_{k+1} \mid \boldsymbol{n}_o(k)=\boldsymbol{i}(k)]$	条件概率密度函数

7.1　与楼宇能耗相关的人员分布信息获取

楼宇能源系统的服务对象主要是驻在人员。因此,人员分布信息对楼宇信息物理能源系统的优化运行至关重要。考虑到不同人员感知技术的优缺点,人们期望将不同技术的优势结合起来以提高人数估计的精确度,而不用去提高单个技术的估计精度。尽管已经存在很多信息融合的方法,可以处理多传感器的测量结果,但是这些已有的方法却不能很好地应用于室内人数估计[1-9]。例如,传统的基于贝叶斯的融合方法,需要知道要融合的人员检测系统之间的联合分布,但是多系统联合分布是很难从实际系统中获得的。

本章将建筑内区域的人员分布建模成一个多源信息融合估计问题,采用最小均方差(MMSE)为评价准则。由于多传感器估计系统的联合分布是无法获取的,因此求解该估计问题的最优解是一件极难的事情。例如,本章使用的 RFID 系统和视频系统的单系统估计都是根据其历史数据分别进行建立的[10-12],而两系统同时运行时的观测联合分布却因难获得有效的数据而很难被建立起来[13-17]。

本章提出了两种近似方法:一种方法假设系统的观测是相独立的,采用贝叶斯估计;另一种方法假设不同系统的估计具有相似性,利用系统之间的相关性提高系统的估计精度。理论和实验结果都证明了两类方法提高了系统的估计精度,提高的幅度比单套 RFID 和视频系统的精度分别高约 43%和 73%。

本章通过仿真实验和理论分析,分析了两类方法的性能,其中包括研究了在不同人数下的估计性能,以及估计性能与系统相关性的关系。在实验部分,本章把新方法与线性均方差估计(LMSE)进行了对比。结果表明新方法在系统之间具有相关性时具有更好的性能。

本章内容主要基于作者的近期研究工作[18,19]。

7.2 楼宇驻在人员的估计

本节我们研究两种楼宇驻在人员的估计方法，分别为基于进出事件特征估计的人员分布信息协同感知和基于异质信息融合的人员分布信息协同感知。

在基于进出事件特征估计的人员分布信息协同感知的研究中，我们关注如何利用进出计数传感器实现对房间区域人员的统计，研究的主要难点在于进出传感器是一种增量计数传感器，即便单一传感器计数精度很高，长时间运行也难免出现误差累计。目前的商业系统以及已有的研究并未很好地解决累计误差问题[17]。本问题主要研究累计误差的估计以及偏差的修正方法，在这种方法中，我们针对该问题将研究区域总人数与人员进出事件的统计特征，量化人员分布与人员进出事件的统计描述，最终给出一种累计误差估计方法和修正方法。

由于智能建筑中往往存在着多样的人员分布信息感知系统，各系统感知也都具有各自的优势和不足，感知精度差异较大。在基于异质信息融合的人员分布信息协同感知的研究中，我们主要研究多系统人员分布信息的融合感知问题。该问题的研究意义在于，给出一种融合不同系统的感知方法，给出对人员分布信息更高精度的感知。

7.3 基于进出事件特征估计的人员分布信息协同感知

7.3.1 问题模型

建筑区域可根据建筑能耗设备及空间布局，划分为很多区域，其中一个区域表示一个房间、走廊或者一些房间集合。如果将一个区表示成一个节点，区域之间的连通关系表示成边，则我们可以将建筑区域表示成图 $G=(V,E)$，其中 V 表示区域节点集合，E 表示区域连通关系集合。区域 i 与 j 之间的连通关系定义为 (i,j)。如图 7-3-1 所示，图(a)表示建筑区域图，图(b)表示对应图 G。

考虑问题的离散形式，其中每个阶段表示长度为 $\Delta^s=1$ 的时间周期，第 k 个时间周期则表示时间区间为 $[k\Delta,(k+1)\Delta]$，用 $n_i(k)$ 表示 i 区在 k 时刻的真实人数，则 $\boldsymbol{n}(k)=(n_1(k),\cdots,n_M(k))$ 表示 k 时刻的各区域的真实人数向量，其中 M 表示区域个数。用 $e_{i,j}(k)\geqslant 0$ 表示时刻 k 从 i 区到 j 区的人数，则 $\boldsymbol{e}(k)=(e_{i,j}(k),(i,j)\in E)$ 表示所有区域在 k 时刻的到达和离开人数矩阵。在 k 时刻，用 $e_{*,i}(k)\geqslant 0$ 表示 k 时刻到达 i 区的总人数，用 $e_{i,*}(k)\geqslant 0$ 表示 k 时刻离开 i 区的总人数，即

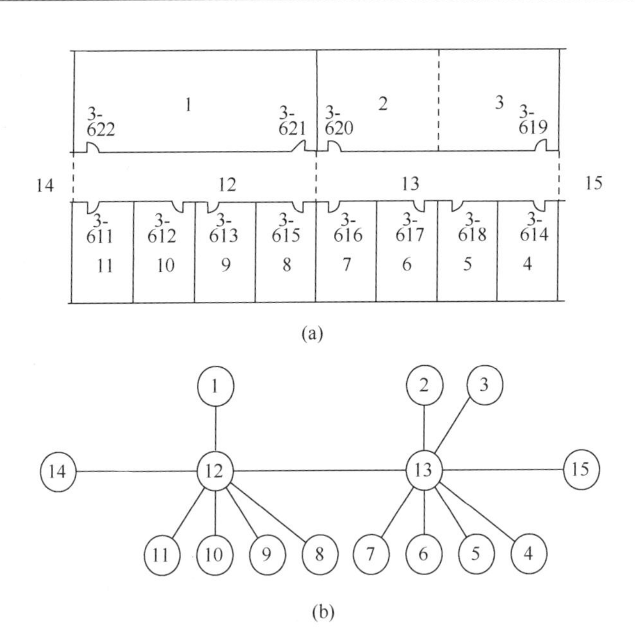

图 7-3-1　建筑区域的图 G 表示

$$
\begin{aligned}
e_{*,i}(k) &= \sum_{j\in V,(i,j)\in E} e_{j,i}(k) \\
e_{i,*}(k) &= \sum_{j\in V,(i,j)\in E} e_{i,j}(k)
\end{aligned} \tag{7-3-1}
$$

在所有区域的边界上都布置有红外对射传感器，这些传感器可检测人员进出区域的事件。用 $\bar{e}_{i,j}(k)$ 表示 k 时刻从 i 区到 j 区的观测人数。由于传感器的误差，通常有 $\bar{e}_{i,j}(k)\neq e_{i,j}(k)$。特别的，当 k 时刻由 i 区到 j 区的人数 $e_{i,j}(k)=1$，我们有

$$
\begin{gathered}
\Pr(\bar{e}_{i,j}(k)=-1\,|\,e_{i,j}(k)=1)=p_s^{-1} \\
\Pr(\bar{e}_{i,j}(k)=0\,|\,e_{i,j}(k)=1)=p_s^{0} \\
\Pr(\bar{e}_{i,j}(k)=1\,|\,e_{i,j}(k)=1)=p_s^{1} \\
\Pr(|\bar{e}_{i,j}(k)|>1\,|\,e_{i,j}(k)=1)=0
\end{gathered} \tag{7-3-2}
$$

其中，p_s^{-1}，p_s^0，p_s^1 表示三类观测的转移概率，p_s^{-1}，p_s^0，$p_s^1\geqslant 0$ 和 $p_s^{-1}+p_s^0+p_s^1=1$。假设传感器对于人员到达和离开的检测是相互独立的，则当 k 时刻由 i 区到 j 区有多人时，即 $e_{i,j}(k)=e>1$，我们有

$$
\Pr(\bar{e}_{i,j}(k)=\bar{e}\mid e_{i,j}(k)=e)=\sum_{\bar{e}_1+\cdots+\bar{e}_e=\bar{e}}\prod_{\tau=1}^{e}\Pr(\bar{e}_{i,j}(k)=\bar{e}_\tau\mid e_{i,j}(k)=1) \tag{7-3-3}
$$

假设红外对射传感器通常没有虚检，我们用 $\Pr(\bar{e}_{i,j}(k))$ 简化表示分布 $\Pr(\bar{e}_{i,j}(k)=$

$\bar{e}|e_{i,j}(k)=e)$，实际中已知 $e_{i,j}(k)$，那么

$$\Pr(e_{i,j}(k)>0|e_{i,j}(k)=0)=0 \tag{7-3-4}$$

用 $\bar{n}_i(k)$ 表示 k 时刻 i 区的观测人数，用 $\Pr(\bar{n}_i(k)>0)$ 表示 k 时刻 i 区的观测人数分布，由上面定义的传感器模型可知

$$\Pr(\bar{n}_i(k+1)=t)=\sum_t \Pr(\bar{n}_i(k)=\tau)\Pr(\bar{e}_{i,j}(k)=t-\tau) \tag{7-3-5}$$

式(7-3-5)从数学上给出了传感模型的不确定性描述。很显然，随着时间增长，人员观测的不确定性是越来越大的，如图 7-3-2 所示。

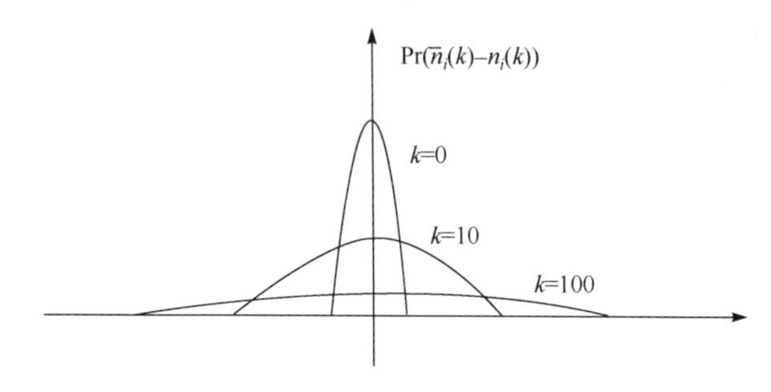

图 7-3-2　分布函数 $\Pr(\bar{n}_i(k)-n_i(k))$ 随时间变化曲线

定义 $\hat{n}_i(k)$ 为 k 时刻区域 i 的估计人数。为了消除累积误差，我们引入修正量 $\Delta n_i(k)$，表示 k 时刻对区域 i 的估计人数的修正量，则所述人员分布估计问题可建模成以下模型

状态方程为

$$n_i(k+1)=n_i(k)-\sum_{j=1}^{M}e_{i,j}(k)+\sum_{j=1}^{M}e_{j,i}(k) \tag{7-3-6}$$

观测方程为

$$\bar{n}_i(k)=\hat{n}_i(k)-\sum_{j=1}^{M}\bar{e}_{i,j}(k)+\sum_{j=1}^{M}\bar{e}_{j,i}(k) \tag{7-3-7}$$

估计方程为

$$\hat{n}_i(k+1)=\bar{n}_i(k)+\Delta n_i(k) \tag{7-3-8}$$

我们假设人员运动服从马氏链，也就是人员移动是随机的，只与当前所在的位置有关。用 P^s 表示人员在 Δ 时间周期内在相邻区域间的移动概率，即 $P^s=[p_{i,j}]$，$i,j\in V$，其中 $p_{i,j}$ 表示人员从 i 区走到 j 区的概率，$p_{i,i}$ 简化为 p_i，表示人员停留在 i 区的概率，p_i^T 表示在 T 时间内人员停留在 i 区的概率，在马氏链的假设下，i 区 k 时刻后 T 时间内至少有一个人员离开事件发生的概率表示为

$$\Pr(t\leqslant T|n_i(k)=n)=1-(p_i^T)^n \tag{7-3-9}$$

定义式(7-3-10)，其中 T 表示事件发生时刻与 k 时刻之间的时间间隔。

$$\Pr(t>T|n_i(k)=n)=(p_i^T)^n \tag{7-3-10}$$

定义式(7-3-11)：

$$\begin{aligned}&\Delta_i(n,T)\\&=\Pr(t\leqslant T|n_i(k)=n+1)-\Pr(t\leqslant T|n_i(k)=n)\\&=\Pr(t>T|n_i(k)=n)-\Pr(t>T|n_i(k)=n+1)\\&=(p_i^T)^n(1-p_i^T)\end{aligned} \tag{7-3-11}$$

定义两个阈值 $\varepsilon_1,\varepsilon_2\in[0,1]$，定义 $T_{\max}$，$T_{\min}$，满足式(7-3-12)和式(7-3-13)：

$$T_{\max}(i,n)=\max\{T|\Pr(t\leqslant T|n_i(k)=n)\leqslant\varepsilon_1\} \tag{7-3-12}$$

$$T_{\min}(i,n)=\min\{T|\Pr(t>T|n_i(k)=n)\leqslant\varepsilon_2\} \tag{7-3-13}$$

用 $[n_i(k),t]$ 表示一个离开事件，表示 $e_{i,*}$ 在时刻 $k+t$ 首次发生，并且在 k 时刻后 t 时间内没有任何事件发生。定义 $I_{\min}(t,n)=\begin{cases}1, & t\leqslant T_{\min}(i,n)\\0, & 其他\end{cases}$ 和 $I_{\max}(t,n)=\begin{cases}1, & t\geqslant T_{\max}(i,n)\\0, & 其他\end{cases}$，考虑一个离开事件 $[n_i(k),t_j]$，$j=1,2,\cdots,J$，定义

$$\sigma_{\min}=\frac{\sum_{j=1}^{J}I_{\min}(t_j,n_i(k_j))}{J} \quad 和 \quad \sigma_{\max}=\frac{\sum_{j=1}^{J}I_{\max}(t_j,n_i(k_j))}{J}$$

然而在实际系统中，我们仅知道 $[\hat{n}_i(k),t]$ 定义为 k 时刻估计人数为 $\hat{n}_i(k)$ 时的观测离开事件序列。则对于观测离开事件序列 $[\hat{n}_i(k_j),t_j]$，$j=1,2,\cdots,J$，定义

$$\hat{\sigma}_{\min}=\frac{\sum_{j=1}^{J}I_{\min}(t_j,\hat{n}_i(k_j))}{J} \tag{7-3-14}$$

$$\hat{\sigma}_{\max}=\frac{\sum_{j=1}^{J}I_{\max}(t_j,\hat{n}_i(k_j))}{J} \tag{7-3-15}$$

7.3.2　基于离开时间间隔的累积误差估计方法

根据7.3.1节的定义，我们有以下定理。

定理 7.1　如果 $\Pr(t\leqslant T|n_i(k)=n_i)-\Pr(t\leqslant T|\hat{n}_i(k)=\hat{n}_i)\geqslant\Delta_i(\hat{n}_i(k),T)$，则 $n_i>\hat{n}_i$。

证明　反证法。假设 $n_i(k)\leqslant\hat{n}_i(k)$，则有 $n_i(k)-\hat{n}_i(k)<1$，且有式(7-3-16)成立，与定理条件矛盾，得证。

$$\begin{aligned}&\Pr(t\leqslant T|n_i(k))-\Pr(t\leqslant T|\hat{n}_i(k))\\&=(p_i^T)^{\hat{n}_i(k)}-(p_i^T)^{n_i(k)}\\&=(p_i^T)^{\hat{n}_i(k)}(1-(p_i^T)^{n_i(k)-\hat{n}_i(k)})\\&<(p_i^T)^{\hat{n}_i(k)}(1-p_i^T)=\Delta_i(\hat{n}_i(k),T)\end{aligned} \tag{7-3-16}$$

定理 7.2 如果 $\Pr(t\leqslant T|\hat{n}_i(k)=\hat{n}_i)-\Pr(t\leqslant T|n_i(k)=n_i)\geqslant\Delta_i(\hat{n}_i(k)-1,T)$，则 $n_i<\hat{n}_i$。

证明 反证法。假设 $n_i(k)\geqslant\hat{n}_i(k)$，则有 $n_i(k)-\hat{n}_i(k)>1$，且有式(7-3-17)成立，与定理条件矛盾，得证。

$$\begin{aligned}&\Pr(t\leqslant T|\hat{n}_i(k))-\Pr(t\leqslant T|n_i(k))\\&=(p_i^T)^{n_i(k)}-(p_i^T)^{\hat{n}_i(k)}\\&=(p_i^T)^{n_i(k)}(1-(p_i^T)^{\hat{n}_i(k)-n_i(k)})\\&<(p_i^T)^{n_i(k)}(1-p_i^T)\\&=\Delta_i(n_i(k),T)<\Delta_i(\hat{n}_i(k)-1,T)\end{aligned}\tag{7-3-17}$$

这两个定理说明，如果人员离开频率大于估计人数下估计离开概率，则可判定真实人数大于估计人数，反之是小于。

因为 $\hat{\sigma}_{\min}$ 和 $\hat{\sigma}_{\max}$ 分别是分布函数 $\Pr(t\leqslant T_{\min}|\hat{n}_i(k))$ 和分布函数 $1-\Pr(t\leqslant T_{\max}|\hat{n}_i(k))$ 的两个统计量，所以根据定理 7.1 和定理 7.2，我们进一步可以得到如下两个不等式：

$$\begin{aligned}&\varepsilon_1-\Delta_i(\hat{n}_i(k),T_{\min}(i,\hat{n}_i(k)))<\hat{\sigma}_{\min}<\varepsilon_1+\Delta_i(\hat{n}_i(k)-1,T_{\min}(i,\hat{n}_i(k)))\\&\varepsilon_2-\Delta_i(\hat{n}_i(k)-1,T_{\max}(i,\hat{n}_i(k)))<\hat{\sigma}_{\max}<\varepsilon_2+\Delta_i(\hat{n}_i(k)-1,T_{\max}(i,\hat{n}_i(k)))\end{aligned}\tag{7-3-18}$$

因为 $\Delta_i(\hat{n}_i(k)-1,T_{\min}(i,\hat{n}_i(k)))<\varepsilon_1$ 和 $\Delta_i(\hat{n}_i(k)-1,T_{\max}(i,\hat{n}_i(k)))<\varepsilon_2$，所以 $\Delta_i(\hat{n}_i(k)-1,T_{\min}(i,\hat{n}_i(k)))$ 和 $\Delta_i(\hat{n}_i(k)-1,T_{\max}(i,\hat{n}_i(k)))$ 在实际应用中可以分别简化表示为 $O(\varepsilon_1)$ 和 $O(\varepsilon_2)$。所以在后面的算法中我们设计了两个比例系数 $\alpha,\beta>1$，满足式(7-3-19)和式(7-3-20)：

$$\alpha\varepsilon_1>\varepsilon_1+\Delta_i(\hat{n}_i(k)-1,T_{\min}(i,\hat{n}_i(k)))\tag{7-3-19}$$

$$\varepsilon_2/\beta>\varepsilon_2+\Delta_i(\hat{n}_i(k)-1,T_{\max}(i,\hat{n}_i(k)))\tag{7-3-20}$$

进而可得以下推论。

推论 7.1 如果 $\hat{\sigma}_{\min}>\alpha\varepsilon_1$，则有 $n_i(k)>\hat{n}_i(k)$。

推论 7.2 如果 $\hat{\sigma}_{\max}\leqslant\varepsilon_2/\beta$，则有 $n_i(k)<\hat{n}_i(k)$。

7.3.3 人员总数守恒约束下的误差推送方法

考虑到很多建筑具有树形的拓扑结构，我们将一个区域及其邻居区域简化成一个星形拓扑，因为一个区域只与其邻居区域交换人员，如图 7-3-3 所示，其中区域 i 为中心区域，区域 $j=1,2,\cdots,J$ 为区域 i 的邻居区域。以下本章将对这种特殊拓扑结构进行分析，研究

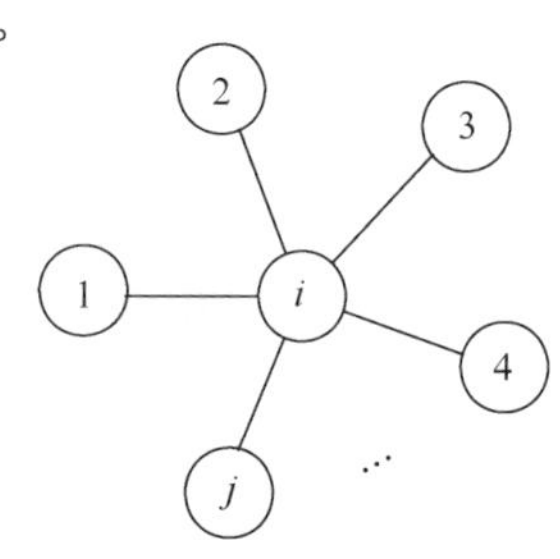

图 7-3-3 建筑星形拓扑结构中，单个区域与其邻居区域组成的星形结构

在这样拓扑结构下，人员守恒误差推送方法。本章提出的误差推送方法是在单个区域内估计有误差后，以一定概率推送到邻居区域。这里我们定义推送概率$p'_{i,j}$表示区域i存在一个正1偏差推送到j区的概率；推送概率$p_{i,j}^{-1}$表示区域i存在一个负1偏差推送到j区的概率。

假设时刻k存在一个估计误差$\Delta n_i(k)=\pm 1$。下面首先考虑存在一个正误差$\Delta n_i(k)=1$。我们假设所有传感器的性能都是一样的，传感器的错误检测仅取决于通过的人员数目。所以本章定义区域i出现一个正1偏差是由从区域j到区域i的检测传感器的误差带来的概率为

$$q_{j,i}=\frac{\sum\limits_{l=0,1,2,\cdots,k} e_{j,i}(l)}{\sum\limits_{l=0,1,2,\cdots,l} e_{*,i}(l)}\approx\frac{\sum\limits_{l=0,1,2,\cdots,k} \bar{e}_{j,i}(l)}{\sum\limits_{l=0,1,2,\cdots,l} \bar{e}_{*,i}(l)}$$

用S表示区域i的误差被正确推送到犯错区域的次数，则我们有式(7-3-21)，并且$\Pr(S=2k)=0,k=0,1,2,\cdots$。

$$\begin{aligned}
&\Pr(S=1)=\sum_{j=1,2,\cdots,J} q_{i,j}p_{j,i}^{1}\\
&\Pr(S=3)=\sum_{j=1,2,\cdots,J} q_{i,j}(1-p_{j,i}^{1})p_{j,i}^{1}\\
&\cdots\cdots\\
&\Pr(S=2k+1)=\sum_{j=1,2,\cdots,J} q_{i,j}(1-p_{j,i}^{1})^{k}p_{j,i}^{1}\\
&\cdots\cdots
\end{aligned}\tag{7-3-21}$$

求解如式(7-3-22)的最优化问题可以得到最优的推送概率：

$$\begin{aligned}
&\min E[S]\\
&\text{s. t. } 0\leqslant p_{j,i}^{1}\leqslant 1\\
&\sum_{j=1,2,\cdots,J} p_{j,i}^{1}=1
\end{aligned}\tag{7-3-22}$$

注意

$$\begin{aligned}
E[S]&=\sum_{s=1,3,5,\cdots} S\cdot P^{s}(S=s)\\
&=\sum_{k=1,2,\cdots}(2k+1)\sum_{j=1,2,\cdots,J} q_{j,i}(1-p_{j,i}^{1})^{k}p_{j,i}^{1}\\
&=\sum_{j=1,2,\cdots,J} q_{j,i}p_{j,i}^{1}\sum_{k=1,2,\cdots}(2k+1)(1-p_{j,i}^{1})^{k}\\
&=\sum_{j=1,2,\cdots,J}\frac{q_{j,i}}{p_{j,i}^{1}}-1
\end{aligned}\tag{7-3-23}$$

因为$\sum\limits_{j=1,2,\cdots,J} p_{j,i}^{1}=1$，

$$E[S]=\sum_{j=1,2,\cdots,J-1}\frac{q_{j,i}}{p_{j,i}^{1}}+\frac{q_{J,i}}{1-\sum\limits_{l=1,2,\cdots,J-1}p_{j,i}^{1}}-1 \tag{7-3-24}$$

可得

$$\frac{\mathrm{d}E[S]}{\mathrm{d}p_{j,i}^{1}}=-\frac{q_{j,i}}{(p_{j,i}^{1})^{2}}+\frac{\mathrm{d}q_{J,i}}{\mathrm{d}p_{j,i}^{1}}=-\frac{q_{j,i}}{(p_{j,i}^{1})^{2}}+\frac{q_{J,i}}{(p_{J,i}^{1})^{2}} \tag{7-3-25}$$

令$\frac{\mathrm{d}E[S]}{\mathrm{d}p_{j,i}^{1}}=0, j=1,2,\cdots,J-1$，可得$\frac{p_{j,i}^{1}}{p_{J,i}^{1}}=\frac{\sqrt{p_{j,i}}}{\sqrt{p_{J,i}}}, j=1,2,\cdots,J-1$，因为$\sum\limits_{m=1,2,\cdots,J}p_{j,i}^{1}=\left(\sum\limits_{m=1,2,\cdots,J}\frac{\sqrt{q_{m,i}}}{\sqrt{q_{J,i}}}+1\right)p_{J,i}^{1}=1$，我们有

$$p_{j,i}^{1}=\frac{\sqrt{q_{j,i}}}{\sum\limits_{m=1,2,\cdots,J}\sqrt{q_{m,i}}}=\frac{\sqrt{\sum\limits_{l=1,2,\cdots,k}\bar{e}_{j,i}(l)}}{\sum\limits_{m=1,2,\cdots,J}\sqrt{\sum\limits_{l=1,2,\cdots,k}\bar{e}_{m,i}(l)}} \tag{7-3-26}$$

类似的，对于$\Delta n_i(k)=-1$，可推出最优推送概率为

$$p_{i,j}^{-1}=\frac{\sqrt{\sum\limits_{l=0,1,\cdots,k}\bar{e}_{i,j}(l)}}{\sum\limits_{m=1,2,\cdots,J}\sqrt{\sum\limits_{l=0,1,\cdots,k}\bar{e}_{i,m}(l)}} \tag{7-3-27}$$

通过以上分析，可得以下定理。

定理 7.3　$p_{j,i}^{1}, p_{i,j}^{-1}$在树形拓扑结构下为最优推送概率。

7.3.4 算法设计

通过以上的建模与分析，本章下面考虑两个规则，给出一种人员分布估计方法，这两个规则是：

规则 7.1　误差估计。

对于i区，如果$\hat{\sigma}_{\min}>\alpha\varepsilon_1$，则$\Delta n_i(k)=1$；如果$\hat{\sigma}_{\max}<\varepsilon_2/\beta$，则$\Delta n_i(k)=-1$；如果$n_i(k)<0$，则$\Delta n_i(k)=1$。

规则 7.2　误差推送。

对于i区，如果$\Delta n_i(k)=1,-1$，则将这些误差以概率$p_{j,i}^{1}, p_{i,j}^{-1}$推送到其邻居区域满足$j\in A_i$，$A_i$表示$i$区邻居区域集合。

为了展示两种规则在人数估计上的性能，我们设计了三种算法。算法 7.1 不使用任何规则，也就是简单的计数；算法 7.2 只是用误差估计方法而不使用误差推送；算法 7.3 同时使用两种规则。算法 7.2 和算法 7.3 中的$(\hat{n}_i(k_j), t_j)(j=1,2,\cdots,J)$表示在当前时刻$k$之前发生的最新的$J$个离去事件组成的序列，称为最新$J$

离去事件序列，并且在应用中设计 $\alpha,\beta>1$，以消除 $\hat{\sigma}_{\min}$ 和 $\hat{\sigma}_{\max}$ 随机性带来的统计误差。

算法 7.1　区域 i 的人数估计算法。

Step1　初始化 $\hat{n}_i(0)$，并且 $k=0$。

Step2　实时获取 $\bar{e}_{i,j}(k)$ 和 $\bar{e}_{j,i}(k)$，$j\in V$，$\Delta n_i(k)=0$。

Step3　根据式(7-3-7)更新 $\bar{n}_i(k)$，$\bar{n}_i(k)=\hat{n}_i(k)-\sum_{j=1}^{M}\bar{e}_{i,j}(k)+\sum_{j=1}^{M}\bar{e}_{j,i}(k)$。

Step4　如果 $\bar{n}_i(k)<0$，则 $\Delta n_i(k)=1$，并且 $\bar{n}_i(k)=\bar{n}_i(k)+\Delta n_i(k)$，然后循环执行 Step4；否则执行 Step5。

Step5　$\hat{n}_i(k+1)=\bar{n}_i(k)$，$k=k+1$，然后执行 Step2。

算法 7.2　区域 i 的人数估计算法。

Step1　初始化 $\hat{n}_i(0)$，并且 $k=0$。

Step2　实时获取 $\bar{e}_{i,j}(k)$ 和 $\bar{e}_{j,i}(k)$，$j\in V$，$\Delta n_i(k)=0$。

Step3　根据式(7-3-7)更新 $\bar{n}_i(k)$，$\bar{n}_i(k)=\hat{n}_i(k)-\sum_{j=1}^{M}\bar{e}_{i,j}(k)+\sum_{j=1}^{M}\bar{e}_{j,i}(k)$。

Step4　更新最新 J 离开事件序列$[\hat{n}_i(k_j,t_j)]$，$j=1,2,\cdots,J$。

Step5　根据式(7-3-14)和式(7-3-15)更新 $\hat{\sigma}_{\min}$ 和 $\hat{\sigma}_{\max}$ 如下：

$$\hat{\sigma}_{\min}=\frac{\sum_{j=1}^{J}I_{\min}(t_j,\hat{n}_i(k_j))}{J}$$

$$\hat{\sigma}_{\max}=\frac{\sum_{j=1}^{J}I_{\max}(t_j,\hat{n}_i(k_j))}{J}$$

Step6　如果 $\hat{\sigma}_{\min}>\alpha\varepsilon_1$，则 $\Delta n_i(k)=1$；如果 $\hat{\sigma}_{\min}<\varepsilon_2/\beta$，则 $\Delta n_i(k)=-1$。

Step7　根据式(7-3-8)更新 $\bar{n}_i(k)$，$\bar{n}_i(k)=\bar{n}_i(k)+\Delta n_i(k)$。

Step8　如果 $\bar{n}_i(k)<0$，则令 $\Delta n_i(k)=1$，并且 $\bar{n}_i(k)=\bar{n}_i(k)+\Delta n_i(k)$，然后循环执行 Step8；否则执行 Step9。

Step9　$\hat{n}_i(k+1)=\bar{n}_i(k)$，$k=k+1$，然后执行 Step2。

算法 7.3　区域 i 的人数估计算法。

Step1　初始化 $\hat{n}_i(0)$，并且 $k=0$。

Step2　实时获取 $\bar{e}_{i,j}(k)$ 和 $\bar{e}_{j,i}(k)$，$j\in V$，$\Delta n_i(k)=0$。

Step3　根据式(7-3-7)更新 $\bar{n}_i(k)$，$\bar{n}_i(k)=\hat{n}_i(k)-\sum_{j=1}^{M}\bar{e}_{i,j}(k)+\sum_{j=1}^{M}\bar{e}_{j,i}(k)$。

Step4　更新最新 J 离开事件序列$[\hat{n}_i(k_j,t_j)]$，$j=1,2,\cdots,J$。

Step5　根据式(7-3-14)和式(7-3-15)更新 $\hat{\sigma}_{\min}$ 和 $\hat{\sigma}_{\max}$ 如下：

$$\hat{\sigma}_{\min} = \frac{\sum_{j=1}^{J} I_{\min}(t_j, \hat{n}_i(k_j))}{J}$$

$$\hat{\sigma}_{\max} = \frac{\sum_{j=1}^{J} I_{\max}(t_j, \hat{n}_i(k_j))}{J}$$

Step6　如果 $\hat{\sigma}_{\min} > \alpha\varepsilon_1$，则 $\Delta n_i(k)=1$；如果 $\hat{\sigma}_{\min} < \varepsilon_2/\beta$，则 $\Delta n_i(k)=-1$。

Step7　根据式(7-3-8)更新 $\bar{n}_i(k)$，$\bar{n}_i(k)=\bar{n}_i(k)+\Delta n_i(k)$。

Step8　如果 $\Delta n_i(k)<0$，将错误以概率转移到邻居区域 A_i 中，满足对于 $j\in A_i$，转移概率为 $p_{j,i}^{1}$ 和 $p_{i,j}^{-1}$。

Step9　如果 $\bar{n}_i(k)<0$，则令 $\Delta n_i(k)=1$，并且 $\bar{n}_i(k)=\bar{n}_i(k)+\Delta n_i(k)$，然后循环执行 Step8；否则执行 Step10。

Step10　$\hat{n}_i(k+1)=\bar{n}_i(k)$，$k=k+1$，然后执行 Step2。

7.3.5　算例测试

本节通过实验(包括仿真实验和现场测试)测试以上方法的性能。实验拓扑环境如图 7-3-1(a)所示，其中区域 1-11 表示房间区域，区域 12，13 表示走廊区域，区域 14，15 表示出口。实验中，我们设定 $\varepsilon_1=0.001$，$\varepsilon_2=0.001$。本章通过人员在区域的最长停留时间来估计人员在区域中的停留概率。考虑到房间的功能特点，我们假设人员在房间区域停留的最大时间为 $T_1=4\text{h}$，满足人在 T_1 时间内离开区域的概率为 $1-\varepsilon_2$，也就是 $1-p_i^{T_1}=1-\varepsilon_2$，$i=1,\cdots,11$。离散时间为一些以秒为单位的时刻点，则在每个时刻点，人员在房间区域 $i(i=1,\cdots,11)$ 内停留的概率为 $p_i=0.9995$。类似的，我们设定人在走廊区域的最长停留时间为 $T_2=10\text{s}$，满足人在 T_2 时间内离开该走廊区域的概率为 $1-\varepsilon_2$，也就是 $1-p_i^{T_2}=1-\varepsilon_2$，$i=12,13$。同样，离散时间为以秒为单位的时刻点，则人在每个时刻点停留在走廊区域(12，13)的概率为 $p_i=0.5012$。仿真的规模以总人数 N 刻画。我们定义错误率以衡量。假设区域的总数为 M 个，则在时刻 k 错误率定义如式(7-3-28)：

$$ER(k) = \frac{\sum_{i=1}^{M} | n_i(k) - \hat{n}_i(k) |}{2N} \tag{7-3-28}$$

在实验中，我们采用了四种方法，即简单计数方法和方法 1、2、3，分别记为 NE (naive estimation)和 M1、M2、M3，如下：

NE：对所有区域执行算法 1；

M1：对所有走廊区域执行算法 2；

M2：对所有区域执行算法 2；

M3:对所有区域执行算法 3。

1. 仿真实验

我们在仿真实验中仿真了马氏链模型假设下的人员移动,仿真中人员总数为 $N=30$,传感器的检测概率分别为 $p_s^1=0.99$,$p_s^0=p_s^{-1}=0.005$。仿真一天中不同时刻进入整个区域的人数总和如图 7-3-4 所示。四种方法仿真后的结果如图 7-3-5和图 7-3-6 所示,其中图 7-3-5 表示仿真开始时不存在偏差时的结果,图 7-3-6表示仿真开始时存在一个大的偏差时的结果,以与不存在初始偏差的情况作对照,验证估计方法修正偏差的性能。图 7-3-5 和图 7-3-6 中左边的子图表示所有方法估计错误率随时间的变化曲线,右边子图表示 24 小时下的平均错误率。

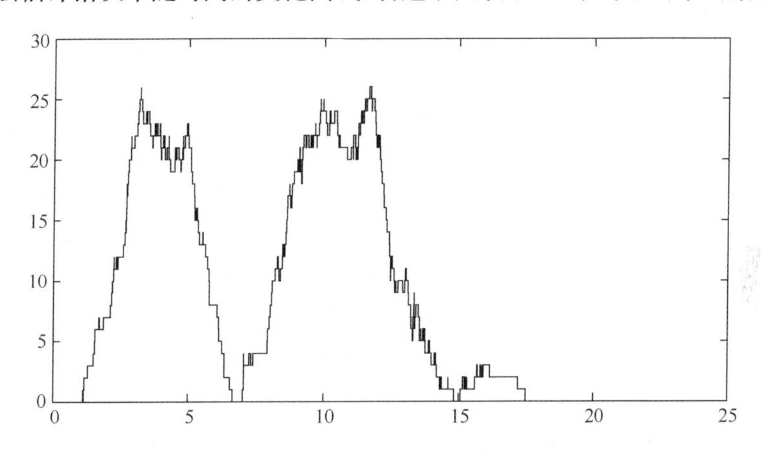

图 7-3-4　仿真一天中不同时刻进入整个区域的人数总和

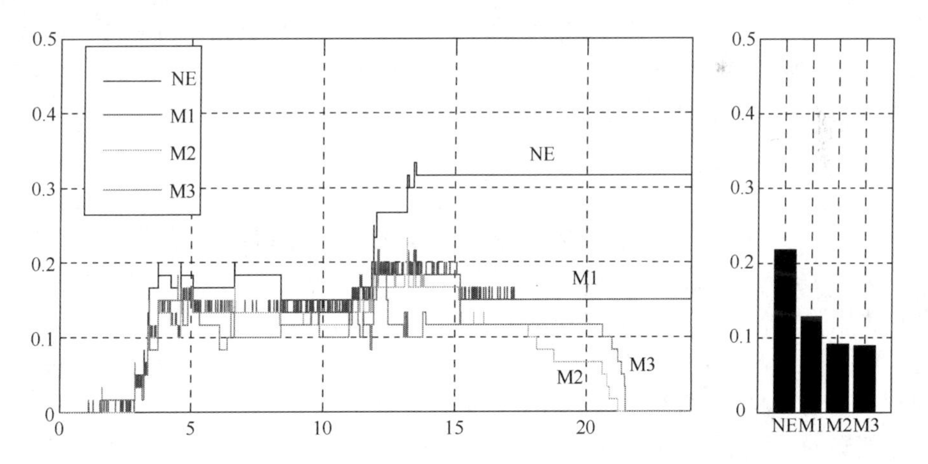

图 7-3-5　初始偏差为 0 时的估计性能曲线

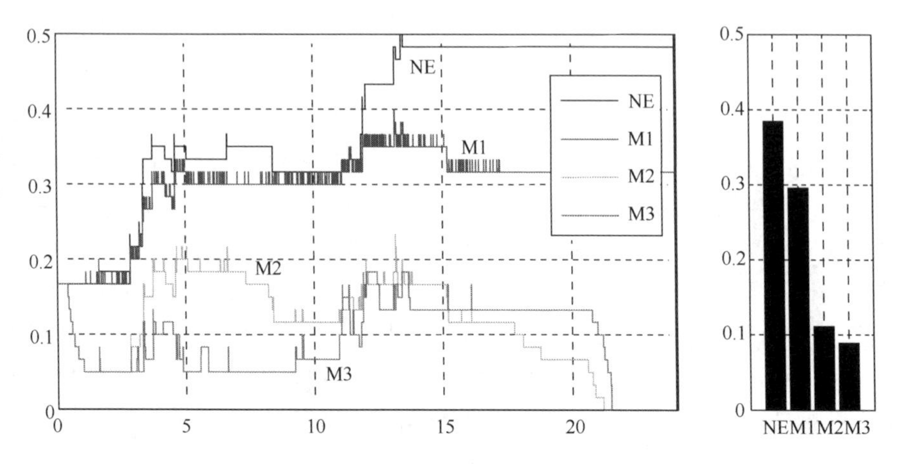

图 7-3-6　初始存在一个大的偏差时的估计性能曲线

从图 7-3-5 和图 7-3-6 可以看出，四种方法中添加规则越多的方法，估计结果随时间增长变得越好。同时也可以看到，方法 NE 和 M1 随着时间的增长累积了大量的误差。而方法 M2 和 M3 却能在一定程度上消除误差，其误差也不会被累积起来，即使是在初始存在大偏差下的情况（如图 7-3-6 所示），方法 M2 和 M3 也能够随着时间的增长，在越来越多的进出事件发生后，极大地消除初始偏差。这些结果也就验证了本章提出的方法的有效性，也符合了前面理论分析的结果。

区域待估计的总人数影响着估计方法的性能，所以本节继续研究所述方法在不同估计总人数下的性能和在传感器具有不同检测精度下的算法的性能，设待估计总人数表示为 N。仿真中，我们首先仿真了人员总数 N 从 10 到 100 和传感器检测精度 $p_s^1=0.99$ 的情况，其次仿真了传感器检测精度 p_s^1 从 0.99 到 0.5 和总人数 $N=30$ 的情况，两种情况中 $p_s^0=p_s^{-1}=(1-p_s^1)/2$。仿真结果分别如图 7-3-7 和图 7-3-8 所示，图中结果是 5 次重复实验的平均结果。从两张图中可以看到，使用规则的方法比不使用规则的方法性能要好。

2. 现场测试

我们继续采用真实系统实验展示本章提出的方法实际应用的效果。实际系统采用成对的红外对射光传感器，以分辨人员的进出及方向。真实系统实验中，区域的总人数最多为 30。图 7-3-9 和图 7-3-10 为实验结果。

图 7.2.9 展示了方法在七天里的估计的错误率，图 7-3-10 展示了一天里不同时刻点上估计方法的错误率。这两张图同样验证了使用规则的方法要远远好于不使用规则的 NE 方法。随着时间的增长，这样的优势愈加明显，可以从图 7-3-10 下午的情况看出来。实验结果同样与前面的仿真实验结果和理论分析结果相一致。

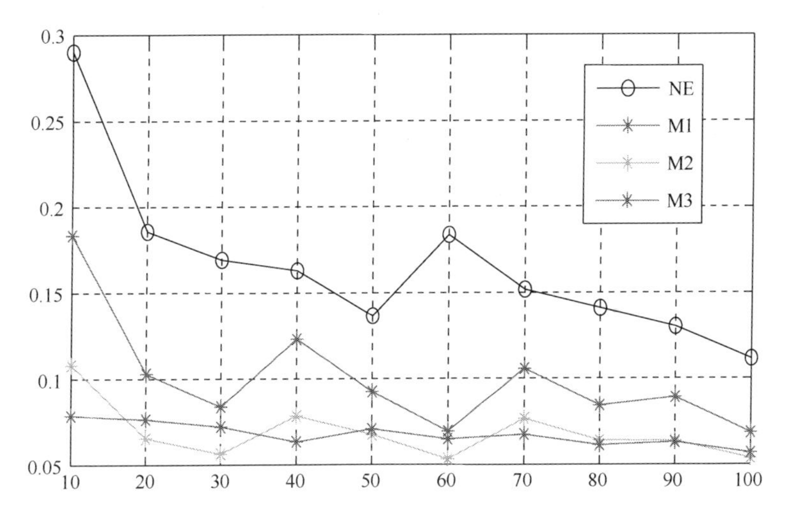

图 7-3-7 在人员总数 N 从 10 到 100 和传感器检测精度 $p_s^1=0.99$ 的情况下仿真 24 小时所有区域的平均错误率

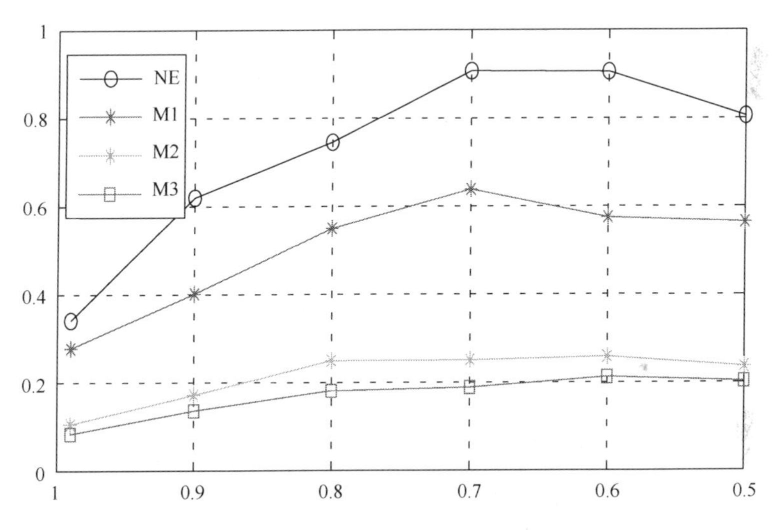

图 7-3-8 在传感器检测精度 p_s^1 从 0.99 到 0.5 和总人数 $N=30$ 的情况下仿真 24 小时所有区域的平均错误率

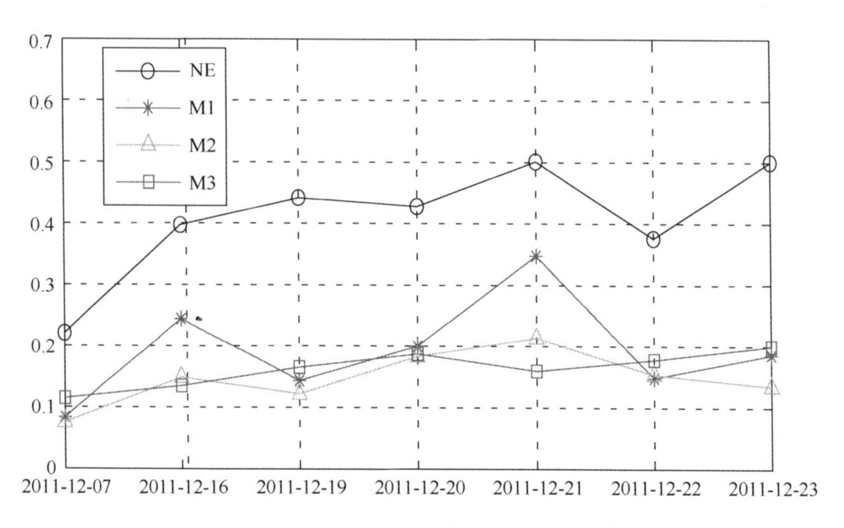

图 7-3-9 估计方法连续七天的性能曲线

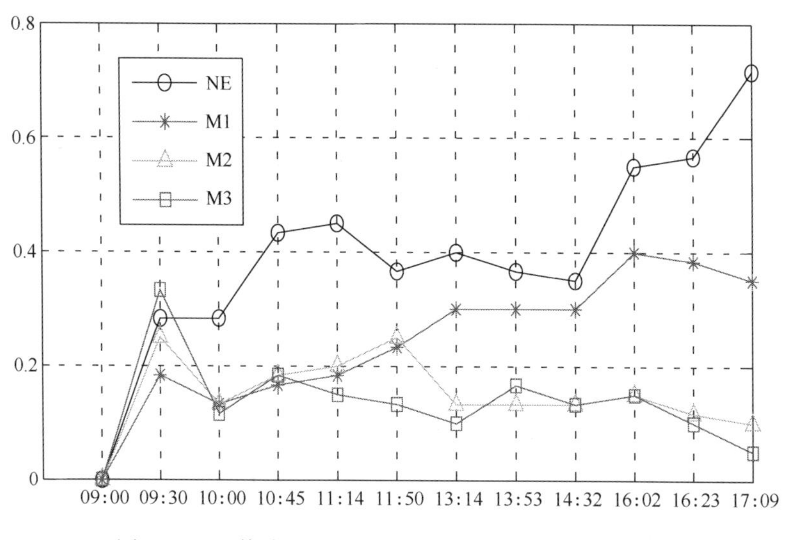

图 7-3-10 估计方法在一天里不同时刻点上的性能曲线

7.4 基于异质信息融合的人员分布信息协同感知

7.4.1 问题模型

考虑一间根据通风口和照明灯位置划分为数个区域的大办公室(图 7-4-1),为了更好地控制 HVAC 和灯具,获得每个区域内的人数是有意义的。我们关注于对某个特定区域内人数的估计，而对其他各区域可以依此类推。假设有 m^s 个定位系统，其中每一个都能对该区域内的人数进行估计。记 n_k 为系统 k 观测到的人数，$\hat{n}_k$ 为其估计值，其中 $k=1,\cdots,m^s$。注意到有可能 $n_k\neq\hat{n}_k$。例如，可能摄像头系统观察到它负责的区域内有 10 个人，也就是 $n_k=10$，如果摄像头检测到的对象中平均只有 80％确实是人，而其余的 20％不是，那么系统会估计房间里只有 8 个人，也就是 $\hat{n}_k=8$。定义 $\boldsymbol{n}_o=(n_1,\cdots,n_m)^{\mathrm{T}}$，$\boldsymbol{n}_e=(\hat{n}_1,\cdots,\hat{n}_m)^{\mathrm{T}}$，其中 $\boldsymbol{n}_o$ 和 $\boldsymbol{n}_e$ 分别表示 m 个系统的观测向量和估计向量，T 是转置符号。给定 $\boldsymbol{n}_o$ 和 $\boldsymbol{n}_e$，那么问题转化为如何找到估计值 $\hat{n}$ 满足 MMSE，即

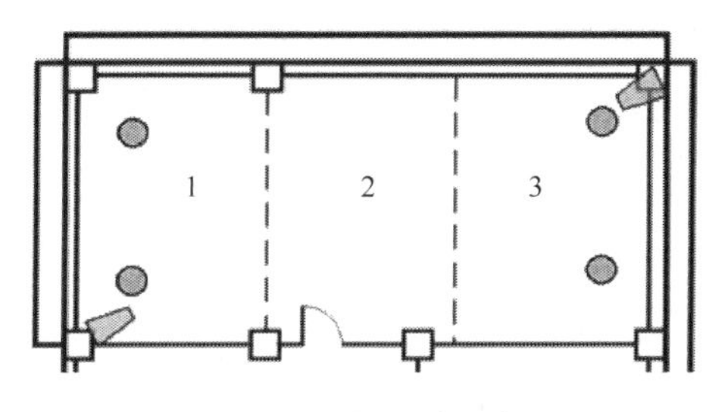

图 7-4-1　办公室示意图

$$\min_{\hat{n}\in Z^-}E[(\hat{n}-n)^2\mid\boldsymbol{n}_o=\boldsymbol{i}]=\min_{\hat{n}\in Z^-}\sum_{j=0}^{+\infty}P^s(n=j\mid\boldsymbol{n}_o=\boldsymbol{i})(\hat{n}-n)^2\tag{7-4-1}$$

其中，N 为全体非负整数集；$\boldsymbol{i}=(i_1,\cdots,i_m)^{\tau}$ 是一个常向量；n 是该区域内的真实人数。注意到，这里我们认为观测值给定，而真实人数具有一个分布函数，所以是以贝叶斯统计理论的观点看待该问题的。此外，

$$P^s(n=j\mid\boldsymbol{n}_o=\boldsymbol{i})=\frac{P^s(\boldsymbol{n}_o=\boldsymbol{i}\mid n=j)P(n=j)}{P^s(\boldsymbol{n}_o=\boldsymbol{i})}$$

所以解决式(7-4-1)等价于解决下述问题：

$$\min_{\hat{n}\in Z^-}J(\boldsymbol{i},\hat{n})\tag{7-4-2}$$

其中

$$J(\boldsymbol{i},\hat{n})=\sum_{j=0}^{+\infty}P^s(\boldsymbol{n}_o=\boldsymbol{i}\mid n=j)P(n=j)(\hat{n}-j)^2$$

注意到，计算 $J(\boldsymbol{i},\hat{n})$需要用到真实人数分布的先验知识 $P^s(n=j)$和所有系统观测结果的条件联合分布 $P^s(\boldsymbol{n}_o=\boldsymbol{i}\mid n=j)$。

在某些情况下，特定区域里人员的随机到达和离开可以近似地以一个非齐次泊松过程来描述，其中人员到达率 a_t^{NOP} 是时间的函数。在本章中，我们把时间离散化，从而假设时刻 t 所关心区域里的人数服从参数为 a_t^{NOP} 的泊松分布，即

$$P^s(n=j)=\frac{(a_t^{\mathrm{NOP}})^j\mathrm{e}^{-a_t^{\mathrm{NOP}}}}{j!}\tag{7-4-3}$$

其中，a_t^{NOP} 是时刻 t 区域内人数的平均值。为简化符号，在不造成歧义的前提下，后文中我们可能将 a_t^{NOP} 简记为 a^{NOP}。

我们假设式(7-4-3)成立。对于均匀分布的情况，即 $P^s(n=j)=\frac{1}{M}, 0\leqslant j\leqslant M$。关于 $P^s(\boldsymbol{n}_o=\boldsymbol{i}|n=j)$，注意到实际上联合分布难以获得，因为 m 个系统是为不同的目的安装的，而且并未设计为共享信息的模式。但是，每个单独系统的条件概率 $P^s(n_k=i_k|n=j)$ 可以按下述方法近似。当区域内有 j 人时，假设每个人被系统 k 检测到的概率均为 d_k。有一些被系统 k 计入人员分布的对象也许并不是人。由于无法精确估计出系统总共会把多少对象判定为室内人员的先验分布，我们假定系统 k 把某些对象错误地判定为人的数目服从参数为 μ_k 的泊松分布，其中 μ_k 是系统 k 错误地把对象判定为人的平均数量。那么我们有

$$P^s(n_k=i_k \mid n=j)=\sum_{l=0}^{\min\{j,i_k\}} C_j^l d_k^l(1-d_k)^{j-l}\frac{\mu_k^{i_k-l}}{(i_k-l)!}\mathrm{e}^{-\mu_k} \tag{7-4-4}$$

我们感兴趣的问题就是，给定式(7-4-3)和式(7-4-4)，怎样近似地求解式(7-4-2)所示的信息融合问题。下面就将展示两种近似融合方法。

7.4.2 信息融合方法

本节给出了两种求解以上融合问题的近似方法。第一种方法假设不同系统的观测是相互独立的，这个也是一般应用信息融合最常用的假设。后面我们称之为融合方法 1。第二种方法假设所有系统对同一目标的估计方程具有相同的形式，以最小化均方差为目标，不同之处是不同系统估计方程的参数是不同的。系统估计方程参数可以通过对系统的观测数据得到。本章将第二种方法称为融合方法 2。两种方法表述如下。

1. 融合方法 1

方法 1 假设不同系统的观测噪声是相互独立的。注意到 $J(\boldsymbol{i},\hat{n})$ 是一个凸函数。那么我们有

$$\frac{\mathrm{d}J(\boldsymbol{i},\hat{n})}{\mathrm{d}\hat{n}}=2\sum_{j=0}^{+\infty}P^s(\boldsymbol{n}_o=\boldsymbol{i}|n=j)P^s(n=j)(\hat{n}-j)$$

令

$$\frac{\mathrm{d}J(\boldsymbol{i},\hat{n})}{\mathrm{d}\hat{n}}=0$$

则有

$$\hat{n}^* = \frac{\sum_{j=1}^{+\infty} P^s(\boldsymbol{n}_o = \boldsymbol{i} \mid n = j) P^s(n = j) j}{\sum_{j=0}^{+\infty} P^s(\boldsymbol{n}_o = \boldsymbol{i} \mid n = j) P^s(n = j)}$$

因为假定了 m^s 个系统的观测结果是相互独立的，所以我们有

$$\hat{n}^*(\boldsymbol{i}) \approx \hat{n}_A^*(\boldsymbol{i}) = \frac{\sum_{j=1}^{+\infty} \prod_{k=1}^{m} P^s(n_k = i_k \mid n = j) P^s(n = j) j}{\sum_{j=0}^{+\infty} \prod_{k=1}^{m} P^s(n_k = i_k \mid n = j) P^s(n = j)} \tag{7-4-5}$$

联立式(7-4-3)～式(7-4-5)可得

$$\hat{n}_A^*(\boldsymbol{i}) = \frac{A_1}{A_2}$$

其中

$$A_1 = \sum_{l_1=0}^{i_1} \frac{d_1^{l_1} \mu_1^{i_1 - l_1}}{(i_1 - l_1)!} \sum_{l_2=0}^{i_2} \frac{d_2^{l_2} \mu_2^{i_2 - l_2}}{(i_2 - l_2)!} \cdots \sum_{l_m=0}^{i_m} \frac{d_m^{l_m} \mu_m^{i_m - l_m}}{(i_m - l_m)!} \sum_{j=\max\limits_{k=1,\cdots,m} l_k}^{+\infty} \frac{\prod_{k=1}^{m} C_j^{l_k} (1 - d_k)^{j - l_k} (a^{\mathrm{NOP}})^j j}{j!}$$

$$A_2 = \sum_{l_1=0}^{i_1} \frac{d_1^{l_1} \mu_1^{i_1 - l_1}}{(i_1 - l_1)!} \sum_{l_2=0}^{i_2} \frac{d_2^{l_2} \mu_2^{i_2 - l_2}}{(i_2 - l_2)!} \cdots \sum_{l_m=0}^{i_m} \frac{d_m^{l_m} \mu_m^{i_m - l_m}}{(i_m - l_m)!} \sum_{j=\max\limits_{k=1,\cdots,m} l_k}^{+\infty} \frac{\prod_{k=1}^{m} C_j^{l_k} (1 - d_k)^{j - l_k} (a^{\mathrm{NOP}})^j}{j!}$$

A_1, A_2 中最后一个乘数的无限项相加和可以做有限项截断近似。

2. 融合方法 2

方法 1 用到的独立性假设给其带来了一定的局限性，因为通常情况下不同系统的观测结果之间都存在一定的相关性。为处理这种更普遍的情形，我们提出方法 2，其中假设融合问题的解具有与某个单独系统最小化均方误差的估计相同的形式，而某些参数的值需要根据观测数据再作调整。在本方法中，我们先设法得到一个单独系统的最佳估计，然后修改其中的一些参数得出多重系统的最佳估计。本部分同时也给出这些参数的估计公式。

首先，对于给出观测值 n_k 的系统 k，达到 MMSE 的最佳估计是

$$\arg \min_{\hat{n}_k \in Z^-} E[(\hat{n}_k - n)^2 \mid n_k = i_k]$$

等价于

$$\arg \min_{\hat{n}_k \in Z^-} J_k(i_k, \hat{n}_k)$$

其中

$$J_k(i_k, \hat{n}_k) = \sum_{j=0}^{+\infty} P^s(n_k = i_k \mid n = j) P^s(n = j)(\hat{n}_k - j)^2$$

因为 $J_k(i_k,\hat{n}_k)$ 具有凸性，所以令

$$\frac{\mathrm{d}J_k(i_k,\hat{n}_k)}{\mathrm{d}\hat{n}_k}=0$$

可得

$$\hat{n}_k^*(i_k)=a^{\mathrm{NOP}}(1-d_k)+\frac{a^{\mathrm{NOP}}d_k i_k}{\lambda d_k+\mu_k}$$

假设对于多重系统，最优估计 $\hat{n}^*$ 具有类似的形式，即

$$\hat{n}^*(\boldsymbol{i})\approx\hat{n}_{\mathrm{B}}^*(\boldsymbol{i})=\lambda(1-d)+\frac{a^{\mathrm{NOP}}di}{\lambda d+\mu} \tag{7-4-6}$$

其中，d，μ 和 i 还要估计。

注意到 d_k，μ_k，$E(n_k|n=j)$ 和 $\mathrm{Var}(n_k|n=j)$ 之间存在一定的关系。特别的，我们有

$$E(n_k|n=j)=d_kj+\mu_k$$

和

$$\mathrm{Var}(n_k|n=j)=d_kj+\mu_k-d_k^2j \tag{7-4-7}$$

于是有

$$\mu_k=E(n_k|n=j)-\sqrt{[E(n_k|n=j)-\mathrm{Var}(n_k|n=j)]j}$$

$$d_k=\sqrt{\frac{E(n_k|n=j)-\mathrm{Var}(n_k|n=j)}{j}}$$

我们可以用系统 k 的观测结果 i_k 来替代 $E(n_k|n=j)$，得到下述 μ_k 和 d_k 的估计，即

$$\hat{\mu}_k=i_k-\sqrt{(i_k-\mathrm{Var}(n_k|n=j))j} \tag{7-4-8}$$

和

$$\hat{d}_k=\sqrt{(i_k-\mathrm{Var}(n_k|n=j))/j} \tag{7-4-9}$$

当有 m 个系统时，i_k 和 $v_k(j)$ 应该是观测结果和多重系统方差的函数。为了得到这些函数，注意到，当 m^s 个系统观测噪声的联合分布是多维高斯分布，具有协方差矩阵 $\boldsymbol{\Sigma}$，且真实值 n 先验分布的概率密度函数也服从高斯分布时，单个系统的最佳估计为 $\hat{n}_k^*(n_k)=g(n_k,\sigma_k^2)$，而 m^s 个系统的最佳估计为

$$\hat{n}^*=g\left(\frac{\boldsymbol{e}^{\tau}\boldsymbol{\Sigma}^{-1}\boldsymbol{n}_o}{\boldsymbol{e}^{\tau}\boldsymbol{\Sigma}^{-1}\boldsymbol{e}},\frac{1}{\boldsymbol{e}^{\tau}\boldsymbol{\Sigma}^{-1}\boldsymbol{e}}\right)$$

其中 $\boldsymbol{e}=(1,\cdots,1)^{\tau}$，

$$g(\mu,\sigma^2)=\frac{1}{\sqrt{2\pi}\sigma p(j)}\int_{-\infty}^{+\infty}p^s(j)\mathrm{e}^{-\frac{(\mu-j)^2}{2\sigma^2}}j\mathrm{d}j$$

而 $p^s(j)$ 是真实值 n 先验分布的概率密度函数。

所以我们用

$$i=\frac{\boldsymbol{e}^{\tau}\boldsymbol{\Sigma}^{-1}\boldsymbol{n}_o}{\boldsymbol{e}^{\tau}\boldsymbol{\Sigma}^{-1}\boldsymbol{e}} \tag{7-4-10}$$

替代式(7-4-6)中的 i，用式(7-4-10)和$\frac{1}{\boldsymbol{e}^{\tau}\boldsymbol{\Sigma}^{-1}\boldsymbol{e}}$分别替代式(7-4-8)和式(7-4-9)中的 i_k 和 $\mathrm{Var}(n_k|n=j)$，于是得到 μ 和 d 的估计如下所述：

$$\hat{\mu}=\frac{\boldsymbol{e}^{\tau}\boldsymbol{\Sigma}^{-1}\boldsymbol{n}_o}{\boldsymbol{e}^{\tau}\boldsymbol{\Sigma}^{-1}\boldsymbol{e}}-\hat{d}j$$

和

$$\hat{d}=\sqrt{\frac{\dfrac{\boldsymbol{e}^{\tau}\boldsymbol{\Sigma}^{-1}\boldsymbol{n}_o}{\boldsymbol{e}^{\tau}\boldsymbol{\Sigma}^{-1}\boldsymbol{e}}-\dfrac{1}{\boldsymbol{e}^{\tau}\boldsymbol{\Sigma}^{-1}\boldsymbol{e}}}{j}}$$

$$\mu=\sum_{j=0}^{+\infty}P^{s}(n=j)\hat{\mu}$$

和

$$d=\sum_{j=0}^{+\infty}P^{s}(n=j)\hat{d} \tag{7-4-11}$$

联立式(7-4-10)和式(7-4-11)，就可以解出 $\hat{n}_B^*(\boldsymbol{i})$了。

7.4.3 算例测试

1. RFID和Video系统融合实验

本部分中，我们在一个真实的房间里应用方法1和方法2融合RFID和摄像头采集到的信息。房间的布局如图7-4-1所示，根据通风口和照明灯的位置，房间被划分为三个区域。房内有两个计数系统，即活动RFID系统和摄像头系统。活动RFID系统由四个读入节点和多个标签组成。图中已经标明了读入节点的位置(以实心圆表示)。房间里的每个人携带一个标签。当人员在室内时，四个读入节点接收到标签的RSSI，估计携带者的位置，从而估计每个区域内的人员数量。摄像头系统由两个摄像头组成，如图所示(以梯形表示)，也会估计每个区域内的人员数量。在下述实验中，我们主要关注区域3内的人数。

实验时间是连续四周周五的9:15～9:45。真实的人员分布数量和RFID、摄像头以及两种融合方法给出的估计值如图7-4-2所示。每个值是四天中对应时刻数据的平均。从图7-4-2中我们可以发现，平均每一时刻区域3内都有7或8个人。RFID和摄像头系统的观测值均比这个真实值小，而两种融合方法的估计值与真实值较接近。

为了与我们的方法作对比，我们在高斯分布和独立观测假设下运用线性均方误差(LMSE)的信息融合方法。令 $\boldsymbol{X}$ 为真实的人数分布,它是未知的,也正是我们想要估计出来的。有两个观测系统,观测值为 $\boldsymbol{Y}=(y_1,y_2)^{\mathrm{T}}$。设 RFID 和摄像头系统的观测噪声分别服从概率分布 $N(0,\sigma_1^2)$和 $N(0,\sigma_2^2)$。假设观测方程的形式如下所示,$\boldsymbol{Y}=\boldsymbol{HX}+N$。$\boldsymbol{X}$ 的最佳估计,记为 $\hat{\boldsymbol{X}}$,为 $\hat{\boldsymbol{X}}=(\boldsymbol{H}^{\mathrm{T}}\boldsymbol{R}^{-1}\boldsymbol{H})^{-1}\boldsymbol{H}^{\mathrm{T}}\boldsymbol{R}^{-1}\boldsymbol{Y}$,其中,$\boldsymbol{R}=\begin{bmatrix}\sigma_1^2 & 0\\ 0 & \sigma_2^2\end{bmatrix}$。根据实验数据,我们实验中 $\boldsymbol{H}$ 和 $\boldsymbol{R}$ 的值分别为 $\boldsymbol{H}=\begin{pmatrix}0.7923\\0.5421\end{pmatrix}$和 $\boldsymbol{R}=\begin{pmatrix}11.0333 & 0\\ 0 & 1.5792\end{pmatrix}$。

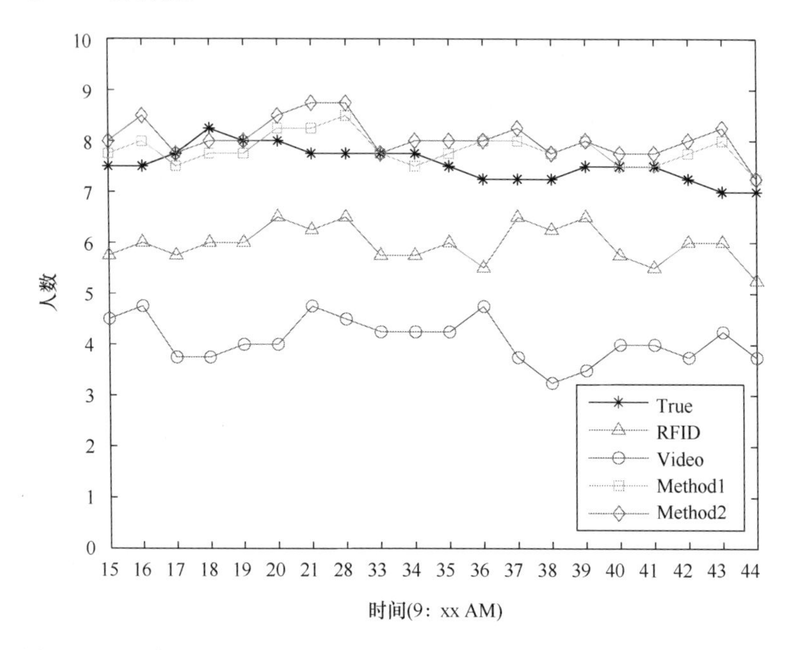

图 7-4-2 区域 3 中不同时刻的真实人数(True)、系统观测人数(RFID,Video)及两种融合方法的融合结果(Method 1,Method 2)

我们分别计算出 RFID 系统、摄像头系统、两种近似融合方法及 LMSE 方法的观测误差和估计误差的标准偏差,如图 7-4-3 所示。可以看出,RFID 系统平均比真实值少计两个人,而摄像头系统少计四个。LMSE 方法少计两个人。两种近似融合方法只错计一人。图 7-4-4 是 RFID 系统和摄像头观测结果的错误率,其定义为

$$\varepsilon_k=\frac{|\hat{n}_k-n|}{n} \tag{7-4-12}$$

n 和 $\hat{n}_k$ 分别表示人员分布的真实值和系统 k 的估计值。在图 7-4-4 中,错误率是四天对应时刻的平均值。我们也给出了两种近似融合方法和 LMSE 方法估

计值的错误率。从图 7-4-4 中我们可以发现，两种近似融合方法仅会错计一人，这比 RFID 和摄像头系统好得多，同时也比 LMSE 方法的性能优秀。

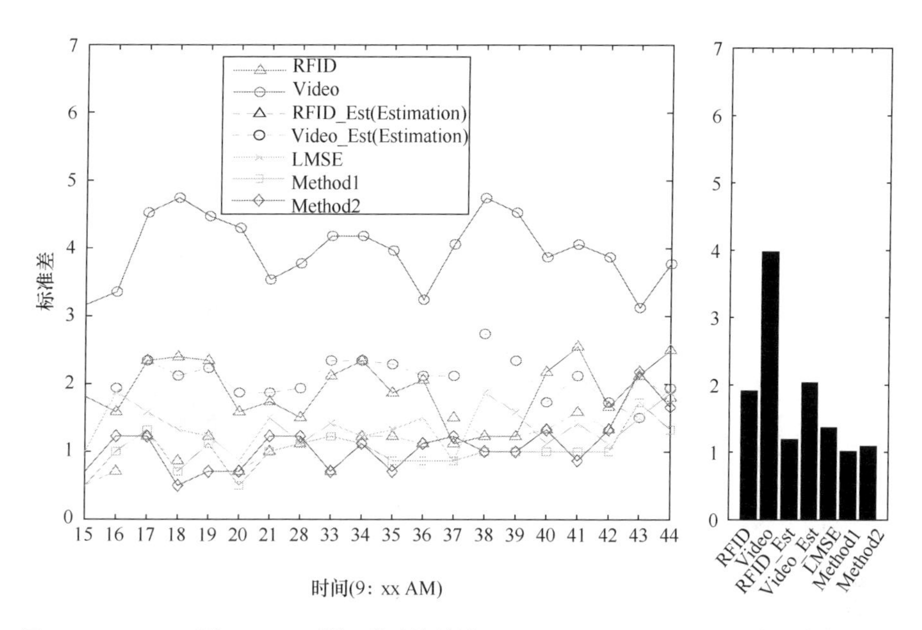

图 7-4-3 RFID 系统、Video 系统、单系统估计(RFID_Est，Video_Est)、两类融合方法(Method1，Method2)和 LMSE 方法给出的估计人数的标准差，其中右图为平均值图

特别的，从图 7-4-3 中我们可以发现，RFID 的全段时间平均标准偏差是 1.9130，摄像头的是 3.9743，LMSE 方法的是 1.3642，方法 1 的是 1.0131，方法 2 的是 1.0872。所以，方法 1 把 RFID 系统的精度提高了 $\frac{1.9130-1.0131}{1.9130}=47.04\%$，把摄像头系统的精度提高了 $\frac{3.9743-1.0131}{3.9743}=74.51\%$。

类似的，我们可以算出，方法 2 分别把 RFID 和摄像头系统的精度提高了 43.17%和 72.64%。而 LMSE 方法仅能把两者分别提高 28.69%和 65.67%。

在实验中，我们发现方法 1 和方法 2 十分相似，即噪声独立性假设是合理的，这也说明 RFID 和摄像头系统的相关性很小。事实上，我们发现 RFID 和摄像头系统数据的相关系数仅为 $\rho=0.21$。我们也发现，融合结果比每个单独系统的估计要略好。这是因为，相关系数 ρ 较接近于 $\frac{\sigma_1}{\sigma_2}$，其中 $\sigma_1=1.91$ 和 $\sigma_2=3.97$ 分别是两个系统的标准偏差。

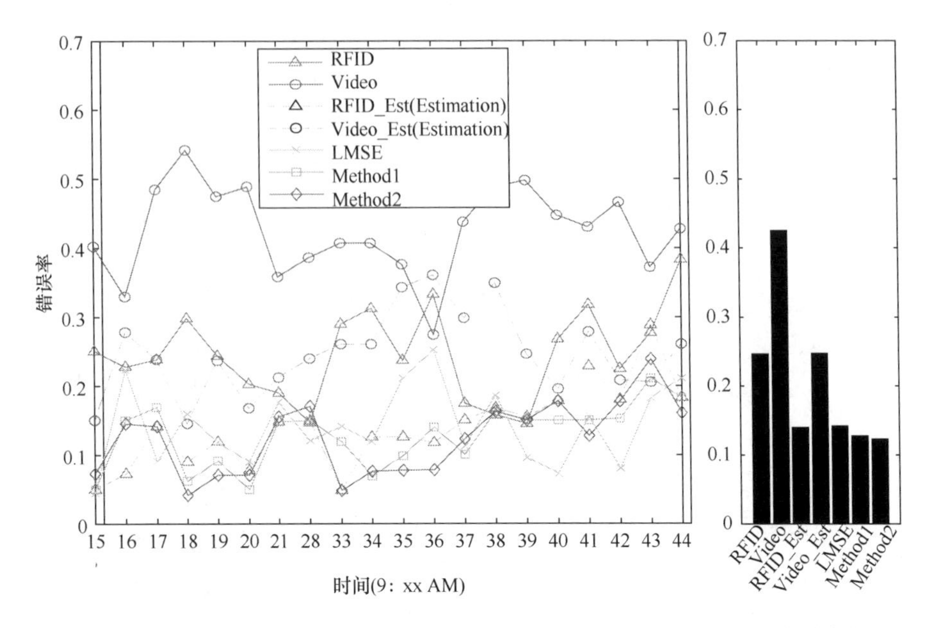

图 7-4-4 RFID 系统、Video 系统、单系统估计(RFID_Est,Video_Est)、两类融合方法(Method1,Method2)和 LMSE 方法给出的估计人数错误率,其中右图为平均值图

2. 仿真系统分析

本节将通过仿真实验的方法研究本章前面提出的方法 1 和方法 2 的性能。主要研究两个方法随着估计总人数增加其性能的变化和两方法在不同系统相关性下的性能。

假设有两个系统。它们的观测结果 X 和 Y 的概率密度函数分别是 $f_X(x)$ 和 $f_Y(y)$。两个系统间的相关系数定义为 ρ。

产生具有具体 ρ 值的数据较困难。但是,要产生具有一系列不同 ρ 值的数据却简单得多,而这正好满足我们研究不同 ρ 值下融合方法性能的需求。为达到该目的,我们将如下调整产生伪随机数的随机种子。

定义 R_X 和 R_Y 分别为两个系统的伪随机数种子,从而

$$R_X=|\alpha|R'+(1-|\alpha|)R'_X \tag{7-4-13}$$

$$R_Y=\begin{cases}|\alpha|R'+(1-|\alpha|)R'_Y, & \alpha\geqslant 0\\ |\alpha|(1-R')+(1-|\alpha|)R'_Y, & \alpha<0\end{cases} \tag{7-4-14}$$

其中,$-1\leqslant\alpha\leqslant 1$,$R'\sim U(0,1)$,$R'_X\sim U(0,1)$,$R'_Y\sim U(0,1)$。在式(7-4-13)和式(7-4-14)中,$R'$ 是 R_X 和 R_Y 共同的种子,而 R'_X 和 R'_Y 是各自的种子。当 $\alpha\geqslant 0$ 时,R_X 和 R_Y 正相关,否则,两者负相关。R_X 和 R_Y 的概率密度函数是

$$f(R_X=r)=f(R_Y=r)=\begin{cases}0, & r<0 \text{ 或 } r>1\\ \dfrac{r}{(1-\alpha)\alpha}, & 0\leqslant r<\alpha_{\min}\\ \dfrac{1}{\alpha_{\max}}, & \alpha_{\min}\leqslant r<\alpha_{\max}\\ \dfrac{1-r}{(1-\alpha)\alpha}, & \alpha_{\max}\leqslant r\leqslant 1\end{cases}$$

其中，$\alpha_{\min}=\min\{|\alpha|,1-|\alpha|\}$，$\alpha_{\max}=\max\{|\alpha|,1-|\alpha|\}$。分别记 R_X 和 R_Y 的累积分布函数为 $F(R_X)$ 和 $F(R_Y)$。定义

$$U_X=F(R_X),\quad U_Y=F(R_Y)$$

分别记 X 和 Y 的累积分布函数为 $F_X(X)$ 和 $F_Y(Y)$。那么我们有

$$X=\{x|F_X(X=x)=U_X\},\quad Y=\{y|F_Y(Y=y)=U_Y\}$$

在产生方法中，α 是产生相关的 X 和 Y 的共同种子权值。所以，通过调整 α，我们可以获得具有不同相关程度的伪随机数组 X 和 Y，并且有，当 $\alpha\to-1$ 时 $\rho_{X,Y}\to-1$，当 $\alpha\to1$ 时 $\rho_{X,Y}\to1$。通过下述算法产生一系列伪随机数 j 和在特定 j 下作为系统观测结果的一系列相关的伪随机数。

算法 7.4　产生人员分布的真实值。

输入：a^{NOP}（人员分布的平均值）

输出：j（人员分布的先验数量）

过程：$j=0$；$p^s=0$；$r=\text{rand}()$；

while($p<r$)

{

$$p^s=p^s+\frac{(a^{\text{NOP}})^j}{j!}\mathrm{e}^{-(a^{\text{NOP}})};$$

$j=j+1$；

}

算法 7.5　产生两个系统的观测值。

输入：$d_1,\mu_1,d_2,\mu_2,j,\alpha$

输出：x_1,x_2（两个系统的观测值）

过程：$r'=\text{rand}()$；$r'_x=\text{rand}()$；$r'_y=\text{rand}()$；

$r_x=|\alpha|r'+(1-|\alpha|)r'_x$；

$$r_y=\begin{cases}|\alpha|r'+(1-|\alpha|)r'_y, \alpha\geqslant0,\\ |\alpha|(1-r')+(1-|\alpha|)r'_y, \alpha<0;\end{cases}$$

$u_x=F(R_X=r_x)$；$u_y=F(R_Y=r_y)$；

$p^s=0$；$i=0$；

while($p<u_x$)

{

$$p^s=p^s+\sum_{k=0}^{\min\{i,j\}}C_j^k d_1^k(1-d_1)^{j-k}\frac{\mu_1^{i-k}}{(i-k)!}\mathrm{e}^{-\mu_1};$$

$i=i+1$;

}

$x_1=i$;

$p^s=0$;$i=0$;

while($p<u_y$)

{

$$p^s=p^s+\sum_{k=0}^{\min\{i,j\}}C_j^k d_2^k(1-d_2)^{j-k}\frac{\mu_2^{i-k}}{(i-k)!}\mathrm{e}^{-\mu_2};$$

$i=i+1$;

}

$x_2=i$;

作为示例,图 7-4-5 和图 7-4-6 给出了由算法 7.4 和算法 7.5 产生的两个系统观测值的概率质量函数。我们使用以下参数设置:$j=20$,$d_1=0.9$,$\mu_1=0.1$,$d_2=0.8$,$\mu_2=0.2$,$\alpha=-0.5$。产生观测数据间的相关系数为−0.52。

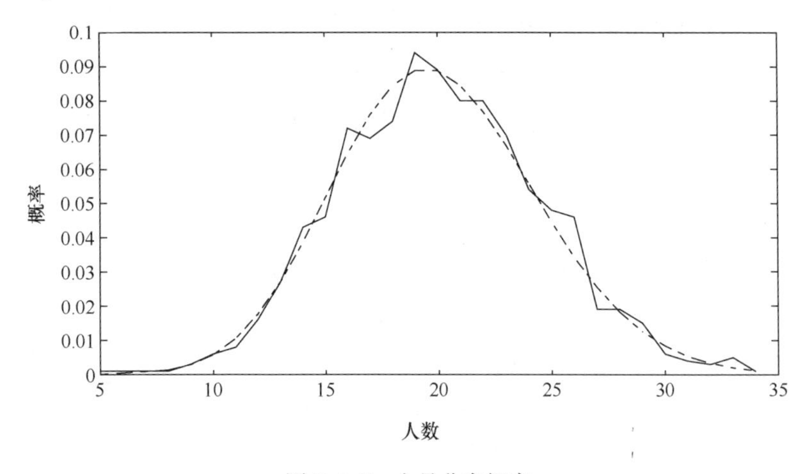

图 7-4-5　人员分布概率

考虑分别具有 $d_1=0.9$,$\mu_1=0.1$ 和 $d_2=0.8$,$\mu_2=0.2$ 的 RFID 和视频系统。我们使用算法 7.4 和算法 7.5 来产生 $a^{\mathrm{NOP}}=10,15,20,25,30,35,40$,$\alpha=-0.5$ 的数据。

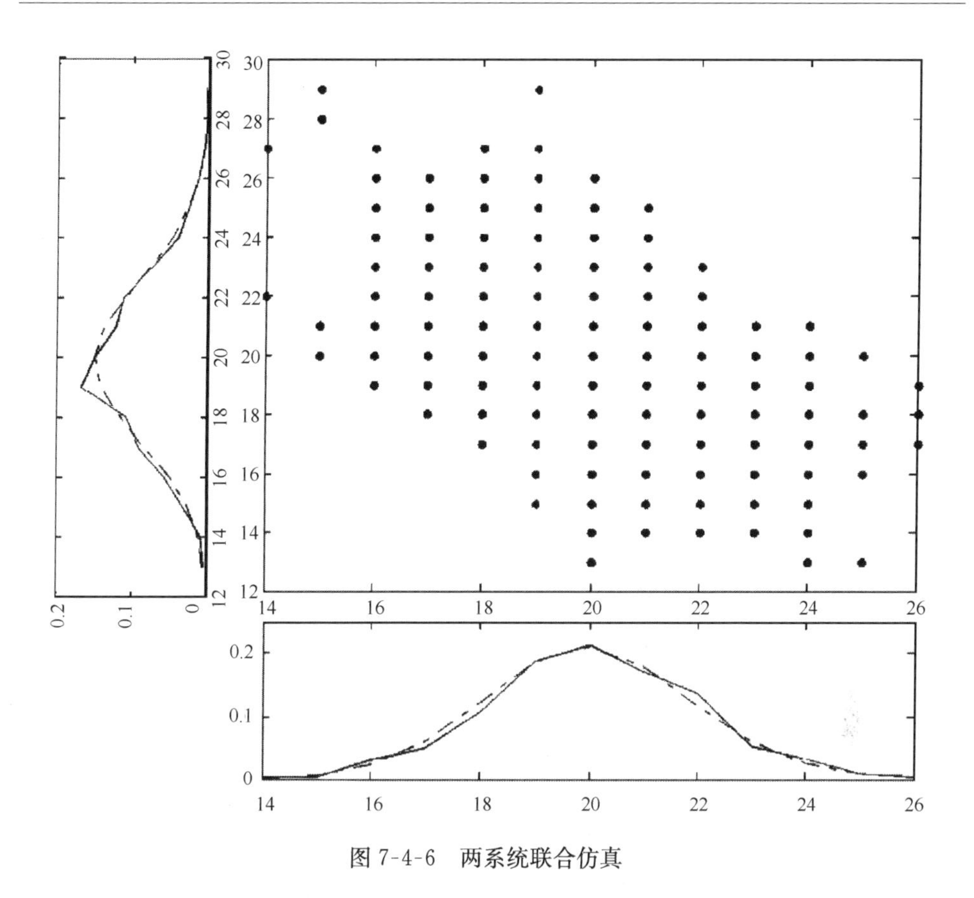

图 7-4-6　两系统联合仿真

图 7-4-7 和图 7-4-8 给出了 RFID 和摄像头的观测结果以及它们和方法 1、方法 2 的估计值，其中 x 轴表示人员分布的均值 a^{NOP}。我们可以发现，方法 1 和方法 2 的标准偏差均随 a^{NOP} 的增大而增大，而错误率随之下降，这表明两种方法的融合在人数较大时更准确。这一现象也可以从理论上予以证明。

由前述推导，我们有

$$\varepsilon_k=\frac{|\hat{n}_k-n|}{n}\propto\frac{\sqrt{\mathrm{Var}(\hat{n}_k\,|\,n=a^{\mathrm{NOP}})}}{a^{\mathrm{NOP}}}=\frac{\sqrt{d_k a^{\mathrm{NOP}}+u_k-d_k^2 a^{\mathrm{NOP}}}}{a^{\mathrm{NOP}}}\propto\frac{O(\sqrt{a^{\mathrm{NOP}}})}{O(a^{\mathrm{NOP}})}$$

其中，$\propto$ 表示两边成正比关系。所以我们有

$$\lim_{\lambda\to+\infty}\varepsilon_k=0$$

7.4.4　融合优势证明与相关性对融合估计精度的影响

在本部分中，我们先从理论上证明融合多重系统的观测结果确实能得到更高的估计精度。然后，我们讨论多重系统的相关性是怎样帮助提高计数精度的。

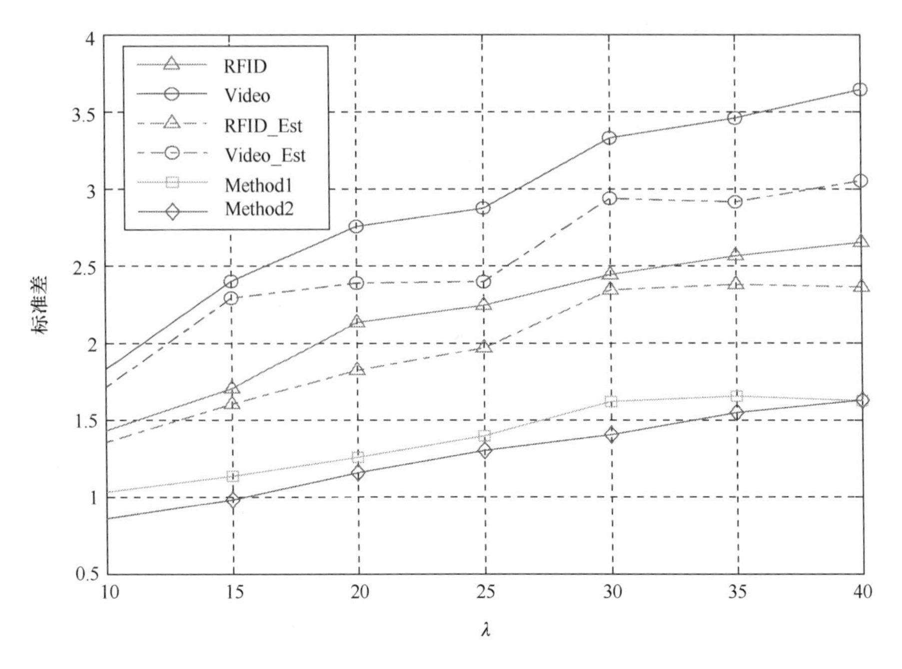

图 7-4-7　RFID 和视频系统及两种方法的观测和估计标准差

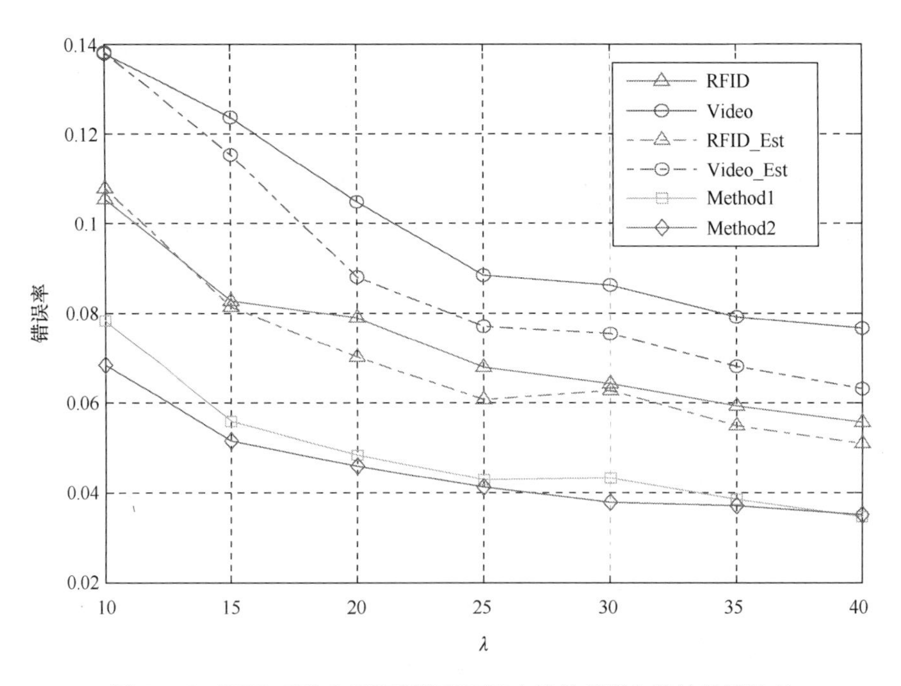

图 7-4-8　RFID 系统和视频系统及两种方法的观测和估计的错误率

1. 信息融合的优势

令 $\boldsymbol{n}_o(k)=(n_1,\cdots,n_k)^{\mathrm{T}}$ 和 $\boldsymbol{i}(k)=(i_1,\cdots,i_k)^{\mathrm{T}}$。给定 $\boldsymbol{n}_o(k)=\boldsymbol{i}(k)$，MMSE 为

$$\min_{\hat{n}(k)\in \overline{Z^-}} E\{[\hat{n}(k)-n]^2 \mid \boldsymbol{n}_o(k)=\boldsymbol{i}(k)\}$$

把相应的最佳估计记为 $\hat{n}^*(k)[\boldsymbol{i}(k)]$。那么

$$J^*[\boldsymbol{i}(k)]=J[\boldsymbol{i}(k),\hat{n}^*(k)]=\min_{\hat{n}(k)\in \overline{Z^-}} J[\boldsymbol{i}(k),\hat{n}(k)]$$

如果系统$(k+1)$的观测结果 $n_{k+1}=i_{k+1}$，那么在融合这一信息后，MMSE 变为

$$\min_{\hat{n}(k+1)\in \overline{Z^-}} E\{[\hat{n}(k+1)-n]^2 \mid \boldsymbol{n}_o(k+1)=\boldsymbol{i}(k+1)\}$$

把相应的最佳估计记为 $\hat{n}^*(k+1)[\boldsymbol{i}(k+1)]$。类似的，我们可以定义 $J^*[\boldsymbol{i}(k+1)]$。下述定理表明，融合系统$(k+1)$帮助提高了计数精度。

定理 7.4

$$\begin{aligned}&\sum_{i_{k+1}=0}^{+\infty}\min_{\hat{n}(k+1)\in \mathrm{N}} E\{[\hat{n}(k+1)-n]^2 \mid \boldsymbol{n}_o(k+1)\\&=\boldsymbol{i}(k+1)\}P^s[n_{k+1}=i_{k+1}\mid \boldsymbol{n}_o(k)=\boldsymbol{i}(k)]\\&\leqslant \min_{\hat{n}(k)\in \mathrm{N}} E\{[\hat{n}(k)-n]^2 \mid \boldsymbol{n}_o(k)=\boldsymbol{i}(k)\}\end{aligned} \tag{7-4-15}$$

其中，不等式左边(LHS)是融合系统$(k+1)$后的 MMSE，根据所有可能的 n_{k+1} 的值加权平均，而右边(RHS)是未融合系统$(k+1)$的 MMSE。

证明 根据定义，我们有

$$\begin{aligned}&E\{[\hat{n}(k+1)-n]^2 \mid \boldsymbol{n}_o(k+1)=\boldsymbol{i}(k+1)\}P^s[n_{k+1}=i_{k+1}\mid \boldsymbol{n}_o(k)=\boldsymbol{i}(k)]\\&\qquad=\frac{J[\boldsymbol{i}(k+1),\hat{n}(k+1)]}{P^s[\boldsymbol{n}_o(k)=\boldsymbol{i}(k)]}\end{aligned} \tag{7-4-16}$$

其中，最后一个等式是根据条件概率的定义得到的。同样我们还有

$$E\{[\hat{n}(k)-n]^2 \mid \boldsymbol{n}_o(k)=\boldsymbol{i}(k)\}=\frac{J[\boldsymbol{i}(k),\hat{n}(k)]}{P^s[\boldsymbol{n}_o(k)=\boldsymbol{i}(k)]}$$

注意到

$$\begin{aligned}&\sum_{i_{k+1}=0}^{+\infty} J^*[\boldsymbol{i}(k+1)]\\&\leqslant \sum_{i_{k+1}=0}^{+\infty}\sum_{j=0}^{+\infty} P^s[\boldsymbol{n}_o(k+1)=\boldsymbol{i}(k+1)\mid n=j]P^s(n=j)[\hat{n}^*(k)-j]^2\\&=J^*[\boldsymbol{i}(k)]\end{aligned} \tag{7-4-17}$$

其中，不等号是根据 $J^*[\boldsymbol{i}(k+1)]$的最优性得到的。联立式(7-4-16)和式(7-4-17)即可得出式(7-4-15)。从而得证。

注意到定理 7.4 的成立性与先验分布 $P^s(n=j)$和观测噪声的概率分布均无关。当 $n_0\in R_m$，$i\in R_m$ 时，我们同样可以得到

推论 7.3

$$\int_{-\infty}^{+\infty}\min_{\hat{n}(k+1)\in\mathbb{R}}E\{[\hat{n}(k+1)-n]^2\mid \boldsymbol{n}_o(k+1)=\boldsymbol{i}(k+1)\}p_{n_{k+1}}[i_{k+1}\mid \boldsymbol{n}_o(k)=\boldsymbol{i}(k)]\mathrm{d}i_{k+1}$$
$$\leqslant \min_{\hat{n}(k)\in\mathbb{R}}E\{[\hat{n}(k)-n]^2\mid \boldsymbol{n}_o(k)=\boldsymbol{i}(k)\}\tag{7-4-18}$$

其中，$p_{n_{k+1}}[i_{k+1}|\boldsymbol{n}_o(k)=\boldsymbol{i}(k)]$是条件概率密度函数。

定理 7.4 和推论 7.3 表明，计数精度对信息融合是不减的，通常，后者会提高精度。

2. 相关性的影响

为了看清多重系统的相关性是怎样帮助提高计数精度的，我们着重考虑两个系统的信息融合。假设系统 k 的观测误差服从高斯分布 $N(\bar{n}_k,\sigma_k^2)$，即 $P^s(n_k\leqslant x|n=i)=\Phi\left(\frac{x-\bar{n}_k}{\sigma_k}\right)$，其中 $\Phi(\cdot)$是标准高斯分布的累积分布函数。不影响一般性，假设 $\sigma_1\geqslant\sigma_2\geqslant0$。两系统间的相关系数为 $\rho(i)=\frac{E[(n_1-\bar{n}_1)(n_2-\bar{n}_2)|n=i]}{\sigma_1\sigma_2}$。

在高斯分布假设下，进一步假设 $\rho(i)$与 i 相互独立，所以我们简记为 ρ。假设对所有的$-M\leqslant j\leqslant M$，$P(n=j)=\frac{1}{2M}$，其中 $M>0$ 是一个很大的常数。那么可以证明式(7-4-18)的右边和左边分别为 $\mathrm{RHS}=\frac{J_k^*(i_k)}{P(n_k=i_k)}(k=1,2)$和 $\mathrm{LHS}=\int_{-\infty}^{+\infty}\frac{J^*(\boldsymbol{i})}{p_{n_1}(i_1)}\mathrm{d}i_2$，其中 $p_{n_1}(x)$是 n_1 的概率密度函数。约去 $J_k^*(i_k)$和 $J^*(\boldsymbol{i})$中的公因子后，我们有 $\tilde{J}_k^*(i_k)=\sigma_k^2$，$\tilde{J}^*(\boldsymbol{i})=\frac{\sigma_1^2\sigma_2^2(1-\rho)^2}{\sqrt{2\pi(\sigma_1^2-2\rho\sigma_1\sigma_2+\sigma_2^2)^3}}\mathrm{e}^{-\frac{(i_1-i_2)^2}{2(\sigma_1^2-2\rho\sigma_1\sigma_2+\sigma_2^2)}}$，$\theta=\int_{-\infty}^{+\infty}\tilde{J}^*(\boldsymbol{i})\mathrm{d}i_1=\int_{-\infty}^{+\infty}\tilde{J}^*(\boldsymbol{i})\mathrm{d}i_2=\frac{\sigma_1^2\sigma_2^2(1-\rho^2)}{\sigma_1^2-2\rho\sigma_1\sigma_2+\sigma_2^2}$。

对 θ，有以下两种情形：

情形 1　$\sigma_1\neq\sigma_2$，当 $\rho=\pm1$ 时 θ 取得最小值 0，当 $\rho=\frac{\sigma_2}{\sigma_1}$时取得最大值 σ_2^2；

情形 2　$\sigma_1=\sigma_2$，$\theta=\frac{(1+\rho)\sigma_2^2}{2}$，当 $\rho=1$ 时取得最大值 σ_2^2，如图 7-4-9 所示。

从图 7-4-9 中，我们发现多重系统的相关性会影响融合的效果，并且在点 $\rho=\frac{\sigma_2}{\sigma_1}(\sigma_2\leqslant\sigma_1)$时效果最差，在其他点时效果较好，在$|\rho|=1(\sigma_1\neq\sigma_2)$时效果最好，这刚

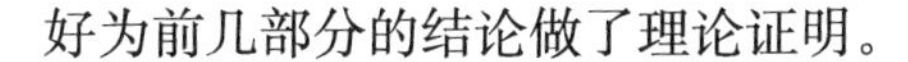

好为前几部分的结论做了理论证明。

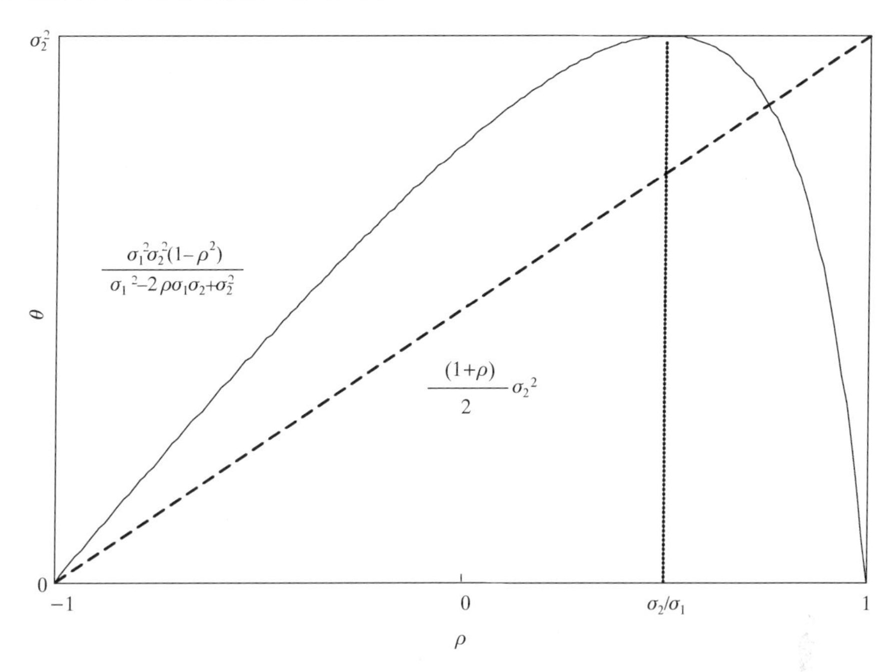

图 7-4-9　相关系数系统融合的影响

7.5　本章小结

本章分析并讨论了楼宇能源系统中人员感知与估计的方法，包括基于进出事件特征估计的人员分布信息协同感知和基于异质信息融合的人员分布信息协同感知两种方法，详细介绍了两种方法的原理及使用方法，并证明了两种方法在人员信息估计中的有效性，同时给出了数值计算实例。这两种人员信息感知与估计方法对于感知建筑内各个区域的人员分布信息，控制包括暖通空调、照明等在内的楼宇能源系统的节能减排，提高日常运行的能源效率，以及面对突发事件的应急响应系统快速响应效率具有重要的意义。

参考文献

[1] Bloch I. Information combination operators for data fusion: A comparative review with classification. IEEE Transactions on Systems, Man and Cybernetics, Part A: Systems and Humans, 1996, 26(1): 52-67.

[2] Li C, Heinemann P, Sherry R. Neural network and Bayesian network fusion models to fuse electronic nose and surface acoustic wave sensor data for apple defect detection. Sensors and

Actuators B:Chemical,2007,125(1):301-310.

[3] Basir O, Yuan X. Engine fault diagnosis based on multi-sensor information fusion using Dempster-Shafer evidence theory. Information Fusion,2007,8(4):379-386.

[4] Tahani H,Keller J. Information fusion in computer vision using the fuzzy integral. IEEE Transactions on Systems,Man and Cybernetics,1990,20(3):733-741.

[5] Bonci A,Ippoliti G,et al. Sonar and video data fusion for robot localization and environment feature estimation. 2005 IEEE Conference and European Control Conference on Decision and Control (CDC-ECC'05),Seville,2005:8337-8342.

[6] Acharya A,Sadhu S,Ghoshal T. Train localization and parting detection using data fusion. Transportation Research Part C:Emerging Technologies,2011,19(1):75-84.

[7] Beymer D. Person counting using stereo. 2000 IEEE Workshop on Human Motion,Austin, 2000:127-133.

[8] Hutchins J,Ihler A,Smyth P. Modeling count data from multiple sensors:A building occupancy model. 2nd IEEE International Workshop on Computational Advances in Multi-Sensor Adaptive Processing (CAMPSAP 2007),2007:241-244.

[9] Yang R,Wang L. Energy management of multi-zone buildings based onmulti-agent control and particle swarm optimization. 2011 IEEE International Conference on Systems,Man,and Cybernetics (SMC)San Diego,2011:159-164.

[10] Li J,Huang L,Liu C. Robust people counting in video surveillance:Dataset and system. 8th IEEE International Conference on Advanced Video and Signal-Based Surveillance (AVSS), 2011:54-59.

[11] Chen C,Chang Y,Chen T,et al. People counting system for getting in/out of a bus based on video processing. Eighth IEEE International Conference on Intelligent Systems Design and Applications,(ISDA'08),2008:565-569.

[12] Pornpanomchai C, Liamsanguan T, Vannakosit V. Vehicle detection and counting from a video frame. IEEE International Conference on Wavelet Analysis and Pattern Recognition, (ICWAPR'08),Hongkong,2008:356-361.

[13] Tan G,Glicksman L. Application of integrating multi-zone model with CFD simulation to natural ventilation prediction. Energy and Buildings,2005,37(10):1049-1057.

[14] Zhao B,Li X,Li D,et al. Revised air-exchange efficiency considering occupant distribution in ventilated rooms. Journal of the Air & Waste ManagementAssociation, 2003, 53(6): 759-763.

[15] Goyal S, Ingley H, Barooah P. Occupancy-based zone-climate control forenergy-efficient buildings:Complexity vs. performance. Applied Energy,2013,106:209-221.

[16] Zhen Z,Jia Q,Song C,et al. An indoor localization algorithm for lighting control using RFID. IEEE Energy 2030 Conference,Atlanta,2008:1-6.

[17] Zhu F,Yang X,et al. A new method for people-counting based on support vector machine. IEEE Asia-Pacific Conference on Information Processing (APCIP 2009),Shenzhen,2009:

109-112.

[18] 王恒涛. 网络化信息系统的协同感知与拓扑重构研究. 北京：清华大学博士学位论文，2013.

[19] Wang H, Jia Q, Song C, et al. Building occupant level estimation based on heterogeneous information fusion. Information Sciences, 2014, 272: 145-157

第 8 章　楼宇能源系统的控制与优化

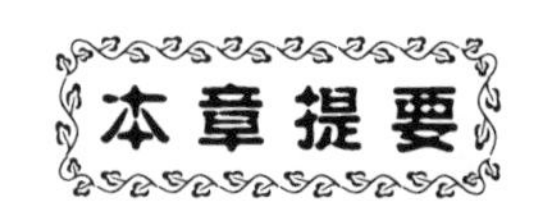

楼宇建筑能耗占社会总能耗的比例很大。提高楼宇能源系统的终端设备的能源效率，对提高信息物理融合能源系统的整体节能优化效果至关重要。优化运行暖通空调系统、照明系统、百叶和自然通风系统，能够节省大量能源。充分利用建筑微电网内新能源系统，如光伏系统等，联合优化运行蓄电池系统和热电联产系统，可以极大地提高建筑内可再生新能源的利用率，为信息物理融合能源系统整体的节能减排做出重要贡献。本章主要讨论楼宇能源系统控制与优化。

8.0　本章符号列表

I^b　　建筑内房间个数

i　　房间指标

N^b　　考察的时间长度

K^b　　时段数目

k　　时段指标

Δt　　离散时间步长

θ^p　　遮阳板角度

T_{FAU}　　出口风温

H_{FAU}　　新风出口湿度

H_o　　室外湿度

$G_{fa,i}^k$　　第 k 时段的新风量

$P_{\mathrm{fan,FAU,Rated}}$　　新风机的风机额定功率

$G_{a,\mathrm{FAU,Rated}}$　　新风机的额定送风量

C_{FAU}^k　　新风机在第 k 时段提供的冷功率

$EN_{\mathrm{FAU,inlet}}^k$　　新风机的入口空气焓值

$EN_{\mathrm{FAU,outlet}}^k$　　新风机的出口空气焓值

C_p　　空气的比热容

T_o^k　　室外空气温度

C_{HVAC}	冷机的制冷功率上限
G_{fa}	房间的新风风量
T_{FCU}	风机盘管 FCU 的送风温度
$G_{a,\mathrm{FCU}}$	风机盘管 FCU 的送风量
P_{light}	灯的功率
v_i^k	房间 i 的决策向量
T_a	房间内的温度
H^b	房间内的湿度
$CO2$	房间内的二氧化碳浓度
T_w	墙体的温度
$m_{a,i}$	房间 i 中空气的总质量
O_i	房间内的人数
Q_g	每人的单位时间产热量
$Q_{\mathrm{light}}, Q_{e,i}$	灯和其他设备的单位时间产热量
$h_{g,s}$	室内外空气通过玻璃幕墙的换热速率
$A_{w,i}, A_{g,s}$	内墙、玻璃幕墙的表面积
$G_{nv,i}$	单位时间自然通风量
$S_w(\theta)$	透过遮阳板的辐射量的大小
C_w	墙体的比热容
$m_{w,i}$	墙体的质量
h_w	墙体和室内空气的换热速率
H_g	每人单位时间水蒸气产出量
x^s	优化问题的状态变量
u^s	优化问题的决策变量
S^s	状态空间大小
D^s	优化问题的决策变量
L^s	决策空间大小
λ^d, μ^d	拉格朗日乘子
$x_b(t)$	蓄电池 b 的荷电状态
$p_b(t)$	蓄电池充放电功率
$-\overline{p}_{bo}, -\underline{p}_{bo}$	蓄电池 b 的最大最小放电功率
$\overline{p}_{bi}, \underline{p}_{bi}$	蓄电池 b 的最大最小充电功率
$\overline{x}_c, \underline{x}_c$	CHP 机组的最大最小负荷率
$e_c(t)$	CHP 机组在时间段 t 的能量输送量

$p^c(x_c(t))$	CHP 机组在时间段 t 的制冷功率
$q_c(t)$	CHP 机组在时间段 t 提供的制冷量
$V^s(t)$	CHP 机组在时间段 t 的所消耗的天然气体积
F^s	额定的天然气流速
$f(x_c(t))$	所消耗的天然气与 CHP 机组天然气流速的比率
N_s	一个 PV 模组中串联 PV 单元的个数
N_{ss}	串联 PV 模组的个数
N_{pp}	并联的 PV 模组串的个数
$I_{\text{cell}}(t)$	间段 t 电池板输出的电流
$V_{\text{cell}}(t)$	时间段 t 电池板输出的电压
$I_L(t)$	时间段 t 内入射光产生的电流
$I_o(t)$	时间段 t 的反向饱和电流或者二极管的漏电流
R_s	等效串联电阻
R_p	等效并联电阻
a	修改的理想二极管常数
C_t^p	所消耗电能的总成本
C_t^n	所消耗天然气的总花费
$c_p^d(t)$	电能供给的价格
$c_p^u(t)$	微电网向公用电网卖电的价格
$p(t)$	公用电网向微电网输送的电功率
$c_n(t)$	天然气的价格
$z_p^d(t), z_p^u(t)$	0/1 离散变量
$z_b^c(t), z_b^d(t), z_c(t)$	0/1 离散变量
$p^d(t)$	终端负荷
$p^u(t)$	向公用电网的卖电功率
π_{sl}	负荷取第 s_l 个场景的概率
π_{ss}	负荷取第 s_s 个场景的概率
$\underline{e}_b/\bar{e}_b$	蓄电池剩余能量的下限/蓄电池充满时的能量

8.1 楼宇能源系统节能优化关联模型

8.1.1 终端负荷及能耗

建筑能耗占全球能耗比例约为 40%，而建筑能耗中的 40%和 15%分别被空调和照明系统所消耗。常用的空调和照明的节能方法通常分为两类：一类是控制遮阳板和自然通风，以减少空调和照明负荷[1-3]；另一类是提高空调和照明设备的效率，在满足舒适度的条件下，降低它们的能耗[4-6]。HVAC (heating, ventilation and air conditioning)系统（本节主要针对空调系统）、照明系统、百叶系统和自然通风系统在能源消耗方面相互关联，这种关联通过热交换等相互作用进行，同时要满足建筑内部人员对于温度、湿度、二氧化碳浓度及室内照明的需求。建筑的舒适度通常包括室内温度、湿度、新鲜空气和照度这四种指标。其中温度、湿度和照度可用传感器测量，而新鲜空气通常用二氧化碳浓度来衡量：二氧化碳浓度越高，新鲜空气含量越低，所需的新风量越高。空调、灯、遮阳板和窗户（控制自然通风量）这四类建筑中常见的设备耦合在一起，共同影响着建筑能耗以及上述四项舒适度指标。

如图 8-1-1 所示，室内温度受 HVAC 系统、自然通风系统、照明系统及百叶系统的影响；建筑内部的湿度和空气中二氧化碳的浓度受 HVAC 系统和自然通风系统的影响；同时，建筑内部的亮度受到照明系统和遮阴百叶系统的影响。以夏季为例，如果通过打开百叶系统来增加室内的照明亮度，那么，建筑内部的照明系统则消耗较少的能量，但是，HVAC 系统消耗的能量会增加，这主要是由照进建筑内部的太阳光辐射的加热效应造成的。因此，对于百叶系统的控制不能仅仅考虑照明系统的能量消耗，同时还要考虑 HVAC 系统的能量消耗。有鉴于此，对于建筑内部设备的控制有必要考虑不同设备之间的关联效应，同时采用联合控制的方式。除此之外，由于建筑中所有房间通常共用一套制冷能力有限的冷机等空调设备，所有房间会“竞争”有限的制冷量，因此所有房间的设备的联合控制有助于协调房间的制冷量需求，以防止所有房间的总制冷量需求超出空调的制冷能力，导致部分房间的舒适度需求无法得到满足，因此，对不同设备的联合控制还有助于防止建筑内部的制冷需求超过 HVAC 系统的容量。

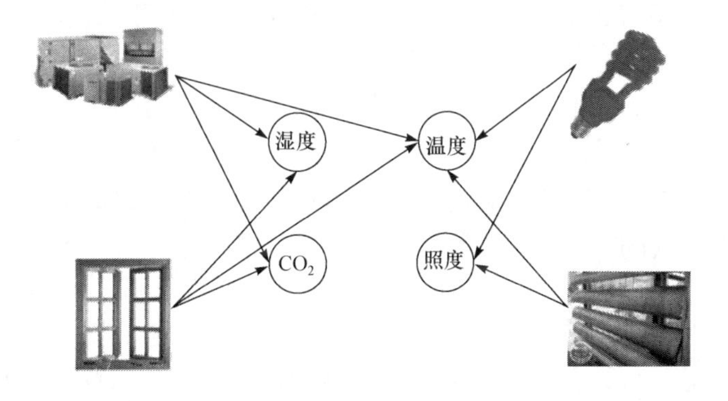

图 8-1-1　楼宇内部能源节能优化关联模型

空调末端设备、灯、窗户、遮阳板这四类设备通常都安装在房间中（遮阳板安装在房间外墙上),并且都用于直接调节室内环境,我们研究的第一个问题是控制这些设备使得空调和灯的总能耗最低,并且满足人们舒适度的需求。舒适度需求通常包括室内温度、湿度、照度和新风量四方面,其中温度、湿度和照度可以使用传感器直接测量,新风量是否充足可以用室内空气中的二氧化碳浓度来衡量,二氧化碳浓度越高表示新风量越不足,二氧化碳浓度则可用二氧化碳浓度传感器测量。

空调系统包括风机盘管、新风机、冷机、冷却塔和水泵五类设备,如图 8-1-2 所示。我们的研究中只优化风机盘管和新风机这两类空调末端设备的控制,另外三类设备不是我们研究的重点,因此我们使用建筑中现有的控制规则来控制它们,以给风机盘管和新风机提供所需的冷量(通过产生冷冻水来提供冷量)。为表述方便,本章剩余部分中,除特别说明之外,空调的控制都是指空调末端设备的控制。

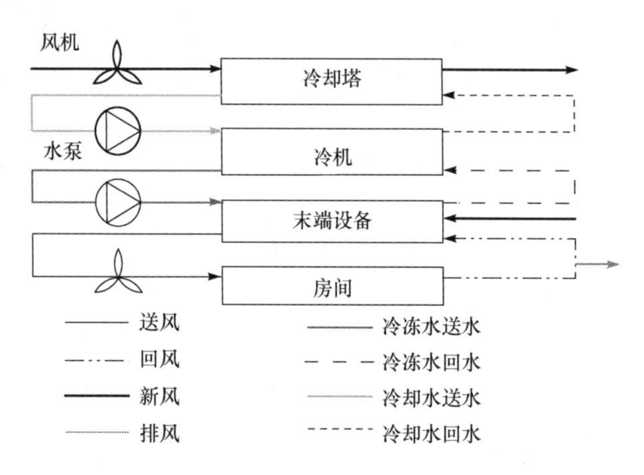

图 8-1-2　中央空调系统示意图

为了实现空调和灯的能耗成本最小这一控制目标,空调末端设备、灯、窗户、遮阳板需要联合在一起控制,原因是这些设备耦合在一起共同影响着温度、湿度、照度和二氧化碳浓度。以夏季遮阳板的控制为例,当关闭遮阳板时,室内的太阳辐射得热量减少,由太阳辐射得热带来的空调制冷负荷也相应减少,因此空调的能耗会减少,但是关闭遮阳板会同时降低室内照度,可能需要开灯使照度达到需求,因此灯的能耗可能会上升,此外灯的散热也会带来制冷负荷,使空调系统的能耗略有上升。由此可知,遮阳板的控制会同时影响空调和灯的能耗,因此遮阳板、空调和灯需要联合控制以使空调和灯的总能耗最小。

考虑到我国部分城市已经开始实行分时电价,即白天用电高峰期的电价较高,而夜里用电低谷期的电价较低。分时电价虽然无法降低空调的能耗,但是有助于降低空调能耗所需支付的电费,例如,夏季凌晨电价便宜时,使用空调预制冷提前对建筑降温,从而降低白天电价高时的空调负荷,其效果相当于将白天的空调负荷

"挪到"凌晨电价便宜时来满足，尽管夜晚和白天总的空调负荷上升了，但由于分时电价的存在，只要预制冷的额外电费少于白天负荷减少对应的电费节约，那么预制冷就可以降低空调总的电费。同样，在冬季也可利用夜晚便宜电价进行预制热来降低建筑电费。

尽管人们已经熟知通过预制冷和预制热可以降低建筑的能耗成本，一些建筑也已经采用，但是预制冷或预制热的开始时间、预制的冷量或热量通常是基于规则控制的。此外，对于使用自然通风和自然采光来降低建筑的空调和照明负荷，一些建筑也已经采用，但通风量以及遮阳板角度通常是根据规则控制的。这些规则尽管可能会有效地节约能耗成本，但通常不是最优的。

因此，研究空调末端设备、灯、窗户、遮阳板的联合优化控制，目标是使得空调和灯的能耗成本最小，并满足室内人员对温度、湿度、照度和二氧化碳浓度的需求。由于建筑墙体的热容较大，有蓄热蓄冷功能，因此当前时刻设备的控制决策不仅影响到当前时刻的能耗成本，还会通过墙体影响到未来一定时间内的能耗成本。所以，联合优化控制需要使当前时刻和未来一定时间内的总能耗成本最小，由于未来一段时间内的能耗受到室外的天气、房间内的人员数目等随机因素的影响，因此联合优化问题是一个带约束的随机动态规划问题。

8.1.2　能源供给端

传统的建筑物的电力供应主要来自公用电网、热网和气网。随着新能源技术的发展，光伏建筑系统(building integrated photovoltaic，BIPV)、风力发电系统、蓄电池、储冷设备和微型冷热电联产(combined cooling，heating and power，CCHP)系统等被广泛应用于建筑系统。光伏建筑系统将光伏产品集成到建筑上，光伏建筑系统的形式多样，可以安装在不同形式的建筑中，安装形式可以为平屋顶、斜屋顶、光伏幕墙和天棚等，光伏建筑系统除了可以提供分布式可再生的能源，还具有一定的建筑美学功能；风力发电系统除了具有可以提供清洁和环境友好的能源外，还具有建设周期短的重要特点；蓄电池系统可以作为建筑能源系统的能源转存单元，特别是在分时电价的体制下，蓄电池可以在低点电价时刻存储电能，而在高电价时刻供应电能，大大提高了能源利用的效率，除此之外，蓄电池还具有削峰填谷的作用，为电力系统提供一定的稳定性，同时，建筑内部蓄电池的一个重要作用在于给并网光伏系统提供支持；储冷设备具有与蓄电池相似的特点，可以在成本较低时制冷，而在成本较高时释放之前存储的能量；CCHP 系统是一种能源综合利用的系统，将发电系统和供热、供冷系统相结合，可以提供小规模、综合性的能源供给，满足用户对热、电、冷等能源的需求。CCHP 系统既可以独立使用，又可以与公用电网并网运行，系统具有相对的独立性、灵活性和安全性，同时，CCHP 系统占地面积小、安装方便、维护简单、自动化程度高、运行成本低，适合为建筑系统提供能源。

构成建筑物的能源供给系统的形式多种多样，相互之间存在较大的影响，因此，综合考虑多能源供给系统的联合优化运行，对于提高建筑物整体的能源利用效率具有重要意义。

8.2 楼宇能源需求终端的节能优化

对于一栋由 I^b 个房间组成的建筑（房间的编号为从 1 到 I^b），我们研究的联合优化控制问题是通过控制空调、灯、遮阳板和窗户，使空调和灯在未来 N^b 小时（如 24 小时）内的总能耗成本最小。未来 N^b 小时被离散成 K^b 个时段，离散步长为 Δt（如 10 分钟），时段的编号为从 1 到 K^b。如图 8-2-1 所示，房间的外墙是一面玻璃幕墙，玻璃幕墙上有遮阳板以及用于自然通风的窗户，为简化起见，假设窗户和遮阳板的位置没有重叠。每个房间内都有一套风机盘管（fan coil unit，FCU），所有的房间共用一套新风机组（fresh air unit，FAU），下面将分别介绍上述设备及其决策变量。

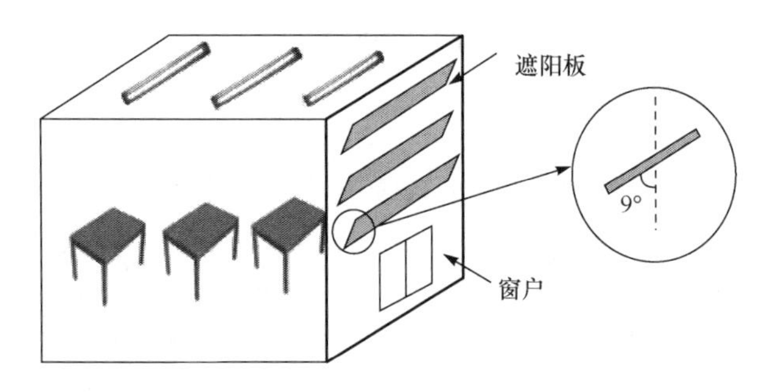

图 8-2-1 遮阳板、灯和窗户示意图

8.2.1 系统终端设备模型

1. 遮阳板、灯、窗户和空调模型

如图 8-2-1 所示，遮阳板安装在玻璃幕墙的上半部分，可用来遮挡直射阳光以减少室内的太阳辐射得热量，同时，透过玻璃幕墙和遮阳板的光线可以为办公台提供照度。辐射得热量和自然采光的照度受遮阳板透过率的影响，而透过率是遮阳板角度 θ^p、房间朝向、建筑所在纬度、时间（包括一天中的时刻和一年中的日期）等的函数，这个函数可以通过实验来确定[7]。因此，可通过控制遮阳板角度 θ^p 来调节辐射得热量和自然采光的照度，θ^p 的可控范围是 0 到 80°，θ^p 越大，透过遮阳板的光线越多。此外，为避免阳光直射到办公台上而引起炫光，遮阳板角度设置了下限。当自然采光的照度不满足照度需求时，可通过控制功率可调的灯，来提供不足的照度[8]。窗户安装在玻璃幕墙的下半部分,并不与遮阳板重叠,透过窗户进入房间的自然通风量受到室外风速、风向以及热压(由室内外温差引起)的影响,可根据自然通风模型计算得出[9]。

空调设备的目的是维持室内舒适的温度和湿度,并提供充足的新鲜空气(可用二氧化碳浓度衡量)。本章研究的空调系统结构如图 8-2-2 所示。以炎热潮湿的夏季工况为例,房间内的空气首先由风机送入风机盘管(FCU)中,空气在 FCU 中和冷冻水进行热交换而被降温除湿,然后再被送入房间内去降低房间的温度和湿度。FCU 中冷冻水是由冷机提供,并且冷冻水的流速可由 FCU 中的水阀控制,冷冻水的流速越高,其降温除湿能力越强。房间需要的新鲜空气由新风机组(FAU)提供,且所有的房间共用一台 FAU,每个房间的新风量由房间内的风阀控制。室外的热湿新风直接送到房间会使人感到不舒服,因此新风机组也使用冷冻水将新风降温除湿后再送入房间。

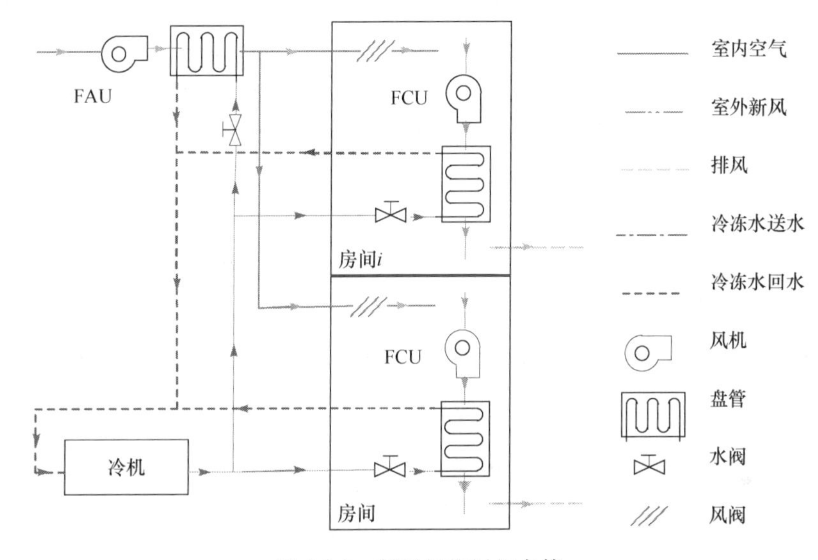

图 8-2-2　新风机和风机盘管

对于空调系统,本章的联合优化控制的控制对象是 FAU 和 FCU 这两类末端设备,而为 FAU 和 FCU 提供冷冻水的冷机、冷却塔、水泵等并不是本章需要优化控制的对象,因此图 8-2-2 仅画出冷机作为提供冷冻水的设备。在冬季,风机盘管和新风机组的工作原理和夏季相同,区别是冷机生产的不是冷冻水而是热水。为了描述的方便,本章剩余部分的问题形式化和求解方法都只考虑夏季工况,但本章的方法不失一般性,也适用于冬季工况。

新风机 FAU 中的新风经过冷冻水降温后,出口风温 T_{FAU} 由新风风速、冷冻水流速、新风机入口空气的温湿度(即室外空气的温湿度)决定,可以使用新风机模型计算得到。在使用冷冻水给新风降温时，如果新风的出口温度 T_{FAU} 低于其冷凝温度(由室外空气中的湿度决定，湿度越大，冷凝温度越高)，新风中多余的水蒸气将会被冷凝成液体水而排出。因此，新风出口湿度 H_{FAU} 计算方法为：如果新风的出口温度 T_{FAU} 低于其冷凝温度，H_{FAU} 等于 T_{FAU} 对应的饱和湿度 $H_{T^k_{\mathrm{FAU}}}$；否则，新风没有发生冷凝，H_{FAU} 等于室外湿度 H_o。需要注意的是，湿度的计算使用的都是绝对湿度，即空气中含有的水蒸气的绝对量，而湿度的舒适度需求通常使用相对湿度，即空气中含有的水蒸气相对于饱和水蒸气含量的比例。因此，计算出新风出口的绝对湿度后，可用公式或查表得到其相对湿度[9]。

新风机中的风机将新风送到各房间，其中第 i 个房间在第 k 时段的新风量 $G^k_{fa,i}$ 由房间中的风阀控制。风机提供的新风量应该等于送到所有 I^b 个房间中的新风量之和，即 $\sum_{i=1}^{I} G^k_{fa,i}$。风机的电功率是其提供的风量的三次方关系[10]：

$$P^k_{\mathrm{fan,FAU}} = P^k_{\mathrm{fan,FAU,Rated}} \left[\sum_{i=1}^{I} G^k_{fa,i} / G^k_{a,\mathrm{FAU,Rated}} \right]^3 \tag{8-2-1}$$

其中，$P_{\mathrm{fan,FAU,Rated}}$ 和 $G_{a,\mathrm{FAU,Rated}}$ 分别是新风机的风机额定功率和额定送风量。假设新风从新风机送到房间的过程中的温湿度变化可忽略不计，那么送到各房间的新风温湿度近似等于新风机的出口温湿度。

新风机在第 k 时段提供的冷功率 C^k_{FAU}(即需要由冷机提供的制冷量，在本书的某些地方也称为制冷负荷)等于新风机的入口空气焓值 $EN^k_{\mathrm{FAU,inlet}}$ 和出口空气焓值 $EN^k_{\mathrm{FAU,outlet}}$ 之差。空气的焓值表示空气及其含有的水蒸气的热能大小，等于空气的流量和单位空气(含水蒸气)热能的乘积，因此新风机冷功率 C^k_{FAU} 计算公式为

$$\begin{aligned} C^k_{\mathrm{FAU}} &= EN^k_{\mathrm{FAU,inlet}} - EN^k_{\mathrm{FAU,outlet}} \\ &= \sum_{i=1}^{I} G^k_{fa,i} [C_p T^k_o + H^k_o (2500 + 1.84 T^k_o)] \\ &\quad - \sum_{i=1}^{I} G^k_{fa,i} [C_p T^k_{\mathrm{FAU}} + H^k_{\mathrm{FAU}} (2500 + 1.84 T^k_{\mathrm{FAU}})] \end{aligned} \tag{8-2-2}$$

其中，C_p 是空气的比热容；T^k_o 是室外空气温度。

每个房间内的风机盘管 FCU 的风机电功率模型和冷功率模型和新风机模型类似，唯一的区别是新风机的入口空气为室外新风，而风机盘管的入口空气为室内空气。

冷机产生的冷冻水由新风机 FAU 和所有房间的风机盘管 FCU 共用。由于冷机的制冷能力有限，空调能向房间提供的冷量存在上限，即新风机和所有风机盘管的冷功率之和不能超过冷机的制冷功率上限 C_{HVAC}。因此，所有的房间耦合在

一起，满足冷机制冷能力约束条件

$$C_{\mathrm{FAU}}^{k}+\sum_{i=1}^{I} C_{\mathrm{FCU}, i}^{k} \leqslant C_{\mathrm{HVAC}}, \quad k=1, \cdots, K^{b} \tag{8-2-3}$$

2. 决策变量

对于空调、灯、遮阳板和窗户的联合优化控制问题，新风机 FAU 和风机盘管 FCU 的风机功率和水阀开度不适合作为控制变量。以水阀为例，如果一个房间中的风机盘管为了调节水流量而改变了水阀开度，尽管其他房间的风机盘管中的水阀开度没变，但是由于水网中的水压发生了变化，所有房间的水流量都将变化，导致所有房间的送风温湿度变化。因此，如果以风机功率和水阀开度为决策变量，联合优化控制问题将无法分解为若干个子问题(每个子问题对应于一个房间内的设备的联合优化控制)，从而无法克服优化问题的求解时间随房间数目增长而指数增长这一难点。这一难点将在本节的最后一小节详细介绍。

通常将房间温度和湿度设定值选作决策变量，主要原因是，当一个房间只有一个空调末端设备，如变风量的空气处理机，那么根据温湿度设定值可以容易地计算出一组唯一的送风风量和温度，即温湿度设定值和空调末端设备的送风风量和温度存在一一对应关系。然而，在我们研究的空调系统中，房间的冷负荷由新风机 FAU 和风机盘管 FCU 这两个设备共同满足，给定送风温湿度设定值后，FAU 的送风风量和温度以及 FCU 的送风风量和温度通常有无数组解。因此，即使给定了房间的温湿度设定值，仍无法确定房间冷负荷应该如何在两个设备之间分配以使得能耗成本最低。

在我们的问题形式化中，选作空调设备的决策变量的是新风机 FAU 的送风温度 T_{FAU}、每个房间的新风风量 G_{fa}、每个房间的风机盘管 FCU 的送风温度 T_{FCU} 和风量 $G_{a,\mathrm{FCU}}$。给定一组决策变量后，FAU 和 FCU 的冷功率和电功率都可简单计算得出。并且，在实际建筑的实时控制中，可以通过求解优化问题得到这些决策变量的最优值，然后以它们作为设定值，通过 PID 控制器来控制风阀、水阀和风机去满足这些设定值，从而实现闭环控制。对于灯、遮阳板和窗户，它们的决策变量分别是灯的功率 P_{light}、遮阳板角度 θ 和窗户的开关 W^{b}。因此，第 k 个时段的决策变量为

$$\left[T_{\mathrm{FAU}}^{k}, v_{1}^{k}, v_{2}^{k}, \cdots, v_{I}^{k}\right]^{\mathrm{T}} \tag{8-2-4}$$

其中，v_{i}^{k} 是属于房间 i 的决策变量，形式如下：

$$v_{i}^{k}=\left[T_{\mathrm{FCU}, i}^{k}, G_{fa, i}^{k}, G_{a, \mathrm{FCU}, i}^{k}, P_{\mathrm{light}, i}^{k}, \theta_{i}^{k}, W_{i}^{k}\right]^{\mathrm{T}}, \quad i=1, \cdots, I^{b} \tag{8-2-5}$$

上式中的 FAU 和 FCU 的送风温度 T_{FAU}^{k} 和 $T_{\mathrm{FCU}, i}^{k}$ 被离散成三个值，分别代表低温、中温和高温；这两类设备的送风量 $G_{fa, i}^{k}$ 和 $G_{a, \mathrm{FCU}, i}^{k}$ 也可取三个值：零值(表示关闭风阀或风机)、50%的额定送风量、100%的额定送风量；遮阳板角度 θ_{i}^{k} 被离散成

9 个值,分别是 0,10°,…,80°;窗口的开关变量 W_i^k 可以取两个值:0 代表关窗,1 代表开窗。

3. 状态变量

室内空气的温度、湿度和二氧化碳浓度通常是非均匀分布的,房间内空气总的质量(即重量)会因通风、人员走动而发生变化,如果考虑这两个因素,那么建筑的模型将变得非常复杂,计算房间的状态也将非常耗时。为了简化房间模型,使其能更好地用于优化,我们引入了四个假设,下面将分别介绍这些假设并说明假设的合理性。

假设一:房间内的温度、湿度和二氧化碳浓度假设为均匀分布。以房间内的温度为例,这个假设的合理性在于,以房间各处空气的平均温度作为房间空气的温度,已经能够足够精确地去计算房间内的空气和墙体的热传递量,以及房间内空气、空调送风和自然通风混合后的室内温度。

假设二:建筑的内墙(即不构成建筑外表面的墙体)的两个表面的温度假设相同。由于内墙的温度主要受到室内空气温度的影响,并且墙体和室内空气的热传递量与墙体表面和室内空气的温差呈线性关系,因此可以近似地用墙体两个表面的平均温度,来计算墙体和其两侧的室内空气的热交换量。由于温度舒适度范围的存在,不同房间的温度相近,因此相连的房间通过共用的内墙进行的热交换量可以忽略不计。为了使建筑的联合优化问题能够分解为若干子问题(每个子问题对应于一个房间的设备控制),可以进一步假设将内墙从中间分成相等的两部分,每部分墙体和与之相邻的房间空气进行热交换。至于室内空气透过外墙(本章中考虑的是玻璃幕墙)与室外空气的热交换量,则可以通过室内外温差以及玻璃幕墙的传热特性计算得出。

假设三:由于建筑中的所有房间的室内空气压力接近,且房间内的压力通常变化不大,可以假设一个房间内的空气的总质量(总重量)保持不变,即假设通过新风机和自然通风送入房间的风量等于从房间中通过回风通道排出去的风量。这一假设是建筑仿真模型中常见的假设。

假设四:联合优化控制的目标是在当前时刻优化未来 N 小时的决策变量以使得未来 N 小时内的总能耗最小,因此需要假设当前时刻的初始状态是已知的。在实际建筑中,房间内的温度 T_a、湿度 H^b 和二氧化碳浓度 $CO2$ 可以通过传感器测量得到。尽管墙体的温度 T_w 也可以使用传感器测量得到,但是建筑中通常没有安装这类传感器。一个可行的办法是根据墙体和室内空气的状态方程,以及可测量的室内空气温度、室外温度、人员数目(通过安装在门两侧的 RFID 传感器测量)等,使用卡尔曼滤波器在线估计出墙体的温度。

根据上面的假设,房间 i 在第 k 时段的状态变量是

$$x_i^{s,k}=[T_{ai}^k,T_{wi}^k,H_i^k,CO2_i^k]^{\mathrm{T}} \tag{8-2-6}$$

4. 状态方程

根据上面引入的四个假设以及能量守恒和质量守恒定律，我们提出适用于优化的简化的房间状态方程，分为如下四部分介绍。

首先，介绍室内空气温度的状态方程。对于我们的银行账户，下一时刻的账户余额等于当前时刻的余额加上当前阶段内的收入再减去支出。下一时刻的室内温度的计算方法和银行账户类似。设当前时刻为第 k 时刻，则第 $k+1$ 时刻房间的温度主要受到下列因素影响：①由室内人员、灯和其他设备产生的热量；②墙体通过热传递而传给空气的热量；③室外空气通过玻璃幕墙传给室内空气的热量；④由 FCU、FAU 和自然通风的送风带给室内空气的热量；⑤排风带走的热量；⑥第 k 时刻房间内空气的热量。根据能量守恒，房间 i 在第 $k+1$ 时刻房间的温度为

$$\begin{aligned}m_{ai}T_{ai}^{k+1}=&\Delta t[O_i^kQ_g+Q_{\mathrm{light},i}^k+Q_{e,i}^k+h_{gs}A_{gs,i}(T_o^k-T_{a,i}^k)\\&+h_{w,in}A_{w,i}(T_{w,i}^k-T_{a,i}^k)]/C_p+\Delta t(G_{fa,i}^kT_{\mathrm{FAU}}^k+G_{a,\mathrm{FCU},i}^kT_{\mathrm{FCU},i}^k+G_{nv,i}^kT_o^k)\\&+T_{ai}^k[m_{ai}-\Delta t(G_{fa,i}^k+G_{a,\mathrm{FCU},i}^k+G_{nv,i}^k)]\end{aligned} \tag{8-2-7}$$

其中，m_{ai} 是房间 i 中空气的总质量；O_i 是房间内的人员数目；Q_g 是每个人的单位时间产热量；$Q_{\mathrm{light},i}$ 和 $Q_{e,i}$ 分别是灯和其他设备的单位时间产热量；$h_{w,in}$ 是墙体和室内空气的换热速率（即在单位面积和单位时间由单位温差引起的换热量）；h_{gs} 是室内外空气通过玻璃幕墙的换热速率；$A_{w,i}$ 是内墙的表面积；A_{gs} 是玻璃幕墙的表面积；$G_{nv,i}$ 是单位时间自然通风量，公式的最后一行是除了 FAU、FCU 和窗户的送风之外，房间中剩余的空气所含有的热量。

其次，介绍墙体温度的状态方程。墙体温度主要受到两部分的热量影响，一是墙体与室内空气的热交换，另一是透过玻璃幕墙和遮阳板照射到墙体的阳光引起的辐射得热量。需要注意的是，阳光照进房间产生的辐射得热并不是直接使室内空气温度上升，而是先被墙体吸收，墙体温度上升后再通过热传递，将热量传递给室内空气。透过遮阳板的辐射量的大小 $S_w(\theta)$ 受到遮阳板角度 θ 的影响，可通过遮阳板模型计算得到。根据墙体的能量守恒，可以得到墙体温度的状态方程

$$C_w\frac{m_{w,i}}{2}(T_{w,i}^{k+1}-T_{w,i}^k)=\Delta t[h_wA_{w,i}(T_{a,i}^k-T_{w,i}^k)+S_w(\theta_i)] \tag{8-2-8}$$

其中，C_w 是墙体的比热容；$m_{w,i}$ 是墙体的质量；h_w 是墙体和室内空气的换热速率。墙体的质量之所以要除以 2，是因为墙体由相邻的两个房间所共有（详见假设二）。室内外空气通过玻璃幕墙的换热已在房间温度的状态方程中根据玻璃幕墙的换热速率计算过，不需要建立玻璃幕墙温度的状态方程。

再次，介绍室内空气湿度的状态方程。影响室内空气湿度的因素主要有：①人呼吸产生的水蒸气；②FAU、FCU 和窗户的送风的水蒸气含量；③房间内剩余的空气(即室内空气中除了 FAU、FCU 和窗户的送风的部分)的水蒸气含量。根据质量守恒，可以得到室内空气湿度的状态方程

$$m_{ai}H_i^{k+1}=\Delta tO_i^kH_g+\Delta t(G_{fa,i}^kH_{\text{FAU}}^k+G_{a,\text{FCU},i}^kH_{\text{FCU},i}^k+G_{rw,i}^kH_o^k)+H_i^k[m_{ai}-\Delta t(G_{fa,i}^k+G_{a,\text{FCU},i}^k+G_{rw,i}^k)] \tag{8-2-9}$$

其中，H_g是每个人单位时间水蒸气产出量；H_o^k是室外空气湿度。湿度状态方程中的所有湿度均是绝对湿度，即空气中含有的水蒸气绝对量。

最后，介绍室内空气二氧化碳浓度的状态方程。影响二氧化碳浓度的因素主要有：①人呼吸产生的二氧化碳；②FAU 和窗户的送风中的二氧化碳；③房间内剩余的空气(即室内空气中除了 FAU 和窗户的送风的部分)中含有的二氧化碳。与湿度不同的是，FCU 改变室内空气湿度但不改变其二氧化碳浓度。因此根据质量守恒方程，得到二氧化碳浓度的状态方程

$$m_{ai}CO2_i^{k+1}=\Delta tO_i^kCO2_g+\Delta t(G_{fa,i}^k+G_{rw,i}^k)CO2_o^k+CO2_i^k[m_{ai}-\Delta t(G_{fa,i}^k+G_{rw,i}^k)] \tag{8-2-10}$$

其中，$CO2_g$是每人单位时间内产生的二氧化碳含量，$CO2_o$是室外二氧化碳浓度。

上面的四个状态方程可以刻画空调、灯、遮阳板和窗户如何共同影响室内温度、湿度和二氧化碳浓度这三个既反映房间状态也反映舒适度的变量。例如，调整遮阳板角度会影响墙体表面的辐射得热量 S_w，辐射得热量 S_w直接影响墙体温度 T_w，墙体温度又通过墙体和空气的热交换而间接影响空气温度 T_a。此外，调整遮阳板角度 θ 还影响到由自然采光带来的工作台上的照度，因而影响到由灯提供的照度和灯的功率 P_{light}。进一步，灯的功率 P_{light}不同时，其产生的热量 Q_{light}也不同，灯的产热 Q_{light}又影响到室内空气的温度 T_a。因此，调整空调遮阳板角度会同时影响空调和灯的能耗。为了便于优化问题的求解，我们选择了合适的离散步长，将状态变量离散化。室内温度的离散步长是 1℃，室内湿度的离散步长是 1g/kg，二氧化碳浓度的离散步长是 100ppm①，墙体温度的离散步长是 0.1℃。

5. 两个时间尺度

我们的优化目标是使未来 N^b 小时的能耗成本最低，且 N^b 小时被离散成 K^b 个时段。时间的离散步长越小，计算出来的房间温度、湿度等状态变量就越精确，但为了使 K^b 个时段的总能耗成本最低，在每个时段都需要求解最优策略，导致决策变量的数目会随着时间的离散步长的减少而增加，并且导致最优策略的求解时间

① 1ppm$=10^{-6}$。

增加。为了在计算结果的精度和求解时间之间保持良好平衡，我们采用了两个离散步长，其中一个较长的离散步长 Δt（如 10min）用来做决策，即只需在每个 Δt 时间的开始求解决策变量的最优决策。由于室内空气的温度和墙体的温度的互相影响，在较长的时段 Δt 内维持室内温度和墙体温度不变会产生较大的误差，因此可以使用一个较短的时间步长（如 1min），根据状态方程更新状态变量，以获得更加精确的房间温度和墙体温度的计算结果。

6. 人员舒适度需求

室内有人时，室内的温度、湿度和二氧化碳浓度，以及工作台的照度需求如下：

$$T_a \in [22℃, 26℃], \quad H \in [40\%, 60\%], \quad CO2 \leqslant 900\text{ppm}, \quad L \geqslant 400\text{lx} \tag{8-2-11}$$

在办公时间（如早 9 点到晚 6 点），当房间内没人时，室内的湿度、二氧化碳浓度、照度没有舒适度需求，但房间的温度不能太低或者太高，以防止有人进入房间时，房间的温度在短时间内无法控制到舒适度范围，因此房间的温度需求为

$$T_a \in [20℃, 28℃] \tag{8-2-12}$$

与室内有人的情况相比，温度需求的上限提高和下限降低有助于节约能耗。

在非办公时间，当房间无人时，室内的温度、湿度、二氧化碳浓度和照度没有舒适度要求，在夜晚当电价便宜或者室外温度较低时，可以用预制冷来降低室内温度和墙体温度，从而减少白天高电价时的制冷负荷和能耗成本。

7. 随机因素

空调、灯、遮阳板和窗户的联合优化控制的目标是在当前阶段控制上述设备，使未来 N^b 小时内的空调和照明的总能耗成本最小，而总能耗成本不仅受到房间当前的状态变量影响，还受到未来的随机因素的影响，其中最主要的随机因素是室外的温度和房间的人员数目。

气象台预测的未来室外温度可能不准确，为了更好地刻画室外温度这一随机变量，我们在气象台的预测气温上添加服从正态分布的噪声，噪声的均值和方差可近似地根据过去一段时间（如最近一周）的气象台温度预测值和真实测量值之间的误差统计得到。

房间 i 内的人员数目可用马氏链来刻画[4]，马氏链的状态是房间 i 的人数，一步转移矩阵中的元素为

$$P\{O_i^k = b \mid O_i^{k-1} = a\} = \pi_{abi}, \quad i = 1, \cdots, I^b, \quad a, b \leqslant p_i \tag{8-2-13}$$

其中，O_i^k 是房间 i 在第 k 时段的人员数目；p_i 是房间 i 中最大的人员数目；a 和 b 分别是房间 i 在第 k 时段和第 $k+1$ 时段可能的人员数目，马氏链更新的时间步长是 Δt，即每个决策阶段更新一次。

8. 目标函数

由于当前时段的决策不仅影响建筑当前时段的能耗，还影响未来的能耗，因此本章研究的建筑节能优化的目标函数是通过联合控制空调、灯、遮阳板和窗户，使空调和灯在未来 N^b 小时的能耗成本的期望最小。优化问题的最优解的求解就是寻找到未来 N^b 小时内的所有决策变量的最优取值。求得最优解之后，仅将当前时段（即 K^b 个时段中的第 1 时段）的决策变量用于控制设备，然后使用滑动窗口法，以下一个时段为当前时段，继续往前看 N^b 小时，再次求解优化问题。

空调系统中消耗能源的设备包括两部分，一是新风机 FAU 和风机盘管 FCU 中的风机，另一是给 FAU 和 FCU 提供冷冻水的冷机、水泵和冷却塔等冷站设备。本章研究的是 FAU、FCU、灯、遮阳板和窗户这些房间末端设备的优化，而并不研究冷机、水泵和冷却塔的优化控制。FAU 和 FCU 中风机的能耗由公式(8-2-1)计算。为方便计算，冷机、水泵和冷却塔的能耗根据 FAU 和 FCU 使用的冷量（即空气和冷冻水的热交换量）以及制冷系数（coefficient of performance，COP）来近似计算，这里的 COP 的定义是 FAU 和 FCU 的冷量与冷机、水泵和冷却塔的能耗的比值，即提供单位冷量，冷机、水泵和冷却塔消耗的能量。COP 可以通过从历史数据中计算得到。灯的能耗则可以由灯的功率 P_{light} 计算得到。

在计算得到空调和灯的能耗之后，仍需将其乘以电价得到能耗的电费成本。我们使用的电价是北京地区的分时电价，第 k 时段的电价为 c^k，分时电价中夜晚的电价比白天的便宜，为利用夜晚便宜的电价来预制冷以减少总电费提供了可能。尽管我们使用了分时电价，但是本章的问题形式化和求解方法具有通用性，也可以用于平稳的电价或者时变的电价。

在当前时段（即第 1 时段），建筑节能优化问题的目标函数是寻找未来 N^b 小时的最优决策变量，最小化未来 N 小时的总能耗成本：

$$\min J, \text{with } J \equiv E\left\{\Delta t \sum_{k=1}^{K} c^k \left[\sum_{i=1}^{I} \left(C^k_{\text{FCU},i}/\text{COP} + P^k_{\text{fan,FCU},i} + P^k_{\text{lights},i}\right) + C^k_{\text{FAU}}/\text{COP} + P^k_{\text{fan,FAU}}\right]\right\} \sqrt{2} \tag{8-2-14}$$

并满足冷机制冷能力约束和人员的舒适度需求。上式中，t 是每个时段的长度，K^b 是未来 N^b 小时内的时段数目，I^b 是房间数目，E 是对室外温度和人员数目这两类随机因素取期望。求解出最优解后，第 1 时段的决策变量将用于设备的控制，然后使用滑动窗口去建立下一时段作为当前时段所对应的优化问题，并求解。因此，优化问题的求解时间必须小于 Δt。

优化问题(8-2-14)具有两层的结构，底层是在每个房间内联合控制房间中的风机盘管、新风风阀、灯、遮阳板和自然通风，上层是控制所有房间共用的新风机。

此外，这个问题类似于电力系统中的 NP 难的机组调度问题，具有指数复杂度，即最优解的求解时间随着房间数目的增长而指数增长。为了求得优化问题近似最优解，一个可行的方法是分解协调法(decomposition and coordination method)。首先，将整个优化问题分解成若干子问题，每个子问题单独控制一个房间内的设备；然后，建立一个对偶问题，来协调所有房间内的设备控制以满足冷机制冷能力的约束。分解协调法要求原问题是可分的，即将房间之间的耦合约束松弛后，原问题能够被分解为若干个可独立求解的子问题。然而，我们研究的联合优化问题是不可分的，导致不可分的原因有两点：第一，新风机为所有房间共有，新风机的决策变量新风出口温度 T_{FAU}无法分解到每个房间中去独立控制；第二，新风机的风机功率 $P_{\mathrm{fan,FAU}}$是所有房间的新风量总和的非线性关系(8-2-1)，因此 $P_{\mathrm{fan,FAU}}$无法分解为各房间新风量的某一函数的总和的形式。因此，我们的优化问题无法直接使用分解协调法来求解。下一节中，我们将开发一套方法来解决问题上述的不可分的难点，并求得问题的近似最优解。

8.2.2　联合优化问题的求解方法

本节提出了一套基于拉格朗日松弛、随机动态规划和 Rollout 的方法，来求解 8.2.1 节的优化问题。本节的第一部分通过引入新的决策变量并使用代理优化框架(surrogate optimization framework)来克服 8.2.1 节结尾处提到的导致问题不可分的两个难点，并构建了原问题的子问题和对偶问题；第二部分在代理优化框架内使用了随机动态规划法(stochastic dynamic programming，SDP)求解子问题；第三部分使用了代理拉格朗日松弛法(surrogate Lagrangian relaxation method)求解对偶问题；第四部分开发了两条启发式规则来调整由 SDP 和代理拉格朗日松弛法求得的解，得到了原问题的可行近似最优解；第五部分使用了 Rollout 方法，提高了优化问题的求解速度；为了使开发的方法易于使用在大型建筑中，第六部分在所求得的近似最优解的基础上，使用数据挖掘，学习到了遮阳板、灯和窗户的联合控制规则，然后求解只含有空调的优化问题，得到空调的控制策略，进一步加快了求解的速度。

1. 克服导致问题不可分的两个难点

在我们要求解的优化问题(8-2-14)中，所有的房间共用一套制冷能力有限的冷机而耦合在一起，导致无法将其分解为若干个可独立的子问题来求解。因而，随着房间数目的增长，优化问题的求解时间会指数增长。我们的求解思路是，使用拉格朗日松弛法将冷机制冷能力的约束条件松弛掉，将松弛掉的问题分解为子问题，并独立求解子问题；在子问题的基础上构造对偶问题，用于协调子问题的解以满足被松弛掉的约束条件；通过子问题和对偶问题的迭代求解，最终得到原问题的近似最优解。

拉格朗日松弛法是基于分解和协调的方法，要求原问题必须是可分的。如上节结尾所述，我们的问题是不可分的，主要原因是：①所有房间共用的新风机的决策变量——新风出口温度 T^k_{FAU} 无法由各房间单独控制；②新风机的风机功率 $P_{\mathrm{fan,FAU}}$ 是所有房间新风量总和的三次方关系，因而新风机能耗无法分解到各房间的子问题中。

为了克服由 T^k_{FAU} 引起的不可分问题，我们引入了新的决策变量 $T^k_{\mathrm{FAU},i}(i=1,\cdots,I^b)$ 来代表由新风机送入房间 i 的新风温度。在第 k 时段所有房间的新风温度应该相等（等于新风机的出口温度），因此我们还需要引入新的约束条件：

$$T^k_{\mathrm{FAU},i}=T^k_{\mathrm{FAU},i+1},\quad i=1,\cdots,I,\quad k=1,\cdots,K^b \tag{8-2-15}$$

式中 $T^k_{\mathrm{FAU},I+1}$ 被定义为和 $T^k_{\mathrm{FAU},1}$ 相等，因此优化问题的决策变量由(8-2-4)和(8-2-5)变为

$$u^{s,k}=[u_1^{s,k},u_2^{s,k},\cdots,\ u_I^{s,k}]^{\mathrm{T}}, \tag{8-2-16}$$

$$u_i^{s,k}=[G^k_{fa,i},T^k_{\mathrm{FAU},i},\ G^k_{a,\mathrm{FCU},i},T^k_{\mathrm{FCU},i},P^k_{\mathrm{light},i},\theta^k_i,W^k_i],\quad i=1,\cdots,I^b \tag{8-2-17}$$

和 T^k_{FAU} 类似，上式中 $T^k_{\mathrm{FAU},i}$ 被离散为三个值，分别代表低温、中温和高温。

引入新的新风温度变量及新风机出口温度约束后，引入拉格朗日乘子$\{\lambda^{d,k},k=1,\cdots,K^b\}$和$\{\mu_i^{d,k},k=1,\cdots,K^b;i=1,\cdots,I^b\}$分别将冷机制冷能力约束和新风机出口温度约束松弛掉。松弛后的优化问题的目标是最小化拉格朗日函数 L：

$$\begin{aligned}\min L,\text{with } L\equiv E\Bigg\{\Delta t\sum_{k=1}^{K}c^k\Bigg[&\sum_{i=1}^{I}(C^k_{\mathrm{FCU},i}/\mathrm{COP}\\&+P^k_{\mathrm{fan,FCU},i}+P^k_{\mathrm{lights},i})+C^k_{\mathrm{FAU}}/\mathrm{COP}+P^k_{\mathrm{fan,FAU}}\Bigg]\Bigg\}\\&+\sum_{k=1}^{K}\lambda^{d,k}E(C^k_{\mathrm{FAU}}+\sum_{i=1}^{I}C^k_{\mathrm{FCU},i}-C_{\mathrm{HVAC}})\\&+\sum_{k=1}^{K}\sum_{i=1}^{I}\mu_i^{d,k}(T^k_{\mathrm{FAU},i}-T^k_{\mathrm{FAU},i+1})\end{aligned} \tag{8-2-18}$$

约束条件是人员的舒适度需求(8-2-11)和(8-2-12)。

由于新风机的风机功率 $P_{\mathrm{fan,FAU}}$ 的非线性，松弛后的优化问题(8-2-18)仍然是不可分的，因此，仍不能直接使用拉格朗日松弛法来求解优化问题。为了克服这一不可分难点，常用的方法包括将 $P_{\mathrm{fan,FAU}}$ 在某一个送风量处线性化来近似计算风机功率，或者使用代理优化框架。由于新风机的送风量的取值范围比较宽，将其在某一风量处线性化会带来较大的误差。因而我们采用了代理优化框架法，这一方法的核心思想是在拉格朗日函数 L 中收集所有与房间 i 相关的项，组成房间 i 的子问题：

$$\min_{u_i^k, k=1,\cdots,K} L_i, \text{with } L_i \equiv E\left\{\sum_{k=1}^{K}\left[(c^k \Delta t/\text{COP}+\lambda^k) \cdot (C_{\text{FAU}}^k + C_{\text{FCU},i}^k) + c^k \Delta t(P_{\text{fan,FAU}}^k + P_{\text{fan,FCU},i}^k + P_{\text{lights},i}^k) + (\mu_i^k - \mu_{i-1}^k) T_{\text{FAU},i}\right]\right\} \tag{8-2-19}$$

约束条件是房间的舒适度需求。新风机的风机能耗包含在房间 i 的目标函数中。因为新风机的风机能耗计算需要知道其他房间的新风风速，所以房间 i 的子问题包含了属于其他房间的新风风量。求解房间 i 的子问题时，只优化子问题中属于房间 i 的设备的决策变量，所有不属于房间 i 的决策变量维持在它们最近一次可行的取值不变。通过代理优化框架可以得到 I^b 个子问题，每个子问题对应于一个房间。

下一部分将介绍如何求解子问题，而子问题的解需要加以协调以满足被松弛掉的约束条件。拉格朗日松弛法中的协调机制是通过调整拉格朗日乘子来实现的，即建立并求解对偶问题来更新拉格朗日乘子，再将更新后的拉格朗日乘子代入子问题中，迭代求解子问题，直至收敛。对偶问题及其求解将在第三部分中介绍。

2. 随机动态规划求解子问题

上一部分中的子问题(8-2-19)是多阶段的随机优化问题，每个离散的时段为一个阶段，共 K^b 个阶段。本部分使用后向随机动态规划法来求解子问题。以房间 i 为例，随机动态规划的核心思想是，对于第 k 阶段($k=1,\cdots,K^b$)的每一离散状态 $x_i^{s,k}$，在决策变量 $u_i^{s,k}$ 的所有可行值中寻找最优值 $u_i^{s,k*}$，使得第 k 阶段的值函数(cost-to-go)$L_i^k(x_i^{s,k})$最小。因此，第 k 阶段的状态 x_i^k 的最优决策变量及其对应的最优值函数 $L_i^{k*}(x_i^{s,k})$可通过下式得到：

$$L_i^{k*}(x_i^{s,k}) = \min_{u_i^k} E\{S_i^k(x_i^{s,k}, u_i^{s,k}) + L_i^{k+1*}(x_i^{s,k+1})\} \tag{8-2-20}$$

其中，第 $k+1$ 阶段的状态 $x_i^{s,k+1}$ 可根据状态方程以及 $x_i^{s,k}$ 和 $u_i^{s,k}$ 计算得到；$L_i^{k+1*}(x_i^{s,k+1})$是第 $k+1$ 阶段状态 x_i^{k+1} 的最优值函数；$S_i^k(x_i^k, u_i^k)$是在状态 x_i^k 和决策 u_i^k 下，当前阶段(第 k 阶段)的当前成本(current cost)的期望值，可由下式计算：

$$S_i^k(x_i^{s,k}, u_i^{s,k}) = E[(c^k \Delta t/\text{COP}+\lambda^{d,k}) \cdot (C_{\text{FAU}}^k + C_{\text{FCU},i}^k) + c^k \Delta t(P_{\text{fan,FAU}}^k + P_{\text{fan,FCU},i}^k + P_{\text{lights},i}^k) + (\mu_i^{d,k} - \mu_{i-1}^{d,k}) T_{\text{FAU},i}^k] \tag{8-2-21}$$

后向随机动态规划法根据式(8-2-20)，从第 K^b 阶段反向计算到第 1 阶段。第 1 阶段的最优值函数 $L_i^{1*}(x_i^{1*})$就是房间 i 的子问题(8-2-19)的最优值，其中 x_i^{1*} 为房间 i 在第 1 阶段的初始状态，$L_i^{1*}(x_i^{1*})$对应的决策变量取值 u_i^{k*}($k=1,\cdots,K^b$)为子问题的最优解。

求解过程中需要注意的是，在求解当前阶段成本的期望值 $S_i^k(x_i^{s,k}, u_i^{s,k})$ 时，需要考虑室外温度和室内人员数目这两个随机因素，方法是根据这两个随机变量的分布采样出随机变量的若干组取值(每组包含一个温度采样值和一个人员数目采样值)，在状态 $x_i^{s,k}$ 和决策 $u_i^{s,k}$ 下，对每一组随机变量采样值，计算当前阶段成本，然后令 $S_i^k(x_i^{s,k}, u_i^{s,k})$ 近似等于所有采样值下的当前阶段总成本的均值。

子问题的求解时间由随机动态规划算法的时间复杂度决定，由于在随机动态规划的每个阶段，需要遍历所有可能的状态变量和决策变量的组合，然后对每一个组合计算房间的动态特性和当前阶段成本，因此随机动态规划算法的时间复杂度是 $O(K^b \cdot S^s \cdot D^s)$，其中 K^b 是阶段数，S^s 是状态空间大小(即状态变量可取的离散值的数量)，D^s 是决策空间大小(即决策变量可取的离散值的数量)。

3. 代理拉格朗日松弛法求解对偶问题

使用拉格朗日乘子将冷机制冷能力约束和新风机出口温度的约束松弛掉后，所有子问题独立求解得到的最优解合在一起通常不满足这些约束条件。因此需要在所有子问题之上建立一个协调机制，协调所有子问题的最优解，以满足被松弛掉的约束。子问题中的拉格朗日乘子的作用相当于价格，当被松弛掉的约束条件不满足时，对子问题的目标函数值进行惩罚，因此可以在对偶问题中更新所有子问题中的拉格朗日乘子，然后再使用更新后的拉格朗日乘子，迭代求解子问题，以实现子问题的协调。更新拉格朗日乘子的对偶问题为

$$\max_{\lambda,\mu} q, \text{with } q \equiv \sum_{i=1}^{I} L_i^{1*}(x_i^{s,1}) - \sum_{k=1}^{K^b} \lambda^{d,k} C_{\text{HVAC}} \tag{8-2-22}$$

求解对偶问题的常见的方法是次梯度法，这种方法首先求解所有子问题的最优值，计算拉格朗日乘子的次梯度方向，然后沿着梯度上升方向更新朗格朗日乘子。对于我们的联合优化问题，子问题是在代理优化框架中构建而成，一个房间的子问题不仅包含所有属于此房间的决策变量，还包括部分不属于此房间的决策变量(即其他房间的新风风量)。求解一个房间的子问题时需要保持属于其他房间的决策变量不变，因此在一次迭代中无法同时求解所有的子问题的最优解。我们采用的方法是代理拉格朗日松弛法。代理拉格朗日松弛法的核心思想是不需要求解完所有子问题就可以得到了一个合适的次梯度方向来更新拉格朗日乘子。对于第 n 次迭代中给定的拉格朗日乘子 λ_n^d 和 μ_n^d，代理拉格朗日松弛法求解房间 i 的子问题得到了最优解 $u_{i,n}^s$，并且维持其他子问题的解等于上一次迭代中的解 $u_{j,n-1}^s(j \neq i)$。此时，只要 $u_{i,n}^s$ 和 $u_{j,n-1}^s(j \neq i)$ 能满足下式中的代理最优性条件，就能得到对偶问题的一个次梯度方向：

$$L(\lambda_n^d, \mu_n^d, u_{i,n}^s, u_{j;j\neq i,n-1}^s) < L(\lambda_n^d, \mu_n^d, u_{i,n-1}^s, u_{j:j\neq i,n-1}^s) \tag{8-2-23}$$

如果代理最优性条件满足，则第 n 次迭代的拉格朗日乘子 λ_n^d 和 μ_n^d 在第 k 阶

段的次梯度方向为

$$g^k(\lambda_n^{d,k}) = E\left(C_{\text{FAU}}^k + \sum_{i=1}^{I} C_{\text{FCU},i}^k\right) - C_{\text{HVAC}} \tag{8-2-24}$$

$$g^k(\mu_{i,n}^k) = T_{\text{FAU},i}^k - T_{\text{FAU},i+1}^k \tag{8-2-25}$$

基于上面的次梯度方向，拉格朗日乘子的更新方法如下：

$$\lambda_{n+1}^{d,k} = \max[0, \lambda_n^{d,k} + \alpha_n g^k(\lambda_n^{d,k})] \tag{8-2-26}$$

$$\mu_{i,n+1}^{d,k} = \mu_{i,n}^{d,k} + \alpha_n g^k(\mu_{i,n}^{d,k}) \tag{8-2-27}$$

其中，γ_n 是第 n 次迭代的更新步长，由下式给出：

$$\alpha_n = \alpha_{n-1}\gamma_n \frac{g(\lambda_{n-1}^d)^{\mathrm{T}} g(\lambda_{n-1}^d) + g(\mu_{n-1}^d)^{\mathrm{T}} g(\mu_{n-1}^d)}{g(\lambda_n^d)^{\mathrm{T}} g(\lambda_n^d) + g(\mu_n^d)^{\mathrm{T}} g(\mu_n^d)}, \tag{8-2-28}$$

$$\gamma_n = 1 - \frac{1}{M \cdot n^p}, \quad 0 < p < 1, \quad M > 1 \tag{8-2-29}$$

和传统的代理次梯度法(surrogate subgradient method，SSG)相比，主要区别是 SSG 在更新步长 α_n 时需要知道(8-2-29)拉格朗日函数的上界 L^U，实际问题中通常无法得到 L^U，因此只能使用 L^U 的估计值，然而 L^U 的估计值则可能会导致拉格朗日乘子不收敛。这种方法则不依赖于 L^U，并可以确保拉格朗日乘子的收敛。

如果求解了房间 i 的子问题后，代理最优性条件不满足，则可以继续求解下一个房间的子问题，直到代理最优性条件被满足，然后再求解对偶问题来更新拉格朗日乘子。在更新了拉格朗日乘子之后，将新的拉格朗日乘子代入子问题中，再次求解子问题。子问题和对偶问题迭代求解直到满足停止条件。常用的停止条件包括相邻两次迭代的决策变量变化小于给定的阈值，即 $\| u_n^s - u_{n-1}^s \| \leqslant \varepsilon$，或问题的求解时间接近一个时段的长度 Δt(如 10 分钟)。相比于次梯度法，代理拉格朗日松弛法的优点是可以更频繁地更新拉格朗日乘子，加快其收敛速度。

在拉格朗日松弛法框架内，迭代求解子问题和对偶问题的计算量通常较小。虽然拉格朗日松弛法目前还没有理论的收敛性分析，但是根据很多学者报告的结果以及本书的计算结果来看，使用次梯度或者代理次梯度法更新拉格朗日乘子，可以保证优化问题在几十次迭代后，收敛到最优解或者近似最优解，并且收敛速度对问题规模不敏感，即随着子问题数目的增长，迭代求解的次数几乎不变。因此，拉格朗日松弛法的求解时间，可以做到随着子问题数目的增长呈近似线性增长。这一点也在本章后面的算例中得到了验证，对于我们的建筑末端设备联合优化问题，一般只需要 40 到 50 次迭代，对偶间隙就能小于 1%，得到近似最优解，并且迭代次数几乎不随房间数目增长而增长。

4. 开发启发式规则构造可行解

通过对偶问题和子问题的迭代求解，可使得子问题的最优解收敛，但将所有子问题的最优解合并在一起构成的原问题的解通常不可行，即冷机制冷能力约束或者新风机出口新风温度约束不被满足。为了得到可行解，我们根据建筑能耗优化问题和空调本身的特点，开发了两条启发式规则，来调整迭代求解得到的解，构造可行解。

规则一：从第 1 时段开始往第 K^b 时段检查，当第 k 时段的冷机制冷能力约束不满足时(即 FAU 和 FCU 的冷功率超过了冷机的制冷能力)，则从第 k 时段往第 1 时段回溯，直到找到某个房间的 FCU 的风机未开到最高挡或者水阀未全开，然后提高此风机的风速和水流速，对房间进行预制冷。不断重复整个检查直到第 K^b 时段结束。

规则二：如果第 k 时段的 FAU 出口新风温度约束不满足(即所有房间的新风的送风温度不一致)，则将 FAU 的出口新风温度 T_{FAU} 设置为所有房间的新风温度的最低值。通过降低 FAU 提供的新风的温度，可以将房间需要的冷量更多地分配给 FAU 来提供，而由 FCU 提供的冷量就会减少。这样就可以减少 FCU 的风机风量和能耗。然而，这条规则的缺点是某些房间即使关闭了 FCU，FAU 提供的温度过低的新风可能会导致房间温度过低(新风的风量通常由二氧化碳浓度决定而无法降低)，这种情况在所有房间的冷负荷极不均匀时可能会出现，此时只能通过增加空调设备来解决这个问题，如通过使用末端再热器来加热过冷的空间。末端再热器不是本书研究的重点，其优化控制会在本章的结论中讨论。

通过上述规则构造了可行解之后，只有当前时刻(即第 1 阶段)的最优决策变量 u^{1*} 会被用来控制设备。随着时间的推移，当下一时段成为当前阶段时，优化问题使用滑动窗口向前滑动 Δt，再次求解优化问题。为了加快算法的收敛速度，可以使用上一个优化问题算法停止时的拉格朗日乘子，来初始化当前优化问题的拉格朗日乘子。

5. 使用 Rollout 来减少计算时间

随着房间数目的增长，优化问题的求解时间将上升(8.2.3 节的算例结果表明求解时间近似地线性上升)。但是，整个优化问题的求解时间必须小于一个阶段的时长 Δt，否则当前阶段的最优决策变量 u^{1*} 将无法被用来控制设备。在迭代求解问题的最优解时，用随机动态规划求解子问题是整个优化算法中最耗时的部分。为了使我们的联合优化控制方法适用于大型的建筑，本部分将进一步降低子问题的求解时间。

联合优化问题目标函数是使未来 N^b 小时内的总能耗最小，但是在滑动窗口法中，仅有第 1 阶段的最优决策 u^{1*} 用于控制设备。此外，离第 1 时段越远的时段的决策对 u^{1*} 的影响越小。对于那些离第 1 时段很远的时段，根据它们的最优值函数的近似估计值通常已足够得到 u^{1*}。因此，没有必要得到那些时段的准确的最优决策变量和最优值函数。我们开发了基于 Rollout 的方法来减少使用随机动态规划求解子问题的时间，这一方法的核心思想是从第 M 时段到第 K^b 时段（即 N^b 小时内的最后一个时段）使用基于经验的规则来控制所有的设备，并近似的估计出第 M^b 时段的值函数；然后，根据第 M^b 时段的值函数估计值，仍使用后向随机动态规划法，求解从第 M^b-1 时段到第 1 时段的最优决策。

我们选择的基于经验的规则包括三部分：第一，根据时间表来控制遮阳板，例如，只在上午 10 点到下午 3 点太阳辐射最强的时段关闭遮阳板；第二，根据室内外焓值的高低来控制自然通风，即仅当室外空气的焓值比室内焓值低时，才使用自然通风；第三，新风机送风温度设为室内温度舒适度上限，控制新风送风量维持所有房间的二氧化碳浓度不超过上限，控制每个房间的风机盘管的送风温度和送风量，使房间的温度和湿度维持在舒适度上限。

随机动态规划得到的子问题的最优控制策略，会使用预制冷来调节不同时段的冷负荷，目的有两个：第一，利用便宜的电价减少 N 小时内的总能耗成本；第二，使用削峰填谷来降低高峰时段的制冷负荷，以满足高峰时段的冷机制冷能力约束，从而满足舒适度需求。然而从第 M^b 时段到第 K^b 时段，Rollout 采用的经验控制规则考虑的是使当前阶段的能耗成本最低，而不是使 N 小时内的总能耗成本最低。因此，M^b 不能选择得过小，否则子问题的最优策略中将不存在预制冷。但是，如果为了预制冷而将 M^b 选得过大，那么又达不到降低子问题求解时间的目的。为了能够实现预制冷的同时尽量减少求解时间，我们的方法是，首先在每天凌晨第一次求解优化问题时，M^b 设为 K^b+1，即只使用随机动态规划来求解子问题的最优控制策略；然后，根据最优控制策略估计出需要预制冷的时段，例如，为利用便宜电价，预制冷阶段为凌晨 5 点到 7 点，此外，制冷负荷高峰发生在下午 2 点，预制冷阶段为下午 12 点到 2 点；从使用滑动窗口第二次求解优化问题开始，动态调整 M^b：如果当前阶段处于预制冷阶段，则选择最小的 M^b 使得前 M^b 个时段能否覆盖整个预制冷时段，否则，将 M^b 设置为一个较小的值以减少计算时间。

6. 开发遮阳板和自然通风的控制规则

将我们的设备联合控制方法应用到实际建筑时，一个常关注的问题是优化问题的求解速度和所需计算设备的价格。为了能够更方便地应用联合控制方法，我们首先使用上述的基于拉格朗日松弛（Lagragian relaxation，LR）、随机动态规划（SDP）和 Rollout 的方法，求得联合优化问题的近似最优控制策略（下文简称为 LR-SDP 策略）。在 LR-SDP 策略基础上，我们进一步为遮阳板和自然通风开发了控制规则（下文简称为 SDP-Derived 规则）。这些规则基于 LR-SDP 策略，因此它们也考虑了空调、灯、遮阳板和窗户对室内温度、湿度、二氧化碳浓度和照度的共同影响。此外，基于遮阳板的控制规则，灯的控制只用于补充不足的照度。

有了这些 SDP-Derived 规则之后，我们就可以将遮阳板、窗户和灯的控制从优化问题中剔除，而得到一个简化的只控制空调设备的优化问题，然后使用类似的基于 LR、SDP 和 Rollout 的方法，来求解空调设备的优化控制策略。由于剔除遮阳板、窗户和灯后，决策变量数目大大减少，因此优化问题的求解时间会显著降低。

开发遮阳板的 SDP-Derived 规则的核心思想是，从联合控制问题的近似最优策略中寻找影响遮阳板角度的主要因素，以及这些因素和遮阳板角度之间的关系。寻找主要因素的方法如下：首先，以 LR-SDP 策略为样本，计算遮阳板角度和其他变量（如室外辐射量、时刻、日期等）之间的相关系数；然后，选择那些相关系数超过某一给定阈值的变量，作为影响遮阳板角度的主要因素。这些变量和遮阳板角度之间的关系可用分类器来描述，分类器的输入是选出的主要因素，输出是离散后的遮阳板角度，然后以 LR-SDP 策略为训练集来训练分类器，使用训练得到分类器作为规则来控制遮阳板。使用同样的方法可以得到自然通风的控制规则。我们得到的 SDP-Derived 规则，也可以用于改进建筑中遮阳板和窗户的现有的控制规则。

8.2.3 算例测试

本节使用三个算例，通过将我们的 LR-SDP 策略和 SDP-Derived 规则与其他一些控制策略做比较，验证了设备联合优化控制的问题形式化和求解方法在节约建筑能耗成本、提高舒适度、降低计算时间等方面的性能。

1. 算例简介和测试环境

我们在一台配置为 2.67GHz 主频、4GB 内存、酷睿 I7 内核的笔记本电脑上，使用 MATLAB 运行 LR-SDP-Rollout 算法，求解了三个算例的 LR-SDP 控制策略。如前面所述，LR-SDP 策略是根据我们开发的建筑和设备的简化模型求解得到，为了验证这些策略，我们在建筑仿真软件 DeST 上建立了三个算例的建筑和设备模型，然后将得到 LR-SDP 策略应用到 DeST 仿真模型上，仿真计算出建筑的能耗以及舒适度指标。三个算例中的 N^b 值都设为 24，即优化的目标是最小化未来 24 小时内的能耗成本。

在第一个算例中，我们选择了一栋建筑中的两个相邻房间作为研究对象，来验证 LR-SDP 策略在节约能耗成本和提高舒适度方面的性能。此外，本算例还验证了 LR-SDP 方法相比于其他一些优化方法能显著减少优化问题的求解时间。第二个算例的研究对象是一栋带有 15 个房间的三层小楼，在夏季两个典型的工况下的测试结果表明，LR-SDP 策略可以显著地节约能耗成本，并且能耗成本的节约对室外温度和房间内人数的预测误差不敏感。第三个算例的研究对象是一栋带有 144 个房间的六层建筑，测试结果表明 LR-SDP 方法的近似最优解的求解时间随着房间数目增加呈近似地线性增长，此外，还验证了 SDP-Derived 规则在降低能耗成本的同时可以显著地降低空调优化问题的求解时间。

三个算例中的建筑地点都在北京，建筑功能是大学的办公楼。为简化起见，在每个算例中，房间大小都一样，长宽高分别是 7m、6m 和 4m，每个房间都有一台风机盘管 FCU、一组功率可控的灯、一套遮阳板和一扇窗户，所有的房间共用一套新风机组 FAU。建筑的办公时间(即可能有人在其中办公的时间)是 7:00 到22:00。冷机、水泵和冷却塔的 COP 设为在北京 9 座办公楼测量得到的 COP 的平均值。北京市分时电价从 7:00 到 22:00 是每度电 0.81 元，在其他时段为每度电 0.35 元。用做决策的时间离散步长 Δt 设为 10min，用做计算房间温湿度等动态特性的离散步长设为 1 分钟。

为了验证我们开发的 LR-SDP 控制策略性能，我们同时考虑了以下三个控制策略以供对比，其中策略 A 和策略 B 是建筑中现有的设备独立控制的策略。

策略 A:遮阳板全部打开(即遮阳板角度为 80°)，灯用来补充自然采光以满足照度舒适度需求，不使用自然通风，FAU 送风温度设为室内温度舒适度上限，FAU 新风送风量维持所有房间的二氧化碳浓度在舒适度上限，每个房间的 FCU 单独控制，将房间的温度和湿度控制在舒适度上限。上述空调设备的控制仅考虑尽可能降低当前阶段的能耗成本，而不考虑未来 24 小时内的总能耗成本，因此不存在使用预制冷来利用便宜电价或者对高峰负荷进行削峰填谷。

策略 B:即 Rollout 中使用的策略。策略 B 和策略 A 中对灯和空调的控制方法相同，不同之处在于对遮阳板和自然通风的控制。策略 B 根据时间表来控制遮阳板，只在 10:00 到 15:00 太阳辐射最强的这段时间关闭遮阳板；根据室内外焓值的高低来控制自然通风，即仅当室外空气的焓值比室内焓值低时，才使用自然通风。

贪婪策略:和 LR-SDP 策略类似，考虑空调、灯、遮阳板和窗户的联合控制，但和 LR-SDP 策略不同的是，贪婪策略不考虑未来 24 小时的总能耗成本，而仅考虑当前阶段的能耗成本。因此，只需将我们的联合优化问题(8-2-14)考虑的阶段数 K 设为 1，并求解此优化问题，即可以得到贪婪策略。由于贪婪策略仍是联合优化，因此遮阳板等设备的控制同时考虑了空调和灯的能耗，并会在两者之间保持平衡。但是由于贪婪策略只关注当前阶段，因此就不存在使用预制冷来利用便宜电价或者对高峰负荷进行削峰填谷。

2. 算例一:建筑中两个相邻房间

本算例以北京的某办公楼中两个相邻的南向房间为研究对象，介绍了我们的 LR-SDP 策略是如何降低能耗和提高舒适度的，并验证了 LR-SDP 算法相比于其他一些算法可显著降低计算时间。

1）使用预制冷来减少能耗和提高舒适度

为了验证 LR-SDP 策略能够削峰填谷以满足冷机制冷能力约束，我们选择的日期为北京典型气象年中制冷负荷（包括降温和除湿负荷）最大的一天——八月二日，并且将冷机的制冷能力设置得略低于当天的最高制冷负荷。

由于策略 A、策略 B 和贪婪策略都没有考虑使未来 24 小时的总能耗最小，因此它们都不会使用预制冷来对制冷负荷进行削峰填谷。在制冷负荷高峰期时，FAU 和 FCU 的制冷需求总量超过了冷机的制冷能力，最终导致房间的温湿度需求无法满足。

LR-SDP 方法可以通过拉格朗日乘子对不满足冷机制冷能力约束的策略进行惩罚，并且在代理优化框架内，在一次迭代中通常只需要求解其中一个房间的子问题，就能得到对偶问题的次梯度。因此，LR-SDP 方法得到的策略不但可以实现空调设备的预制冷，还能协调两个房间的空调设备，使得仅预制冷其中一个房间，从而将两个房间的制冷量的高峰错开。LR-SDP 策略下的两个房间的制冷量如图 8-2-3 所示，从中可以看出制冷高峰发生在 14:00 和 15:00 之间，为了防止高峰时期的制冷需求超过冷机的制冷能力，其中一个房间在 13:00 左右进行了预制冷。这样就将两个房间的制冷高峰期错开，使得冷机的制冷能力约束条件得到满足，从而房间内的舒适度需求也得到满足。

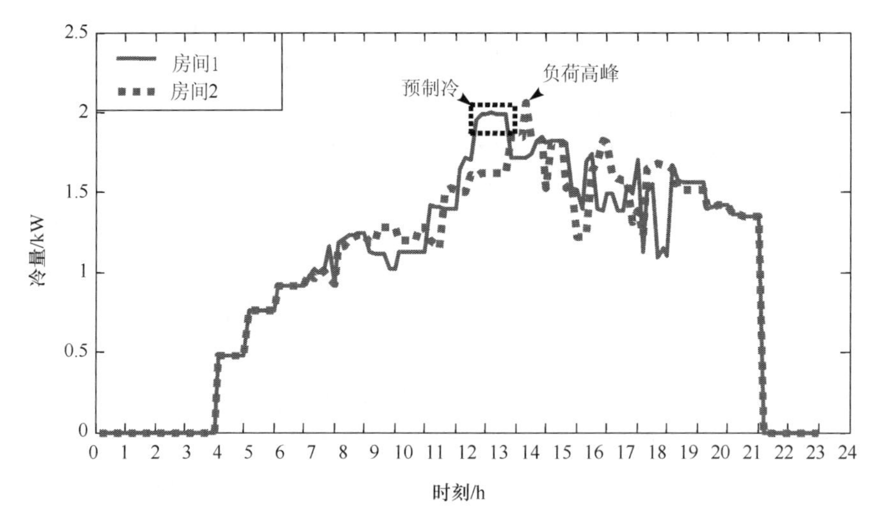

图 8-2-3　两个房间的制冷量

从图 8-2-3 中还可以看出 LR-SDP 策略在 4:00 到 7:00 之间（非办公时间）也使用了空调设备进行预制冷，这种预制冷主要作用是利用便宜电价，在高电价到来之前提前降低墙体的温度，从而减少高电价期间由墙体和室内空气的热传递而引起的制冷负荷。因此，虽然预制冷期间的制冷负荷增加了，但是由于电价便宜，预制冷消耗的电费仍低于高电价期间因为预制冷而减少的电费，从而降低了未来 24 小时内的总电费。

2) 使用 Rollout 的 LR-SDP 方法的求解时间

为了评价使用 Rollout 的 LR-SDP 方法在节约计算时间方面的性能，我们考虑了另外两个方法以作对比。第一个方法是只使用随机动态规划(SDP)，而不使用拉格朗日松弛(LR)和 Rollout，也就是将两个房间的所有决策变量一起优化得到优化问题的最优解，而不使用 LR 将原问题分解为子问题后求解。第二种方法使用了 LR 和 SDP，但是不使用 Rollout。

使用 Rollout 的 LR-SDP 方法和用作对比的两种方法的能耗和计算时间如表 8-2-1 所示，结果表明使用 Rollout 的 LR-SDP 算法的计算时间相比于另两种算法分别降低了 1 个和 2 个数量级。此外，在能耗成本上，和不使用 LR 的 SDP 方法得到的最优策略相比，使用 Rollout 的 LR-SDP 近似最优策略只多消耗了 1.3%的能耗成本。因此，使用 Rollout 的 LR-DP 算法仅以少量的能耗成本上升换来了计算时间的显著下降。

表 8-2-1　带 Rollout 的 LR-SDP 方法和用作对比的两种方法的能耗和计算时间

	对偶问题成本/元	原问题成本/元	对偶间隙	计算时间/s
SDP	—	37.71	—	317.1
不带 Rollout 的 LR-SDP	37.64	37.90	0.93%	14.2
带 Rollout 的 LR-SDP	37.58	37.95	0.97%	1.8

3. 算例二：有 15 个房间的三层建筑

本算例的研究对象是北京的某一栋三层建筑，每层有 5 个房间，本算例包含三个测试，前两个测试在夏季的两种典型工况下验证了设备的联合优化控制如何降低建筑能耗成本，其中第一个测试的重点是遮阳板的控制，第二个测试的重点是自然通风的控制。最后一个测试是灵敏度测试，用来验证 LR-SDP 策略的节约能耗成本的性能对室外温度和室内人员数目的预测误差的灵敏度。

1) 测试一：夏季炎热潮湿的一天

我们选择了八月的某个炎热潮湿的一天来测试联合优化控制方法的性能。在这一天，无论是白天还是夜晚，室外的温度都超过了 27℃，并且中午室外的太阳辐射量高。策略 A、策略 B、贪婪策略和 LR-SDP 策略下建筑的总能耗成本如表 8-2-2 的第 2 行所示。和策略 A、策略 B 以及贪婪策略相比，LR-SDP 策略分别节约了 9.3%、7.7%和 5.3%的能耗成本。四种策略下的逐时能耗如图 8-2-4 所示，从中可以看出 LR-SDP 策略从 5:00 到 7:00 使用了预制冷，以降低建筑 24 小时内的总能耗成本，总能耗降低的原因和算例一中的原因相同。

表 8-2-2 四种策略下的空调和灯的能耗成本 单位:元

	策略 A	策略 B	贪婪策略	LR-SDP 策略
测试一	228.2	224.6	218.6	207.1
测试二	178.8	170.4	176.9	159.0

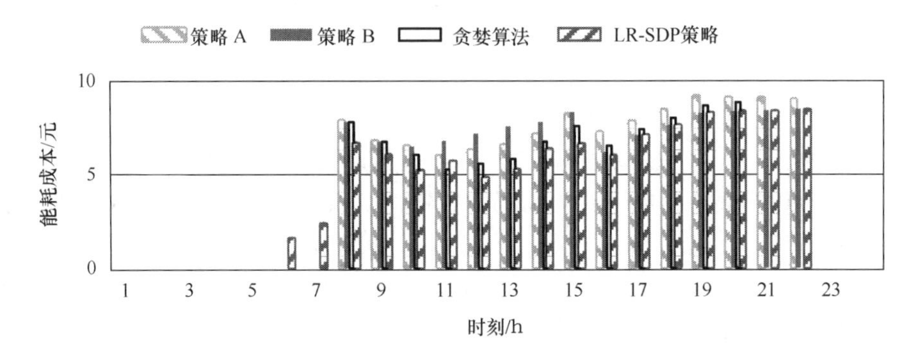

图 8-2-4 四种策略在炎热潮湿的夏季某一天的逐时能耗成本

图 8-2-5 给出了四种策略下遮阳板的逐时平均角度("平均"指对每小时的六个时段的角度取平均值),以及建筑南向玻璃幕墙上的太阳辐射量。我们选择的这一天的太阳辐射量高,遮阳板的控制需要同时在空调和灯的能耗之间保持平衡,以使空调和灯的能耗最小。如图 8-2-5 所示,太阳辐射量在 10:00 到 11:00 之间达到极值,LR-SDP 策略下的遮阳板角度比策略 B 和贪婪策略的遮阳板角度都要小,并且 LR-SDP 使用了灯来补充照明,而策略 B 和贪婪策略没有开灯。尽管 LR-SDP 在 10:00 到 11:00 之间的灯的能耗上升了,但是遮阳板角度的减小,使得透过遮阳板进入房间的辐射量减少,而由太阳辐射引起的空调负荷和空调能耗也相应减少。LR-SDP 策略之所以减少遮阳板角度并且开灯照明,是因为空调能耗下降量大于灯的能耗上升量。因此,在室外辐射量特别强时,通过适当地降低遮阳板角度并开

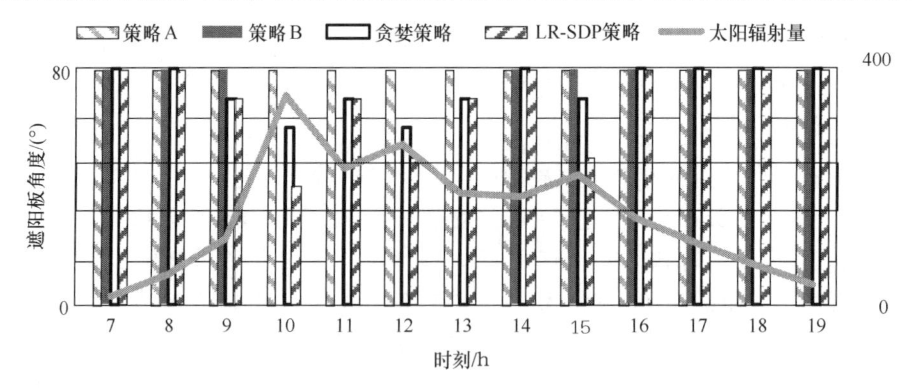

图 8-2-5 四种策略在炎热潮湿的夏季某一天的遮阳板角度和玻璃幕墙上的太阳辐射量

灯补充照度可以使空调和灯的总能耗最小，这也就是空调、灯、遮阳板和窗户需要联合优化控制的原因之一。

需要注意的是尽管贪婪算法也使用了联合控制，但是贪婪策略并没有降低遮阳板角度并开灯，主要原因是开灯的能耗上升全部在 10:00 到 11:00 之间完成，而辐射得热量并不是在 10:00 到 11:00 就全部被室内空气吸收，而是首先被墙体吸收，然后通过墙体和室内空气的热交换而使空气温度上升，这个热交换过程是在接下来的一段时间内完成的。由于贪婪算法只考虑当前阶段的空调和灯的能耗最低，因此它只考虑了遮阳板角度降低而引起的当前阶段(时长 10min)的空调能耗下降量，而此下降量大于当前阶段灯的能耗上升量。

由上面的结果和分析可知，考虑未来 24 小时内总能耗最小的设备联合优化控制可以在空调和灯的能耗之间保持平衡，比设备的独立控制策略(策略 A 和 B)以及只考虑当前阶段的联合控制(贪婪策略)更节能。此外，LR-SDP 优化问题的平均求解时间是 12.2s，远小于一个时段的时长即 10min，满足实际应用的要求。

2) 测试二：夏季昼夜温差大的一天

测试二考虑 6 月份昼夜温差大的一天，夜晚温度低时，可以使用自然通风来给房间预降温，从而减少白天的空调负荷和能耗成本。本测试主要用来验证自然通风和空调的联合控制的性能。

策略 A 不使用自然通风，贪婪策略由于只考虑当前时刻的能耗最低，因此不会在夜晚使用预冷却来降低白天的能耗成本，因此我们在图 8-2-6 中只给出了 LR-SDP 策略和策略 B 的逐时平均自然通风量，由于策略 B 是根据室内外空气焓值之差来控制自然通风，因此在图中也画出了室内外空气温度和焓值。7:00 之前的非办公时间，房间没有湿度需求，因此当室外空气的温度低于室内空气温度时，自然通风有利于节能，所以 LR-SDP 在 7 点之前一直使用自然通风来降低室内空气和墙体的温度，墙体温度降低后可以减少白天墙体传递给房间的热量，从而减少白天的空调负荷。从表 8-2-2 可以看出，相比于另三种策略，LR-SDP 策略节约了

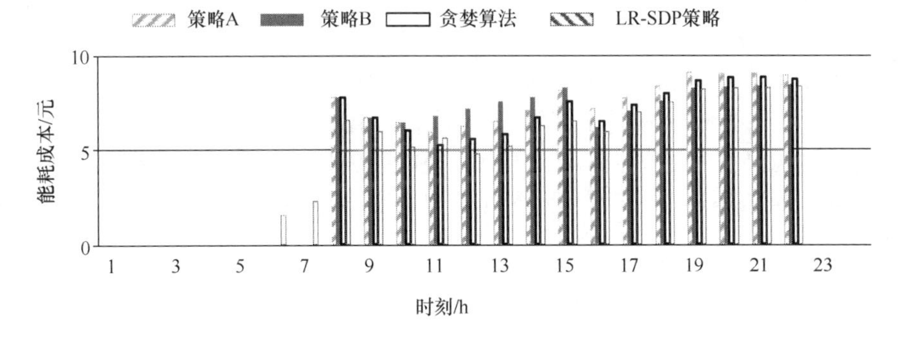

图 8-2-6　自然通风量及其与室内外温度和焓值的关系

6.5%～11.1%的能耗成本。

对于早 7 点之后办公时间，建筑中常用的自然通风规则是，当且仅当室外空气的焓值低于室内空气焓值时，使用自然通风。这条规则也用在策略 B 中，它在大部分时间都能有效地降低建筑内的制冷负荷，原因是焓值代表了空气(包括其内的水蒸气)中含有的热量，夏季室内空气通常需要降温除湿，因此室外空气的焓值越低越有利于减少室内空气的降温除湿负荷。然而，从图 8-2-6 中可以看出，在 7:00 到 8:00，尽管 LR-SDP 策略下室外空气焓值低于室内空气焓值，但是 LR-SDP 策略并没有使用自然通风。原因如下，焓值是温度和湿度的函数，7:00 到 8:00 的室外空气的焓值低，主要是因为室外的温度比室内温度低得多，但是室外的湿度却略高于室内湿度。如果 LR-SDP 策略使用自然通风的话，由自然通风带来的额外水蒸气和室内人员呼吸产生的水蒸气引起的除湿负荷将超过 FAU 和 FCU 的除湿能力。由此可见，设备的联合控制策略 LR-SDP 策略在控制自然通风时，不仅考虑到节能，还考虑了空调的除湿能力，因而可以避免室内湿度舒适度需求无法满足，也就提高了室内人员的舒适度。

3) 测试三：LR-SDP 策略的灵敏度测试

如前面所介绍，我们的优化问题是使未来 24 小时的总能耗成本最小，并且考虑了两个会对能耗成本产生显著影响的随机变量——室外温度和室内人员数目，在求解 LR-SDP 策略的过程中，我们分别根据气象报告和马氏链模型来预测这两个随机变量。它们的预测误差可能会影响到 LR-SDP 策略的性能，评估影响的严重程度，我们以测试一中的工况为对象，研究了 LR-SDP 对这两个随机因素的预测误差的灵敏度分析。

为简化起见，我们假设未来 24 小时内室外温度的预测误差都为 ΔT_o，即室外真实温度和用于求解 LR-SDP 策略的室外温度的均值的差值为 ΔT_o。在办公期间(7:00 到 22:00)房间内人员数目预测误差都为 ΔO。至于当前时刻的室外温度和人员数目，则假设可以测量并且测量误差可忽略不计。

灵敏度分析的步骤如下，首先，根据两个随机变量的预测值求解优化问题，得到 LR-SDP 策略；然后，当将 LR-SDP 应用到 DeST 的建筑和设备模型时，使用室外温度和房间人员的真实值，即 DeST 仿真中使用的室外温度为预测温度的均值加上 ΔT_o，室内人员数目(办公期间)等于预测均值加上 ΔO；最后，通过 DeST 的仿真计算可以得到建筑的总能耗。对于 ΔT_o 和 ΔO 的不同组合，仿真出 LR-SDP 策略的逐时能耗如表 8-2-3 所示(晚上 11 点至次日 5:00 的能耗为 0，因此未在表中列出)。

表 8-2-3　不同预测误差下的逐时能耗和总能耗　单位:元

	$\Delta T_o=0$ $\Delta O=0$	$\Delta T_o=1$ $\Delta O=0$	$\Delta T_o=-1$ $\Delta O=0$	$\Delta T_o=0$ $\Delta O=1$	$\Delta T_o=0$ $\Delta O=-1$
5:00～6:00	1.52	1.77	1.42	1.92	1.10
6:00～7:00	2.27	2.47	2.18	2.51	1.81
7:00～8:00	6.58	6.43	6.69	6.34	7.13
8:00～9:00	5.98	5.90	6.08	5.86	6.43
9:00～10:00	5.14	5.12	5.17	5.11	5.42
10:00～11:00	5.63	5.61	5.65	5.60	5.83
11:00～12:00	4.78	4.78	4.79	4.77	4.90
12:00～13:00	5.19	5.19	5.20	5.38	5.26
13:00～14:00	6.29	6.29	6.29	6.30	6.30
14:00～15:00	6.54	6.54	6.54	6.44	6.54
15:00～16:00	5.96	5.96	5.96	5.96	5.96
16:00～17:00	7.01	7.01	7.01	7.01	7.01
17:00～18:00	7.53	7.53	7.53	7.53	7.53
18:00～19:00	8.21	8.21	8.21	8.21	8.21
19:00～20:00	8.27	8.27	8.27	8.27	8.27
20:00～21:00	8.29	8.29	8.29	8.29	8.29
21:00～22:00	8.36	8.36	8.36	8.36	8.36
总能耗	103.56	103.74	103.65	103.87	104.36

从表 8-2-3 中可以看出,室外温度和室内人员数目的预测误差主要影响的是早 5 点至早 7 点的预制冷能耗,主要原因是预测信息主要用来预制冷,预制冷的目的是利用便宜电价来减少总能耗,或者对高峰负荷进行削峰填谷以满足冷机制冷能力的约束。和预测误差为零的能耗成本(即表中第 2 列)相比,当室外温度预测误差小于 1℃,房间内人数预测误差小于 1 人时,预测误差引起的能耗成本上升不超过 1%。和测试一中的 5.3%～9.3%的能耗成本节约相比,不超过 1%的能耗成本上升可以忽略不计,不影响 LR-SDP 能显著降低能耗成本的结论。由此可见,我们的 LR-SDP 策略对室外温度和室内人员数目的预测误差是不敏感的,主要原因是我们使用了滑动窗口法来控制设备,即当求解优化问题得到近似最优解后,仅将当前阶段(第 1 阶段)的决策用来控制设备。

4. 算例三:有 144 个房间的六层建筑

为了验证 LR-SDP 方法在建筑规模增长时的可扩展性,本算例研究的对象是一栋六层的办公楼,每层有 24 个房间,共 144 个房间。对六月份的 30 天,我们使用滑动窗口法,每 10min 调用一次 LR-SDP 算法,求解得到空调、灯、遮阳板和窗户的联合优化控制策略,即 LR-SDP 策略。此外,以六月份的 30 天的 LR-SDP 策略为训练集,训练分类器得到遮阳板和自然通风的 SDP-Derived 控制规则。然后以七月份的 31 天为测试集,用 SDP-Derived 规则控制遮阳板和自然通风,并且控制灯以补充不足的照度,再通过求解一个简化的空调能耗的优化问题,得到 FAU 和 FCU 的 LR-SDP 策略。这个简化的优化问题和原优化问题的区别在于,遮阳板角度、窗户开关和灯的功率不再作为决策变量,而是由 SDP-Derived 规则决定,并作为简化的空调优化问题的输入。

1) LR-SDP 方法的可扩展性

本算例有 144 个房间,因此优化问题有 144 个子问题。使用 LR-SDP 方法求解得到的可行解,在七月份的空调和灯的日均能耗成本为 2501 元,对偶解的日均能耗成本为 2525 元,对偶间隙为 0.95%。为了验证随着房间数目增长 LR-SDP 方法的性能,我们在表 8-2-4 中给出了三个算例的 LR-SDP 方法下的迭代次数、计算时间和对偶间隙。其中第二个算例,给出的是测试一的结果。从结果中可以看出,随着房间数目从 2 增长到 144,对偶间隙小于 1%时的迭代次数几乎不变,维持在 40 到 50 次之间。虽然目前还没有理论上的拉格朗日松弛法的收敛性分析,但很多学者报告的结果都表明随着问题规模的增长,拉格朗日松弛法的迭代次数几乎不变,优化问题的求解时间随着问题规模增长呈近似线性地增长。我们的计算时间结果也验证了这一点。对于本算例,求解时间是 89.1s,小于滑动窗口的滑动时间间隔 10min,因此 LR-SDP 方法可以用于实际建筑的设备控制。

表 8-2-4 不同房间数目下的 LR-SDP 方法的结果

	房间数目	迭代次数	计算时间/s	对偶间隙
算例一	2	43	1.8	0.97%
算例二	15	45	11.2	0.97%
算例三	144	46	89.1	0.95%

在使用滑动窗口法时,只将 LR-SDP 策略中的当前时段(即第 1 时段)的决策变量用于控制设备,随着时间的流逝,下一个时段会成为当前时段,然后优化问题向前滑动 Δt,即 10min,再次求解新阶段的优化问题。为了加快算法的收敛速度,LR-SDP 方法使用上一个优化问题的算法停止时的拉格朗日乘子取值,来初始化

当前优化问题的拉格朗日乘子。如果不使用这种方法来初始化拉格朗日乘子，而采用定值来初始化它们，那么优化问题的平均求解时间是 364s。由此可见，我们采用的拉格朗日乘子初始化方法节约了大约三分之二的求解时间。

2）SDP-Derived 规则的性能

在使用 SDP-Derived 规则控制遮阳板和自然通风后，简化的优化问题的求解时间是 8.5s，和原优化问题的 89.1s 的求解时间相比，SDP-Derived 规则节约了约 90％的计算时间，主要原因是当遮阳板角度、窗户开关和灯的功率不再是决策变量，每个子问题的决策变量空间的维度降低了。随着决策变量维度的降低，优化问题求解时间会指数性降低。遮阳板和窗户的 SDP-Derived 规则和简化的优化问题的 LR-SDP 策略合在一起使用时，七月的日均能耗成本是 2533 元。和原问题的 LR-SDP 策略相比，能耗成本仅上升了 1.3％。因此 SDP-Derived 的规则可以有效地降低建筑能耗成本和近似最优控制策略的求解时间。

现有的基于规则的策略 A 和策略 B 的七月日均能耗成本分别是 2786 元和 2749 元。与策略 A 和策略 B 相比，SDP-Derived 规则和空调的 LR-SDP 策略合在一起使用时，分别节约了 9.1％和 7.9％的能耗成本。能节约如此多能耗成本的主要原因有以下三方面：

第一，遮阳板的 SDP-Derived 规则是从联合控制策略——LR-SDP 策略中学习得到的，因此这些规则也能在空调和灯的能耗之间保持良好平衡；

第二，在自然通风的 SDP-Derived 规则中，影响窗户开关的主要因素包括时间、人员数目、二氧化碳含量、室内温湿度、室外温湿度，因此自然通风的控制规则不仅可以提供新鲜空气，还可以对室内空气进行降温除湿，尤其是夜晚的预降温；

第三，空调系统的 LR-SDP 策略仍然利用了便宜电价来预制冷，从而降低建筑未来 24 小时内的总能耗。

8.3　楼宇能源供应系统的节能优化

随着微电网（micro-grid）控制技术的发展，其对于建筑节能的意义日益凸显[11-14]。微电网是一种由一组微电源、电力负荷、储能系统和相应的控制系统组成的新型电力网络结构和小型发配电系统。微电网既能实现独立的自治运行，即能够实现微电网内部的自我管理、自我控制和自我保护，同时，微电网也可以与外部主干电网联合运行。微电网中的电源多为容量较小的分布式电源，包括微型燃气轮机、燃料电池、光伏电池、小型风力发电机组以及超级电容、飞轮及蓄电池等储能装置。它们接在用户侧，具有成本低、电压低以及污染小等特点。

随着化石资源的日益枯竭及环境的日益恶化，发展可再生清洁能源势在必行，而分布式可再生能源的发展不仅可以提供可持续发展的新能源，同时可以给微网内的建筑电力负荷提供高可靠性的电源供给。微网内的能源供给系统包括小型热电联产系统(CHP)、光伏发电系统、风力发电系统、蓄电池等。本节内容主要来自文献[18]。

8.3.1 能源供给端的机理模型

蓄电池系统：蓄电池广泛应用于电力系统，可用来存储能量、削峰填谷及应急。在我们所建立的微网模型中，蓄电池组主要用来存储能量及为建筑负荷提供电力。蓄电池的一个重要参数是其荷电状态(state of charge，SOC)，荷电状态是指蓄电池使用一段时间或长期搁置不用后的剩余容量与其完全充电状态的容量的比值，常用百分数表示。其取值范围为[0，1]，SOC=0 表示电池放电完全，SOC=1 表示电池完全充满。用 $x_b(t)$ 表示蓄电池 b 的荷电状态，蓄电池的动态特性可以通过蓄电池充放电功率限制、SOC 的大小约束、SOC 的动态特性以及其初始状态来描述。

蓄电池充放电功率：

$$p_b(t)\in\{0,[-\bar{p}_{bo},-\underline{p}_{bo}],[\underline{p}_{bi},\bar{p}_{bi}]\}$$

SOC 约束：

$$\underline{x}_b=\frac{\underline{e}_b}{\bar{e}_b}\leqslant x_b(t)\leqslant 1$$

SOC 的动态特性及初始 SOC：

$$x_b(t+1)=x_b(t)+\frac{p_b(t)\cdot\tau}{\bar{e}_b}$$

$$x_b(0)=x_b^0$$

其中，$p_b(t)$ 为充电或者放电的功率；$-\bar{p}_{bo}$ 为蓄电池最大的放电功率；$-\underline{p}_{bo}$ 为蓄电池最小的放电功率；$\bar{p}_{bi}$ 为蓄电池最大的充电功率；$\underline{p}_{bi}$ 为蓄电池最小的充电功率；$\underline{x}_b$ 为 SOC 的下限；$\underline{e}_b$ 为蓄电池剩余能量的下限；$\bar{e}_b$ 为蓄电池的充满时的能量；$x_b(t)$ 为蓄电池在 t 时刻的 SOC；$x_b(0)=x_b^0$ 为初始时刻的 SOC。

CCHP 系统：冷热电联产(combined cooling heating and power，CCHP)是一种建立在能量梯级利用概念基础上，将制冷、制热(包括供暖和供热水)及发电过程一体化的总能系统。其最大的特点就是对不同品质的能量进行梯级利用，温度比较高的、具有较大可用能的热能被用来发电，而温度比较低的低品位热能则被用来供热或是制冷。这样做不仅提高了能源的利用效率，而且减少了碳化物和有害气体的排放，具有良好的经济效益和社会效益。冷热电联产系统在科学用能和能的梯级利用原理指导下，可以实现能源的更高效利用，完全符合建设节约型社会的要求，是解决我国能源与环境问题的重要技术途径，是构建新一代能源系统的关键技术。

CCHP系统的运行约束：

$$\underline{x}_c \leqslant x_c(t) \leqslant \overline{x}_c$$

CHP系统的输出电功率：

$$e_c(t)=\begin{cases}\overline{p}_c \cdot x_c(t)\tau, & \underline{x}_c \leqslant x_c(t) \leqslant \overline{x}_c \\ 0, & \text{其他}\end{cases}$$

CHP系统制冷输出：

$$q_c(t)=\begin{cases}p^c(x_c(t)) \cdot \tau, & \underline{x}_c \leqslant x_c(t) \leqslant \overline{x}_c \\ 0, & \text{其他}\end{cases}$$

天然气消耗速率：

$$V^s(t)=F^s \cdot f(x_c(t)) \cdot \tau$$

其中，$\underline{x}_c$ 为CHP机组的最小负荷率；$\overline{x}_c$ 为CHP机组的最大负荷率；$\overline{p}_c$ 为CHP机组在时间 t 的发电功率；$e_c(t)$为CHP机组在时间段 t 的能量输送量；$p^c(x_c(t))$为CHP机组在时间段 t 的制冷功率；$q_c(t)$为CHP机组在时间段 t 提供的制冷量；$V^s(t)$为CHP机组在时间段 t 的所消耗的天然气体积；F^s 为额定的天然气流速，$f(x_c(t))$为所消耗的天然气与CHP机组天然气流速的比率。

光伏系统：光伏发电系统(PV System)是将太阳能转换成电能的发电系统，利用的是光生伏特效应，它的主要部件是太阳能电池、蓄电池、控制器和逆变器。其特点是可靠性高、使用寿命长、不污染环境、能独立发电又能并网运行。BIPV系统最基本的组成单元是光伏电池板，而光伏电池板最基本的组成单位是P-N结，光伏发电系统的工作过程可以看做很多个P-N结在光生伏打效应下的作用。图8-3-1为光伏发电系统的物理模型，根据其物理模型可知其功率输出。

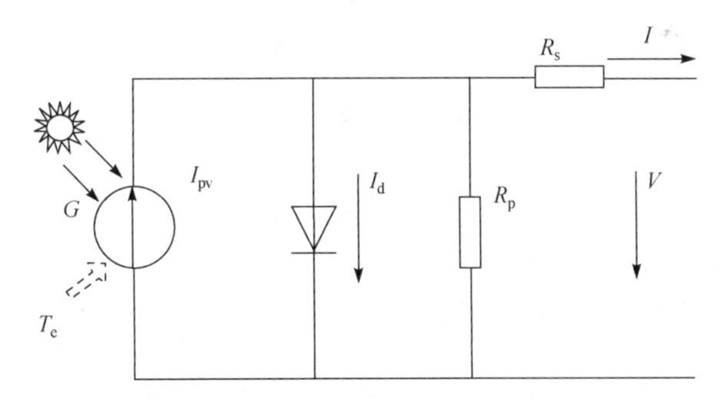

图8-3-1　光伏发电单元工作原理示意

光伏系统的电力输出：一个PV模组由一系列的PV单元串联而成，而PV电池板由串联的PV模组并联而组成。

$$p_s(t)=U_s(t)I_s(t)=N_sN_{ss}N_{pp}V_{\text{cell}}(t)I_{\text{cell}}(t)$$

光伏电池板中电池组元的电流电压方程(I-V 方程)：

$$I_{\text{cell}}(t)=I_L(t)-I_o(t)\times\left[\exp\left(\frac{V_{\text{cell}}(t)+I_{\text{cell}}(t)R_s}{a}-1\right)\right]-\frac{V_{\text{cell}}(t)+I_{\text{cell}}(t)R_s}{R_p}$$

光伏电池输出功率对电压的微分：

$$\begin{aligned}\left.\frac{\mathrm{d}(VI)}{\mathrm{d}V}\right|_{\text{mpp}}&=I_{\text{cell}}(t)+V_{\text{cell}}(t)\left.\frac{\mathrm{d}I}{\mathrm{d}V}\right|_{\text{mpp}}\\&=I_{\text{cell}}(t)+V_{\text{cell}}(t)\times\frac{-I_o(t)R_p\exp\left(\frac{V_{\text{cell}}(t)+I_{\text{cell}}(t)R_s}{a}\right)-a}{aR_p+I_o(t)R_pR_s\exp\left(\frac{V_{\text{cell}}(t)+I_{\text{cell}}(t)R_s}{a}\right)+aR_s}\\&=0\end{aligned}$$

其中，N_s 为一个 PV 模组中串联 PV 单元的个数；N_{ss} 为串联 PV 模组的个数；N_{pp} 为并联的 PV 模组串的个数；$I_{\text{cell}}(t)$为时间段 t 电池板输出的电流；$V_{\text{cell}}(t)$为时间段 t 电池板输出的电压；$I_L(t)$为时间段 t 内入射光产生的电流；$I_o(t)$为时间段 t 的反向饱和电流或者二极管的漏电流；R_s 为等效串联电阻；R_p 为等效并联电阻；a 为修改的理想二极管常数。

系统级的约束包括电功率的平衡、制冷功率的平衡，分别表示如下。

电功率平衡：

$$e(t)+e_s(t)+e_c(t)-e_b(t)=e_{\text{HVAC}}(t)+e_{\text{light}}(t)+e_{\text{FAU+FCU}}(t)$$

冷热平衡：

$$q_c(t)+e_{\text{HVAC}}(t)\cdot\text{COP}=q_{\text{loads}}(t)$$

单个时期的能源供给：

$$\begin{cases}e(t)=p(t)\cdot\tau\\e_s(t)=p_s(t)\cdot\tau\\e_b(t)=p_b(t)\cdot\tau\\e_c(t)=p_c(t)\cdot\tau\end{cases}$$

能源供给端调度的目标是在调度周期内决定各种不同能源供给系统的能量供给量以及不同能源供给设备的运行情况，系统优化的目标是所消耗的电力的成本与所消耗的天然气的成本达到最小。

$$\min J=\sum_{t=1}^{T}\left[C_t^p(c_p^d(t),c_p^u(t),p(t),\tau)+C_t^n(c_n(t),V^s(t),\tau)\right]$$

用电成本：

$$C_t^p(c_p^d(t),c_p^u(t),p(t),\tau)=\begin{cases}c_p^d(t)\cdot p(t)\cdot\tau, & p(t)\geqslant0\\c_p^u(t)\cdot p(t)\cdot\tau, & p(t)<0\end{cases}$$

燃气成本：

$$C_t^n(c_n(t),V^s(t),\tau)=c_n(t)\cdot V^s(t)\cdot\tau$$

其中,$C_t^p(c_p^d(t),c_p^u(t),p(t),\tau)$为所消耗电能的总成本;$C_t^n(c_n(t),V^s(t),\tau)$为所消耗天然气的总花费;$c_p^d(t)$为电能供给的价格;$c_p^u(t)$为微电网向公用电网卖电的价格;$p(t)$为公用电网向微电网输送的电功率;$c_n(t)$为天然气的价格。

8.3.2　针对所建立模型的两种求解方式

1. 混合整数线性规划方法

假设电力负荷和热力负荷已知,那么可以通过求解这个优化问题得到一个能够达到节能目的的能源调度方法,通过分析前述优化问题的结构,我们首先采用确定性的方法——混合整数规划的方法来求解我们所建立的优化问题。首先,引入以下 0/1(0/−1)整数变量来对原模型进行线性化的表示:

$z_p^d(t)$为 0/1 离散变量,1 表示能量供给到了终端负荷,否则为 0;

$z_p^u(t)$为 0/1 离散变量,1 表示微电网向公用电网卖电,否则为 0;

$z_b^c(t)$为 0/1 离散变量,1 表示蓄电池处于充电状态,否则为 0;

$z_b^d(t)$为 0/−1 离散变量,−1 表示蓄电池处于放电状态,否则为 0;

$z_c(t)$为 0/1 离散变量,1 表示 CHP 机组开启,0 表示 CHP 机组关闭。

通过引入以上的离散整数变量,原优化问题的非线性的目标函数和约束条件可以表示为如下的混合整数线性规划模型。

目标函数:

$$\min J=\sum_{t=1}^{T}\left[C_t^p(c_p^d(t),c_p^u(t),p(t),\tau)+C_t^n(c_n(t),V^s(t),\tau)\right]$$

电功率平衡:

$$p^d(t)\cdot\tau+p^u(t)\cdot\tau+e_c(t)-e_b(t)=e_{\mathrm{HVAC}}(t)+e_{\mathrm{light}}(t)+e_{\mathrm{FAU+FCU}}(t)$$

公用电网的运行状态:

$$z_p^d(t)+z_p^u(t)\leqslant 1$$

用电成本:

$$0\leqslant p^d(t)\leqslant z_p^d(t)\cdot(+\infty)$$

$$(-\infty)\cdot z_p^u(t)\leqslant p^u(t)\leqslant 0$$

$$C_t^p(c_p^d(t),c_p^u(t),p^d(t),p^u(t),\tau)=(p^d(t)\cdot p^d(t)+p^u(t)\cdot c_p^u(t))\cdot\tau$$

蓄电池的充放电:

$$\begin{cases}z_b^c(t)-z_b^d(t)\leqslant 1\\ z_b^c(t)\cdot\underline{p}_{bi}+z_b^d(t)\cdot\overline{p}_{bo}\leqslant p_b(t)\\ p_b(t)\leqslant z_b^c(t)\cdot\overline{p}_{bi}+z_b^d(t)\cdot\underline{p}_{bo}\end{cases}$$

CHP 机组的负载率：

$$\begin{cases} z_c(t) \cdot \underline{x}_c \leqslant x_c(t) \\ x_c(t) \leqslant z_c(t) \cdot \overline{x}_c \end{cases}$$

CHP 机组的输出功率：

$$e_c(t) = \overline{p}_c \cdot x_c(t) \cdot \tau$$

CHP 机组的制冷功率：

$$q_c(t) = (a \cdot x_c(t) + b \cdot z_c(t)) \cdot \tau$$

天然气的消耗速率：

$$V^s(t) = c \cdot x_c(t) + d \cdot z_c(t)$$

其中，$p^d(t)$为供给终端负荷的电力；$p^u(t)$为向公用电网的卖电功率；a，b 为 CHP 机组的参数，依赖于 CHP 的额定功率和 $p^c(x_c(t))$；c，d 为 CHP 机组的参数，依赖于 CHP 的额定功率和 $f(x_c(t))$。

进行线性化表示后的原优化问题成为一个典型的混合整数线性规划问题，可以通过 CPLEX 等优化工具进行求解。

2. 基于场景树的随机规划方法

原优化问题包含大量的不确定因素，这里我们考虑两类最主要的不确定性因素，及建筑物负荷的不确定性和分布式可再生能源供给系统的不确定性。一方面，建筑内部驻在人员的不确定性，导致建筑所消耗的电力负荷和热力负荷的不确定；另一方面，对于分布式新能源供给，由于太阳能受天气影响较大，其具有间歇性、随机性等特点。间歇性是指光伏系统主要在白天有太阳辐射时发电，而在夜晚太阳辐射较小时则无法产生电能，随机性主要是因为太阳辐射受天气因素影响较大，如云层、大气密度、大气湿度、粉尘遮挡等，同时，光伏发电的基本单元 P-N 结也会受到环境温度的影响，而这些影响因素存在大量的不确定性。在实际应用中，为了找到一个期望成本最小的调度策略，需要同时考虑能源供给端和能源消耗端的不确定性。

场景树方法被广泛应用于含有不确定性的问题的描述[15,16]，在我们的应用中，一个场景由一个能源需求曲线和天气状态组成，这里的天气状态可以用于描述光伏系统的能源供给，这里的场景可以通过需求的统计特性来得到或者根据启发式方法得到。为了求取不同能源供给系统平均意义下的好的调度方法，我们需要产生一系列的具有代表性的不同的场景，然后利用 CPLEX 来求解基于场景树的随机规划问题，目标是所有场景下的平均成本。求得随机规划的结果后，我们会对基于预测负荷和光伏发电的调度方法与随机规划的方法进行对比。如果需求和天气状况可以提前准确知道，这可以被视作一个确定的场景，可以利用确定性的方法求解，通过比较与预测负荷和光伏发电下的调度计划与某一个特定场景下的调度计划，关于负荷和天气预测的信息的准确性可以得到度量。

根据前面所描述的多能源系统的联合调度模型，基于场景树的随机规划模型的描述如下。

目标函数：

$$\min J = \left\{ \sum_{s_l=1}^{S_l} \pi_{sl} \sum_{s_s=1}^{S_l} \pi_{ss} \sum_{t=1}^{T} \left[C^p_{t,s_s,s_l}(c^d_p(t,s_s,s_l), c^u_p(t,s_s,s_l), p^d(t,s_s,s_l), p^u(t,s_s,s_l), \tau) \right.\right.$$

$$\left.\left. + C^n_{t,s_s,s_l}(c_n(t,s_s,s_l), V^s(t,s_s,s_l), \tau) \right] \right\}$$

电功率平衡：

$$p^d(t) \cdot \tau + p^u(t,s_s,s_l) \cdot \tau + e_c(t,s_s,s_l) - e_b(t,s_s,s_l)$$

$$= e_{\mathrm{HVAC}}(t,s_s,s_l) + e_{\mathrm{light}}(t,s_s,s_l) + e_{\mathrm{FAU+FCU}}(t,s_s,s_l)$$

公用电网的运行状态：

$$z^d_p(t,s_s,s_l) + z^u_p(t,s_s,s_l) \leqslant 1$$

用电成本：

$$0 \leqslant p^d(t,s_s,s_l) \leqslant z^d_p(t,s_s,s_l) \cdot (+\infty)$$

$$(-\infty) \cdot z^u_p(t,s_s,s_l) \leqslant p^u(t,s_s,s_l) \leqslant 0$$

$$C^p_t(c^d_p(t,s_s,s_l), c^u_p(t,s_s,s_l), p^d(t,s_s,s_l), p^u(t,s_s,s_l), \tau)$$

$$= (p^d(t) \cdot p^d(t,s_s,s_l) + p^u(t,s_s,s_l) \cdot c^u_p(t,s_s,s_l)) \cdot \tau$$

蓄电池的充放电：

$$\begin{cases} z^c_b(t,s_s,s_l) - z^d_b(t,s_s,s_l) \leqslant 1 \\ z^c_b(t,s_s,s_l) \cdot \underline{p}_{bi} + z^d_b(t,s_s,s_l) \cdot \overline{p}_{bo} \leqslant p_b(t,s_s,s_l) \\ p_b(t,s_s,s_l) \leqslant z^c_b(t,s_s,s_l) \cdot \overline{p}_{bi} + z^d_b(t,s_s,s_l) \cdot \underline{p}_{bo} \end{cases}$$

CHP 机组的负载率：

$$\begin{cases} z_c(t,s_s,s_l) \cdot \underline{x}_c \leqslant x_c(t,s_s,s_l) \\ x_c(t,s_s,s_l) \leqslant z_c(t,s_s,s_l) \cdot \overline{x}_c \end{cases}$$

CHP 机组的输出功率：

$$e_c(t,s_s,s_l) = \overline{p}_c \cdot x_c(t,s_s,s_l) \cdot \tau$$

CHP 机组的制冷功率：

$$q_c(t,s_s,s_l) = (a \cdot x_c(t,s_s,s_l) + b \cdot z_c(t,s_s,s_l)) \cdot \tau$$

天然气的消耗速率：

$$V^s(t,s_s,s_l)=c\cdot x_c(t,s_s,s_l)+d\cdot z_c(t,s_s,s_l)$$

其中，s_l 为负荷的第 s_l 个场景，$s_l=1,2,\cdots,S_l$；s_s 为负荷的第 s_s 个场景，$s_s=1,2,\cdots,S_s$；π_{sl}为负荷取第 s_l 个场景的概率；π_{ss}为负荷取第 s_s 个场景的概率，其余包括和的变量的意义与前述的模型中的意义相同，代表它们在不同场景下的取值。

8.3.3　数值算例

我们的数值实验是基于清华大学的一幢实验性的能源办公建筑，所测试的面积约 3000m^2，这幢建筑的能源供给包括配电网、太阳能电池板、一个蓄电池组(约50kW)和一个 CHP 机组(额定功率 50kW)，电力负荷包括 HVAC 系统的用电、FCU 单元的用电、新风机单元以及照明系统，热力终端负荷可以通过调整百叶和窗户的开合进行调整。我们的测试时间为一个典型的北京夏季中的一天[17]，2009 年 8 月 2 日，具有炎热、潮湿的特点。我们假设建筑物内驻在人员的工作时间为从每天的 7:00 到 23:00。我们首先分几步来测试确定性模型的调度计划，首先，电力负荷和热力负荷可以通过求解终端优化控制问题得到[5]，这个求解过程同样考虑到了驻在人员的舒适度需求。得到预测负荷和太阳能输出之后，我们利用 CPLEX 来求解这个确定性问题；当考虑问题中的不确定性时，我们利用建筑负荷及太阳能发电系统的预测值来产生随机性的样本，这里我们假设已经知道它们的分布，这时我们的求解目标是所有建筑负荷和太阳能发电系统发电场景下的期望成本。

1. 电力和热力负荷的描述

在我们的测试中，天然气的价格为 2.05 元/m^3，建筑能源系统电力的上网价格为 0.457 元/kWh，表 8-3-1 所示为夏季北京地区的分时电价。我们给定驻在人员的舒适度水平如下：室内温度[22℃，26℃]，室内湿度[50%，60%]，二氧化碳浓度[0，1300ppm]，亮度大于或等于 400lx，电力负荷和热力负荷通过利用动态规划求解终端控制问题可以得到[5]，所求得的 24 小时的电力负荷和热力负荷分别如图 8-3-2和图 8-3-3 所示。其中图 8-3-2 所示为建筑内部照明、FAU 和 FCU 所消耗的电力，图 8-3-3 所示为用于制冷的热力需求。HVAC 系统电力能源的消耗与热力负荷和实时电价相关而且受二者的影响，电力负荷的峰值主要集中在 7:00 到 11:00 以及 19:00 到 23:00，而 13:00 到 18:00 室外温度较高，因此建筑内部对于制冷的需求也较高，但是这时的照明需求较低，照明系统消耗的电力负荷较少，因为此时的太阳光线充足，对于内部照明的需求较低，同时为了进一步减少能源消耗，HVAC 系统可以在 6:00 的时候进行预制冷，因为这时的电价较低。

表 8-3-1　北京地区夏季分时电价

时段	价格/(元/kWh)	时段	价格/(元/kWh)
1	0.3515	13	0.4883
2	0.3515	14	0.4883
3	0.3515	15	0.4883
4	0.3515	16	0.4883
5	0.3515	17	0.4883
6	0.3515	18	0.4883
7	0.8135	19	0.8135
8	0.8135	20	0.8135
9	0.8135	21	0.8135
10	0.8135	22	0.8135
11	0.4883	23	0.3515
12	0.4883	24	0.3515

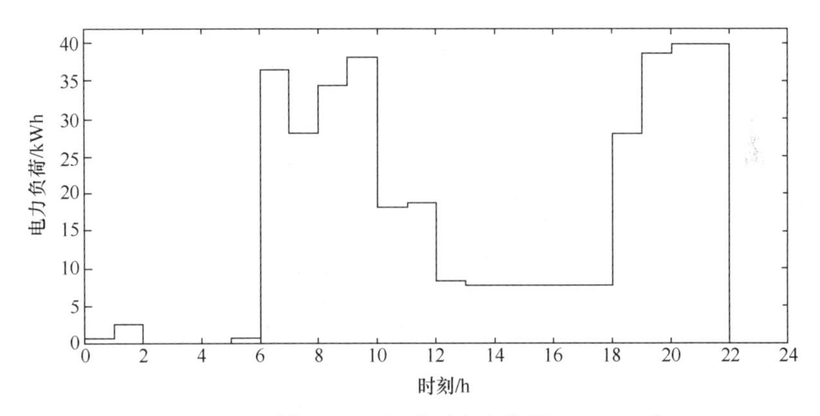

图 8-3-2　24 小时电力负荷

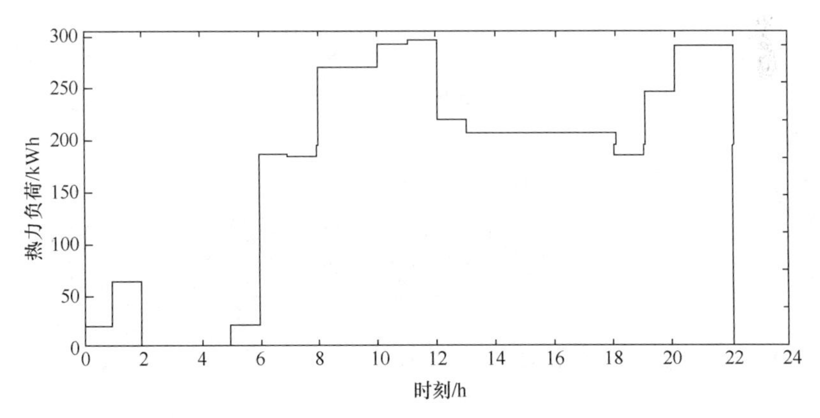

图 8-3-3　24 小时热力负荷

2. 利用混合整数规划建模求解

我们首先假设负荷需求就是我们的预测值，我们利用 ILOG CPLEX 求解我们所建立的确定性的混合整数线性规划问题，我们所设置的求解间隙为 0.0015，所求得的电力供给和热力供给分别如图 8-3-4 和图 8-3-5 所示，图 8-3-4 中的电力能源消耗主要来自于照明系统、FAU、FCU、蓄电池的充电及 HVAC 系统和反馈给公用电网的电力，而建筑物电力的供给主要来自于公用电网、光伏电池板、蓄电池的放电和 CHP 机组。如图中所示，光伏电池板、蓄电池和 CHP 机组在峰值电价的时间区间，即 7:00 到 11:00 和 19:00 到 23:00，提供了大量的电能，与仅仅依靠公用电网供电的模式相比，这大大提高了建筑能源供给系统的能源系统效率，同时极大地减少了能源消耗的费用。系统对于制冷的需求主要由 HVAC 系统供给，同时由 CHP 机组提供少部分的补充供给，如图 8-3-5 所示。

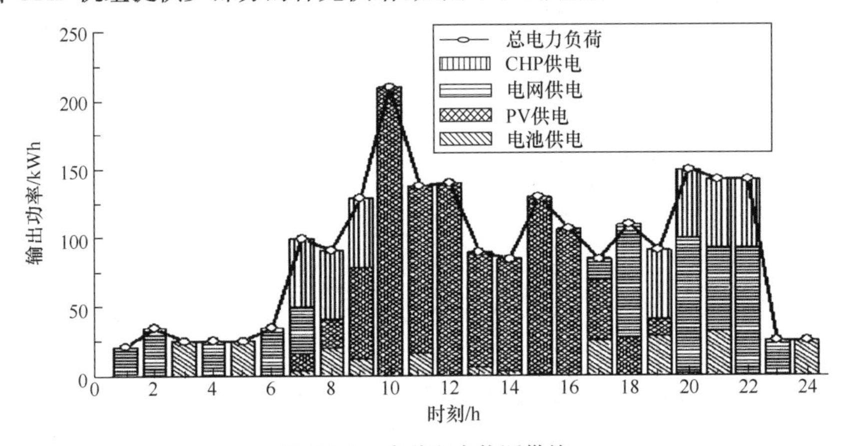

图 8-3-4　多种电力能源供给

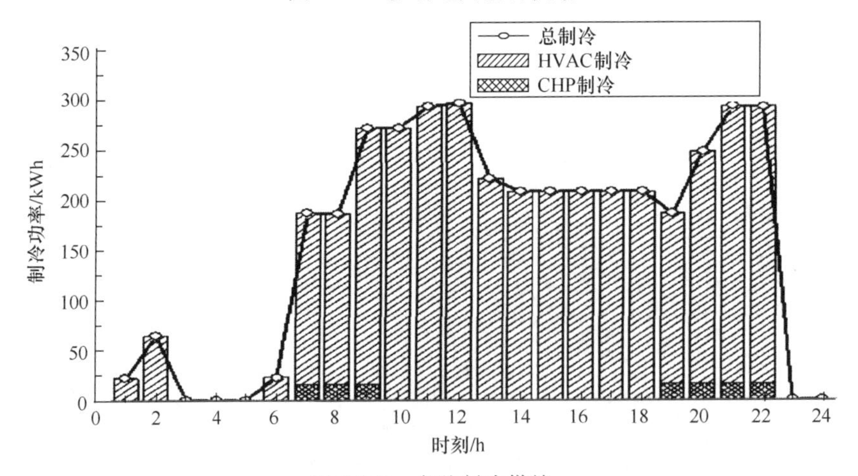

图 8-3-5　多种制冷供给

图 8-3-6 和图 8-3-7 所示为蓄电池的充放电状态的控制和充放电量的大小，图 8-3-6中所示的蓄电池控制信号，正值表示充电状态，负值表示放电状态，0 值表示蓄电池处于闲置状态，即既不充电，也不放电；图 8-3-7 与图 8-3-6 相对应，为蓄电池在不同充放电控制信号下的充放电量，蓄电池的 SOC 与充放电量紧密相关。正如我们的期望，蓄电池在电价较低的时段充电，而在电价较高的时段放电，并且在达到峰值电价前即可充满，与此同时，在电力需求非常低的时期，蓄电池将多余的电能反馈给公用电网，与从公用电网买电相反，将电能卖给电网可以获得一定的收入。值得注意的是，为了保证建筑在紧急状态下有充足的能源供给，蓄电池的 SOC 被要求维持在一定的水平之上，以保证建筑物在紧急状况下不会因为电能短缺而停电。

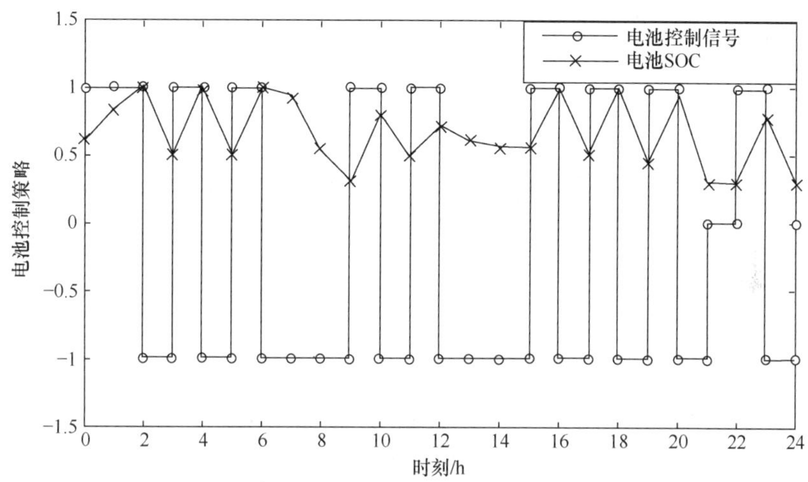

图 8-3-6　蓄电池的充放电控制信号

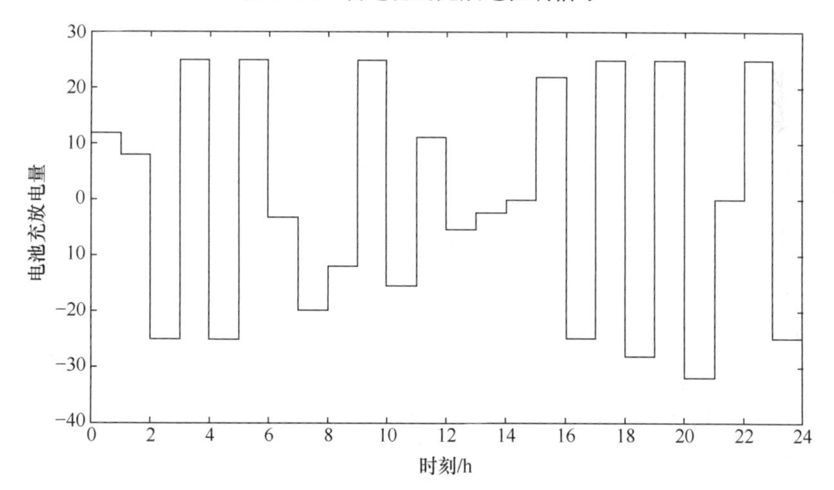

图 8-3-7　蓄电池的充放电能量

在实验中,我们同时测试了蓄电池的容量和总成本之间的关系,如图 8-3-8 所示,当蓄电池的额定容量较大时,我们需要投入较大的成本来购买蓄电池组,但是,在日常运行过程中可以节约大量的用电成本,很明显,我们需要在蓄电池的投资和用电成本的节约之间做出一个平衡。蓄电池的额定容量和使用频率之间的关系如图 8-3-9 所示。通过测试,我们可以得到这样的结论:蓄电池的额定容量越大,那么它的使用频率越低,低频率的使用可以保证蓄电池有更长的使用周期,但是,大容量的蓄电池需要有较高的前期投入成本,在资金量有限的情况下,也需要我们在蓄电池的投入上作出权衡。

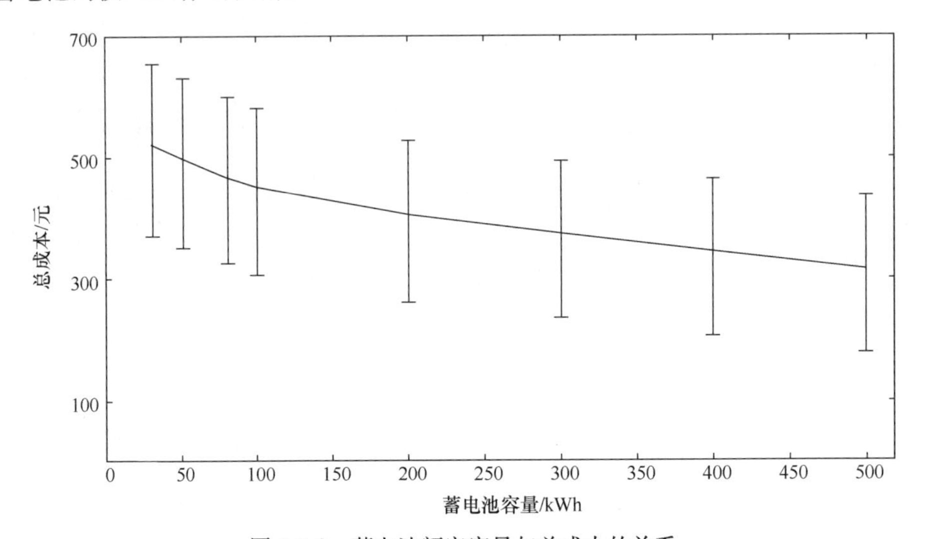

图 8-3-8　蓄电池额定容量与总成本的关系

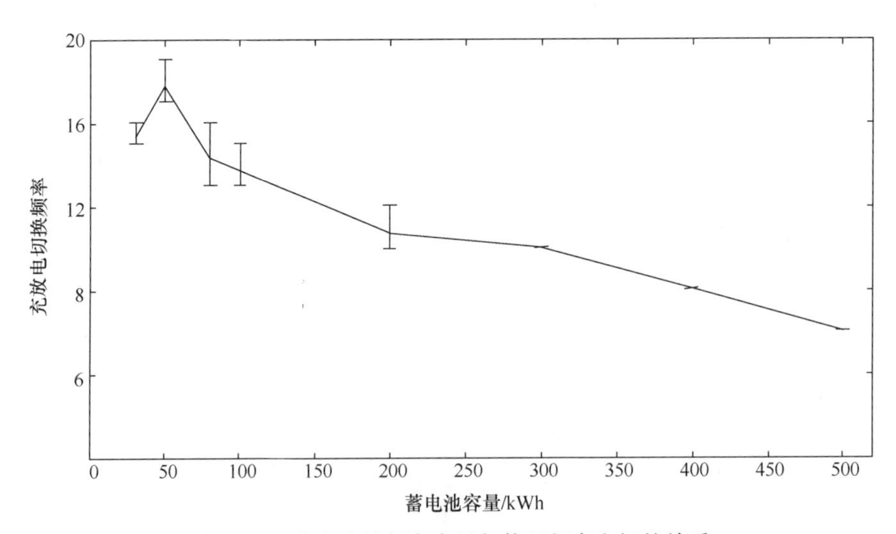

图 8-3-9　蓄电池的额定容量与使用频率之间的关系

表 8-3-2 所示为在不同天气状况下,使用和不使用蓄电池时的总能耗成本对比。由表中数据可知,电力存储设备对于建筑系统的能耗成本具有较大的影响,尤其是当太阳能电力的削峰不是十分明显时。

表 8-3-2　使用和不使用蓄电池时的能耗成本对比

	天气	有电池/元	没有电池/元	减少的成本/%
2009-08-02	晴	517.569	559.791	7.54
2009-08-05	多云	633.988	676.191	6.24
2009-08-13	阴雨	354.67	396.992	10.67

CHP 机组的发电量和控制策略如图 8-3-10 所示。CHP 机组控制信号的定义与蓄电池的控制信号定义类似,如图 8-3-10 所示,CHP 机组在峰值电价时运行,这主要是因为在产生同样的制冷量的条件下,天然气的成本比电力的成本更低,而 CHP 机组在 10:00 关闭,这主要是因为此时光伏发电系统开始运作,提供给了系统足够的、成本更低的光伏电力。而在夏季,由于光伏电力充足,考虑到经济性,我们一般不常使用 CHP 机组。

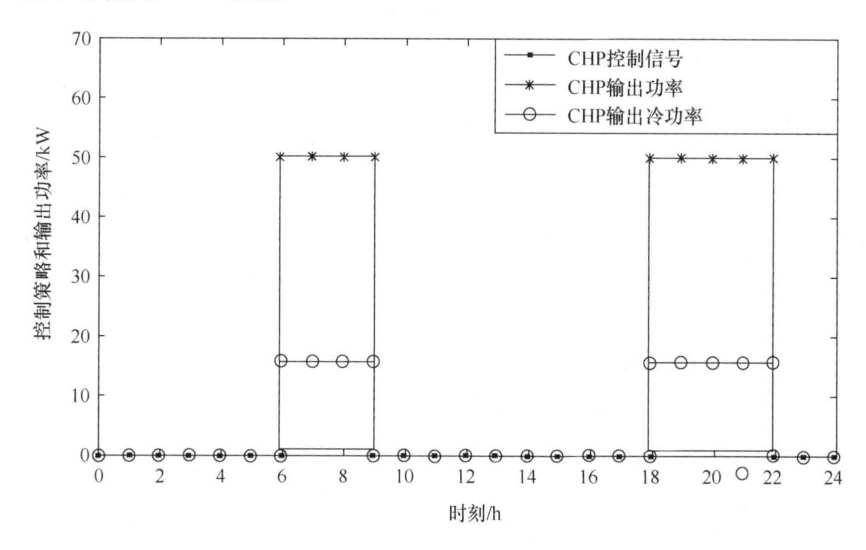

图 8-3-10　CHP 机组的控制策略和输出

公用电网的供电量如图 8-3-11 所示,负值表示电能被反馈给了电网,这是因为,在这样的时间段内太阳辐射充足,太阳能所发电能超出了终端负荷的需求,这时使蓄电池放电反馈给电网更加经济。

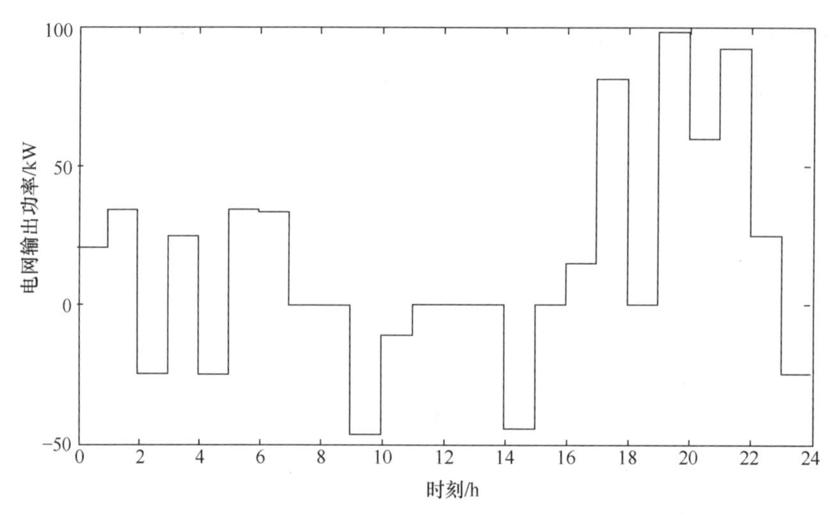

图 8-3-11　公用电网的买卖电量

3. 调度策略的灵敏度

在实际的应用中，建筑终端设备的能耗需求与依赖天气的光伏发电系统存在大量的不确定性，因此，测试一个调度策略在不同的天气场景和终端设备能耗需求场景下的情况对于保证策略的有效性是有重要作用的。这里我们假设负荷和光伏电力服从正态分布，它们的标准差为预测值的 5%，在这样的假设条件下，图 8-3-12、图 8-3-13 和图 8-3-14 所示分别为 100 个电力负荷需求场景、100 个制冷需求场景和 100 个光伏发电场景。图 8-3-15 所示为所有场景下的能耗成本，标准差为电力负荷、制冷需求和光伏发电预测值的 0.41%。这意味着我们在预测负荷和天气信息下所得到的调度策略的性能具有一定的鲁棒性，这个调度策略对于需求和天气变化的不确定性是不敏感的。

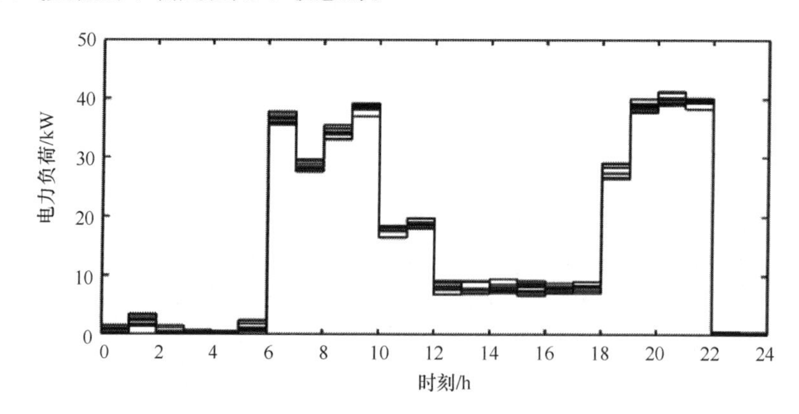

图 8-3-12　电力负荷的场景

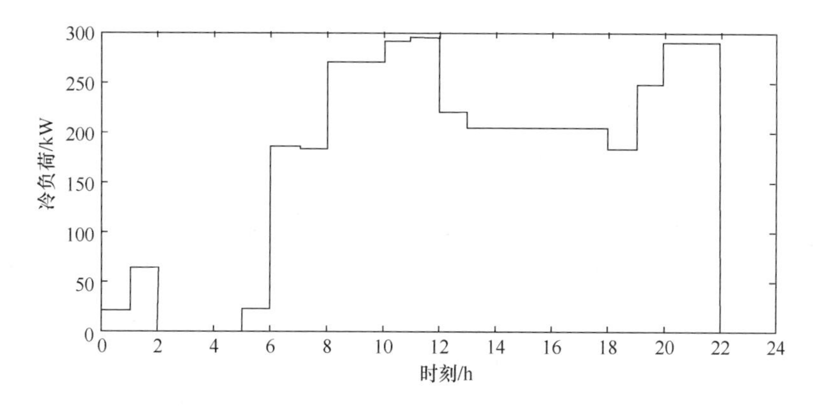

图 8-3-13　制冷需求的场景

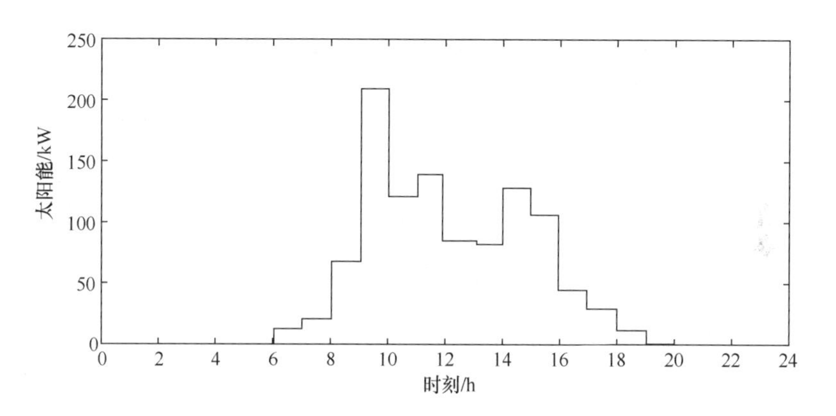

图 8-3-14　光伏发电的场景

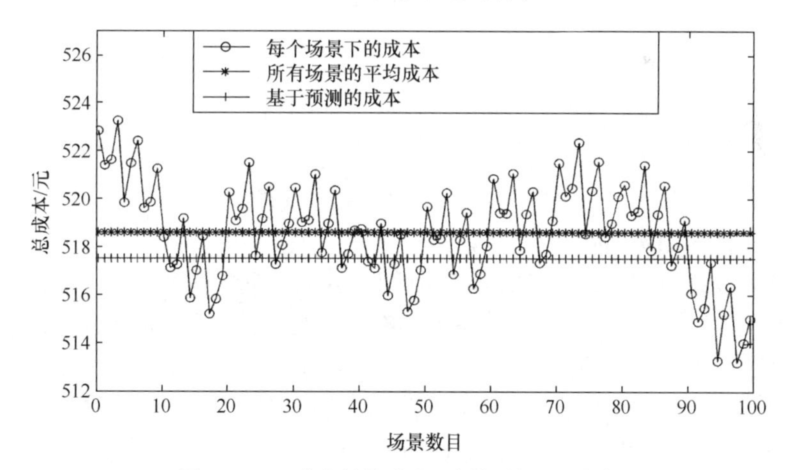

图 8-3-15　确定性策略在不同场景下的成本

4. 负荷精确信息的价值

获得关于负荷和光伏发电量的精确预测信息需要实时的更新，因此，成本较高。在实际应用中，量化精确信息对于计划和运行的价值具有重要意义。当精确的预测信息需要大量的投入或者实现较为困难时，频繁更新预测信息和不断重做调度计划是效率较低的。为了分析精确信息的价值，我们将利用符合和天气预测信息所获得的策略应用到 100 个场景中，并且比较它们和在实际的负荷需求和光伏发电的情况下的性能。不同的成本如图 8-3-16 所示，由图可知，不同成本的均值和标准差是较为接近的，分别为 0.4763 元和 0.3857 元，这说明精确的信息并没有带来显著的效益和明显的能量的节约，因此，我们利用预测的负荷信息和天气状况所得到的调度策略是可行的。

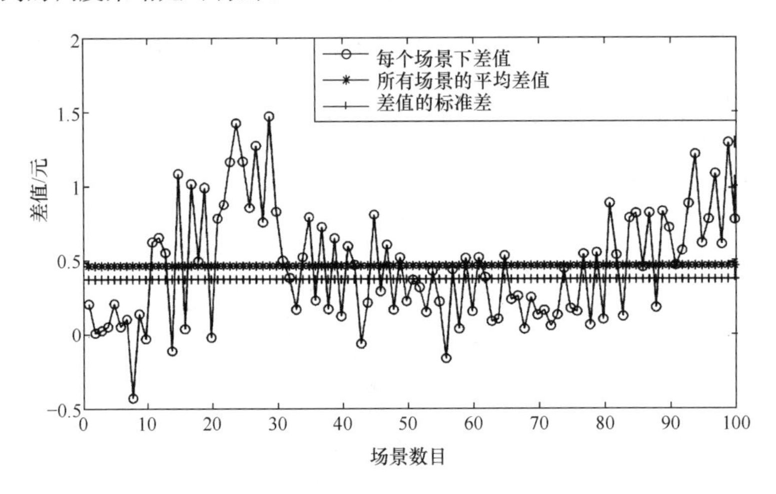

图 8-3-16　调度策略在真实的负荷和光伏发电下的成本

5. 利用场景树方法求解随机规划的结果

本部分我们利用基于场景树的随机规划的方法求解具有不确定性的多能源供应端的运行优化问题，我们采用所谓的“平均”的模式，在场景树方法中，一个好的调度策略应该在所有场景下具有较好的平均性能，在我们的测试中，光伏发电系统的发电不确定性是最主要的，为了获取其不确定性，我们利用预测负荷和光伏发电的信息来随机生成一组新的 100 个场景，它们服从相互独立的正态分布，均值为预测的负荷和光伏发电信息，标准差分别为 5%的负荷均值和 20%的光伏发电均值的场景如图 8-3-17、图 8-3-18 和图 8-3-19 所示。

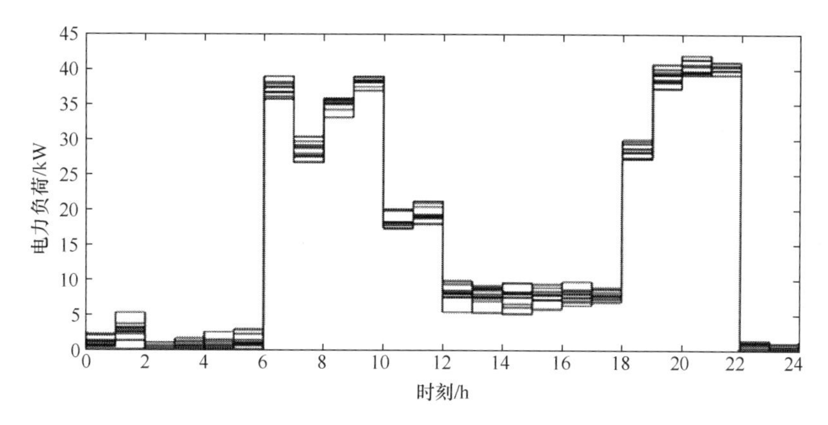

图 8-3-17　电力需求场景

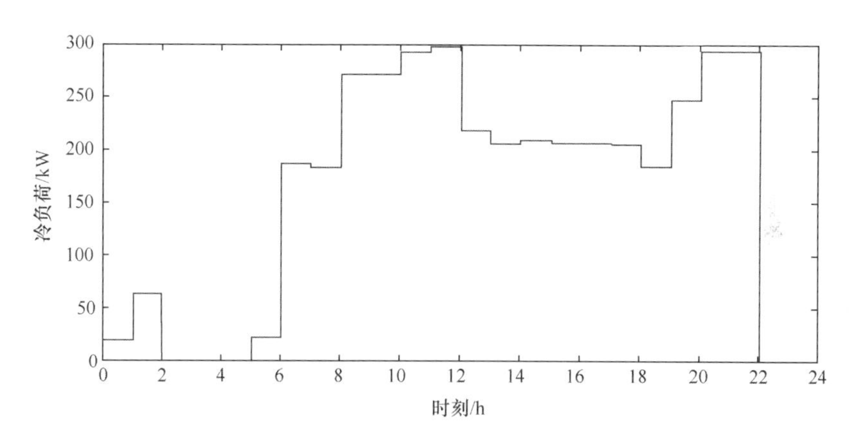

图 8-3-18　制冷需求场景

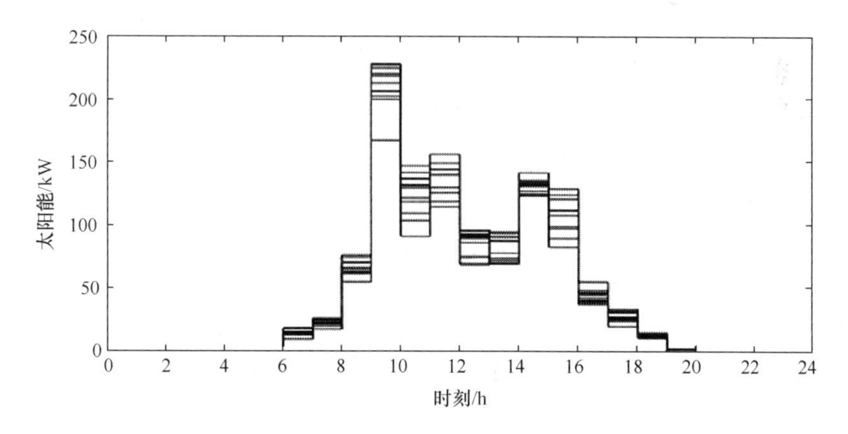

图 8-3-19　光伏发电场景

由于我们所考虑的问题规模较小，我们利用 CPLEX 来求解我们所建立的随机规划问题，求解的目标函数是所有场景下的平均成本最小。我们的测试平台是主频为 3.2GHz，内存 2GB 的 Windows PC，求解的时间小于 10s，如果仅有一个场景，那么单个场景的求解时间小于 0.2s，最优策略的平均成本为 512 元，平均成本和最优策略在所有场景下的成本如图 8-3-20 所示，蓄电池的控制策略和 CHP 机组的控制策略如图 8-3-21 所示。

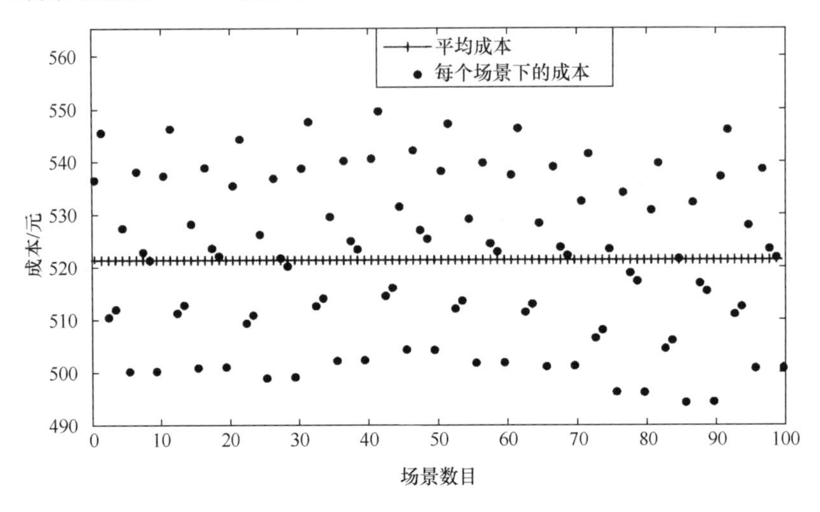

图 8-3-20　平均成本和每个场景下的成本

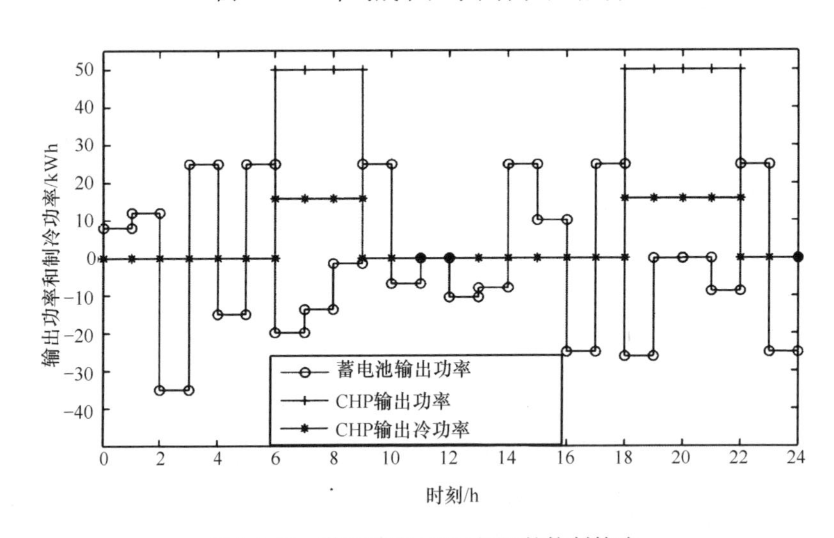

图 8-3-21　蓄电池和 CHP 机组的控制策略

在利用预测负荷和光伏发电信息的条件下，确定性方法和场景树方法的性能比较如表 8-3-3 所示，由表可知，随机规划的方法在不同的场景下性能更好，但是，利用预测的负荷信息和光伏发电信息也可以得到比较好的策略，而且性能与基于场景树的方法差距很小，仅有 2%，因此，利用预测信息的确定性规划方法求解我们所研究的问题也可以得到较好的调度策略。

表 8-3-3　确定性方法和场景树方法的性能对比

负荷和太阳能发电标准差	确定性方法的成本/元	场景树方法的成本/元
5%,15%	516	515
5%,20%	523	521
5%,25%	525	522
10%,15%	517	516
10%,20%	524	521
10%,25%	531	528
15%,15%	507	504
15%,20%	511	509
15%,25%	522	516

8.4　本章小结

本章分析并讨论了楼宇能源系统终端设备的优化运行和建筑微电网系统中新能源系统、蓄电池系统及热电联产系统的联合优化运行。楼宇终端设备的优化运行可以提高终端设备的能源利用效率，同时对于提高信息物理融合能源系统的整体节能优化至关重要。优化运行暖通空调系统、照明系统、百叶和自然通风系统，能够节省大量能源；而建筑微电网系统中新能源系统、蓄电池系统和热电联产系统的联合优化运行可以极大地提高建筑内可再生新能源的利用率，对于信息物理融合能源系统整体的节能减排具有极其重要的作用。

本章的主要内容基于作者及课题组的相关研究工作[18-21]。

参 考 文 献

[1] Moeseke G, Bruyere I, Herde A. Impact of control rules on the efficiency of shading devices and free cooling for office buildings. Building and Environment, 2007, 42(2): 784-793.

[2] Breuker M, Braun J. Evaluating the performance of a fault detection and diagnostic system for vapor compression equipment. HVAC&R Research, 1998, 4(4): 401-425.

[3] Tzempelikos A, Athienitis A. The impact of shading design and control on building cooling and lighting demand. Solar Energy, 2007, 81: 369-382.

[4] Xu J, Luh P, Blankson W. et al. An optimization-based approach for facility energy management with uncertainties. HVAC&R Research, 2005, 11(2): 215-237.

[5] Sun B, Luh P, Jia Q. et al. An integrated control of shading blinds, natural ventilation, and HVAC systems for energy saving and human comfort. Proceedings of the 2010 IEEE Conference on Automation Science and Engineering, Toronto, 2010: 7-14.

[6] Yan B, Luh P, Sun B. et al. Energy-efficient management of eco-communities. Proceedings of the 2013 IEEE Conference on Automation Science and Engineering, 2013: 106-111.

[7] Athienitis A, Tzempelikos A. A methodology for detailed calculation of room illuminance levels and light dimming in a room with motorized blinds integrated in an advanced window. National Building Simulation Conference, Ottawa, 2001.

[8] Park T, Hong S. Experimental case study of a BACnet-based lighting control system. IEEE Transactions on Automation Science and Engineering, 2009, 6(2): 145-157.

[9] Luo Z, Zhao J, Gao J. et al. Estimating natural-ventilation potential considering both thermal comfort and IAQ issues. Building and Environment, 2007, 42: 2289-2298.

[10] 彦启森. 空气调节用制冷技术. 北京：中国建筑工业出版社，2010.

[11] Katz J. Educating the smart grid. IEEE Energy 2030 Conference Atlanta, GA, Nov. 2008: 17-18.

[12] O'Neill R. Smart grids sound transmission investments. IEEE Power and Energy Magazine, 2007, 5(5): 104-102.

[13] Lu Z, Wang C, Min Y. et al. Overview on microgrid research. (in Chinese) Autom. Elect. Power Syst., 2007, 5(19): 100-106.

[14] Colson C, Nehrir M. A review of challenges to real-time power management of microgrids. 2009 IEEE PES General Meeting, Calgary, AB, PESGM2009-001250.

[15] Wang J, Shahidehpiour M. Security constrained unit commitment with volatile wind power generation. IEEE Transactions on Power Systems, 2008, 23(3): 1319-1327.

[16] Dupacova J, Growe N, Romisch W. Scenario reduction in stochastic programming: An approach using probability metrics. Mathematical Programming Series A, 2003, 3: 493-511.

[17] DeST Software 2008 [Online]. Available: http://www. dest com. cn.

[18] Guan X, Xu Z, Jia Q. Energy-efficient buildings facilitated by microgrid. IEEE Transactions on Smart Grid, 2010, 1: 243-252.

[19] 徐占伯. 基于智能微电网的楼宇能源系统节能优化. 西安：西安交通大学博士学位论文，2015.

[20] Xu Z, Guan X, Jia Q, et al. Performance analysis and comparison on energy storage devices for smart building energy management. IEEE Transactions on Smart Grid, 2012, 3(4): 2136-2147.

[21] Jia Q, Shen J, Xu Z, et al. Simulation-based policy improvement for energy management in commercial office buildings. IEEE Transactions on Smart Grid, 2012, 3(4): 2211-2223.

第9章　能源系统的需求控制与优化

能源电力系统的需求控制与响应是信息物理融合能源系统优化运行的重要组成部分。本章介绍了信息物理融合能源系统中两类典型柔性能源需求：电动汽车和高耗能企业。为分析电动汽车充电负荷需求，提出了车辆行驶行为特性模型，并在此基础上提出“最低费用-最小波动”的电动汽车充放电控制策略。针对高耗能企业内电力系统运行与煤气系统耦合的情况，建立了高耗能企业电力-煤气耦合系统的产储耗一体化调度模型，在电网给定的基于价格的需求响应机制下，综合协调负荷转移、自发电调度和煤气柜柜位调节，有效降低了企业的总用电成本。

9.0　本章符号列表

$C_{i,t}^{b}$	车辆 i 在 t 时段的放电惩罚费用
p^{B}	电动汽车充电功率，kW
ζ	充电时间步长
λ_t^{+}	t 时段的充电费用，元/kWh
λ_t^{-}	t 时段的放电费用，元/kWh
$u_{i,t}$	离散决策变量，取值为 0 或 1
$v_{i,t}$	离散决策变量，取值为 0 或 −1
$S_{i,t}$	车辆 i 在 t 时段的电池剩余能量，kWh
d_i^m	车辆 i 第 m 个行程的行驶距离，km
Ω	总行程个数
$S_{\max}$，$S_{\min}$	电池储存能量的上下限，kWh
$u_{i,t}^{s}$	取值为 0 和 1，如果电动汽车 i 在 t 时段由其他状态变为充电状态，则 $u_{i,t}^{s}=1$，否则 $u_{i,t}^{s}=0$
$v_{i,t}^{s}$	取值为 0 和 −1，如果电动汽车 i 在 t 时段开始放电，则 $v_{i,t}^{s}=-1$，否则 $v_{i,t}^{s}=0$
$u_{i,t}^{sa}$	辅助变量，取值为 0 和 1

$v_{i,t}^{sa}$	辅助变量,取值为 0 和−1
C^{bc}	电池成本,元
C^{bl}	电池循环寿命,次
m,m'	可移动任务编号
$\boldsymbol{R}^{\text{3-tuples}}$	3 元组($m,m',\gamma_{m,m'}$)集合,表示任务 m'应该在任务 m 结束后再过 $\gamma_{m,m'}$ 小时候才能启动,$m\in\boldsymbol{M},m'\in\boldsymbol{M}$
$\boldsymbol{R}^{\text{2-tuples}}$	2 元组(m,m')集合,表示两个任务是锁死负荷,需要一起控制 $m\in\boldsymbol{M},m'\in\boldsymbol{M}$
L_k^{base}	考核时段 k 内的基本负荷,kW
λ_k^{fuel}	燃料价格,元/Nm^3
$\lambda^{\text{emission}}$	煤气放散惩罚,元/Nm^3
RMD	已记录最大需量值,kW
$b^{\text{by-product}}$	副产煤气发电系数,Nm^3/kWh
T_m	任务 m 的工作时间,h
$D_{m,d}$	任务 m 处于工作状态时,其在第 d 个工作时段的负荷
$s_m^{\max},s_m^{\min}$	第 m 个任务启动时间可调范围,h
v_t^+	调度时段 t 内流入煤气柜的富裕煤气量,Nm^3
v_0^*,v_T^*	煤气柜调度周期首末柜位,Nm^3
$V^{\max},V^{\min}$	煤气柜柜位最大、最小存储容量限制,Nm^3
p_0^*	发电计划初值,kW
$p^{\max},p^{\min}$	最大、最小发电量,kW
Δ^r	机组爬升约束,kW/h
p_t	调度时段 t 内的发电功率,kW
$l_{m,t}$	第 m 个任务在第 t 个调度时段内的负荷,kW
L_t	考核时段 t 内的总负荷,kW
Q_k	考核时段 k 内的净受入负荷,kW
B_k	考核时段 k 内的净电费,元
v_t	调度时段 t 内的煤气柜柜位,Nm^3
v_t^-	调度时段 t 用于发电的煤气量,Nm^3
v_t^{emission}	调度时段 t 内的煤气放散量,Nm^3
PD	调度周期内的峰值需求,kW
ERMD	超过最大需量惩罚部分的负荷,kW
C^{ERMD}	最大需量超支惩罚,元
$I_{m,t}$	定义任务 m 是否在调度时段 t 的时段初启动

μ_k　　0/1 辅助变量,用于确定 PD
C^{Total}　　调度周期内的总用电成本,元
λ^{peak}　　峰时电价,元/kWh
λ^{flat}　　平时电价,元/kWh
λ^{valley}　　谷时电价,元/kWh
λ_k^{cost}　　考核时段 k 内的单位用电成本,元/kWh
C_k　　考核时段 k 内的用电成本,元
p_d^k　　电网供电功率
p_s^k　　光伏电池板供电功率
p_b^k　　电池放电功率
p_c^k　　CCHP 系统发电功率
c_s^k　　光伏电池板发电成本
c_b^k　　蓄电池放电成本
c_c^k　　CCHP 发电成本
p_u^k　　反馈给电网的电力
p_{bc}^k　　向蓄电池充电的电力
e_{hvac}^k　　冷却设备在制冷模式消耗的电力
e_{ice}^k　　冷却设备在制冰模式消耗的电力
z_{pd}^k,z_{pd}^k　　买卖电的指示量,为 0/1 变量
c_u^k　　向电网卖电的价格
x_b^k　　蓄电池 SOC
$\bar{e}_b$　　蓄电池的容量
$\underline{x}_b$,x_{bi}　　蓄电池 SOC 的下界和初始值
b_c,b_l　　蓄电池投资成本和蓄电池寿命

9.1　能源电力系统需求响应概述

电能生产的能耗与电能需求量呈二次或分段线性关系,需求高峰的单位能耗大大高于需求低谷的单位能耗。以物理信息融合能源系统为基础的智能电网技术给能源电力行业实施需求侧控制和管理实现节能减排带来了新的机遇。传统的负荷管理(load management)与能效(energy efficiency)提升的实施基础也发生了变化。随着竞争市场的发展与智能电网技术的完善,在电力市场机制下引入需求响应(demand response,DR),将供应侧和需求侧的资源进行综合资源规划,通过价格信号和激励机制实现系统整体节能优化[1-2]。

由于电能不能大规模经济存储,电网调度控制中心必须确保供需双方的实时平衡。传统的电力体制下,只有通过新建更多的发电和输电设施适应系统发展与增大,而需求响应与控制也是在市场机制下,调移实时需求的重要手段。目前,美国加州电力市场(CAISO)、新英格兰电力市场(ISO-NE)和宾夕法尼亚-新泽西-马里兰电力市场(PJM RTO)等 7 个电力市场都已经陆续建立了基于市场运作的需求响应项目。根据美国的统计[3],通过实施需求响应降低了系统 1.4%～4.1%的高峰负荷。其他国家和地区(如英国、北欧、澳大利亚等)的电力市场也开展了 DR 项目。

广义来说,需求响应可以定义为[3-5]:为电力市场中的用户针对市场价格信号或者激励机制做出响应,并改变正常电力消费模式的市场参与行为。根据美国能源部的研究报告[3],可以按照用户不同的响应方式将电力市场下的需求响应划分为以下两种类型:基于价格的需求响应和基于激励的需求响应。

9.1.1 基于价格的需求响应

基于价格的需求响应是指用户响应零售电价的变化并相应地调整用电需求,包括分时电价(time-of-use pricing,TOU)、实时电价(real-time pricing,RTP)和尖峰电价(critical peak pricing,CPP)等。用户通过内部的经济决策过程,将用电时段调整到低电价时段,并在高电价时段减少用电,来实现减少电费支出的目的。参与此类需求响应项目的用户可以与需求响应实施机构签订相关的定价合同,但用户在进行负荷调整时是完全自愿的。目前,在美国主要有以下三种零售电价的执行方式。

(1) 强制电价。强制用户执行某种电价,如强制大用户执行分时电价。

(2) 默认电价。设定用户的默认电价,如果用户不接受,可以选择其他电价。

(3) 可选择电价。提供用户电价选择,用户根据自身情况可以选择其中的一种。

9.1.2 基于激励的需求响应

基于激励的需求响应是指需求响应实施机构通过制定确定性的或者随时间变化的政策,来激励用户在系统可靠性受到影响或者电价较高时及时响应并削减负荷,包括直接负荷控制、可中断负荷、需求侧竞价、紧急需求响应和容量/辅助服务计划等。激励费率一般是独立于或者叠加于用户的零售电价之上的,并且有电价折扣或者切负荷赔偿这两种方式。参与此类需求响应项目的用户一般需要与需求响应的实施机构签订合同,并在合同中明确用户的基本负荷消费量和削减负荷量的计算方法、激励费率的确定方法以及用户不能按照合同规定进行响应时的惩罚措施等。

9.2 柔性与移动能源需求的模型与特性

发电与负荷的实时平衡是维持系统稳定运行的基本要求。可再生能源发电出力的随机性、波动性将成为未来电力系统运行面临的巨大挑战,传统的以发电跟踪负荷波动实现系统平衡、以发电控制调整系统运行状态的运行策略和控制手段将发生变化。需求响应——利用负荷追踪可再生能源出力变化,控制负荷调整系统运行状态,作为发电调度的补充,将在未来的电力系统运行中发挥重要作用。柔性与移动能源需求的广泛存在,特别是近年来电动汽车的加速推广为需求响应的实施创造了有利条件。

电动汽车在节能减排、遏制气候变暖以及保障石油供应安全等方面有着传统汽车无法比拟的优势,受到了各国政府、汽车生产商以及能源企业的广泛关注。日益提升的电池设备、充电技术以及充电设施也促进电动汽车不断普及。研究表明,在中等发展速度下,至 2020、2030 和 2050 年,电动汽车占美国汽车总量的比例将分别达到 35%,51%和 62%[6]。我国也制定了适合国情的发展规划,推进电动汽车产业化进程,提高车网(电网)融合程度[7]。

根据使用能源和驱动系统的不同,电动汽车可以分为纯电动汽车(pure electric vehicles,PEV)、插电式混合动力电动汽车(plug-in hybrid electric vehicles,PHEV)及燃料电池电动汽车。其中,纯电动汽车完全靠电能驱动;插电式电动汽车采用汽油和电能驱动;燃料电池电动汽车则以清洁燃料发出电能驱动。纯电动汽车受电池容量限制,尚未大规模普及,但代表着未来发展方向;插电式电动汽车采用两种能源,在提高能效的同时,使用方便、灵活,已具有相对成熟的技术,逐渐进入产业化的阶段[7]。本章所提到的电动汽车特指前两种,它们需要从电网汲取电能,具有充电行为。

电动汽车大规模使用、充电负荷接入电网,将对电力系统的规划、运行以及电力市场的运营产生深刻影响[8,9]。由于受诸多因素影响,充电负荷具有复杂特性[10]。就单一车辆而言,它主要由用户出行需求决定,同时受到用户使用习惯、设备特性等因素的影响[11]。就区域电力系统而言,它还受到电动汽车数量规模、充电设施完善程度的影响[12]。由于用户需求和用户行为的不确定性与相互差异,充电负荷具有一定的随机性、分散性[13]。充电负荷引起的负荷增加,将对电力系统的发、输、配电容量提出更高的需求[14,15]。在电力市场运营方面[16-20],电动汽车、电动汽车充电服务商(aggregator)将成为新的市场参与方,参与市场竞价和辅助服务的提供[17-19];电动汽车的庞大数目和分散特性,使得市场运营机制由集中式向分散式转变[20]。分散机制的复杂电力市场稳定运行也成为一个值得关注的问题。电池的储能能力使得用户在充电时间选择上具有一定的灵活性,充电负荷具有一定的可控性。初期研究表明,恰当的充电控制不仅能够抑制、消除电动汽车对电网的不利影响,而且能够支撑电网运行[21,22],负荷调度的效益初步显现。特别是 V2G(vehicle-to-grid)技术的提出使得可在平均高达 96%的空闲时间内利用电动汽车储能资源,调整充放电过程,促进可再生能源电力吸纳,为电网提供辅助服务[23,24]。

电动汽车对电力系统的影响主要通过充电负荷实现,充电负荷集中反映了电动汽车对电力系统的影响;同时,这种影响的结果很大程度上取决于充电负荷的特征。如果缺少关于充电负荷需求的信息,就有可能导致充电基础设施的过度建设,阻碍大规模电动汽车的有序充电调度[25]。为了准确估计充电负荷需求,需要分析与充电密切相关的车辆行驶行为特性,如停车地点、停车时间、行程起始和终止位置、每日行程个数、行程平均速度和距离等[26]。用户给电动汽车充电时首先必须给车辆充入足够的电能,保证日常行驶需求,而充电能量需求和可充放电时间区间正是由车辆行驶行为特性决定的。因此,合理的车辆行驶行为特性模型对于分析充电负荷,评估电动汽车充放电对电网的影响有着重要的意义。

为得到准确的车辆行驶行为特性,本节从大量的实际车辆数据[26,27]中提取了四个描述车辆行驶行为特性的关键元素:离家时间、到家时间、每日行程个数和单个行程距离,并对这四个元素进行建模。

对一辆汽车而言,离家时间(t_{dep})和到家时间(t_{arr})之间显然存在密切联系,因此考虑用条件概率描述两者关系。本节利用大量实际数据,拟合出离家时间和到家时间的概率分布,具体情况如图 9-2-1 所示。可见,离家时间概率可以用χ^2分布的形式来描述:

$$P_{\mathrm{DEP}}(t_{\mathrm{depn},i})=\frac{t_{\mathrm{depn},i}^{(\upsilon-2)/2}\mathrm{e}^{-t_{\mathrm{depn},i}/2}}{2^{\upsilon/2}\Gamma(\upsilon/2)} \tag{9-2-1}$$

其中,$\Gamma(\cdot)$定义为$\Gamma(z)=\int_0^\infty t^{z-1}\mathrm{e}^{-1}\mathrm{d}t$;$t_{\mathrm{depn},i}$是车辆在第$i$个时间窗口归一化后的离家时间,定义为$t_{\mathrm{dep},i}/\Delta t$,$\Delta t$是离散时间窗口的长度;$\upsilon$是利用序列二次规划法最小化均方误差求得的参数。

在每个离家时间窗口中,到家时间可以表示为离家时间的条件概率:

$$P_{\mathrm{ARR,DEP}}(t_{\mathrm{arr}}\,|\,t_{\mathrm{dep},i})=\frac{1}{\sqrt{2\pi\sigma_i^2}}\mathrm{e}^{-\frac{(t_{\mathrm{arr}}-\mu_i)^2}{2\sigma_i^2}} \tag{9-2-2}$$

其中,μ_i是第i个离家时间窗口的到家时间的均值;σ_i是第i个离家时间窗口的到家时间的标准差。

然后,本节给出了车辆每日行程个数的分布。假设对于每辆汽车不同日期的每日行程个数相互独立,根据大数定理,每日行程个数的概率可表示为

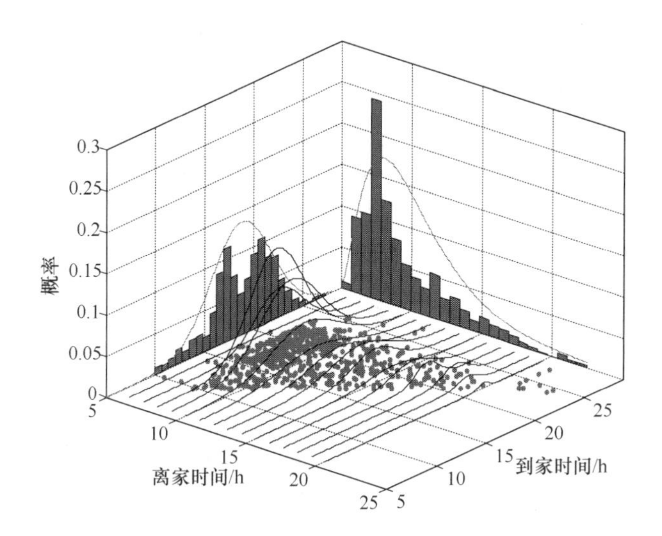

图 9-2-1 离家时间和到家时间概率分布

$$\lim_{n\to\infty} P\left\{\left|\frac{n_i}{n}-p\right|<\varepsilon\right\}=1 \tag{9-2-3}$$

其中,i 表示一天有 i 个行程的事件,n 是总的天数,n_i 表示事件 i 发生的天数。概率分布如图 9-2-2 所示,可以看出车辆每日行程个数大多小于 6 次,而 15 次以上的概率很小。

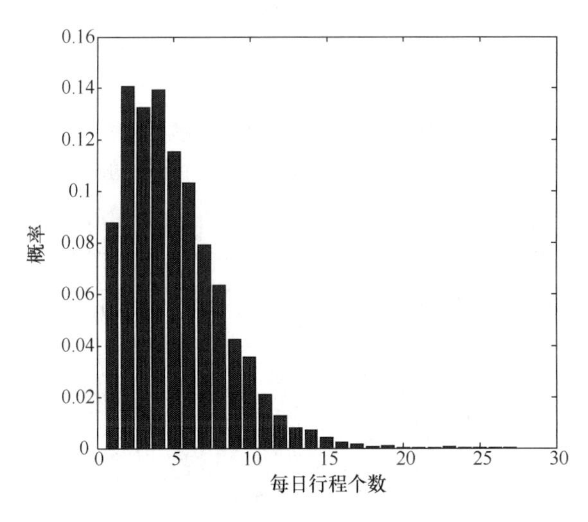

图 9-2-2 每日行程个数分布

最后,本节对单个行程距离进行了研究。有研究表明,人类个体的移动距离 d 的分布可以用截断幂律分布良好地描述[27]:

$$P(d)=(d_0+d)^{-\beta}\exp(-d/\alpha) \tag{9-2-4}$$

在现代社会，个体的移动在一定的空间范围内主要借助车辆完成，因此可以推测车辆的移动也符合类似的规律。本节利用截断幂律分布描述车辆移动距离的分布，其中 $\beta=0.94$，$d_0=7.73$，$\alpha=14.09$。拟合效果如图 9-2-3 所示。

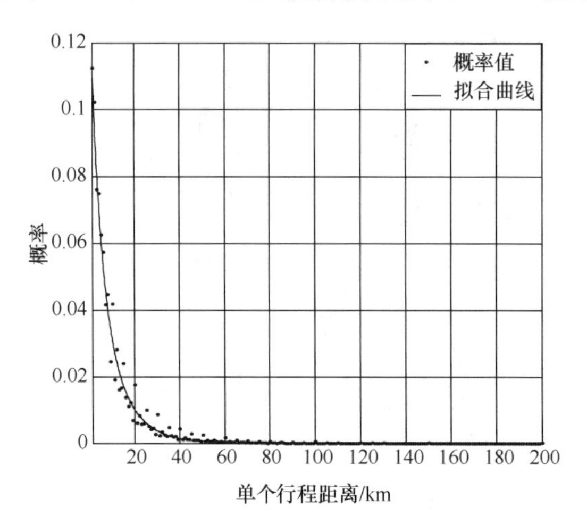

图 9-2-3　单个行程距离的概率分布

我们利用柯尔莫格洛夫-斯米尔诺夫(KS)拟合优度检验来验证上述分布是否与实际数据相吻合。KS 检验是一种验证两个分布是否相同的简单易操作的方法。标准 KS 统计量为

$$K=\sup|F-P| \tag{9-2-5}$$

其中，F 为累积概率密度的最优逼近；P 为模型生成数据的累积概率分布。本节利用拟合的分布函数生成 1000 个数据，结合 KS 检验来检测实际数据和生成数据是否符合相同的分布。试验结果表明截断幂律分布能够良好地描述实际数据分布情况。从图 9-2-3 可以看出，人们在大多数情况下的行程距离都比较短，可能是正常通勤，而长距离的行程发生的概率比较低，如外出长距离自驾旅行。

9.3　柔性(电动汽车)能源需求控制与优化

9.3.1　充电控制策略分类

电动汽车充电控制与优化是充电控制效益实现的基础和先决条件；依照特定的策略实施充电控制，可以在限制充电负荷对电力系统负面影响的同时，发挥充电控制特定的效益。按研究层面划分，充电控制策略研究可以分为：①单一电动车辆充电控制；②电动汽车群充电控制，通常是电动汽车充放电服务商(aggregator)和

配电网层面的研究；③区域电力系统电动车辆充电控制。按功率流向划分，可以分为：①单纯的充电控制，只考虑电动汽车充电行为，不考虑电动汽车向电网馈送电能的情况；②V2G控制，充电汽车与电网相连时，电能在电池与电网之间双向流动，涉及电动汽车向电网馈送电能的情形。

单一车辆的充电控制是分析用户费用、收益以及对市场信号响应的重要工具，通常是在实时电价、辅助服务价格下，满足电动汽车使用需求的同时，对用户充电过程进行优化，使电动车辆所需能源费用最小。

相比单一车辆而言，电动汽车群充电控制涉及一个电动车队、一个停车场的充电控制问题，优化方法和控制目标较为丰富，为充放电服务商参与电力市场竞争、支撑配电网运行提供了参考。

区域电力系统层面的充电控制，从系统运行人员角度出发，通过多个充放电服务商的协调控制支撑系统运行。它不仅涉及潮流平衡、充电约束，而且需要考虑区域电力系统的安全、经济运行，目前主要是指涉及充电负荷的优化调度或机组组合问题。

9.3.2 "最低费用-最小波动"优化模型

接下来，本节给出一个具体电动汽车集群充电控制的优化模型[28]。由9.2节分析可知，离家时间和到家时间决定了可行的充放电区间，每日行程个数和单个行程距离决定了车辆的能量需求。充放电服务商需要根据用户的行驶需求和可行的充放电时间区间，制定合理的充放电策略，最小化运营费用。但是对于分时电价而言，低电价时段有可能持续数个小时。如果只考虑充电费用最低，可能会出现所有车辆都在低电价时段中的某一时刻同时进行充电，这样充电负荷会达到一个很高的尖峰，对充电线路设施和配电网安全造成威胁。因此，充放电服务商在追求最小运营费用的同时应尽量将充放电负荷的峰值降到最低。另外，由于放电对于电池寿命有着较大的影响，优化模型考虑了电池损耗费用。本节给出了一个"最低费用-最小波动"(minimum-cost-least-fluctuation, MCLF)的两阶段优化模型。

1. 第一阶段优化模型

此阶段的优化目标为最小化电动汽车充放电服务商的运营费用，也就是令总花费与放电收入的差值最小。其中，总花费包含充电费用、电池损耗费用两部分。

目标函数为

$$\min_{u_{i,t},v_{i,t}} C = \sum_{i=1}^{I}\sum_{t=1}^{T}\left[p^B\zeta\cdot(\lambda_t^+ u_{i,t}+\lambda_t^- v_{i,t})+C_{i,t}^b\right] \tag{9-3-1}$$

其中，C为充放电服务商总的花费与放电收入之差；$C_{i,t}^b$为车辆i在t时段的放电惩罚费用；T 为总的调度时长；I 为电动汽车车辆数；p^B 为电动汽车充电功率，是恒定值；ζ 为充放电时间步长；λ_t^+ 和 λ_t^- 分别为 t 时段的充电电价和放电电价；$u_{i,t}$ 和 $v_{i,t}$ 为离散决策变量，$u_{i,t}$ 取值为 0 和 1，$u_{i,t}=1$ 表示车辆 i 在 t 时段处于充电状态，$u_{i,t}=0$ 表示车辆 i 在 t 时段处于非充电状态；$v_{i,t}$ 取值为 0 和 −1，$v_{i,t}=-1$ 表示车辆 i 在 t 时段处于放电状态，$v_{i,t}=0$ 表示车辆 i 在 t 时段处于非放电状态。

模型约束如下。

(1) 电动汽车电池充放电等式约束：

$$S_{i,t+1}=S_{i,t}+(u_{i,t}+v_{i,t})p^B,\quad t\in[t^{\mathrm{arr}},t^{\mathrm{dep}}] \tag{9-3-2}$$

其中，$S_{i,t}$ 为车辆 i 在 t 时段的电池剩余能量；t^{arr} 和 t^{dep} 分别表示到家时间和离家时间，它们由电动汽车行驶行为决定。

(2) 次日行驶需求约束：

$$S_{i,t^{\mathrm{dep}}}\geqslant\sum_{m=1}^{\Omega}k\cdot d_i^m \tag{9-3-3}$$

其中，d_i^m 表示车辆 i 第 m 个行程的行驶距离；总行程个数为 Ω，它们由第一部分的车辆行驶特性决定；$S_{i,t^{\mathrm{dep}}}$ 为车辆 i 离家时的电池能量，需要满足当天的行驶需求；电力传动效率为 k(kWh/km)。

(3) 蓄电池安全约束：

$$S_{\min}<S_{i,t}<S_{\max} \tag{9-3-4}$$

其中，$S_{\max}$ 和 $S_{\min}$ 分别为电池能量的上下限。

(4) 电池充放电互斥约束：

$$u_{i,t}-v_{i,t}\leqslant 1 \tag{9-3-5}$$

(5) 充放电时间区间约束：

$$u_{i,t}=\begin{cases}0\text{ 或 }1, & t\in[t^{\mathrm{arr}},t^{\mathrm{dep}}]\\ 0, & \text{其他}\end{cases}$$
$$v_{i,t}=\begin{cases}0\text{ 或 }-1, & t\in[t^{\mathrm{arr}},t^{\mathrm{dep}}]\\ 0, & \text{其他}\end{cases} \tag{9-3-6}$$

(6) 电池寿命损耗约束

$$\begin{cases}u_{i,t}^s-v_{i,t}^s\leqslant 1\\ u_{i,t}^s-v_{i,t}^{sa}\leqslant 1\\ u_{i,t}^{sa}-v_{i,t}^s\leqslant 1\end{cases} \tag{9-3-7}$$

$$\begin{cases}u_{i,t}-u_{i,t-1}=u_{i,t}^s+v_{i,t}^{sa}\\ v_{i,t}-v_{i,t-1}=v_{i,t}^s+u_{i,t}^{sa}\end{cases} \tag{9-3-8}$$

$$C_{i,t}^b=-v_{i,t}^s(C^{bc}/C^{bl}) \tag{9-3-9}$$

其中，$u_{i,t}^s$ 取值为 0 和 1，如果电动汽车 i 在 t 时段由其他状态变为充电状态，则

$u^s_{i,t}=1$,否则 $u^s_{i,t}=0$;$v^s_{i,t}$ 取值为 0 和 −1,如果电动汽车 i 在 t 时段开始放电,则 $v^s_{i,t}=-1$,否则 $v^s_{i,t}=0$;$u^{sa}_{i,t}$ 取值为 0 和 1,$v^{sa}_{i,t}$ 取值为 0 和 −1,它们是为保证式(9-3-6)成立的辅助变量,因为电池由充电状态或放电状态转为空闲状态时不产生寿命损耗。式(9-3-7)和式(9-3-8)联合起来表征电池充放电状态的变化。式(9-3-9)表示车辆放电带来的电池损耗的惩罚费用,C^{bc} 为电池成本,C^{bl} 为电池循环寿命。

2. 第二阶段优化模型

在分时电价背景下,由于低电价时段会持续数小时,如果某电动汽车只需要充电 1 小时,则选择低电价时段中的任意一个小时充电都能保证其费用最低,因此第一阶段优化问题是一个多解问题。从而构造第二阶段优化问题,其优化目标为从第一阶段得到的多组最优解中筛选出使得充放电负荷最小波动的那组解。优化目标函数为充放电负荷尖峰最小:

$$\min_{u_{i,t},v_{i,t}} Q = \max\left|\sum_{i=1}^{I}(u_{i,t}+v_{i,t})\right| \cdot p^B\zeta,\quad \tau=1,2,\cdots,T \tag{9-3-10}$$

其中,Q 为调度时段中充放电负荷的峰值。

第二阶段优化模型约束如下。

(1) 最优费用约束:

$$\sum_{i=1}^{I}\sum_{t=1}^{T}[p^B\zeta\cdot(\lambda_t^+ u_{i,t}+\lambda_t^- v_{i,t})+C^b_{i,t}]=C_{\min} \tag{9-3-11}$$

其中,$C_{\min}$ 为第一阶段模型求出的最小运营费用。这条约束保证了第二阶段优化模型的解必须满足第一阶段费用最优。

(2) 第二阶段优化的其他约束为式(9-3-2)~式(9-3-9)。

9.3.3 实验算例

本节给出一个实验算例,共考虑 100 辆电动汽车,它们的到家时间、离家时间、每日行程个数和单个行程距离按照 9.2 节的车辆行驶行为特性模型生成。电动汽车电池的初始容量在其总容量的 10%~50%范围内服从均匀分布。调度时段从第一天中午 12 点到第二天中午 12 点,整个调度周期被分为 96 个时段,每个时段长度为 15min。车辆电池参数采用“尼桑 LEAF”的实际数据,最大容量为 24kWh,电池成本为 78000 元,循环寿命为 3000 次。为保证电池不会过度放电,限定电池电量下限为其容量值的 10%。电力传动效率为 0.15kWh/km,充放电功率为 3kW。充电电价采用分时电价,见表 9-3-1。放电电价为 0.457 元/kWh。模型采用 CPLEX 软件求解。

表 9-3-1 分时电价

时段	电价/(元/kWh)
峰时(7:00～11:00 和 19:00～23:00)	0.8135
谷时(0:00～7:00 和 23:00～24:00)	0.351
平时(11:00～19:00)	0.4883

电动汽车参与 V2G 对电网放电虽然会带来经济效益,但是会对电池寿命产生较大的影响。计算结果表明,算例中所有电动汽车均没有放电。这是由于当前电池成本相对于放电收益高出许多,每次放电造成寿命损耗费用高达 26 元。图 9-3-1 为当前电池成本下单次放电造成的寿命损耗费用与充电代理商运营费用的关系。可见,当放电惩罚费用小于 7 元/次时,即电池成本下降至当前的 1/4 时,电动汽车对电网放电才会有经济收益。

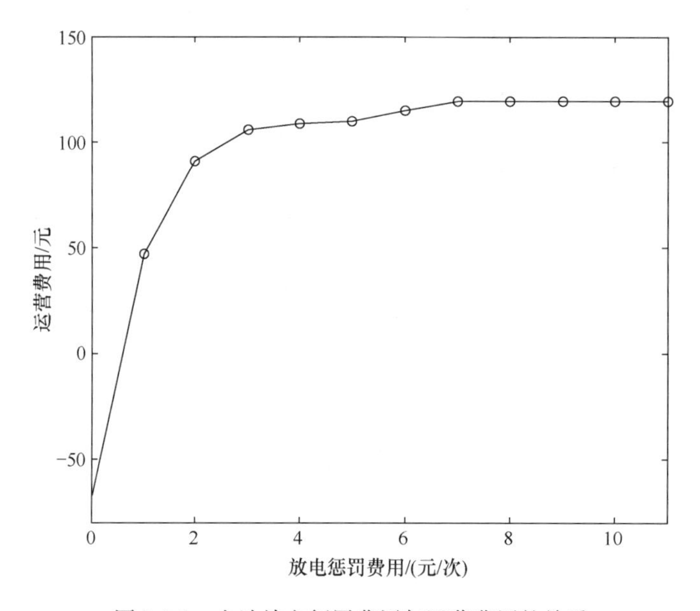

图 9-3-1 电池放电惩罚费用与运营费用的关系

图 9-3-2 为放电电价对调度结果的影响,四条线分别代表电池成本为当前成本、当前成本的 1/2、当前成本的 1/4、当前成本的 1/8 时的情况。可见,当电池成本降至当前成本的 1/4 时,运营费用开始有明显下降。另外,运营费用随着放电电价的升高而下降,当放电电价大于 0.6 元后,放电带来的收益显著增加。

由以上分析可知,在现阶段,由于电池成本太高,因而电动汽车参与 V2G 难度比较大,在后文的分析中,集中讨论充电负荷对于区域配电网的影响。

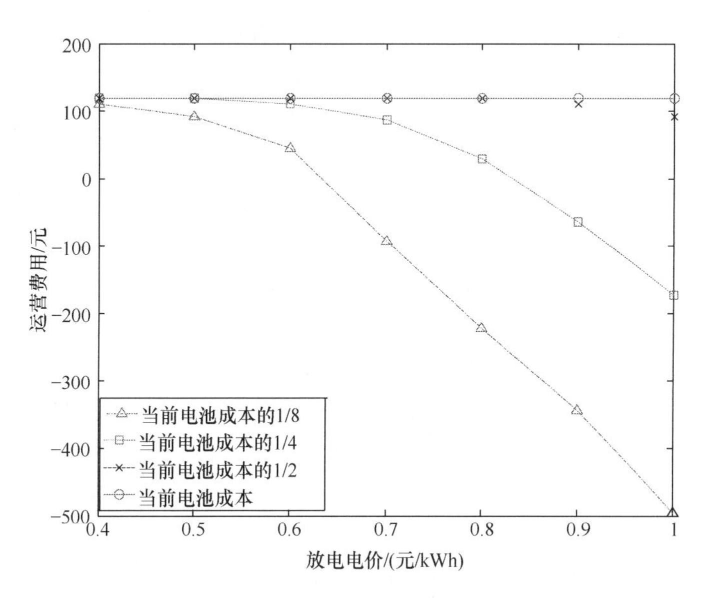

图 9-3-2　放电电价与运营费用的关系

图 9-3-3 为三种充电策略的对比。三种策略分别为：无约束充电、最小费用充电和 MCLF 充电。无约束充电是指车辆到家之后立刻接入电网进行充电，直至必须离家或者充满为止。最小费用充电是指用户选择费用最低时刻对电动汽车进行充

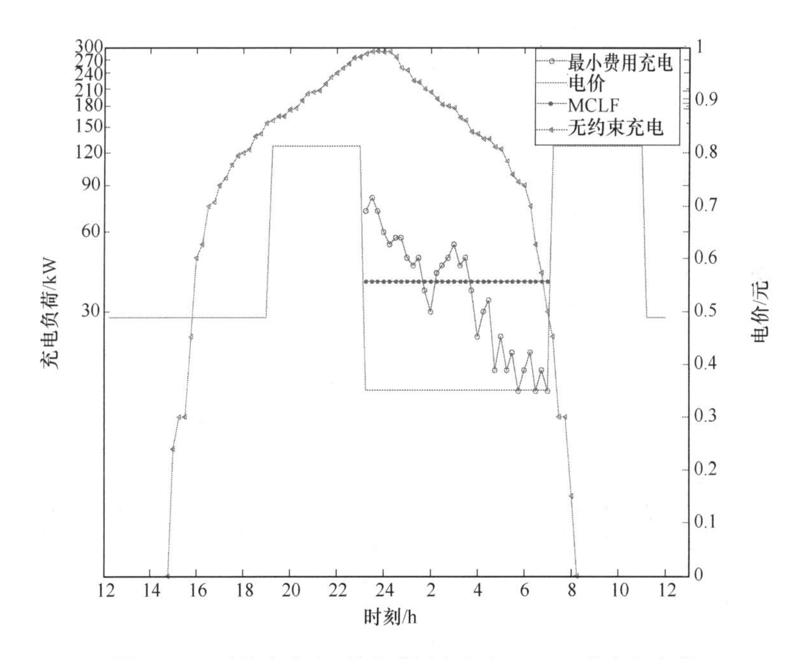

图 9-3-3　无约束充电、最小费用充电和 MCLF 的充电负荷

电，保证电池能量能够满足第二天出行需求。MCLF 策略是指充电代理商应用 9.3.2 节提出的两阶段优化模型的结果对电动汽车进行充电调度。可以看出，无约束充电使得充电负荷很大，而且在高电价时段充电，费用增加；最小费用充电虽然降低了费用，但负荷随时间的波动较大，并在 24 时形成尖峰，可能会对区域配电网或充电设施造成负面影响。MCLF 策略同时保证了费用最低和波动最小，52kW 为满足第二天行程需求的充电负荷尖峰下限值 Q。这个下限值可作为充电设施和线路容量建设的参考，避免充电设施建设的过度投入。

在 MCLF 策略下可进一步研究每日行驶距离和谷电价时长对于最低费用下同时充电负荷峰值的下限的影响。由于充电功率恒定，所以充电负荷与接入电网充电的车辆数目成正比。为了更加清楚地表现分析结果，我们用接入电网的电动汽车占总电动汽车数目的百分比来表示充电负荷。

图 9-3-4(a)为在不同的初始能量下，下限值 Q 与谷电价时长之间的关系。下限值 Q 随着谷电价时长的增长而降低，并且可以看出，当谷电价时长到达 8 小时以上的时候，下限值 Q 保持不变或变化很慢。因此我们可以得到，当谷电价时长为 8 小时或以上，充放电代理商可以在最低充电费用的前提下调度车辆充电，并把对电网的冲击降到最低。这可以作为制定分时电价的一个参考。

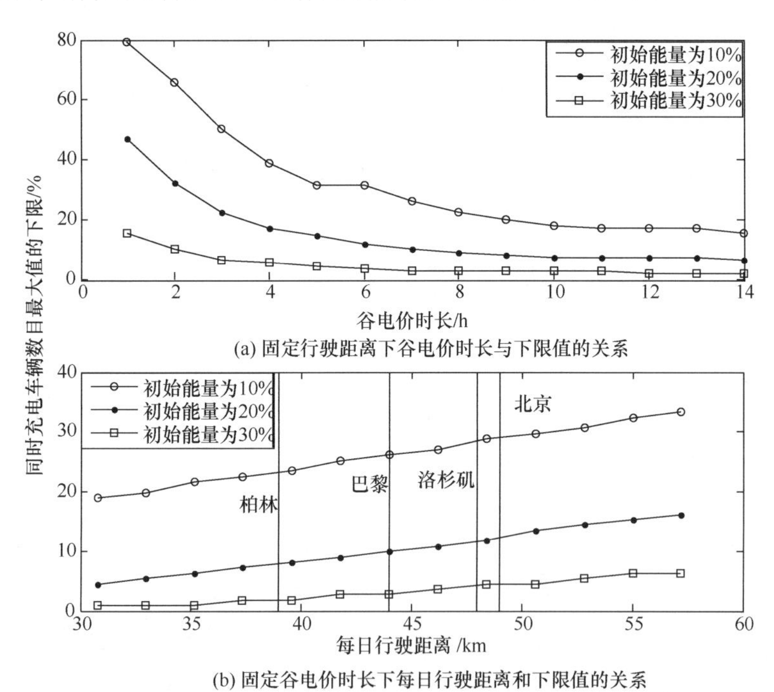

(a) 固定行驶距离下谷电价时长与下限值的关系

(b) 固定谷电价时长下每日行驶距离和下限值的关系

图 9-3-4　不同情况下充电行为分析

图 9-3-4(b)所示为下限值与平均日行驶距离的关系。可以看出,下限值随着平均行驶距离的增长线性增长。根据宝马汽车公司《Mini E 电动汽车全球实路测试项目报告》统计,柏林、巴黎、洛杉矶和北京的平均每日行驶距离分别为 39,44,48,49 公里。若初始能量为 10%,在最小费用的前提下,接入电网车辆最大数目的下限值分别为 23%,25%,28%,29%。如果电动汽车达到总车辆数的 6%,由于这些城市的汽车保有量分别为:141 万辆,287 万辆,250 万辆,383 万辆,那么如果采用 MCLF 充电策略,这些城市的充电负荷可下降至 58MW,129MW,126MW 和 200MW。

9.4　企业多能源系统的需求响应

9.4.1　问题简介

一些高耗能企业的电能系统具备以下特点:①许多高耗能企业都建设有自备电厂,以提高能源综合利用效率和节省电费。生产过程所需电能由自备电厂和电网同时供给,从而形成了双电源供电模式。当自备电厂发出的电力超过企业需求时,高耗能企业也可以将富裕电力卖给电网。②高耗能企业的总负荷需求取决于消耗电能的生产任务(或负荷)。一些任务可以在不影响整体生产流程的情况下在一定范围内移动。这些负荷可以被看做是启动时间可调节的柔性负载,在高耗能企业中扮演存储型电能消耗的角色[29]。然而,受制于生产过程约束,这些负荷的启动时间之间通常存在时间耦合关系。③许多高耗能企业的生产过程不仅产出最终产品,而且伴随着产生一些可以用来发电的副产燃料(如钢铁生产中的煤气,炼油过程中的油气)。副产燃料生产和消耗的不匹配可能会导致燃料放散,气柜就成为了重要的缓冲装置。通常气柜柜位可以在其安全操作范围内进行调节。气柜可以被用来缓冲副产燃料产消的不平衡,也可以通过改变供给自备电厂的煤气流量避免煤气放散和气柜活塞撞底的情况[30],在气柜的配合下,自备电厂可以被看做存储型消耗用户。如图 9-4-1 所示,这样的一个高耗能企业将电能生产和存储型能源消耗集成为一体。

电网研究和实施了许多需求响应机制以充分利用需求侧资源[31-33]。基于价格的需求响应机制常被用于高耗能企业,通过动态电价(分时电价、实时电价等)鼓励用户管理自身用电需求。对一个高耗能企业而言,管理其自身用电需求能够在给定的费率体系下降低用电成本。负荷转移和自发电调度是两种常用的调度方式。

负荷转移方式指的是改变电能使用的时间,是高耗能企业负荷管理的基本措施之一。通常,负荷转移方式将负荷从用电价格较高的时段转移到用电价格较低

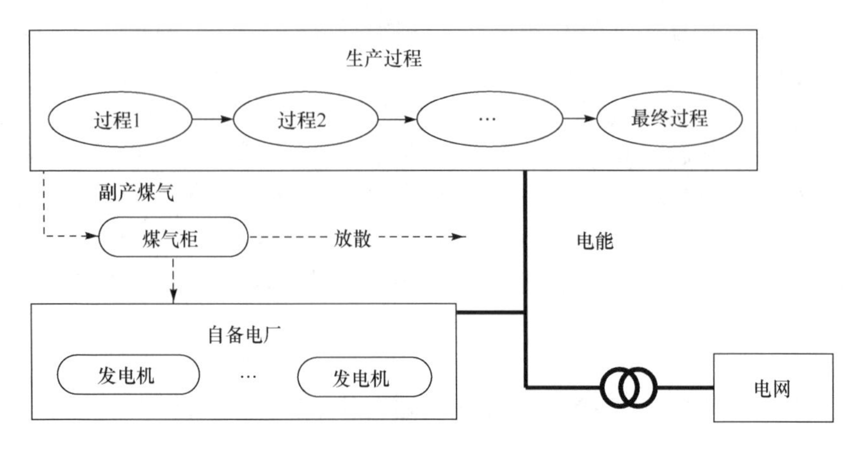

图 9-4-1 高耗能企业电能系统示意图

的时段。在负荷转移方式下,无须中断或者关停生产负荷,因此,可以认为生产任务不受影响,同时能够降低电费。

自发电调度赋予了高耗能企业灵活响应电价变化的能力,并且能够显著降低企业的峰值需求。在许多高耗能企业,自发电调度的目的在于以最小的成本满足生产用电需求。一些文献讨论了自备电厂和煤气柜的一体化调度,旨在最小化煤气柜柜位偏离中位值惩罚的同时降低日常运营成本。然而在这些研究中,负荷需求是给定量。事实上,煤气柜的柜位可以在其安全操作范围内进行调节,在基于价格的需求响应机制下,煤气柜可被看做重要的缓冲单元。

为了提高能量利用效率和在基于价格的需求响应机制下降低企业电能成本,高耗能企业有必要在日常调度中协调负荷转移、自发电调度和煤气柜控制。本节提出了一种一体化考虑负荷转移自备电厂出力调度和副产煤气在自备电厂和煤气柜之间的分配的模型。模型旨在降低企业的电能成本,其中电网给出的两部制电价包括了分时电价和需量电价两部分。模型关注企业的日常调度(如日前调度),主要由于以下原因:①在许多基于价格的需求响应机制下,电价不再是长期不变的。然而,一般情况下电网都会向工业企业发布日前电价,以让工业企业能够进行负荷管理[34]。②高耗能企业难以提前很长时间预测其负荷需求和副产煤气生产/使用情况,而在日常操作中,可以预测的相对准确一些。③高耗能企业内的很多生产任务不能够在接到控制命令后立刻被中止或者关停[35](例如,电炉和轧钢生产通常需要完成一个周期)。负荷转移/重调度工作需要准备时间,一般情况下会提前一天进行[36]。

注意,对一个工业用户而言,电网收取的电费通常包括了两部分:能量电费和需量电费。能量电费基于每个时段内企业的净受入电量,通常按照分时电价进行征收。需量电费的收取与具体的电能消耗量无关,而是通常与一个月度电费结算周期内企业的最大需量(MD)有关。最大需量是指用电用户在一个电费结算周期(一般为一个月)内,单位时间用电平均负荷的最大值。最大需量直接反映出企业用电管理水平。然而日常操作中需要注意的两点是:①一个月内企业的峰值负荷需求是无法提前预知的,因此,日常调度中需要一种最大需量的控制策略。②即便不考虑需量电费,日常调度中各时段的企业用电成本是事先未知的,受电网所给的分时电价、上网电价、自发电成本、用电和发电调度曲线影响。各时段的企业用电成本曲线与电网所给的分时电价是不一致的。因此,如何协调负荷转移、自发电调度和副产煤气柜柜位控制以降低企业用电成本成为了一个值得关注的问题。

本节创新点如下:①本节分析了包括副产煤气系统在内的高耗能企业电能系统的特点,并建立了高耗能企业电能生产和存储型负荷的一体化调度模型。②利用电网所给的分时电价、上网电价、自发电成本和企业用电成本之间的关系,讨论了如何协调负荷转移、自发电调度和副产煤气柜位控制以降低企业用电成本。③在建模过程中给出了一种日常调度中的最大需量控制策略,并采用特征负荷曲线对负荷转移进行建模。

注意,如图 9-4-2 所示,在传统的高耗能企业分层管理体系下,企业的生产用电决策和能源调度之间属于主仆关系。反映到决策顺序上就是生产部门先制订生产计划,此时关于电能等能源,或仅体现为和物料约束一样的可用量限制,或进一步在目标函数中考虑能源成本。接下来能源管理部门根据生产计划估计用能需求,并对能源系统进行优化调度,以在安全稳定地满足生产需求的情况下尽量降低企业用能成本。这样的策略在电价长期保持不变的情况下对企业影响不大。在需求响应机制下,一些企业选择对自备电厂出力进行调度或对部分负荷进行重调度,以更好地降低企业用电成本。而在本研究中,在日前调度层面,提出将自发电调度、负荷调度和煤气柜柜位控制进行协调,以更好地降低企业用电成本。

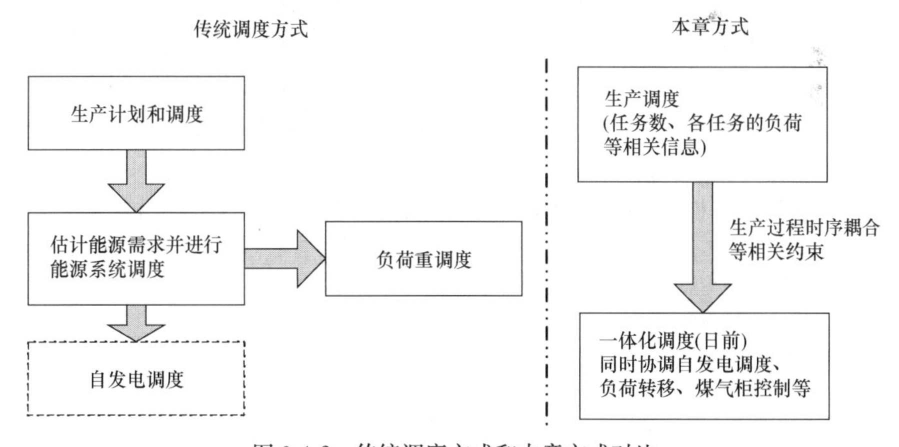

图 9-4-2　传统调度方式和本章方式对比

问题描述基于统一时间离散化表达，整个调度周期时长为 H 小时。H 被等间隔划分为 T 个调度时段，每个调度时段时长为 τ 小时。H 同时被等间隔划分为 K 个考核时段，每个考核时段时长为 κ 小时。每个考核时段包含 $z=T/K$ 个调度时段，其中，z 要求为正整数。

9.4.2 日常调度中的用电成本

对具备自备电厂的高耗能企业，由于存在企业与电网间的电能交换，在日常调度中，其动态用电成本与购电/售电价格、自发电以及总用电等因素有关。

1) 能量电费

以最常见高耗能企业的分时电价为例。在分时电价下，外购电费＝分时电价×分时电量。由于企业自备电厂发电出力在满足自身需要的同时也可能会有富裕，电网也会向企业支付上网电费。上网电费＝上网电量×上网电价。

电能结算是以时段为单位的，因此在时段 k 内只可能向电网买电或者卖电，外购电费和上网电费不会同时发生。定义时段 k 内企业的净电费为

$$B_k=\begin{cases}\kappa\cdot\lambda_k^{\text{buy}}\cdot Q_k, & Q_k>0\\ 0, & Q_k=0\\ \kappa\cdot\lambda_k^{\text{sell}}\cdot Q_k, & Q_k<0\end{cases},\quad \forall k=1,\cdots,K \tag{9-4-1}$$

当向电网卖电时，B_k 为负值。Q_k 计算公式如下：

$$Q_k=\sum_{j=(k-1)z+1}^{kz}(L_j-p_j)/z,\quad \forall k=1,\cdots,K \tag{9-4-2}$$

2) 需量电费

在日常调度中，本月的实际峰值负荷需求和契约最大需量(CMD)是否会被超过事先无法预知。本章给出一种适用于日常调度的最大需量控制策略，策略中应用到已记录最大需量(RMD)。如果 CMD 未被超过，则 RMD 即指 CMD，如果 CMD 已被超过，则 RMD 即指截至当前调度时段，本月内实际计量到的峰值负荷需求。日常调度中，通过对超过已记录最大需量部分(ERMD)施加惩罚，即可实现控制最大需量的目的。控制策略示意如图 9-4-3 所示。

该策略需要判断已记录最大需量是否被超过，ERMD 计算公式如下：

$$\text{ERMD}=\max\{(\text{PD}-\text{RMD}),0\} \tag{9-4-3}$$

其中，PD 计算如下：

$$\text{PD}=\max\{Q_k\mid k=1,2,\cdots,K\} \tag{9-4-4}$$

最大需量超支惩罚计算如下：

$$C^{\text{ERMD}}=\lambda^{\text{MD}}\cdot\text{ERMD} \tag{9-4-5}$$

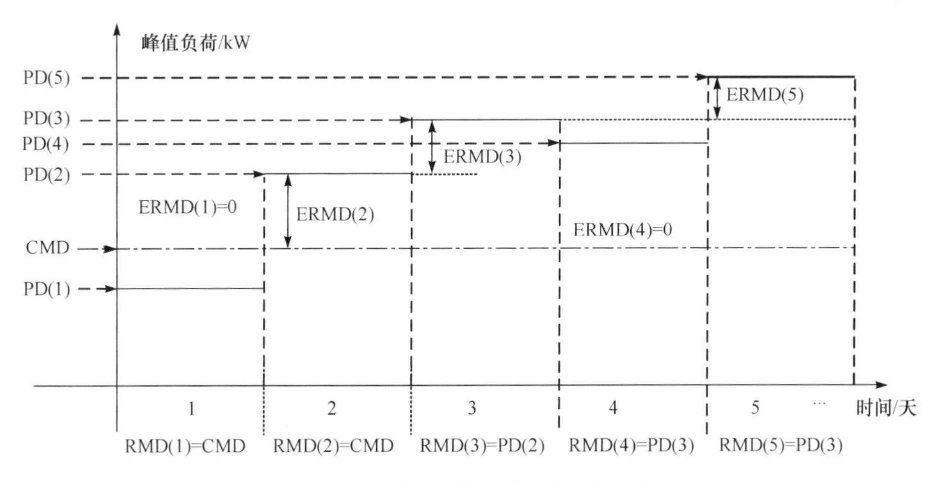

图 9-4-3　最大需量控制策略示意图

9.4.3　负荷模型

通常,企业内部一些任务(负载)的开启时间可以在一定时间范围内移动。然而,并非所有负荷都可以被转移。因此,企业总负荷由可移动负荷和基本负荷构成。

$$L_t = \sum_{m=1}^{M} l_{m,t} + L_t^{\text{base}}, \quad \forall t = 1,\cdots,T \tag{9-4-6}$$

基本负荷包括了一些比较平稳的连续型负荷和其他不可控负荷。对可移动负载而言,有必要刻画其特征负荷曲线,启停操作和负载之间的时序耦合关系。

1) 特征负荷曲线

许多设备可以被用于多种任务,不同的任务在其工作时间内具备不同的负荷需求。在大多数相关研究中,任务的负荷需求曲线被近似看做已知的固定数值,然而这样的建模方式对企业日常调度是不够的,因为一些任务在其工作时间内的负荷可能比较大,并且在基于价格的需求响应机制下,考核时段的长度可能小于 1h(如 30min)。以钢铁企业电炉冶炼为例,如图 9-4-4 所示,电炉冶炼负荷具备明显的周期性,每炉钢冶炼时间也就是电炉负荷的周期时间,电炉负荷通常具有明显的负荷上升期、下降期、持续期以及周期间隔段。而在不同的冶炼任务下其冶炼曲线也存在差异。

本章不再把各任务的负荷需求当做常数处理,而是采用特征负荷曲线表示。对任务 m,其处于工作状态时的典型能耗曲线定义为特征负荷曲线,表示为$(D_{m,1}, D_{m,2}, \cdots, D_{m,T_m})$,示意如图 9-4-5 所示。而典型负荷曲线的构造要用到该任务相似工况下的历史负荷数据,通过历史数据拟合得到。

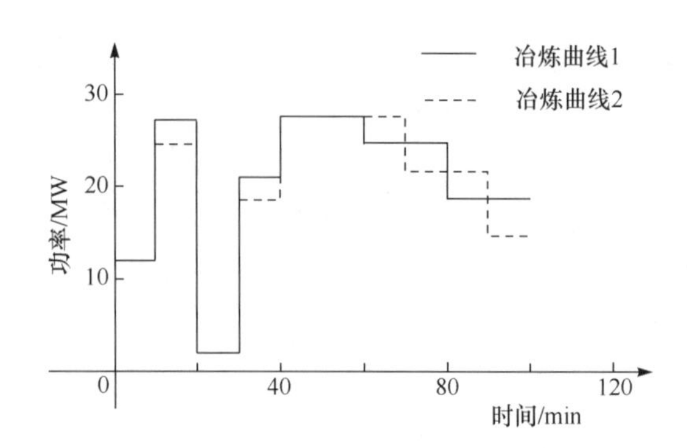

图 9-4-4 电炉典型冶炼曲线示意图

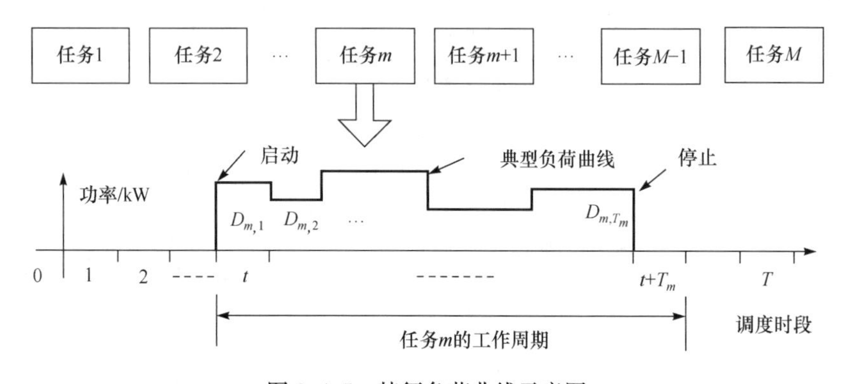

图 9-4-5 特征负荷曲线示意图

如果任务 m 在 t 时段初启动，则其在整个调度周期内的能耗曲线描述如下：

$$(l_{m,1},l_{m,2},\cdots,l_{m,T})=(\underbrace{0,0,\cdots,0}_{t-1},\underbrace{D_{m,1},D_{m,2},\cdots,D_{m,T_m}}_{T_m},\underbrace{0,\cdots,0}_{T-T_m-t+1}),\quad \forall m=1,\cdots,M \tag{9-4-7}$$

2) 负荷转移

对任务 m，负荷转移指的是根据任务启动时间在调度周期内转移其典型负荷曲线。详细的负荷转移建模将在下节给出，因为线性化方式表达负荷转移需要一体化考虑任务启停操作，特征负荷曲线和时序耦合约束。

9.4.4 煤气柜柜位控制

以钢铁企业的生产为例，由于生产调度、产品品种的改变、加热制度的变更及设备检修等原因，造成煤气的发生和消耗经常出现较大的波动，且发生量的降低和消耗量的增加往往又不能配合在一起。即使在煤气发生量比较均衡的条件下，由于生产品种的改变、加热制度所规定的热耗的变化及车间检修等原因。也会造成煤气消耗量的频繁波动，因此造成了钢铁厂企业内部煤气发生和消耗间的不平衡。

企业通常将富裕煤气送给缓冲用户(如自备电厂、动力锅炉),然而缓冲用户缓冲能力受诸多因素影响,依然会导致煤气大量放散,因而,可以在企业内建立有一定吞吐能力的储气设备将产销不平衡时的多余煤气储存起来,并通过调节富裕煤气在煤气柜和缓冲用户之间的分配,从而保证煤气系统的安全稳定运行,并减少放散,提高能源综合利用效率。图 9-4-6 是煤气量及煤气柜柜位变化示意图。煤气柜柜位需要保持在允许可变动范围内,以避免可能发生的煤气放散或发生活塞撞底事故。煤气柜柜位是通过调节富裕煤气向自备电厂的供应量来实现的,因而煤气柜柜位控制就和自备电厂的机组出力调度耦合在一起,需要加以一体考虑。

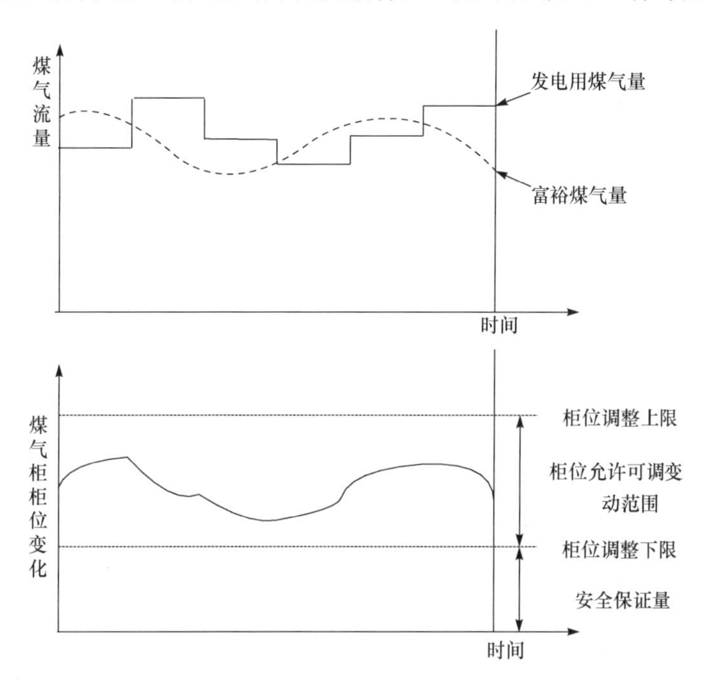

图 9-4-6　煤气量及煤气柜柜位变化示意图

相邻两个周期的煤气柜位平衡方程表述如下:

$$v_t = v_t^+ - v_t^- + v_{t-1}, \quad \forall t = 1, \cdots, T \tag{9-4-8}$$

煤气柜柜位不能够超过其安全操作范围,表述如下:

$$V^{\min} \leqslant v_t \leqslant V^{\max}, \quad \forall t = 1, \cdots, T \tag{9-4-9}$$

调度周期首末柜位约束表述如下:

$$v_0 = v_0^*, \quad v_T = v_T^* \tag{9-4-10}$$

不合理的调度可能导致煤气放散,调度时段 t 内的煤气放散量表述为

$$v_t^{\text{emission}} = \max(v_t^+ - v_t^- + v_{t-1} - V^{\max}, 0), \quad \forall t = 1, \cdots, T \tag{9-4-11}$$

整个调度周期内的总煤气放散惩罚为

$$\sum_{t=1}^{T}\lambda^{\text{emission}}\cdot v_t^{\text{emission}} \tag{9-4-12}$$

9.4.5 煤气调度和自发电调度的耦合关系

1) 发电成本

燃料费用是企业自备电厂日常调度中的主要成本，案例企业只有一台使用副产煤气的发电机组，获取的燃料消耗曲线为线性函数。调度时段 t 内的用于发电的煤气量表述如下：

$$v_t^- = b^{\text{by-product}}\cdot\tau\cdot p_t,\quad \forall t=1,\cdots,T \tag{9-4-13}$$

整个调度周期内的自发电燃料成本为

$$\sum_{t=1}^{T}\tau\cdot\lambda_t^{\text{fuel}}\cdot b^{\text{by-product}}\cdot p_t \tag{9-4-14}$$

注意，案例企业的副产煤气是一种高价值煤气，可以外售并具备多种用途，不能被看做免费燃料。

2) 发电调度约束

机组爬升约束表述为

$$|p_t - p_{t-1}|\leqslant\tau\cdot\Delta,\quad \forall t=1,\cdots,T \tag{9-4-15}$$

机组出力上下限表述为

$$p^{\min}\leqslant p_t\leqslant p^{\max},\quad \forall t=1,\cdots,T \tag{9-4-16}$$

9.4.6 优化问题目标函数

根据上述分析，企业日常操作中的总电能成本包括至少四部分：净电费、最大需量超支惩罚、自发电燃料费用和副产煤气放散惩罚。诸如固定资产和人工成本等其他因素并未考虑在内。

优化问题的目标函数表述为

$$\min C^{\text{Total}} = \sum_{k=1}^{K}B_k + C^{\text{ERMD}} + \sum_{t=1}^{T}\tau\cdot\lambda_t^{\text{fuel}}\cdot b^{\text{by-product}}\cdot p_t + \sum_{t=1}^{T}\lambda^{\text{emission}}\cdot v_t^{\text{emission}} \tag{9-4-17}$$

9.4.7 模型求解

上节中提到的优化问题的目标函数和约束条件存在许多非线性因素。本节结合问题自身特点，将优化问题转换为一个混合整数规划模型。线性化包括四部分。

1. 考虑特征负荷曲线的负荷转移

1) 任务启停操作

0/1 决策变量 $I_{m,t}$ 被用来指示任务 m 是否在第 t 个调度时段初启动。

$I_{m,t}=1 \quad \Rightarrow \quad$ 任务 m 在第 t 个调度时段初启动

$I_{m,t}=0 \quad \Rightarrow \quad$ 其他

2) 任务之间的时序耦合约束

时序耦合约束用于保持一定的任务执行顺序和确保任务在调度周期内完成。下面给出一些必要示例。

在调度周期内，任务 m 必须并且只能启动 1 次，从而保证每个任务都被执行。

$$\sum_{t=1}^{T} I_{m,t} = 1, \quad \forall m = 1,\cdots,M \tag{9-4-18}$$

任务 m 需要在其允许时间调整范围 $[s_m^{\min}, s_m^{\max}]$ 内启动，其中，$[s_m^{\min}, s_m^{\max}]$ 满足条件 $1 \leqslant s_m^{\min} < s_m^{\max} \leqslant T - T_m + 1$，从而使得任务能够在调度周期内完成。

$$\sum_{j=s_m^{\min}}^{s_m^{\max}} I_{m,j} = 1, \quad \forall m = 1,\cdots,M \tag{9-4-19}$$

如果任务 m 是任务 m' 的上游任务，任务 m' 需要在任务 m 停止 $\tau_{m,m'}$ 个时段后才能启动。

$$I_{m,t} + \sum_{j=t}^{\min\{t+T_m+\gamma_{m,m'}-1,\,T\}} I_{m',j} \leqslant 1, \quad \forall (m,m',\gamma_{m,m'}) \in R^{3\text{-tuples}}, \quad \forall t = 1,\cdots,T \tag{9-4-20}$$

这条约束条件可以用来表述两种情况：①如果任务 m' 和任务 m 是使用同一台设备的相邻任务，则任务 m' 需要在任务 m 停止后才能启动，从而保证设备的独占性和原有处理顺序不变。②如果任务 m 是任务 m' 的上游任务，则任务 m 完成后需要一定的准备时间后(如物料传送时间)下游任务 m' 才能启动。

如果任务 m 和任务 m' 是锁死负荷，则两个任务需要同时开启。

$$I_{m,t}=I_{m',t} \quad \forall\ (m,m') \in R^{2\text{-tuples}}, \quad \forall t=1,\cdots,T \tag{9-4-21}$$

注意，锁死负荷也可以被看做是一个负荷，并且采用一条负荷曲线表示。

3) 负荷需求

任务 m 在调度时段 t 的负荷需求表述如下：

$$l_{m,t} = \sum_{j=\max(1,t-T_m+1)}^{t} D_{m,(t-j+1)} \cdot I_{m,j}, \quad \forall m = 1,\cdots,M, \quad \forall t = 1,\cdots,T \tag{9-4-22}$$

根据式(9-4-18)整个调度周期内有且只有一个 $I_{m,t}$ 可以为 1，因此式(9-4-22)

可以从任务 m 的特征负荷曲线中选出正确的数值。

调度时段 t 内的总负荷表述为

$$L_t = \sum_{m=1}^{M} \sum_{j=\max(1,t-T_m+1)}^{t} D_{m,(t-j+1)} \cdot I_{m,j} + L_t^{\text{base}}, \quad \forall t = 1,\cdots,T \tag{9-4-23}$$

2. 净电费最小

注意：通常企业向电网买电的电价要高于同时段内向电网卖电的上网电价，即 $\lambda_k^{\text{buy}} > \lambda_k^{\text{sell}} > 0$。利用该特点，可以将考核周期 k 内最小化净电费的问题表述为如下优化问题：

$$\min_{\hat{B}_k, Q_k} \hat{B}_k \tag{9-4-24}$$

s. t.

$$\kappa \cdot \lambda_k^{\text{buy}} \cdot Q_k - \hat{B}_k \leqslant 0, \quad \forall k=1,\cdots,K \tag{9-4-25}$$

$$\kappa \cdot \lambda_k^{\text{sell}} \cdot Q_k - \hat{B}_k \leqslant 0, \quad \forall k=1,\cdots,K \tag{9-4-26}$$

如图 9-4-7 所示，式(9-4-24)所示的优化目标和式(9-4-25)、式(9-4-26)所示的约束条件使得优化后的 $\hat{B}_k$ 一定等于式(9-4-1)中的定义。否则，$\hat{B}_k$ 可以进一步减少。

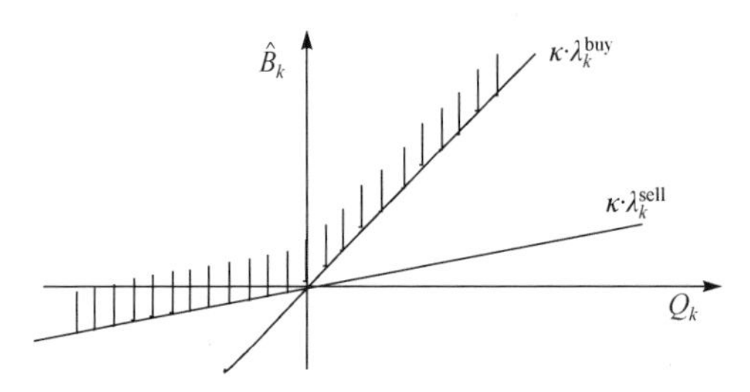

图 9-4-7　$\lambda_k^{\text{buy}}, \lambda_k^{\text{sell}}, Q_k, \hat{B}_k$ 之间的关系示意图

3. 最大需量超支惩罚最小

为最小化最大需量超支惩罚，采用大 M 法给出下述替代优化问题：

$$\min_{\widehat{C}^{\text{ERMD}}, \text{PD}, \mu_k} \widehat{C}^{\text{ERMD}} \tag{9-4-27}$$

s. t.

$$\widehat{C}^{\text{ERMD}} \geqslant \lambda^{\text{MD}} \cdot (\text{PD} - \text{RMD}) \tag{9-4-28}$$

$$\widehat{C}^{\text{ERMD}} \geqslant 0 \tag{9-4-29}$$

$$\text{PD} \geqslant Q_k, \quad \forall k=1,\cdots,K \tag{9-4-30}$$

$$\text{PD} \leqslant Q_k + M^{\text{Big}}(1-\mu_k), \quad \forall k=1,\cdots,K \tag{9-4-31}$$

$$\sum_{k=1}^{K}\mu_k = 1, \quad \forall k = 1,\cdots,K \tag{9-4-32}$$

其中,M^{Big}是一个足够大的正数,用以松弛不相关约束;μ_k 是用于确定 PD 的 0/1 辅助决策变量。

4. 最小化副产品煤气放散惩罚

考虑到煤气柜存储容量限制,给出下述替代优化问题:

$$\min_{v_t,\hat{v}_t^{\text{emission}}} \lambda^{\text{emission}} \cdot \hat{v}_t^{\text{emission}} \tag{9-4-33}$$

s. t.

$$\hat{v}_t^{\text{emission}} \geqslant v_{t-1} + v_t^+ + v_t^- - V^{\max}, \quad \forall t=1,\cdots,T \tag{9-4-34}$$

$$\hat{v}_t^{\text{emission}} \geqslant 0, \quad \forall t=1,\cdots,T \tag{9-4-35}$$

$$V^{\min} \leqslant v_t \leqslant V^{\max}, \quad \forall t=1,\cdots,T \tag{9-4-36}$$

9.5　楼宇多能源系统的需求响应

本节我们讨论建筑物的能源供给与需求的协调问题。对于楼宇能源系统的需求响应问题,我们主要基于以下几方面来考虑:第一,需求的多样性。在现有的大多数研究中,驻在人员的舒适度模型是根据统计信息提前确定的,如通过预测均值投票模型等[37],然而,单个楼宇驻在人员的舒适度模型往往与统计所得到的人员舒适度模型不同,因此在楼宇节能方面还有很大的潜力。第二,多阶段决策。一个阶段对于需求的能源供给不仅影响本阶段的能耗成本,而且会影响将来的决策和能耗成本,最优的决策涉及多阶段的综合考虑。第三,状态空间和策略空间大。楼宇的能源系统多种多样,能源供给系统包括电网、天然气、冷热电联产系统(CCHP)、光伏系统、太阳热能系统等,同时能源消耗包括供热通风空调系统、照明系统、电梯和电脑;能源存储系统包括蓄电池、储冰系统和储水系统。系统的状态包括所有这些能源系统的状态,维数极大。一个决策规则一个阶段内是一个从状态空间向行动空间的映射,例如,假设有 m 个能源系统,每个系统有 2 个状态,那么状态空间为 2^m,如果每个状态对应 n 个行动,那么一个阶段的决策规则就有 n^{2^m},如果有 k 个阶段,那么总共就有 $n^{k\cdot 2^m}$,问题会随着能源系统个数 m 的增多而指数增长,这使得传统的解决方法如值迭代和策略迭代在运算上是不可行的。第四,能源供给和需求是耦合的。能源供给和需求同时受天气的影响,这又为我们提高建筑能耗效率提供了可能。

9.5.1　系统模型

我们考虑如图 9-5-1 所示的一个建筑多能源系统,这个系统包括电网、光伏电池板、CCHP 和储能设备(包括蓄电池和储冰系统)。考虑一个离散时间系统,将24 小时离散化为 k 个阶段,每个阶段一个联合的调度侧路决定了发电的平均成本,用 APE 表示,在建筑的每个区域,根据 APE 可以确定驻在人员的舒适度模型,对于每个驻在人员,收费是根据 APE 进行的,因此每个人会根据 APE 来调整舒适范围,我们的目标是求得一个最优的联合调度策略,使得总的发电费用最小,同时可以为所有的驻在人员提供要求的室内环境。下面介绍该优化问题的结构和模型。

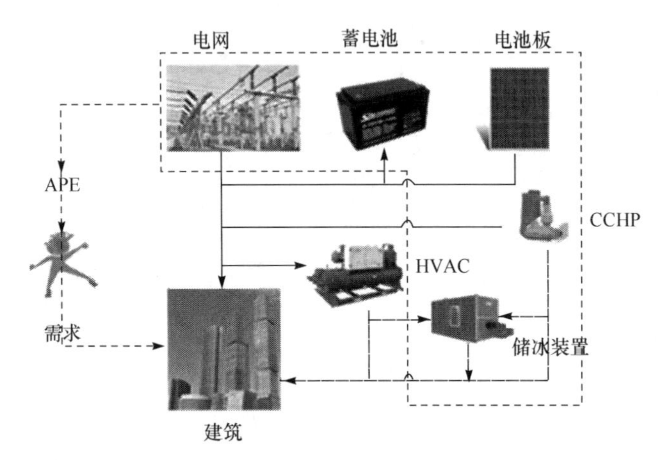

图 9-5-1 建筑内部多能源系统

1. 驻在人员舒适度模型

APE 定义为发电的平均成本,如式(9-5-1)所示,其中,$\tilde{c}^k$ 为 k 时段的 APE;$p_d^k, p_s^k, p_b^k, p_c^k$ 分别为电网供电功率、光伏电池板供电功率、电池放电功率和 CCHP 系统发电功率;p_c^k 为分时电价;c_s^k, c_b^k, c_c^k 分别为光伏电池板发电成本、蓄电池放电成本和 CCHP 发电成本。

$$\tilde{c}^k = \frac{(p_d^k \cdot c^k + p_s^k \cdot c_s^k + p_b^k \cdot c_b^k + p_c^k \cdot c_c^k)}{(p_d^k + p_s^k + p_b^k + p_c^k)} \tag{9-5-1}$$

我们主要关注驻在人员的热舒适度,因为热舒适度是室内环境中影响舒适需求的最重要的因素[38,39],驻在人员的舒适温度区间是受电价影响的[40-42],为了简化讨论,对于单一的驻在人员,室内舒适温度的上下界假设为 APE 的阶梯函数,如式(9-5-2)所示,其中 t_{aa}, t_{ab}, t_{ac} 为下界;$t_{aa1}, t_{ab1}, t_{ac1}$ 为上界;$t_{ab1}, \tilde{c}_2$ 为给定参数。$t_{aa1}, t_{ab1}, t_{ac1}, t_{aa}, t_{ab}, t_{ac}$ 的数值表示不同电价情况下的舒适温度的范围,这些参数的取值可以通过统计模型和实际的测试来获得,我们在值测试中所使用的人员舒适度模型如表 9-5-1 所示,与设定点或者设定范围的舒适温度相比,这个舒适度模型在成本和热舒适度之间取了折中，在实际应用中有可能节约更多的能源。

$$D=\begin{cases}[t_{aa},t_{aa1}], & 0\leqslant\tilde{c}^k\leqslant\tilde{c}_1\\ [t_{ab},t_{ab1}], & \tilde{c}_1\leqslant\tilde{c}^k\leqslant\tilde{c}_2\\ [t_{ac},t_{ac1}], & \tilde{c}^k\geqslant\tilde{c}_2\end{cases} \tag{9-5-2}$$

当室内温度在 D 范围内时，驻在人员感觉舒适，否则，驻在人员感觉不舒适时会产生一个惩罚成本如式(9-5-3)所示，其中，P_{tcp} 为温度超过舒适区间 1℃时衡量成本的常数；t_{up}^k，t_{lo}^k 为舒适区间 D 的上下界。

$$c_{\mathrm{tcp}}^k=\begin{cases}0, & t_{a,i}^k\in D\\ P_{\mathrm{tcp}}\cdot(t_{a,i}^k-t_{\mathrm{up}}^k), & t_{a,i}^k>t_{\mathrm{up}}^k\\ P_{\mathrm{tcp}}\cdot(t_{\mathrm{lo}}^k-t_{a,i}^k), & t_{a,i}^k<t_{\mathrm{lo}}^k\end{cases} \tag{9-5-3}$$

表 9-5-1　人员舒适度模型

电价/(元/kWh)	[0,0.42]	[0.42,0.65]	[0.65,+∞]
驻在人员 1/℃	[24,28]	[24,28]	[24,28]
驻在人员 2/℃	[24,26]	[24,27]	[24,28]
驻在人员 3/℃	[24,26]	[24,26]	[24,26]

2. 房间模型

考虑如图 9-5-2 所示的 HVAC 系统，温度和湿度的控制是相互独立的[43]，如室内温度控制是通过 FCU 来进行的，而室内湿度的控制是通过 FAU[44] 来进行的。因为我们只考虑热舒适，因此我们使用那个一个较为精细的 FCU 模型，而 HVAC 系统的其他部分如冷却塔和泵，我们用性能系数来评估它们的能量消耗。

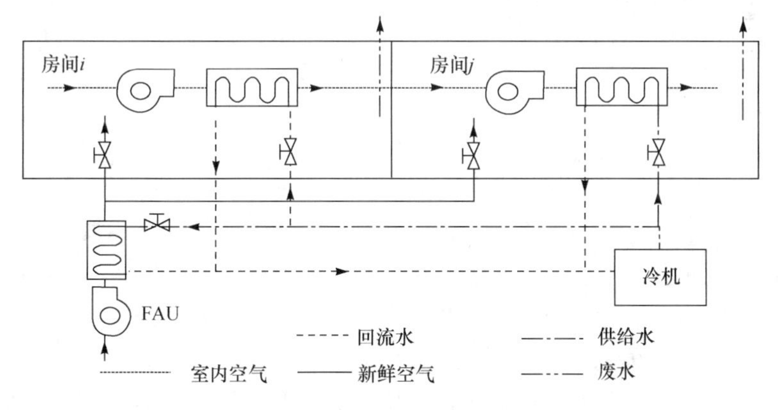

图 9-5-2　HVAC 系统

考虑一个具有 I 个房间的建筑，每个房间都配备有 FCU 和照明系统，每个时段的供冷量等于 FCU 输入和输出量的差值，如式(9-5-4)所示，其中，i 为房间的指示量；k 为阶段；$EN^k_{\text{inlet},i}$，$EN^k_{\text{outlet},i}$ 为 k 时段出入的热值；τ 为每个阶段的时长；G^k_i，$t^k_{\text{fcu},i}$ 为空气的流速和 FCU 的输出温度；$t^k_{a,i}$，$h^k_{a,i}$ 为温度和室内空气的绝对湿度；q_{hvac} 为 HVAC 系统的容量。

$$\begin{aligned} q^k_{\text{fcu}} &= \sum_{i=1}^{I} q^k_{\text{fcu},i} = \sum_{i=1}^{I} EN^k_{\text{inlet},i} - EN^k_{\text{outlet},i} \\ &= \tau \cdot \sum_{i=1}^{I} \{G^k_i[c_p t^k_{a,i} + h^k_{a,i}(2500 + 1.84 t^k_{a,i})] - G^k_i[c_p t^k_{\text{fcu},i} \\ &\quad + h^k_{a,i}(2500 + 1.84 t^k_{\text{fcu},i})]\} \leqslant q_{\text{hvac}} \end{aligned} \tag{9-5-4}$$

单个时间段内 FCU 所消耗的电能如式(9-5-5)所示，其中，p_{rated} 为风扇的额定功率；G_{rated} 为风扇的流速。

$$e^k_{\text{fcu}} = \sum_{i=1}^{I} e^k_{\text{fcu},i} = \sum_{i=1}^{I} p_{\text{rated}} \cdot \left(\frac{G^k_i}{G_{\text{rated}}}\right)^3 \cdot \tau \tag{9-5-5}$$

我们假设室内的空气是充分混合的[44-46]，因此，室内的温度是一致的，假设房间是长方形的，如式(9-5-6)所示，其中，Q_g 为每个人的产热量；h_{gs} 为窗户和室内空气的对流；$A_{gs,i}$ 为窗户的面积；$h_{wj,in}$ 为前提和室内空气的对流系数；$A_{wj,i}$ 为墙体面积；m_{ai} 为室内空气质量；Q^k_i 为人员数目；$Q^k_{\text{light},i}$ 为照明设备的产热量；$t^k_{wj,i}$ 为内部墙体表面的温度；t^k_o 为室外温度。右边第一部分为驻在人员的产热量，第二部分为照明设备的产热量，第三部分为室外通过窗户与室内的传热量，第四部分为所有通过墙体的传热量，最后一部分为 FCU 提供的能量。需要指出的是，如果房间不是长方形的，那么右侧的四部分表达式需要在房间所有的面上进行加总。为了简化这样的模型，我们假设南面墙上有一扇单面的玻璃窗，因此，可以用式(9-5-6)来近似从室外空气向室内空气的传热量。

$$\begin{aligned} m_{ai}(t^{k+1}_{a,i} - t^k_{a,i}) &= \tau \cdot [Q^k_i Q_g + Q^k_{\text{light},i} + h_{gs} A_{gs,i}(t^k_o - t^k_{a,i})] \frac{1}{2} \\ &\quad + \frac{\sum_{j=1}^{6} h_{wj,in} A_{wj,i}(t^k_{wj,i} - t^k_{a,i})}{c_p} + \tau \cdot G^k_i(t^k_{\text{fcu},i} - t^k_{a,i}) \end{aligned} \tag{9-5-6}$$

墙体的能量受较多的因素影响，如室内外空气的流动，外墙太阳辐射的热量，通过窗户入射的太阳的能量，因此墙体的模型如式(9-5-7)和式(9-5-8)所示，其中，c_w 为墙体确切的热量；m_{wj} 为墙体质量；t^k_{woj} 为外墙的温度；h_o 为墙体和室外空气的热传导；κ 为墙体的热传导系数；l_{wj} 为墙体厚度。每个墙体的太阳辐射热量由外墙壁的太阳水平辐射和太阳垂直辐射所决定，内部的太阳辐射热量由通过窗户射入的太阳辐射决定，值得注意的是，对于不同墙体，相关的参数会有所不同。

$$\frac{c_w m_{uj}(t_{woj}^{k+1}-t_{woj}^{k})}{\tau}=h_o A_{uj,i}(t_o^{k+1}-t_{woj}^{k})+\frac{\kappa}{l_{uj}}\cdot A_{uj,i}\cdot(t_{uj,i}^{k+1}-t_{woi}^{k})+S_{\text{out}} \tag{9-5-7}$$

$$\frac{c_w m_{uj}(t_{uj,i}^{k+1}-t_{uj,i}^{k})}{\tau}=h_{uj,in}A_{uj,i}(t_{a,i}^{k+1}-t_{uj,i}^{k})+\frac{\kappa}{l_{uj}}\cdot A_{uj}\cdot(t_{woj}^{k+1}-t_{uj,i}^{k})+S_{\text{in}} \tag{9-5-8}$$

室内的舒适度照度又每个房间的照明设备和自然光所提供,并且需要满足如式(9-5-9)所示,其中,e_{light}^k为照明设备所消耗的电能;I_{light}为照明设备消耗每单位电能所提供的照度;I_{load}为照度需求;μ_l 为照明设备消耗单位电能的产热系数。人员对于照度的需求可以设定一个初始值,然后根据驻在人员的反馈进行调整,照度可以通过在室内安装照度传感器进行测量。

$$\frac{I_d^k+e_{\text{light}}^k\cdot I_{\text{light}}}{\tau}\geqslant I_{\text{load}},\quad Q_{\text{light},i}^k=e_{\text{light},i}^k\cdot\mu_l \tag{9-5-9}$$

3. 能源供给系统的动态特性

电力平衡:如式(9-5-10)所示,其中,p_u^k,p_{bc}^k为反馈给电网的电力和向蓄电池充电的电力;e_{hvac}^k,e_{ice}^k为冷却设备在制冷模式和制冰模式下消耗的电力。

$$p_d^k+p_u^k+p_s^k+p_c^k+p_b^k-p_{bc}^k=e_{\text{hvac}}^k+e_{\text{ice}}^k+I\cdot e_{\text{light}}^k+e_{\text{fcu}}^k \tag{9-5-10}$$

制冷平衡:如式(9-5-11)所示为制冷平衡方程,其中,CCHP为提供的制冷量;COP和COPI为制冷设备在制冷和制冰模式下的效率;q_i^k,q_{id}^k为储冰设备的输入和输出。式(9-5-11)左侧表示能源系统所提供的所有冷却量,而右边表示能源系统所消耗的冷却量。

$$q_{cd}^k+e_{\text{hvac}}^k\cdot\text{COP}+e_{\text{ice}}^k\cdot\text{COPI}+q_{id}^k=q_{\text{fcu}}^k+q_i^k \tag{9-5-11}$$

电力成本:如式(9-5-12)、式(9-5-13)所示为用电成本,其中,z_{pd}^k,z_{pd}^k为买卖电的指示量,为0/1变量;c_u^k 为向电网卖电的价格。

$$z_{pd}^k+z_{pu}^k\leqslant 1,\quad 0\leqslant p_d^k,p_u^k\leqslant 0 \tag{9-5-12}$$

$$C_p^k(c^k,c_u^k,p_d^k,p_u^k)=p_d^k\cdot c^k+p_u^k\cdot p_u^k\frac{n!}{r!\ (n-r)!} \tag{9-5-13}$$

天然气成本:如式(9-5-14)所示为天然气成本,其中,c_n^k 为天然气的价格;V_c^k为CCHP所消耗的天然气。

$$C_n^k(c_n^k,V_c^k)=c_n^k\cdot V_c^k \tag{9-5-14}$$

蓄电池平衡方程:如式(9-5-15)所示为蓄电池输入输出功率限制,式(9-5-16)所示为蓄电池的荷电状态,式(9-5-17)～式(9-5-19)所示为蓄电池循环使用的惩罚。其中,$z_{bc}^k=1(z_{bd}^k=1)$,表示蓄电池充电(放电),否则,$z_{bc}^k=0(z_{bd}^k=0)$;

$[\underline{p}_{bi},\bar{p}_{bi}]$,$[\underline{p}_{bo},\bar{p}_{bo}]$为充放电的上下界;$x_b^k$ 为 SOC,表示蓄电池剩余的绝对电量;$\bar{e}_b$ 为蓄电池的容量;$\underline{x}_b$,x_{bi}为蓄电池 SOC 的下界和初始值;如果 $z_{bc,c}^k=1(z_{bc,d}^k=1)$ 蓄电池开始充电(放电),否则,$z_{bc,c}^k=0(z_{bc,d}^k=0)$;$z_{bc,ca}^k$,$z_{bc,da}^k$ 为平衡系数;C_b^k 为惩罚;b_c,b_l 为投资成本和蓄电池寿命。

$$z_{bc}^k+z_{bd}^k\leqslant 1,\frac{p_b^k}{\tau\in z_{bd}^k}\cdot[\underline{p}_{bo},\bar{p}_{bo}],\frac{p_{bc}^k}{\tau\in z_{bc}^k}\cdot[\underline{p}_{bi},\bar{p}_{bi}] \tag{9-5-15}$$

$$x_b^{k+1}=x_b^k-\frac{p_b^k+p_{bc}^k}{\bar{e}_b},\underline{x}_b\leqslant x_b^k\leqslant 1,x_b^o=x_b^k=x_{bi} \tag{9-5-16}$$

$$z_{bc,c}^k+z_{bc,d}^k\leqslant 1,\quad z_{bc,c}^k+z_{bc,da}^k\leqslant 1,\quad z_{bc,ca}^k+z_{bc,d}^k\leqslant 1 \tag{9-5-17}$$

$$z_{bc}^k-z_{bc}^{k-1}=z_{bc,c}^k-z_{bc,da}^k,\quad z_{bd}^k-z_{bd}^{k-1}=z_{bc,d}^k-z_{bc,ca}^k \tag{9-5-18}$$

$$C_b^k=[z_{bc,c}^k+z_{bc,d}^k]\cdot\left(\frac{b_c}{b_l}\right) \tag{9-5-19}$$

CCHP 系统的特性[47]:CCHP 机组的运行约束如式(9-5-20)所示,输出和天然气消耗如式(9-5-21)和式(9-5-22)所示。其中,$z_c^k=1$ 表示 CCHP 开启,$z_c^k=0$ 表示 CCHP 关闭;x_c^k 为 CCHP 机组的电力负荷率;a,b,c,d 为通过线性拟合所得的 CCHP 机组的参数。

$$z_c^k\cdot\underline{x}_c\leqslant x_c^k\leqslant z_c^k\cdot\bar{x}_c \tag{9-5-20}$$

$$p_c^k=\bar{p}_c\cdot x_c^k\cdot\tau,q_c^k=(a\cdot c^k+b\cdot c^k)\cdot\tau \tag{9-5-21}$$

$$V_c^k=(c\cdot x_c^k+d\cdot z_c^k)\cdot\tau \tag{9-5-22}$$

HVAC 系统的特性:冷却系统的运行约束如式(9-5-23)所示,制冷和制冰模式下的制冷量如式(9-5-24)所示,储冰系统的动态特性如式(9-5-25)所示。其中,如果冷机处于制冷(制冰)模式,那么,$z_{\text{hvac}}^k=1(z_{\text{ice}}^k=1)$,否则,$z_{\text{hvac}}^k=0(z_{\text{hvac}}^k=0)$;$\mu$ 为冷机在制冰状态下的效率;q_{io}^k 为剩余冷却;μ_q 为储冰系统的耗散系数,表示由于与环境交互所造成的制冷量的损失。

$$z_{\text{hvac}}^k+z_{\text{ice}}^k\leqslant 1 \tag{9-5-23}$$

$$e_{\text{hvac}}^k\cdot\text{COP}\leqslant z_{\text{hvac}}^k\cdot q_{\text{hvac}}\cdot\tau,\quad e_{\text{ice}}^k\cdot\text{COPI}\leqslant z_{\text{ice}}^k\cdot q_{\text{hvac}}\cdot\mu\cdot\tau \tag{9-5-24}$$

$$q_{io}^{k+1}=(q_{io}^k+q_i^k-q_{id}^k)\cdot\mu_q \tag{9-5-25}$$

分级电价下的用电成本:除了式(9-5-13)中的用电成本外,在分级电价的体制下,用电还会产生额外的成本,额外的用电成本与所用电量紧密相关,我们将用电的成本分为三个层次,第一层,当电力的消耗在$[0,p_1]$范围内时,不会产生额外的用电成本;第二层,当总的电力消耗在$[p_1,p_2]$范围时,额外的费率为 c_1;第三层,当总的电力消耗大于 p_2 时,除了第二层的费率 c_1 外,还会产生第三层的费率 c_2,在分层电价的体制下,用电成本的分段线性化表示如式(9-5-26)、式(9-5-27)和式(9-5-28)所示。其中,x_{pi} 表示第 i 层的总的电力消耗的指示;p_{di} 为第 i 层的总的电力消耗量；c_{epp} 为当电力消耗超过 p_1 时的额外费用；A 为一个足够大的整数。

$$x_{p1}+x_{p2}+x_{p3}=1 \tag{9-5-26}$$

$$0\leqslant p_{d1}\leqslant x_{p1}\cdot p_1,\quad x_{p2}p_1\leqslant p_{d2}\leqslant x_{p2}\cdot p_2,\quad x_{p3}p_2\leqslant p_{d3}\leqslant x_{p3}\cdot A,$$

$$p_{d1}+p_{d2}+p_{d3}=\sum_{k=1}^{K}p_d^k \tag{9-5-27}$$

$$c_{\text{epp}}=p_{d2}c_1-p_1c_1x_{p2}+p_{d3}c_2-p_2c_2x_{p3}+(p_2-p_1)c_1x_{p3} \tag{9-5-28}$$

不同类型的电力能源，如电网、光伏电力[48]、CCHP、蓄电池的运行情况各不相同而且有着不同的成本，例如，电网总是可以使用的但是费用相对较高，光伏电力是否可以使用主要依靠天气状况，但是如果不考虑光伏系统的成本的话，光伏电力是最廉价的，CCHP 系统在需要热力和电力同时供给时是一个好的选择，蓄电池可以用来存储电能，可以使电力在时间上转移使用，但是蓄电池的能力和使用受其容量的限制，因此，APE 被用来作为不同能源设备平均发电价格的度量。

4. 目标函数

我们所求解的优化问题的目标是各种用电费用的最小化，如式(9-5-29)所示。

$$\min J,\text{with } J=\sum_{k=1}^{K}[C_p^k(\cdot)+C_n^k(\cdot)+C_b^k+c_{\text{tcp}}^k]+c_{\text{epp}} \tag{9-5-29}$$

9.5.2 求解方法

我们采用两种求解方法来求解所建立的优化问题，首先，我们对系统的非线性表示进行线性化，之后，所得的问题可以使用 CPLEX 进行集中式的求解，我们称之为求解方法 1；另一方面，我们采用迭代求解的方式求解我们所建立的优化问题，即供应端和需求端相互迭代进行求解知道两者得到的解收敛。

1. 求解方法 1

式(9-5-1)～式(9-5-6)可以进行如下的线性化表示，首先，式(9-5-1)～式(9-5-3)可以进行如式(9-5-30)～式(9-5-33)的线性表示，其中，$\delta_1^k,\delta_2^k,\delta_3^k,p^k\in R$，如果 $0\leqslant\tilde{c}^k\leqslant\tilde{c}_1$ $(\tilde{c}_1\leqslant\tilde{c}^k\leqslant\tilde{c}_2$ 或 $\tilde{c}^k\geqslant\tilde{c}_2)$，那么 $z_{\delta1}^k=1$ $(z_{\delta2}^k=1$ 或者 $z_{\delta3}^k=1)$，否则，$z_{\delta1}^k=0$ $(z_{\delta2}^k=0$ 或者 $z_{\delta3}^k=0)$；如果 $t_{a,i}^k\notin D$，那么 $z_r^k=1$，否则，$z_r^k=0$。

$$\begin{aligned}&\delta_1^k+\delta_2^k+\delta_3^k=p_d^k\cdot c^k+p_s^k\cdot p_s^k+p_b^k\cdot p_b^k+p_c^k\cdot c_c^k,\\&p^k=p_d^k+p_s^k+p_b^k+p_c^k,\\&0\leqslant\delta_1^k\leqslant\tilde{c}_1\cdot p^k,\quad\tilde{c}_1\cdot p^k\leqslant\delta_2^k\leqslant\tilde{c}_2\cdot p^k,\quad\delta_3^k\geqslant\tilde{c}_2\cdot p^k,\end{aligned} \tag{9-5-30}$$

$$\begin{aligned}&0\leqslant\delta_1^k\leqslant z_{\delta1}^k\cdot M,\quad 0\leqslant\delta_2^k\leqslant z_{\delta2}^k\cdot M,\quad 0\leqslant\delta_3^k\leqslant z_{\delta3}^k\cdot M,\\&z_{\delta1}^k+z_{\delta2}^k+z_{\delta3}^k+z_r^k=1\end{aligned} \tag{9-5-31}$$

$$z_{\delta 1}^{k} \cdot t_{aa} + z_{\delta 2}^{k} \cdot t_{ab} + z_{\delta 3}^{k} \cdot t_{ac} \leqslant t_{a,i}^{k},$$
$$t_{a,i}^{k} \leqslant z_{\delta 1}^{k} \cdot t_{aa1} + z_{\delta 2}^{k} \cdot t_{ab1} + z_{\delta 3}^{k} \cdot t_{ac1} + z_{r}^{k} \cdot M \tag{9-5-32}$$

$$c_{\mathrm{tcp}}^{k} = z_{r}^{k} \cdot P_{\mathrm{tcp}} \tag{9-5-33}$$

其次，在实际应用中，FCU 的流速 G_i^k 通常取四个数值，即 0，1/3，2/3 和 1 倍的额定流速，如果 G_i^k 取值为额定流速的 1/3，2/3，1，那么 $x_{g1}^k=1$，$x_{g2}^k=1$，$x_{g3}^k=1$，否则 $x_{g1}^k=0$，$x_{g2}^k=0$，$x_{g3}^k=0$，当 $x_{g1}^k=x_{g2}^k=x_{g3}^k=0$ 时，FCU 关闭，$g_1=1/3$，$g_2=2/3$，$g_3=1$，$t_{af1,i}^k$，$t_{af2,i}^k$，$t_{af3,i}^k$分别为 FCU 流速为额定值的 1/3，2/3，1 时，FCU 室内空气温度与 FCU 输出温度的差值，假设室内空气温度在要求的范围内，并且满足湿度的控制要求，那么式(9-5-4)～式(9-5-6)可以线性化为式(9-5-34)～(9-5-39)。其中，$\bar{t}_{af}$ 为 $t_{af1,i}^k$的上界。

$$G_i^k = x_{g1}^k \cdot g_1 + x_{g2}^k \cdot g_2 + x_{g3}^k \cdot g_3,\ x_{g1}^k + x_{g2}^k + x_{g3}^k \leqslant 1 \tag{9-5-34}$$

$$t_{af1,i}^k + t_{af2,i}^k + t_{af3,i}^k = t_{a,i}^k - t_{\mathrm{fcu},i}^k \tag{9-5-35}$$

$$0 \leqslant t_{af1,i}^k \leqslant x_{g1,i}^k \cdot \bar{t}_{af},\quad 0 \leqslant t_{af2,i}^k \leqslant x_{g2,i}^k \cdot \bar{t}_{af},\quad 0 \leqslant t_{af3,i}^k \leqslant x_{g3,i}^k \cdot \bar{t}_{af} \tag{9-5-36}$$

$$q_{\mathrm{fcu},i}^k = (g_1 \cdot t_{af1,i}^k + g_2 \cdot t_{af2,i}^k + g_3 \cdot t_{af3,i}^k)(c_p + 1.84 h_k^{a,i}) \cdot \tau \tag{9-5-37}$$

$$e_{\mathrm{fcu},i}^k = p_{\mathrm{rated}} \cdot \sum_{j=1}^{3} x_{gj,i}^k \cdot \left(\frac{g_j}{G_{\mathrm{rated}}}\right)^3 \tag{9-5-38}$$

$$m_{ai}(t_{a,i}^{k+1} - t_{a,i}^k) = \tau \cdot [Q_i^k Q_g + Q_{\mathrm{light},i}^k + h_{gs} A_{gs,i}(t_o^k - t_{a,i}^k)] + \frac{\sum_{j=1}^{6} h_{wj,in} A_{wj,i}(t_{wj,i}^k - t_{a,i}^k)}{c_p} - \tau \cdot \frac{q_{\mathrm{fcu},i}^k}{c_p + 1.84 h_{a,i}^k} \tag{9-5-39}$$

通过上面的离散化和线性化表示，原来的非线性问题转化为一个混合整数规划(MIP)问题，可以利用 CPLEX 进行求解。

2. *求解方法 2*

在商业办公建筑中，通常有成百上千的房间，为了更快速地找到一个解，我们将原问题分成两个子问题。如图 9-5-3 所示，第一个子问题是需求侧的优化问题，这个问题有两个输入，即舒适度要求和 APE，我们控制不同的终端设备得到一个最小化估计成本的解，这个子问题可以表述如下：

$$\min J_1,\text{with } J_1 = \sum_{k=1}^{K} \tilde{c}^k \cdot \left(c_{\mathrm{fcu}}^k + e_{\mathrm{light}}^k + \frac{q_{\mathrm{fcu}}^k}{\mathrm{COP}} + c_{\mathrm{tcp}}^k\right)$$
$$\text{s. t. Eq. (9-5-7)} \sim \text{(9-5-9)}, \text{(9-5-26)} \sim \text{(9-5-28)}, \text{(9-5-30)} \sim \text{(9-5-39)}$$

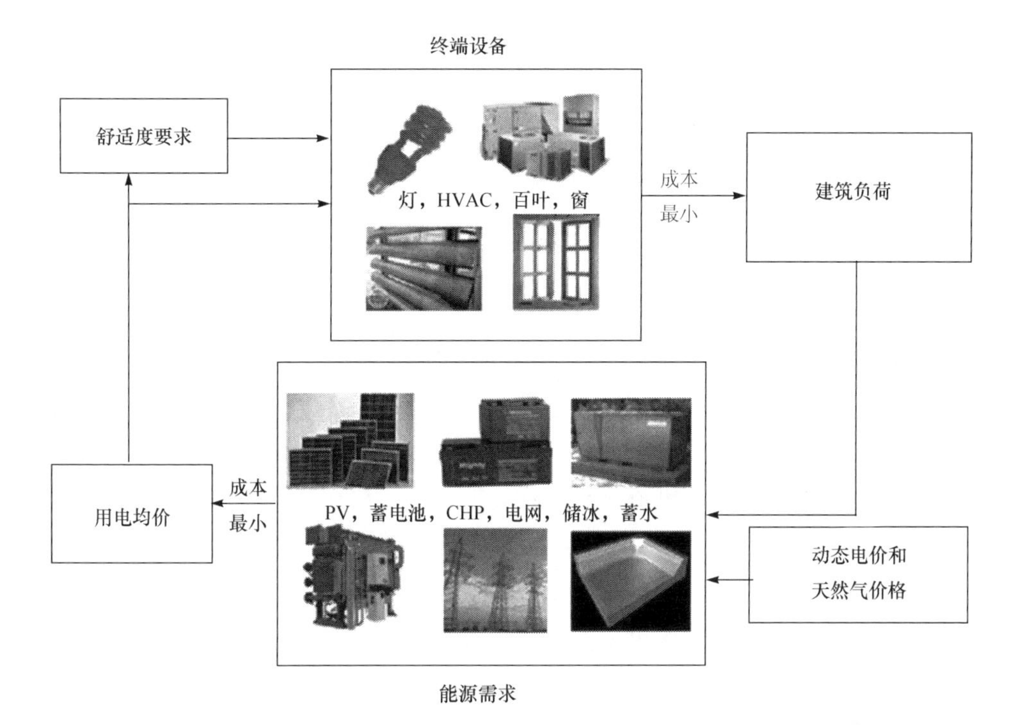

图 9-5-3　迭代求解示意

其中，$c_{\text{fcu}}^k + e_{\text{light}}^k + \frac{q_{\text{fcu}}^k}{\text{COP}}$为总的建筑在 k 时段的总的用电成本，我们用 K 个阶段相加后的成本来代替 K 个阶段的 p_d^k，通过求解这个子问题，可以得到需求侧对于电力的需求 de^k 和制冷需求 dq^k，$de^k = e_{\text{fcu}}^k + e_{\text{light}}^k$，$dq^k = q_{\text{fcu}}^k$。这两个需求端的输出变量将作为供应侧的输入变量。

第二个子问题为供应端的优化问题，即建筑内部所有能源产生和存储设备的优化运行，这个问题有两个输入，即从第一个优化问题求得负荷的需求和电力和天然气的动态价格，我们控制不同的能源供给设备来最小化供应侧的估计成本，第二个子问题可以描述为下述数学规划问题：

$$\begin{aligned}
&\min J_2, \text{with } J_1 = J\sum_{k=1}^{K} \tilde{c}^k \cdot \left(c_{\text{fcu}}^k + e_{\text{light}}^k + \frac{q_{\text{fcu}}^k}{\text{COP}} + c_{\text{tcp}}^k\right) \\
&\text{s.t. } \ p_d^k + p_u^k + p_s^k + p_c^k + p_b^k - p_{bc}^k = e_{\text{hvac}}^k + e_{\text{ice}}^k + de^k, \\
&\qquad q_c^k + e_{\text{hvac}}^k \cdot \text{COP} + e_{\text{ice}}^k \cdot \text{COPI} = dq^k q_i^k - q_{id}^k, \\
&\qquad \text{Eq. (9-5-10)} \sim \text{(9-5-28)}
\end{aligned}$$

求解这样的子问题，可以得到 p_d^k, p_c^k, p_e^k，APE 和 u^k 可以从式(9-5-1)得到，这个 APE 可以带入第一个子问题进行下一次的迭代求解。假如我们使用第一种方法先求解这个优化问题并得到 APE，然后把 APE 代入子问题 1 中求解需求侧的优化问题，可以得到需求侧的能量需求，然后把需求侧的信息再代入供给侧的优化问题并求解，同样可以得到 APE，然而实际应用中，我们在求解整个问题之前通常不知道 APE 的信息，因此可以利用估计而得到的 APE 作为迭代的初始值，为了保证问题的收敛性，我们利用如式(9-5-40)的折扣系数来更新 APE，其中，$\tilde{c}_i^k$ 为第 i 次迭代所得到的 APE。

$$\tilde{c}_i^k=\frac{\tilde{c}_{i-1}^k+\tilde{c}_{i-2}^k+\cdots+\tilde{c}_1^k+u^k}{i} \tag{9-5-40}$$

迭代式求解的具体流程如下所示：

Step1　设定 APE 的初始值。

Step2　求解子问题 1 得到 de^k 和 dq^k。

Step3　利用 de^k 和 dq^k 求解子问题 2，得到 u^k。

Step4　利用式(9-5-40)更新 $\tilde{c}_i^k$，如果 $\frac{|J_{2,i}-J_{2,i-1}|}{J_{2,i-1}}>\varepsilon$，返回 Step2　否则，终止；其中 $J_{2,i}$ 为第 i 次迭代的 J_2 值，ε 为设定的一个很小的正的常值。

9.5.3　数值测试

1. 满足舒适度要求下的能源节约

考虑北京一个房间的三种案例，三个案例中的驻在人员分别为一个节约的人、一个适中的人和一个浪费的人，分别为驻在人员 1，驻在人员 2 和驻在人员 3。房间大小为 8 米长，5 米宽，4 米高，人员的舒适度模型如表 9-5-1 所示，假设房间的工作时间为 7：00～24：00。能源供给系统包括公用电网，光伏电池板，一个 HVAC 系统(3kWh)，一个蓄电池(0.4kWh)，一个储冰系统(18kWh)和一个 CCHP 机组(额定功率 5kW)，不考虑光伏系统投资的情况下假设光伏发电的成本为 0，以北京一个标准的夏季的一天进行测试。天然气价格为 2.05 元/m^3，卖电的价格为 0.457 元/kWh(0：00～7：00)，0.4883 元/kWh(11：00～19：00)，0.8153 元/kWh(7：00～11：00 和 19：00～23：00)，$p_1=14$kWh，$p_2=20$kWh，$c_1=0.03$ 元/kWh，$c_2=0.3$ 元/kWh。我们利用 CPLEX 求解 3 个联合调度问题，求解对偶间隙设为 0.01，测试的平台为 Windows PC，主频 3.2GHz，内存 4GB，每个调度问题的求解时间为 26s，三个测试例子中的室内温度如图 9-5-4 所示，从图中可知，室内温度被设定为舒适区间的上界，因为在夏天这样的设定最节省能量。

三个测试例子中 APE 如图 9-5-5 所示，由于对于能源系统的控制策略不同，因此它们的 APE 式不同的，HVAC 系统和 CCHP 机组的控制策略是相似的，但是案例 3 中蓄电池的控制策略与案例 1 和案例 2 是不同的，如图 9-5-6 所示，在三个案例中蓄电池在 7：00 之前处于充电状态，而在分时电价峰值处的夜晚则处于放电

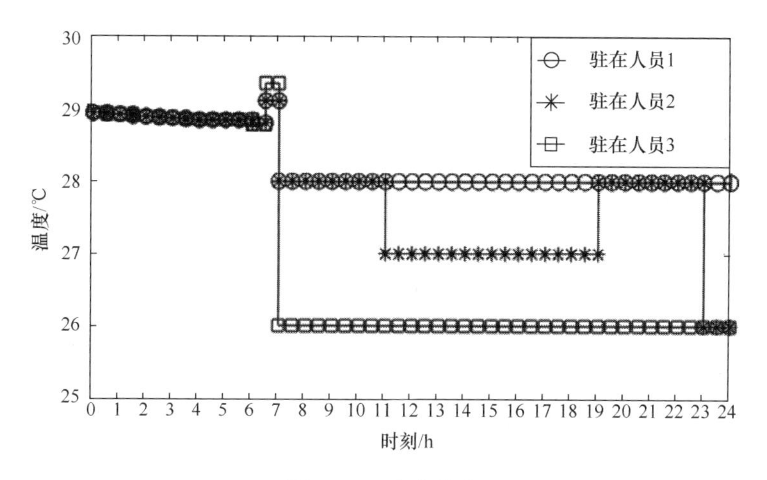

图 9-5-4　室内温度

状态，蓄电池的 SOC 在每天调度结束时要求与起始时具有相同的数值，这是通过在第 $K-1$ 和 K 时段充电来实现的，在案例 3 中，在 7:00 到 16:30 之间有一个放电-充电循环，但是在案例 1 和案例 2 中，蓄电池在相应的时间段既不充电也不放电，出现这种不同的原因如下：①在案例 1 中，对于电力的需求相对较低，因此使用蓄电池而节省的成本比由于蓄电池循环使用而导致的惩罚要少；②在案例 2 中，如果这些时段蓄电池放电，那么 APE 则会降低至(0.42,0.65]，这时，对于电力的需求会上升，因为成本的增加超过了使用蓄电池带来的成本的节省，因此不使用蓄电池；③在案例 3 中，在不同的 APE 条件下对于电力的需求是恒定的，并且相对较高，因此在这些时段可以使用蓄电池来节省成本。

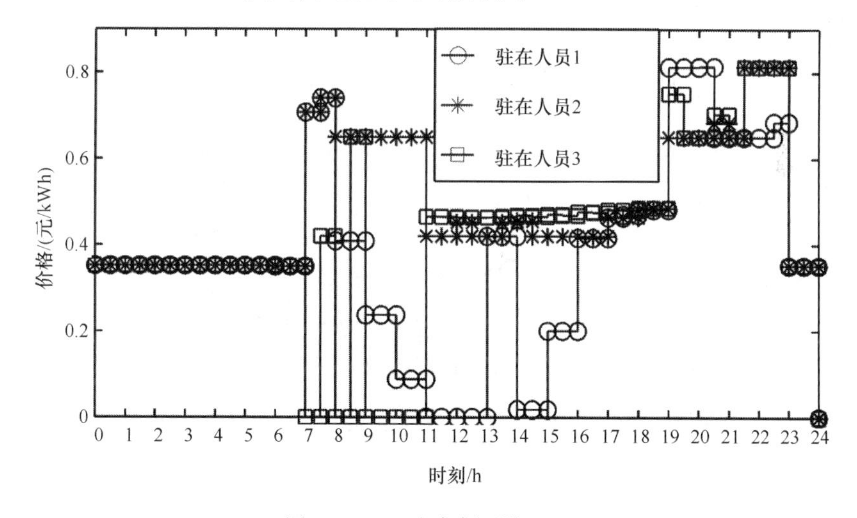

图 9-5-5　三个案例下的 APE

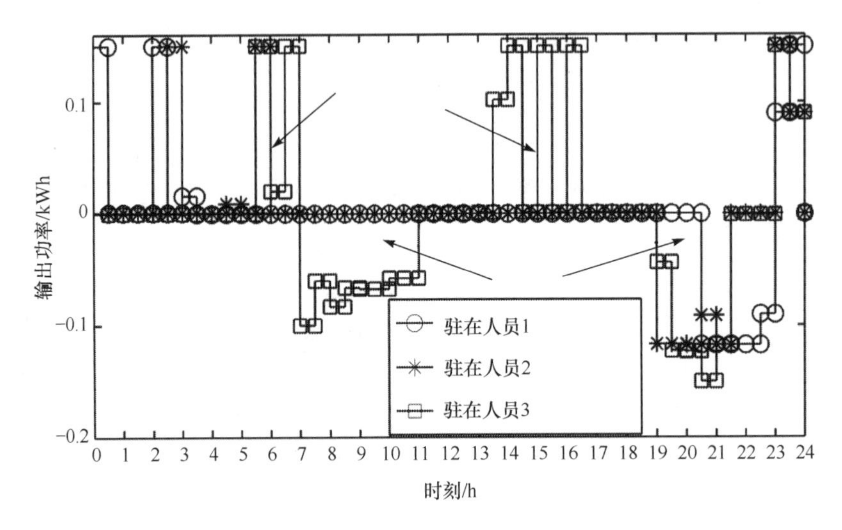

图 9-5-6　蓄电池的输出

如图 9-5-7 所示，电力的需求包括 FCU，照明系统，HVAC 系统的能源消耗，夜间的电力需求较高，因为夜间要使用更多的照明，每个驻在人员对于制冷的需求如图 9-5-8 所示，峰值制冷负荷出现在 7:30～24:00，这是由于夏季室外温度较高，HVAC 系统在 0:00～0:30 进行了预制冷，因为分时电价在这个时间段较低，而在 0:30～7:00 并没有进行预制冷，这是因为在这个时间段，室外的温度较低。三个案例中对于电力的需求分别为 13.79kWh，16.86kWh，24.6kWh，成本分别为 7.17 元，8.17 元和 14.58 元，需要指出的是案例 1 中人员消耗的能量比案例 3 中人员所消耗的能量少 44%，这进一步说明了通过供应端和需求端的协调控制可以达到节能的目的。

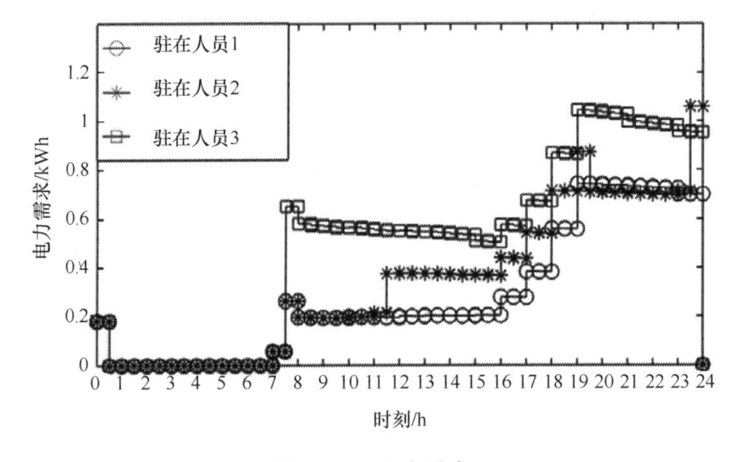

图 9-5-7　电力需求

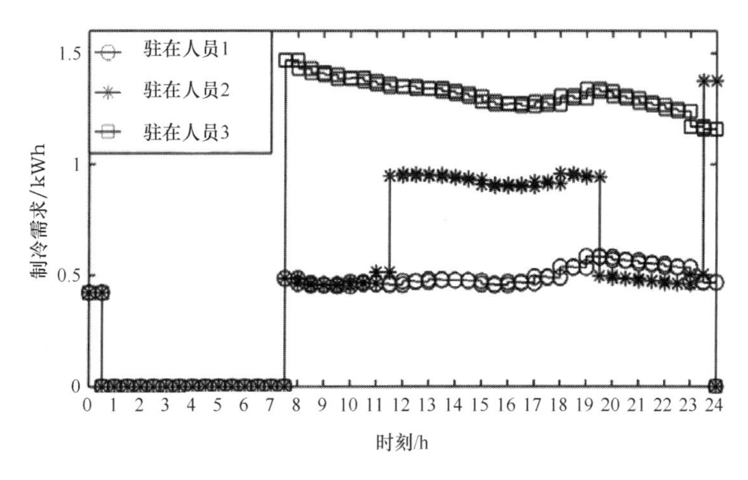

图 9-5-8　制冷需求

2. 两种求解方式的对比

本节我们比较了三种案例下两种算法的性能，三个案例分别为一个房间、一幢有 9 个房间的建筑和有 100 个房间的建筑。假设供能设备的容量与房间的数目成比例，在两种方法中，对于案例 1 和案例 2，利用 CPLEX 求解时的相对对偶间隙的比例均为 0.01，在案例 3 中，决策变量有 400000 个，基于求解速度和时间的考虑，相对对偶间隙设置为 0.05，在第二种方法中，案例 1 和案例 2 中 $\varepsilon=0.00001$，案例 3 中 $\varepsilon=0.0005$，数值计算结果如表 9-5-2 和表 9-5-3 所示。

表 9-5-2　方法 1 和方法 2 求解的总成本

方法 1	总成本/元		
	1 房间	9 房间	100 房间
	7.17	84.83	930.35
方法 2	**总成本/元**		
	1 房间	9 房间	100 房间
1	7.23	84.95	922.78
2	7.19	86.66	982.49
3	7.19	87.67	989.65
4		87.55	976.04
5		87.94	990.01
6		87.23	1007.05

续表

方法 2	总成本/元		
	1 房间	9 房间	100 房间
7		87.23	993.85
8			1008.97
9			980.37
10			980.52
结果	7.19	87.23	980.52

表 9-5-3　方法 1 与方法 2 的求解时间

	求解时间/s		
	1 房间	9 房间	100 房间
方法 1	26	2523	30436
方法 2	12	768	12772

如表 9-5-2 和表 9-5-3 所示，方法 2 的结果与方法 1 的结果相近，所有三个案例测试中，方法 2 的性能比方法 1 稍差，三个案例中相对性能差分别为 0.28%、2.83%和 5.39%；方法 2 比方法 1 在求解过程中要快很多，三个案例中方法 2 的求解时间分别为方法 1 的 46.15%、30.44%和 41.96%，这表明在所有的三个案例中方法而在性能方面仅仅比方法 1 下降 6%，而在计算时间方面却减少了至少一半，相对对偶间隙的大小对求解时间即解的效果影响较大，在案例 1 中，如果将相对对偶间隙设置为 0.0015，那么方法 2 可以获得与方法 1 同样的解。

9.6　本章小结

能源电力系统的需求响应是信息物理融合能源系统的重要特征。本章着重介绍了电动汽车和高耗能企业这两类典型柔性能源需求的控制与优化。通过理论分析和实验仿真，我们发现利用所提出的“最低费用-最小波动”优化模型，可以在总充电费最低的前提下，将充电负荷的波动降到最小，结果可以作为充电设施建设的参考。

对于高耗能企业，本章提出了一个一体化调度高耗能企业内部可调度资源的模型，以在日常操作中节省企业用电成本。研究结果表明：①一体化调度能够降低企业用电成本。②副产煤气柜在分时电价下降低企业用电成本方面具有重要作用。③根据对企业买/卖电价格、自发电成本和单位用电成本之间关系的分析，总结出了一些调度原则。

对于楼宇建筑多能源系统的多阶段调度问题，本章提出了非线性规划模型。研究结果表明，可以在满足人员舒适性的同时，通过有效调度多种能源，降低建筑从城市电网获取的电能，提高建筑的整体能效。

本章的主要内容基于作者及课题组的相关研究工作[49-51]。

参 考 文 献

[1] Albadi M, El-Saadany E. A summary of demand response in electricity markets. Electric Power Systems Research, 2008, 78(11): 1989-1996.

[2] Hobbs B, Roure H, Hoog D. Measuring the economic value of demand-side and supply resources inintegrated resource planning models. IEEE Trans on Power Systems, 1993, 8(3): 979-987.

[3] Federal Energy Regulatory Commission. Assessment of demand response and advanced metering: 2007 staff report [EB/OL]. [2007-09-13]. http://www. ferc. gov/legal/staff-reports/09-07-demand-response. pdf.

[4] US Department of Energy. Benefits of demand response inelectricity markets and recommendations for achieving them: A report to the United State Congress pursuant to section 1252 of the Energy Policy Act of 2005 [EB/OL]. [2007-07-21]. http://www. oe. energy. gov/Documents and Media/congress_1252d. pdf.

[5] Federal Energy Regulatory Commission. Assessment of demand response and advanced metering: 2006 staff report [EB/OL]. [2007-07-21]. http://www. ferc. gov/legal/staff-reports/demand-response. pdf.

[6] Duvall M, Knipping E, Alexander M, et al. Environmental assessment of plug-in hybrid electric vehicles. Volume 1: Nationwide greenhouse gas emissions. Palo Alto, CA: Electric Power Research Institute, 2007, 1015325.

[7] 中华人民共和国科技部．电动汽车科技发展“十二五”专项规划[EB/OL]. http://www. gov. cn/zwgk/2012-04/20/content_2118595. 2012 年 8 月 7 日．

[8] Boulanger A, Chu A, Maxx S, et al. Vehicle Electrification: Status and Issues. Proceedings of the IEEE, 2011, 99(6): 1116-1138.

[9] 高赐威，张亮．电动汽车充电对电网影响的综述．电网技术，2011，32(2): 127-131.

[10] Claire W. Plug-in hybrid electric vehicle impacts on hourly electricity demand in the United States. Energy Policy, 2011, 39(6): 3766-3778.

[11] Qian K, Zhou C, Allan M, et al. Modeling of load demand due to EV battery charging in distribution systems. IEEE Transactions on Power Systems, 2011, 26(2): 802-810.

[12] Ashtari A, Bibeau E, Shahidinejad S, et al. PEV charging profile prediction and analysis based on vehicle usage data. IEEE Transactions on Smart Grid, 2012, 3(1): 341-350.

[13] Sungwoo B, Kwasinski A. Spatial and temporal model of electric vehicle charging demand. IEEE Transactionson Smart Grid, 2012, 3(1): 394-403.

[14] Santos A, McGuckin N, Nakamoto H, et al. Summary of travel trends: 2009 national house-

hold travel survey, Demographics, 2011.

[15] Heydt G. The impact of electric vehicle deployment on load management strategies. IEEE Transactions on Power Apparatus and Systems, 1983, PAS-102(5): 1253-1259.

[16] Camus C, Farias T, Esteves J. Potential impacts assessment of plug-in electric vehicles on the Portuguese energy market. Energy Policy, 2011, 39(10): 5883-5897.

[17] Justine J, Fiona O, Tim N. Electric vehicles in australia's national electricity market: Energy market and policy implications. The Electricity Journal, 2012, 25(2): 63-87.

[18] Wang L. Potential impacts of plug-in hybrid electric vehicles on locational marginal prices. IEEE Energy 2030 Conference, Atlanta 2008, 57(8): 1-7.

[19] Grahn P, Soder L L. The customer perspective of the electric vehicles role on the electricity market. Energy Market(EEM), 2011 8th International Conference on the European, Zagreb, 2011: 141-148.

[20] Papadaskalopoulos D, Strbac G. Participation of electric vehicles in electricity markets through a decentralizedmechanism. 2011 2nd IEEE PES International Conference and Exhibition on Innovative Smart Grid Technologies(ISGT Europe), Manchester, 2011: 1-8.

[21] Willett K, Jasna T. Vehicle-to-grid power fundamentals: Calculating capacity and net revenue. Journal of Power Sources, 2005, 144(1): 268-279.

[22] Willett K, Jasna T. Vehicle-to-grid power implementation: From stabilizing the grid to supporting large-scale renewable energy. Journal of Power Sources, 2005, 144(1): 280-294.

[23] Ashtari V, Bibeau E, Shahidinejad S, et al. PEV charging profile prediction and analysis based on vehicle usage data. IEEE Transactions on Smart Grid, 2012, 3(1): 341-350.

[24] Adornato B, Patil R, Filipi Z, et al. Characterizing naturalistic driving patterns for plug-in hybrid electric vehicle analysis. IEEE Vehicle Power and Propulsion Conference, Dearborn 2009.

[25] Ashtari A, Bibeau E, Shahidinejad S. WPG01 driving cycle 2010 [EB/OL]. [2013-05-05]. http://dx.doi.org/10.5203/ds_bib_2.

[26] Federal Highway Administration U. S. Department of Transportation. 2009 National Household Travel Survey. [EB/OL]. [2013-05-05]. http://www.fhwa.dot.gov/policyinformation/nhts.cfm.

[27] González M, Hidalgo C, Barabási A. Understanding individual human mobility patterns. Nature, 2008, 453: 779-782.

[28] Wang D, Wang H, Wu J, et al. Optimal aggregated charging analysis for PEVs based on driving pattern model. IEEE Power and Energy Society General Meeting, Vancorver, 2013.

[29] Daryanian B, Bohn R, Tabors R. Optimal demand-side response to electricity spot prices for storage-type customers. IEEE Transactions on Power Systems, 1989, 4(3): 897-903.

[30] Kim J, Yi H, Han C. A novel MILP model for plant wide multiperiod optimization of byproduct gas supply system in the iron and steel making process. Chemical Engineering Research Design, 2003, 81(8): 1015-1025.

[31] Valemziela J,Thimmapuram P,Kim J. Modeling and simulation of consumer response to dynamic pricing with enabled technologies. Applied Energy,2012,96:122-132.

[32] Cappersa P,Goldmana C,Kathanb D. Demand response in U. S. electricity markets:Empirical evidence. Energy,2010,35(4):1526-1535.

[33] Aalami H,Moghaddam M,Yousefi G. Demand response modeling considering Interruptible/Curtailable loads and capacity market programs. Applied Energy,2010,87(1):243-250.

[34] Carrion M,Philpott A,Conejo A,et al. A stochastic programming approach to electric energy procurement for large consumers. IEEE Transactions on Power Systems,2007,22(2):744-754.

[35] Li Y,Flynn P. Electricity deregulation,spot price patterns and demand-side management. Energy,2006,31(6-7):908-922.

[36] Nolde K, Morari M. Electrical load tracking scheduling of a steel plant. Computers and Chemical Engineering,2010,34(11):1899-1903.

[37] Fanger P. Thermal Comfort. Copenhagen. Denmark:Danish Tech. Press,1970.

[38] Asadi E,Silva M,Antunes C,et al. A multi-objective optimization model for building retrofit strategies using TRNSYS simulations,GenOpt and MATLAB. Building Environ. ,2012,56:370-378.

[39] Hazyuk I, Ghiaus C, Penhouet D. Optimal temperature control of intermittently heated buildings using model predictive control:Part Building modeling. Building Environ. ,2012,51:379-387.

[40] Yang R,Wang L. Development of multi-agent system for building energy and comfort management based on occupant behaviors. Energy Buildings,2013,56:1-7.

[41] Zhao Y, Zhao Q, Wang F, et al. On-line adaptive personalized dynamic thermal comfort (PDTC) model using recursive least square estimation. Proc. Int. Conf. Intell. Buildings Manage. ,Singapore,2011:275-279.

[42] Peschiera G, Taylor J, Siegel J. Response-relapse patterns of building occupant electricity consumption following exposure to personal,contextualized and occupant peer network utilization data. Energy Buildings,2010,42:1329-1336.

[43] Sun B,Luh P,Jia Q,et al. Building energy management:Integrated control of active and passive heating,cooling,lighting,shading,and ventilation systems. IEEE Transactions on Automation Science and Engineering,2013,10(3):588-602.

[44] Waugaman D,Kini A,Kettleborough C. A review of desiccant cooling system. J. Energy Resources Technol. ,1993,115(1):1-8.

[45] Mossolly M,Ghali K,Ghaddar N. Optimal control strategy for a multi-zone air conditioning system using a genetic algorithm. Energy,2009,34:58-66.

[46] Development unit of DeST in Tsinghua University,Building Environmental System Simulation and Analysis-DeST. Beijing,China:China Architecture & Building Press,2005,ch. 5.

[47] Lai Z. Simulation of quasi-steady state model for BCHP system. M. S. thesis. Beijing. Ts-

inghua Univ. ,2009.

[48] Gazoli J,Filho E. Modeling and circuit-based simulation of photovoltaic arrays. Proc. Brazilian Power Electron. Conf. (COBEP'09),Brazil,2009:1244-1254.

[49] 王兆杰.需求响应视角下的高耗能企业产储耗协调电能调度．西安:西安交通大学博士学位论文,2014.

[50] 王岱.考虑电动汽车接入的智能电网需求侧响应的研究．西安:西安交通大学博士学位论文,2015.

[51] Xu Z,Jia Q S,Guan X. Supply demand coordination for building energy saving:Explore the soft comfort. IEEE Transactions on Automation Science and Engineering, 2015, 12: 656-666.

第 10 章　信息物理融合能源系统的网络重构

本章提要

网络可靠性是信息物理融合能源系统正常运行的基础，网络连通性是信息网络功能完整性的基础。异常情况下网络保持连通性是信息物理融合能源系统实现运行鲁棒性的重要指标。本章从典型信息物理融合能源系统中大量异质网络共存的特点出发，同时考虑到无线网络具有的高自组织能力，提出了一种异质网络互连重构的框架，通过在有线网络化系统中添加无线通信资源，使其具有无线重构能力。对于一连通和不连通的信息物理融合能源系统，提出了无线资源的最优化配置方法，实现了系统的二连通，及二连通下的通信效率最高；对于在异常事件下，信息物理融合能源系统的通信节点在遭受到部分损失之后，提出了最小资源重构方法，实现了最小代价下的网络重构。

10.0　本章符号列表

符号	含义
$C(G)$	G 的连接度
$D_G(R)$	G 的可重构距离
$D_v(R)$	节点 v 到 R 的最短距离
D_R	R 的直径
$d(v)$	节点 v 的度
$d(v,v')$	节点 v,v' 的最短距离
E	图中的边集合
G	表示混合网络拓扑的图
G'	G 的等效网络图
P^R	网络化系统的可重构配置位置
R	可重构节点团
Tree	G 的树形子集
V	图中的节点集合
$V(G)$	图 G 的节点集合
γ	网络化系统通过重构恢复的网络化系统的比率

10.1 网络化系统拓扑鲁棒性与重构概述

信息物理融合能源系统是信息网络与能源系统高度融合的系统。网络可靠性是信息物理融合系统正常运行的基础。网络连通性是网络功能完整性的基础。异常情况下网络保持连通性是信息物理融合能源系统实现运行鲁棒性的重要指标。度量节点移除对网络连通的破坏程度,反映了网络的拓扑鲁棒性[1],是所有网络化系统可靠性的具体指标之一。例如,智能建筑控制系统和应急响应系统等要求拓扑鲁棒性[2]。然而,当前的信息物理融合基础设施中,大量的网络化系统共存,各自为政、不能互通,造成了大量的资源冗余及面对应急事件由于局部设备损失导致系统失效的脆弱性。

已有很多研究工作从分析导致网络化系统失效因素的角度研究系统可靠性的,如采用一些应急事件模型和相应方法来避免系统失效,有兴趣的读者可以参考文献[3]~[7]。以下我们侧重于讨论如何提高系统拓扑鲁棒性的问题。

在提高网络化系统的拓扑鲁棒性中,其中一个重要的方面就是增加系统的链路或者节点冗余。例如,有些研究侧重在通过增加一些冗余链路或者对现有网络化系统链路进行改造以提高系统的拓扑连通度[8-13]或者降低拓扑直径[14]。然而这样的工作主要针对有线网络化系统,系统的链路极易受到火灾、设备故障或其他应急事件的毁坏,并且增加冗余链路成本和施工复杂度等都较高。考虑到信息物理融合能源系统中各种网络的大量共存,部分研究者通过利用协议集成实现了共存网络之间的通信[15],如利用 TCP/IP[16,17]、BACnet/IP[18]、UPnP[19]和中间件技术。这样的在协议层面的集成增加了系统拓扑的“软”连通性,在一定程度上增加系统的拓扑鲁棒性。然而由于这样的集成协议往往是在应用层实现的,协议交互效率较低,因此协议集成对于实时性要求较高的网络化系统有一定的局限性。

随着无线通信技术的发展,如 ZigBee[20]、WirelessHART[21]和 ISA100[22],无线通信的能力也逐渐加强,在包括实时性要求高的工业现场也得到了广泛应用。因此利用增加无线通信来提高有线网络化系统的可靠性和效率成为了可能[23,24]。然而在工程应用中,不可能大量地增加无线资源,因为会造成大量的资源浪费,所以考虑到成本问题,一般将二连通性作为配置无线资源的硬约束[25,26],二连通指的是网络中任意两点之间都存在至少两条不相交的路径。对于实时性要求高[14]的网络化系统,网络效率如传输延时等也是需要考虑的指标。因此本章考虑网络图的二连通度作为资源配置的约束条件,把某种衡量网络效率的指标作为优化的目标函数。

在已有研究中,有些问题已被证明是比较难的。例如,在给定一个网络拓扑中添加冗余资源问题,其中一个典型问题是最大直径边添加问题(maximum diameter edge addition，MDEA）[27]，“给定一个网络图 G，是否通过添加 k 条边，可以使得添加边后的超图 G' 拥有不大于 D 的网络直径”，已经被证明为 NP 完全的。另外已有的方法也不能直接应用于我们的有线网络化系统中添加无线节点的问题，例如，最低度优先添加边方法（lowest degree preference addition，LDPA）[9]是为有线网络化系统中添加冗余链路问题而提出的，但对于我们的问题，其效果不是最优的，因为我们的资源配置问题中，添加一个无线节点跟传统的添加一条链路是不同的，添加一个无线节点意味着在可覆盖区域添加所有的无线通信链路。因此同时具有网络连通度需求和网络直径需求的有线网络和无线网络互连拓扑优化问题是具有一定挑战性的，据我们所知，目前并没有很好的方法解决该问题。

我们首先对在构建在有线网络基础上的信息物理融合能源系统中通过增加无线通信资源实现系统二连通性并具有最高效率的拓扑重构资源配置问题进行建模，其中，定义了一个可重构距离的度量指标，用来衡量网络的拓扑直径，能在一定程度上反映网络的通信效率。其次提出了该配置资源的求解算法，然后也考虑了系统部分节点损失后以最小代价重构网络拓扑的算法以保证系统的连通性要求。由于拓扑重构资源配置问题求解过程，涉及选择节点增加无线通信资源，是一个节点组合问题，完全搜索节点具有组合爆炸的复杂性，我们提出了一个等效网络图的概念，这个等效网络图是对原网络化系统拓扑的简化，具有无环的特点。在对网络化系统的拓扑结构进行简化后，在全节点集合中搜索待增加无线资源的节点转换成了在局部的节点集合中搜索，并且每个待增加无线网络资源的节点的搜索空间之间都不相交。由此极大地降低了搜索最优节点组合的复杂性。本章中所有的算法均通过数值实验进行了验证。

本章内容主要基于文献[29]中的研究工作。

10.2　混合网络拓扑重构模型

混合网络的拓扑结构以图 $G=(V,E)$ 表示。$C(G)$ 表示图 G 的连通度[28]，定义为使得图 G 不连通所需要去掉的最小节点数目。$V(G)$ 表示图 G 的节点集合；$d(v)$ 表示节点 v 的连接度，定义为与节点 v 连接的链路数。

如果 $C(G)=k$，图 G 定义为 k-连通的或者称图 G 具有 k-连通性；如果 $C(G)=0$，图 G 定义为不连通的。另外，2-连通的也被称为二连通的，2-连通性被称为二连通性。

如果存在 $v_1, v_2 \in V(G)$ 满足节点 v_1 和 v_2 之间有两条不相交路径，则称图 G 是有环的。

如果一个节点没有链路相连，则称这个节点为孤立点。

图 G 的生成树 Tree 定义为图 G 的一个树形子图，满足满足 $V(\text{Tree})=V(G)$。

图 G 的最小生成树 Tree 定义为图 G 的一个生成树，满足生成树 Tree 中的节点到根节点的路径是图 G 中对应节点的一条最短路径，这里假设图 G 中的所有链路的权重为 1。

定义可重构节点团以 R 表示如下：

$$R=\{V_R,E_R\} \tag{10-2-1}$$

其中，$V_R\subset V$，$E_R=\{(v_i,v_j)\mid v_i,v_j\in V_R\}$，并且 V_R 中的所有节点都具有无线通信的能力，组成一个无线网络。本章假设所有无线节点之间可通过一个无线覆盖网络可达。考虑到给定 V_R，由于无线覆盖范围约束，E_R 也就随之确定。因为本章将可重构团简记为

$$R=\mathcal{C}(V_R) \tag{10-2-2}$$

定义 10.1　可重构距离定义为图 G 中的节点距离可重构团 R 的最短距离的最大值，表示为

$$D_G(R)=\max_{v\in V}\{\min_{r\in R}\{d_{v,r}\}\} \tag{10-2-3}$$

其中，$d_{v,r}$表示节点 v 和 r 之间的最短距离。

可重构距离在一定程度上反映了网络化系统配置之后的直径。网络化系统配置之后的直径不会大于 $2\cdot D_G(R)+D_R$，其中 D_R 表示可重构团 R 的直径。因此可重构距离在一定程度上保证了网络化系统的通信效率(以通信延时衡量)。

10.2.1　重构资源配置问题

我们将系统正常工作情况下的拓扑重构资源配置问题建模成连通度约束下的可重构距离最小化问题。

问题 10.1　[拓扑重构资源最优配置问题，OCP]

即寻找满足下述条件的可重构节点团：

$$R_{\text{opt}}(G)=\arg\min_{R}\{D_G(R)\mid R\in\mathfrak{R}_{\min}\}$$

其中，$\mathfrak{R}_{\min}$表示图 G 的最小可重构节点团的集合。而 G 的最小可重构节点团指在添加该节点团后使网络达到二连通条件下包含节点数最少的可重构节点团，即 $\mathfrak{R}_{\min}=\arg\min_{R}\{|R\|C(G\cup R)\geqslant 2\}$，其中 $|R|$ 表示 R 的大小。

10.2.2　拓扑重构策略问题

通过资源优化配置的可重构无线通信资源，由于在系统正常运行的时候是一些冗余资源，因此为了降低能耗，这些可重构资源在系统正常运行时是不使用的。当系统出现故障，如部分节点失效之后，系统需要启用部分可重构资源，对系统拓扑实现重构，作为对故障的应急响应，以保证系统正常工作的连通性要求，在重构过程中也要考虑重构的代价。本章考虑的拓扑重构策略以给定故障情况下投入使

用的重构节点的最小数量为搜索目标。

以 $\hat{G}$ 表示损失的节点及其与它们相连的链路组成的子图，以 $\bar{G}=G-\hat{G}$ 表示原网络图 G 中去掉子图 $\hat{G}$ 之后剩余的网络图。假设剩余网络图 $\bar{G}$ 具有连通子图为 $G_1, G_2, \cdots$。另外定义一个网络图 G 最大的连通子图为 $G_{\text{submax}}(G)$。则本章研究的网络拓扑重构问题表示以下问题。

问题 10.2 [拓扑重构策略问题，TRP]

寻找 R_{opt} 的最小子图 R_{TRP}，满足剩余网络图 $\bar{G}$ 中重构节点团 R_{TRP} 之后的网络图 $\bar{G}\cup R_{\text{TRP}}$ 的最大的连通子图 $G_{\text{submax}}(\bar{G}\cup R_{\text{TRP}})$ 是最大的，也就是

$$R_{\text{TRP}}=\arg\min_{R\subset R_{\text{opt}}}\{|R|\mid |V(G_{\text{submax}}(\bar{G}\cup R))|=V_{\max}\}$$
$$V_{\max}=|V(G_{\text{submax}}(\bar{G}\cup R_{\text{opt}}))| \tag{10-2-4}$$

拓扑重构策略问题的解集表示为 $\Re_{\text{TRP}}$，满足 $R_{\text{TRP}}\in\Re_{\text{TRP}}$。

为了展示网络化系统重构的性能，本章定义一个指标 γ 如下：

$$\gamma=\frac{V_{\max}}{|V(G-\hat{G})|} \tag{10-2-5}$$

指标 γ 表示了网络化系统通过重构恢复的网络化系统的比率。网络化系统最优可重构配置 R_{opt} 之后具有二连通度性能，因此很显然，可以保证如果 $|\hat{G}|=1$，则重构 R_{opt} 后，$\gamma=1$ 成立。

10.3　混合网络拓扑重构的优化方法

在给出本章提出的拓扑重构资源最优配置和给定故障下的最优拓扑重构策略问题求解算法之前，首先来介绍面向可重构问题研究，我们所引入的等效网络图的概念。它是设计算法的基础。

定义 10.2　块 B 定义为图 G 的一个子图，满足至少是二连通的并且 B 中的节点至多只有一条路径与 B 之外(或者子图 $G-B$)的节点连接。

如果块 B 中的节点与 B 之外(或者子图 $G-B$)的节点有链路相连，则称这个节点为 B 的边缘节点，否则称为 B 的内部节点。本章用 $\text{In}(B)$ 表示块 B 的内部节点集合。另外我们定义块内部的链路为内部链路。如图 10-3-1 所示，a，b 和 c 是图 G 的三个块，节点 3 和 4 是块 a 的边缘节点，节点 1 和 2 块 a 的内部节点，链路(3,4)，(4,1)，(1,2)和(2,3)是块 a 的内部链路。

另外，如果块 B 没有边缘节点，也就是块 B 中的节点与 B 之外的节点没有路径相通，则称 B 为孤立块。

定义 10.3　等效网络图定义为网络化系统中通过下面变换之后的简化网络图，将块的内部节点压缩替换成一个节点，称为替换节点，块内的所有内部链路替换成替换节点到该块的边缘节点之间的链路。

在图 10-3-1，图 G' 是图 G 的等效网络图，图 G 中的块 a，b 和 c 被压缩替换成图 G' 中的节点 a'，b' 和 c'，块 a，b 和 c 中的所有内部链路被替换成图 G' 中的新链路 $(3,a')$，$(4,a')$，$(5,b')$ 和 $(5,c')$。

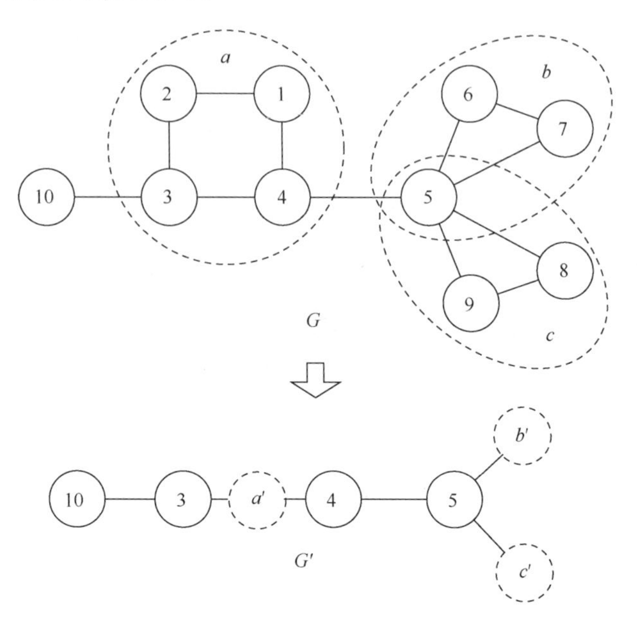

图 10-3-1　网络化系统拓扑图及其等效网络示

定义 10.4　网络化系统的可重构配置位置 P^R 定义为对应到等效图 G' 中的悬挂点(度为一的节点)的系统拓扑图 G 中的节点或者块的内部节点的集合。具体的，对于 G' 中的每个悬挂点 $v'(v'(d(v')=1, v'\in V(G')))$，根据情况不同定义如下：如果 v' 是一个图 G' 中的替换节点，B 是图 G 中对应于图 G' 中的替换节点 v' 的块，则对应于图 G' 中的替换节点 v' 的可重构配置位置定义为 $P^R=\{\text{In}(B)\mid d(v')=1, v'\in V(G')\}$，否则我们将可重构配置位置定义为 $P^R=\{v\mid v=v', v\in V(G)\}$。

如图 10-3-1 所示，节点 10、块 b 的内部节点 6 和 7、块 c 的内部节点 8 和 9 都是图 G 所对应系统的可重构配置位置，也就是 $P_1^R=\{10\}$、$P_2^R=\{6,7\}$ 和 $P_3^R=\{8,9\}$ 是图 G 中的所有可重构配置位置。

本章后续部分，以 G 和 G' 表示原网络化系统拓扑图及其等效网络图，以 B_i，$i=1,2,\cdots,m$ 和 P_i^R，$i=1,2,\cdots,k$ 分别表示网络图 G 的块和可重构配置位置。以下，在不致混淆的情况下，我们常略去可重构配置位置符号 P_i^R 的上标"R"而简写作 P_i。

10.3.1 最优配置问题解的属性

1) G 是1-连通的情形

引理 10.1 G'是无环的。

证明(概略) 因为一个环是二连通,如果在G'中存在一个环c,则必有

$$\exists B_i, i\in\{1,2,\cdots,m\},\quad \text{满足 } c\subset B_i$$

这是与等效网络图的定义,等效网络图无块结构相矛盾的,所有G'必定是无环的。

证明完毕。

引理 10.2 若记等效图G'的一个保证G'二连通的最小可重构团为$R_{\min}(G')=(V'_R)$,则$V'_R=\{v\,|\,d(v)=1, v\in V(G')\}$,即可重构团只需要覆盖$G'$的所有悬挂节点。

证明 我们首先证明

$$V'_R\supset\{v|d(v)=1, v\in V(G')\}$$

反证法证明,假设存在一个悬挂点$u\in V(G')$未被可重构团覆盖,即满足

$$d(u)=1,\quad u\notin V'_R$$

那么假设在G'中连接到节点u的节点是w。如果节点w被除去,则节点u成为G'重构后的孤立点,这与G'重构后的二连通性矛盾

$$C(G'\cup R_{\min}(G'))\geqslant 2$$

下面我们证明

$$V'_R\subset\{v|d(v)=1, v\in V(G')\}$$

同样,反证法证明,假设

$$V'_R\not\subset\{v|d(v)=1, v\in V(G')\}$$

因为在连通的网络图中没有孤立点,所以对于任意的$v\in V(G')$都有$d(v)\neq 0$,则存在一个节点$u\in V(G')$满足

$$d(u)>1,\quad u\in V(G')$$

以节点u为根节点生成树 Tree,对于生成树 Tree,我们很容易得到

$$C(G'\cup\mathcal{C}(\{v|d(v)=1\}))\geqslant 2$$

这意味着

$$u\notin V'_R$$

因为$R_{\min}(G')$是G'的一个最小可重构团。

所以

$$V'_R=\{v|d(v)=1, v\in V(G')\}$$

证明完毕。

定理 10.1 $R_{\min}(G)=\mathcal{C}(V_R)$,$V_R=\{v_1,v_2,\cdots,v_k\}$,$v_i\in P_i$,$i=1,2,\cdots,k$。

证明 由引理10.1,G'是无环的。再由引理10.2,我们有

$$R_{\min}(G')=\mathcal{C}(V'_R)$$

$$V'_R=\{v'_1,v'_1,\cdots,c'_k\mid v'_i\in V(G'),d(v'_i)=1\}$$

假设 G 中对应于 v'_i 的可重构配置位置是 P_i。

下面证明可重构团要保证系统的二连通性，必须要覆盖到所有的可重构配置位置(即该团的顶点至少要包含每个可重构配置位置中的节点)，即如果

$$R=\mathcal{C}(V_R)\in\Re_{\min}(G)$$

那么一定有

$$V_R=\{v_1,v_2,\cdots,v_k\mid v_i\in P_i\}$$

首先证明

$$C(\bar{G})\geqslant 2,\quad \bar{G}=G\cup R$$

反证法，假设 $C(\bar{G})<2$，则在 $\bar{G}$ 中至少存在一个节点可以分割图 $\bar{G}$。由可重构配置位置的定义有，在 $\bar{G}$ 中至少存在一个可重构配置位置没有被覆盖，这说明在 G 中也至少存在一个可重构配置位置没有被覆盖，假设这个可重构配置位置为 P。对应于 P，在 G' 中存在一个顶点 v 满足 $d(v)=1$，节点 v 没有被覆盖，这是与 $C(G'\cup R_{\min}(G'))\geqslant 2$ 相矛盾的。

然后，我们证明 R 是最小的。选择任意一个

$$\hat{R}=\mathcal{C}(\hat{V}),\hat{V}=\{v_1,\cdots,v_j,v_j+1,\cdots,v_k\},$$

其中，$v_i\in P_i,i=1,\cdots,k,i\neq j\}$，满足 $|\hat{R}|<|R|$，也就是 P_j 未被覆盖，这意味着 v 中的节点与外部节点仅通过 P_j 的边缘节点相连。因为 P_j 是一个可重构配置位置，所以它仅有一个边缘节点。这就意味着如果 P_j 的边缘节点丢失了，$G\cup\hat{R}$ 将是不连通的，也就是

$$C(G\cup\hat{R})<2$$

所以证明了 R 是最小的。

因此证明有

$$R=\mathcal{C}(V_R)\in\Re_{\min}(G)\tag{10-3-1}$$

证明完毕。

定理 10.1 告诉我们保证 G 的二连通所需要配置的最小可重构团都可以用它的等效网络图 G' 的可重构配置位置集合来确定。在图 10-3-2 的例子中，对于图 G，由可重构配置点的定义，我们有 $P_1=\{1,2,4\}$ 和 $P_2=\{6\}$ 是图 G 的可重构配置位置，并且 $R_1=\mathcal{C}(\{6,1\})$，$R_2=\mathcal{C}(\{6,2\})$ 和 $R_3=\mathcal{C}(\{6,4\})$ 是图 G 的最小可重构团的集合。所以为了确定图 G 的最小可重构团，主要的任务转换成了构造图 G 的等效网络图，为了构造等效网络图，我们需要首先获得图 G 的所有块，后面给出了寻找图 G 块的算法。

为了简单，我们采用集合序列运算来描述我们的算法。定义 $A-B$ 为从序列 A 中剔除序列 B 中的元素，并且保证序列 A 中剩余的元素的顺序不变；定义 $A+B$

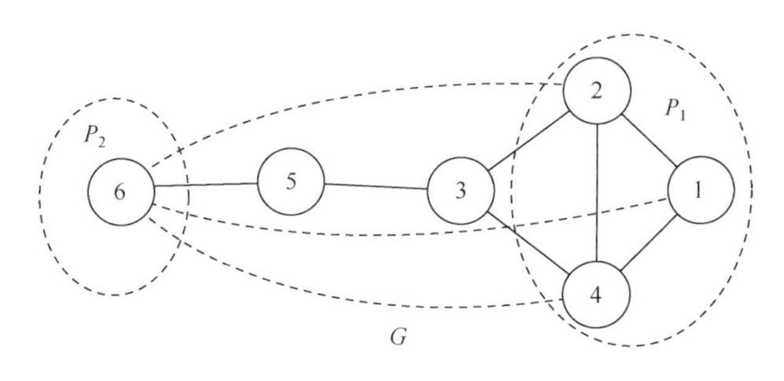

图 10-3-2　图 G 的可重构配置位置及最小可重构团示意图

为在序列 A 中添加与序列 A 中不相同的 B 中的元素。定义 $|A|$ 表示序列 A 的大小，$A(i)(1\leqslant i\leqslant |A|)$ 表示序列 A 中的第 i 个元素。另外定义⊙运算符

$$\rho_1 \odot \rho_2 = \{v_m, v_{m+1}, \cdots, v_{m+a}, v'_{m+1}, \cdots, v'_{m+b}\} \tag{10-3-2}$$

对于集合

$$\rho_1 = \{v_1, \cdots, v_m, v_{m+1}, \cdots, v_{m+a}\}$$
$$\rho_2 = \{v_1, \cdots, v_m, v'_{m+1}, \cdots, v'_{m+b}\}$$

图 10-3-3 给出了一个⊙运算的例子。

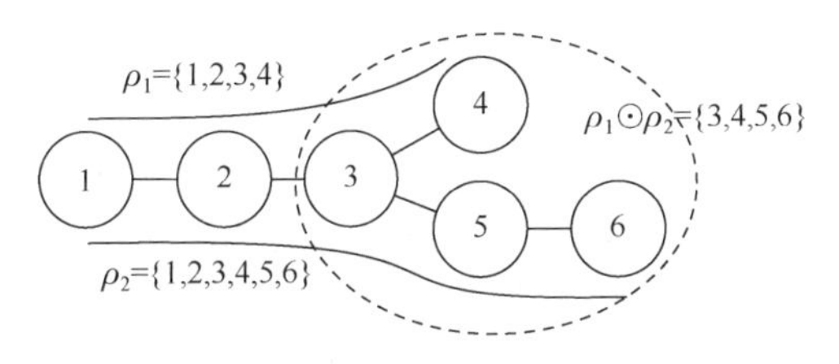

图 10-3-3　⊙运算示意图

算法 10.1 给出了搜索图 G 的块的流程，算法具有多项式时间复杂度 $O(n^2)$。直观地，我们以图 10-3-2 中的图 G 为例，来说明算法搜索的基本流程，如图 10-3-4 所示。搜索完图 G 的所有块之后，对这些块进行压缩替换，生成等效网络图。

算法 10.1：搜索图 G 的块

第 1 步：任意选择一个节点 v，初始化 $\rho_v=\{v\}$，$V^+=\{\}$，$V^-=\{v\}$，$k=1$，然后进行第二步。

第 2 步：定义 $v=V^-(1)$，并且设 $A(v)=\{\mu \mid (v,\mu)\in E(G)\}$，$A^-(v)=A(v)-\rho_v(|\rho_v|-1)$。进行第三步。

第 3 步：对于所有的 $u\in A^-(v)$，执行

{

　　如果 $u\in V^+$，则令 $B=\rho_v\odot\rho_u$，否则令 $\rho_u=\rho_v+\{u\}$。

如果 $\exists k'>0$，满足 $|B\cap B_{k'}|\geqslant 2$，则令 $B_{k'}=B_{k'}\cup B$，否则令 $B_k=B, k=k+1$。

}

然后进行第四步。

第 4 步：$V^-=V^- -\{v\}+A^-(v), V^+=V^+ +\{v\}$。如果 V^- 为空，则算法停止，否则进行第二步。

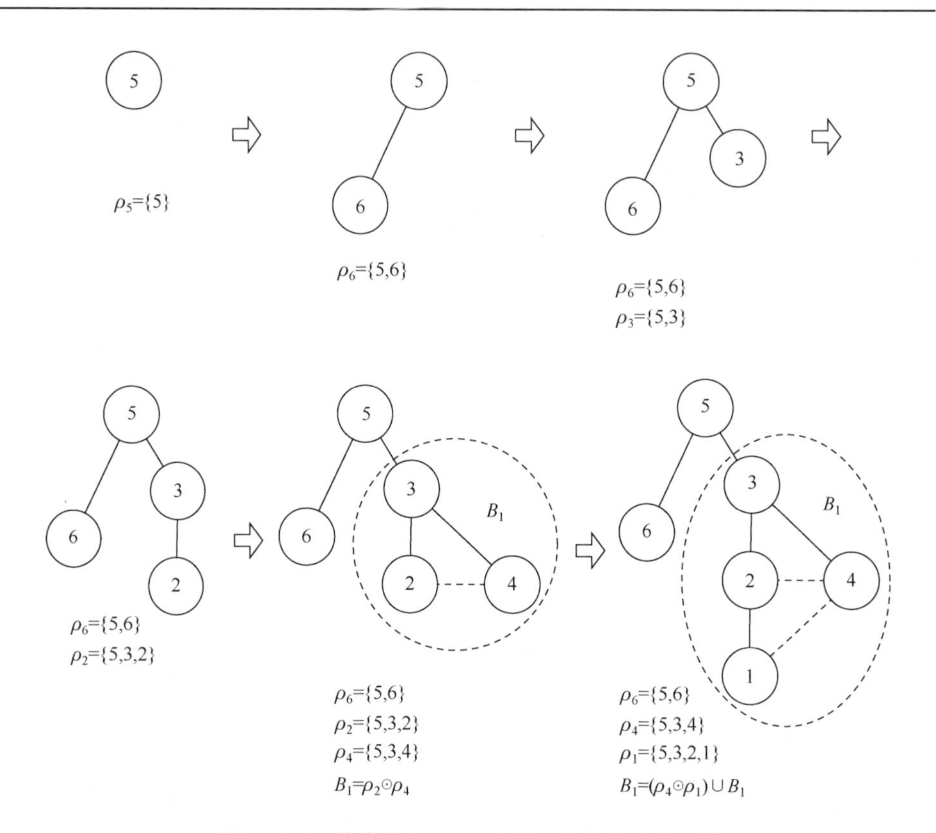

图 10-3-4　搜索图 10-3-2 中图 G 块的算法示意图

2) G 是不连通的

设

$$G=G_1\cup\cdots\cup G_p\cup G_{p+1}\cup\cdots\cup G_{p+q} \tag{10-3-3}$$

其中，$G_i, i=1,\cdots,p$ 是 1-连通子图，$G_i, i=p+1,\cdots,p+q$ 是孤立块，至少为二连通的。

对于这样的图 G 的最小可重构团需满足以下两个特征：

(1) 对于孤立块 $G_i, i=p+1,\cdots,p+q$ 可重构团包含它的两个节点以满足孤立块中的节点到孤立块之外的节点至少存在两条连通路径。

(2) 对于 1-连通图 $G_i, i=1,\cdots,p$ 可重构团的加入使之成二连通的，如前面部分所讨论的。

由于可重构节点的无线覆盖连接，不连通的网络图 G 在经过上面两个操作之后，必然可以达到整体二连通要求。

10.3.2　拓扑重构资源最优配置算法

在建立了保证图的二连通所需要添加的最小可重构团的特征描述基础上，我们可以进而来给出拓扑重构资源最优配置问题 OCP 问题 10.2 的求解算法。回顾问题 10.1 是要寻找规定的图 G 可重构距离最小的最小可重构团。本节讨论仍然分为两种情况，一种是 G 是 1-连通的情况，另一种是 G 是不连通的情况。

1) G 是 1-连通的

因为 G 是 1-连通的，所以有

$$R_{\min}(G)=\mathcal{C}(V_R), V_R=\{v_1,\cdots,v_k\},\quad v_i\in P_i \tag{10-3-4}$$

则 G 的可重构距离最小的最小可重构团为满足条件

$$R_{\text{opt}}=\arg\min_{R_{\min}}\{D_G(R_{\min})\} \tag{10-3-5}$$

$$D_G(R_{\min})=\max_{j\in V}\{\min(d_{j,v_1}),\cdots,\min(d_{j,v_k})\} \tag{10-3-6}$$

其中，$R_{\min}(G)=\mathcal{C}(V_R), V_R=\{v_1,\cdots,v_k\}, v_i\in P_i, i=1,2,\cdots,k$。

为了描述图 G 的拓扑重构资源最优配置方案，我们定义 Γ_h 满足 $V(R)\in\Gamma_h$，$D_G(R)\leqslant h$ 对于 $\forall R\in\mathfrak{R}_{\min}$，也就是，

$$\Gamma_h=\{V(R)\,|\,D_G(R)\leqslant h, R\in\mathfrak{R}_{\min}\} \tag{10-3-7}$$

然后我们有下面的定理。

定理 10.2　最小可重构距离是 h，满足 $\Gamma_{h-1}\in\varnothing$，$\Gamma_h\notin\varnothing$，并且有 $R\in\mathfrak{R}_{\text{opt}}$，$\forall R=\mathcal{C}(r), r\in\Gamma_h$。

定理 10.2 可以由可重构距离、Γ_h 和可重构距离最小的可重构团的定义证明。

用 Tree_v 表示以节点 v 为根节点的最小生成树，$t_v(h)$ 表示在生成树 Tree_v 中深度为 h 的节点集合。$T_v(h)$ 表示生成树 Tree_v 中深度大于等于 h 的节点集合，然后我们有

$$T_v(h)=\sum_{l=h}^{H_v}t_v(l), \tag{10-3-8}$$

其中，H_v 是生成树 Tree_v 的深度。定义 $t_v(P_i,l)$ 和 $T_v(P_i,l), l=0,\cdots,H_v$，满足

$$t_v(P_i,l)=t_v(l)\cap P_i \tag{10-3-9}$$

$$T_v(P_i,l)=T_v(l)\cap P_i=\sum_{l'=h}^{H_v}t_v(P_i,l') \tag{10-3-10}$$

定义 $\Lambda_{l,s}^{v}$ 满足

$$\Lambda_{l,s}^{v}=\{\Lambda_{l,s}^{v}(1),\cdots,\Lambda_{l,s}^{v}(k)\}$$

$$\Lambda_{l,s}^{v}(i)=\begin{cases}t_v(P_i,l), & i=s\\ T_v(P_i,l), & i\neq s\end{cases},\quad i=1,\cdots,k \tag{10-3-11}$$

定义 $\bar{\Gamma}_{l,s}^{v}$ 满足

$$\bar{\Gamma}_{l,s}^{v}=\{V(R)=\{v_1,\cdots,v_k\}\},\quad v_i\in\Lambda_{l,s}^{v}(i) \tag{10-3-12}$$

令 $D_v(R)$ 表示节点 v 到可重构团 R 的最短距离。定义 $\hat{\Gamma}_l^v$ 和 Γ_h^v 满足

$$\hat{\Gamma}_l^v=\{V(R)\mid D_v(R)=l,R\in\Re_{\min}\} \tag{10-3-13}$$

$$\Gamma_h^v=\{V(R)\mid D_v(R)\leqslant h,R\in\Re_{\min}\} \tag{10-3-14}$$

则有

$$\hat{\Gamma}_l^v=\bigcup_{s=1}^{k}\bar{\Gamma}_{l,s}^{v} \tag{10-3-15}$$

$$\Gamma_h^v=\bigcup_{l=0}^{h}\hat{\Gamma}_l^v \tag{10-3-16}$$

所以我们有

$$\begin{aligned}\Gamma_h &=\{V(R)=\{v_1,\cdots,v_k\}\mid D_G(R)=\max_{v\in V}\{D_v(R)\leqslant h\}\}\\ &=\{V(R)=\{v_1,\cdots,v_k\}\mid D_v(R)\leqslant h,\forall v\in V\}\\ &=\bigcap_{v\in V}\Gamma_h^v\\ &=\bigcap_{v\in V}\bigcup_{l=0}^{h}\bigcup_{s=1}^{k}\bar{\Gamma}_{l,s}^{v}\end{aligned} \tag{10-3-17}$$

基于 Γ_h 的关系式和定理 10.2，我们很容易得到拓扑重构资源最优配置算法，见算法 10.2。算法 10.2 具有多项式时间计算复杂度 $O(n^5)$。在算法 10.2 的描述中，Λ^v 是一个队列，其中 Λ^v.Pop( )、Λ^v.Push(*)、Λ^v.GetItem(*)和 Λ^v.GetLength()分别定义为弹出队头的元素，从队尾压入一个元素，以索引获得一个元素和获取队列的长度。另外，对于 $\Lambda=\{\Lambda(1),\cdots,\Lambda(k)\}$，算法 10.2 中我们定义 $\Lambda\notin\varnothing$ 等价于对于所有的 $i=1,2,\cdots,k$ 满足 $\Lambda(i)\notin\varnothing$。

算法 10.2：搜索图 G 的拓扑重构资源最优配置方案

第 1 步：计算生成以根节点 $v\in V(G)$ 的最小生成树 Tree_v。在生成最小生成树 Tree_v 的过程中，记录 $t_v(P_i,l)$ 和 $T_v(P_i,l)$，$l=0,\cdots,H_v$，其中 H_v 是生成树 Tree_v 的深度。

第 2 步：任意选取一个 $V_R=\{v_1,\cdots,v_k\}$，其中 $v_i\in P_i$，$i=1,\cdots,k$，并且初始化 $h=D_G(R)-1$，$V=V(G)$，清空所有的 Λ^v，$v\in V$。

第 3 步：对于所有的 $v\in V$，计算 Λ^v 如下，对于所有的 $l=0,1,\cdots,h$，$s=1,2,\cdots,k$ $\Lambda^v.\text{Push}(\Lambda_{l,s}^v)$，$\Lambda_{l,s}^v=\{\Lambda_{l,s}^v(1),\cdots,\Lambda_{l,s}^v(k)\}$。

第 4 步：选择任意一个节点 $v\in V$，令 $W=V-\{v\}$。

第 5 步：更新 Λ^v 如下，

第 5.1 步：如果 $W\in\varnothing$，进行第 6 步。选在一个节点 $w\in W$，

$l_1=\Lambda^v$. GetLength()；如果 $l_1=0$，进行第 6 步。

$l_2=\Lambda^w$. GetLength()；

$i_1=1$；$W=W-\{w\}$.

第 5.2 步：$\Lambda_1=\Lambda^v$. Pop()，

$i_1=i_1+1$；如果 $i_1>l_1$，进行第 5.1 步，

$i_2=1$.

第 5.3 步：$\Lambda_2=\Lambda^w$. GetItem(i_2).

$\Lambda=\{\Lambda_1(i)\cap\Lambda_2(i), i=1,\cdots,k\}$；

if　$\Lambda\in\varnothing$，Λ^v. Push(Λ).

$i_2=i_2+1$；如果 $i_2>l_2$ 进行第 5.2 步，否则进行第 5.3 步。

第 6 步：如果 Λ^v. GetLength()=0 进行第 9 步，否则进行第 7 步。

第 7 步：如下方式计算 Γ_h，如果 $\Gamma_h\in\varnothing$进行第 9 步，否则进行第 8 步

$\Gamma_h=\{\{v_1,\cdots,v_k\}\mid v_i\in\Lambda(i), i=1,\cdots,k\}$，

$\Lambda=\{\Lambda(1),\cdots,\Lambda(k)\}\in\Lambda^v$.

第 8 步：选择一个 $V_R\in\Gamma_h$，$R=\mathcal{C}(V_R)$，$h=D_G(R)-1$ 然后进行第 3 步。

第 9 步：输出 $R_{\text{opt}}=R$，算法停止。

2) G 是不连通的

设

$$G=\{G_1,\cdots,G_p,G_{p+1},\cdots,G_{p+q}\} \tag{10-3-18}$$

其中，G_i，$i=1,\cdots,p+q$ 是连通子图；G_i，$i=1,\cdots,p$ 是 1-连通的，G_i，$i=p+1,\cdots,p+q$ 是孤立块。$p=1$ 和 $q=0$ 时，G 是 1-连通的，这种情况上一部分已讨论；$p=0$ 和 $q=1$ 时，G 是二连通的，本章不考虑这种情况。以下部分论 $p+q>1$ 的情况。

对于 1-连通的子图 G_i，$i=1,\cdots,p$，使重构距离最优可重构团 $R_{\text{opt}}(G_i)$可采用类似以上的方法得到。

为了得孤立块 G_i，$i=p+1,\cdots,p+q$ 的最优可重构配置，我们只需寻找一个由两个可重构节点组成的最优可重构配置 R_{opt}也就是

$$|R_{\text{opt}}|=2$$

满足 G_i 配置 R_{opt}之后的可重构距离是最小的，也就是

$$R_{\text{opt}}(G_i)=\arg\min_R\{D_{G_i}(R)\mid R=\mathcal{C}(v_1,v_2)\} \tag{10-3-19}$$

其中，$v_1,v_2\in V(G_i)$，$i=p+1,\cdots,p+q$。

在获得了所有连通子图 G_i，$i=1,\cdots,p+q$ 的最优可重构配置 $R_{\text{opt}}(G_i)$之后，

我们有以下定理。

定理 10.3　如果 $R_{\text{opt}}(G_i)\in\mathfrak{R}_{\text{opt}}(G_i)$，$i=1,\cdots,p+q$，则有 $\bigcup_{i=1,\cdots,p+q}R_{\text{opt}}(G_i)\in\mathfrak{R}_{\text{opt}(G)}$。

证明　假设

$$R_{\text{opt}}(G_i)\in\mathfrak{R}_{\text{opt}}(G_i)$$

其中，$i=1,\cdots,p+q$。则有

$$C(G_i\cap R_{\text{opt}}(G_i))\geqslant 2$$

并且有 $D_{G_i}(R_{\text{opt}}(G_i))$是最小的。

令

$$R_{\text{opt}}=\mathcal{C}(V_R)=\bigcup_{i=1,\cdots,p+q}R_{\text{opt}}(G_i)$$

我们首先证明

$$R_{\text{opt}}\in\mathfrak{R}_{\min}(G)$$

因为

$$|R_{\text{opt}}(G_i)|\geqslant 2,\quad i=1,\cdots,p+q$$

我们有

$$|R_{\text{opt}}|\geqslant 2(p+q)\geqslant 4>2$$

这意味着子图 R_{opt}是一个拥有大于 2 个节点的图。

由于 R_{opt}的上层无线覆盖，并且因为

$$|V(G_i)\cap V_R|\geqslant 2,\quad i=1,\cdots,p+q$$

所以

$$C(G\cup R_{\text{opt}})\geqslant 2$$

对于 1-连通的子图 G_i，$i=1,\cdots,p$，有

$$R_{\text{opt}}(G_i)\in\mathfrak{R}_{\min}(G_i),\quad i=1,\cdots,p$$

对于孤立块 G_i，$i=p+1,\cdots,p+q$，我们有 $|R_{\text{opt}}(G_i)|=2$。所以，对于 $R_{\min}\in\mathfrak{R}_{\min(G)}$，我们有

$$|R_{\min}|=\sum_{i=1,\cdots,p+q}|R_{\text{opt}}(G_i)|$$

因为

$$|R_{\text{opt}}|=\left|\bigcup_{i=1,\cdots,p+q}R_{\text{opt}}(G_i)\right|=\sum_{i=1,\cdots,p+q}|R_{\text{opt}}(G_i)|=|R_{\min}|$$

我们有

$$R_{\text{opt}}\in\mathfrak{R}_{\min}$$

并且有 $D_G(R_{\text{opt}})$是最小的。

因为 R_{opt}的上层无线覆盖，假设 R_{opt}中的任意两个无线节点之间的距离都一

样，并且

$$G_i \cap G_j = \varnothing, \quad i \neq j$$

我们有

$$D_v(R_{\text{opt}}) = D_v(R_{\text{opt}}(G_i)), \quad \forall v \in V(G_i) \tag{10-3-20}$$

并且有

$$D_G(R_{\text{opt}}) = \max_i D_{G_i}(R_{\text{opt}}(G_i)) \tag{10-3-21}$$

这就说明 $D_G(R_{\text{opt}})$是最小的，因为 $D_{G_i}(R_{\text{opt}}(G_i))$，$i=1,\cdots,p+q$ 是最小的。

证明完毕。

从定理 10.3 的证明可以知道，不连通图 G 的拓扑重构资源最优配置必须满足以下两个特征：

(1) 孤立块需要按照公式 (10-3-19)的条件确定两个节点作为拓扑重构资源最优配置。

(2) 所有的 1-连通子图需按照前面的讨论进行最优配置。

10.3.3 拓扑重构策略的优化

给定 $\hat{G}$ 表示损失的节点及其与他们相连的链路组成的子图，以 $\bar{G}=G-\hat{G}$ 表示原网络图 G 中去掉子图 $\hat{G}$ 之后剩余的网络图。假设网络图 $\bar{G}=G-\hat{G}$ 具有连通子图 $G_1, G_2, \cdots$，满足

$$\bar{G} = \bigcup_i G_i$$

回顾拓扑重构策略问题 10.2，是寻找 R_{opt}的最小子图 R_{TRP}，满足剩余网络图 $\bar{G}$ 中重构节点团 R_{TRP}之后的网络图 $\bar{G} \cup R_{\text{TRP}}$ 的最大的连通子图 $G_{\text{submax}}(\bar{G} \cup R_{\text{TRP}})$是最大的。关于拓扑重构策略问题的解，我们有以下定理。该定理同时给出了拓扑重构策略问题的解。

定理 10.4　如果 $V(G_i) \cap V(R_{\text{opt}}) \neq \varnothing$，则有 $|V(R_{\text{TRP}}) \cap V(G_i)| = 1$，否则有 $|V(R_{\text{TRP}}) \cap V(G_i)| = 0$。

证明(概略)　如果存在一个子图 G_k，满足

$$|V(R_{\text{TRP}}) \cap V(G_k)| > 1$$

我们很容易证明 R_{TRP}不是最小的。所以如果 $R_{\text{TRP}} \in \Re_{\text{TRP}}$，必有下式成立：

$$|V(R_{\text{TRP}}) \cap V(G_i)| \leqslant 1, \quad \forall i \tag{10-3-22}$$

很显然，如果 $V(G_i) \cap V(R_{\text{opt}}) = \varnothing$，则有 $|V(R_{\text{TRP}}) \cap V(G_i)| = 0$。

证明完毕。

定理 10.4 同时也给出了拓扑重构策略问题 10.2 的解，也就是

$$V(R_{\text{TRP}}) = \{v_i\}, \quad v_i \in V(G_i) \cap V(R_{\text{opt}}), \quad \text{对于所有的 } G_i \tag{10-3-23}$$

其中，$v_i \in \varnothing$表示 R_{TRP}不包含 G_i 中的节点。

10.4 拓扑重构算法的数值实验

本节将通过数值实验测试上面讨论的算法的性能。我们选取了两种网络化系统拓扑，一种是边约束随机网络化系统(ECRNS)，它是一个具有最大链路数约束的随机网络图；另一种是度约束随机网络化系统(DCRNS)，它是一个具有顶点最大度约束的随机网络图。

在本实验室中，我们设定ECRNS的最大边数为1.2n，其中n是网络图的顶点数目，DCRNS的顶点最大度是4。本实验比较了本章方法和最小度优先添加方法(LDPA)[9]，这里我们修改了有线网络中添加边的LDPA方法，在本章的拓扑优化配置和重构问题中转变成了优先配置具有最小度的节点。另外为了表示方便，考虑到我们的问题是有线网络与无线网络混合拓扑优化配置及重构问题，后面称本章的方法为混合网络重构方法(hybrid network reconfiguration method，HNRM)。

10.4.1 可重构资源优化配置的实验

这部分通过实验对本章提出的方法HNRM在保证二连通前提下需要的可重构团的大小(最小配置可重构节点数)和可重构距离性能上进行测试，并以LDPA方法为对比。图10-4-1～图10-4-4是通过两种方法针对两类随机网络图进行最优配置的结果，其中所有的结果均是1000次重复实验的平均值。

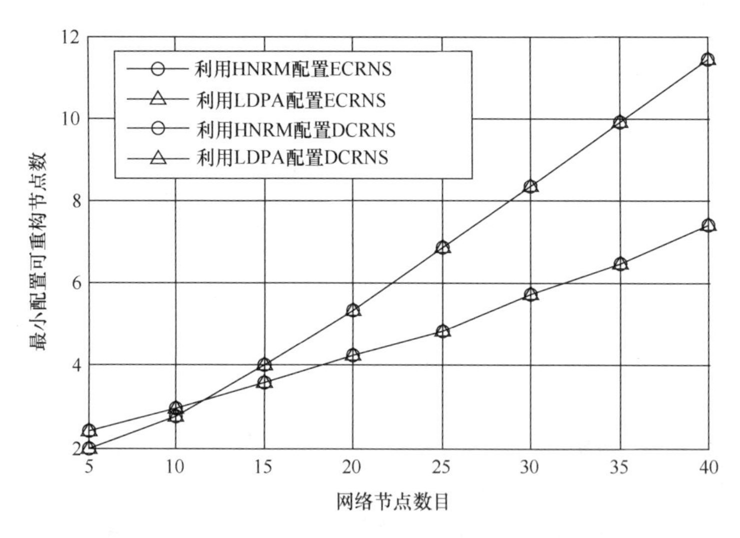

图10-4-1 ECRNS和DCRNS随着网络图规模增大的最小配置可重构节点数

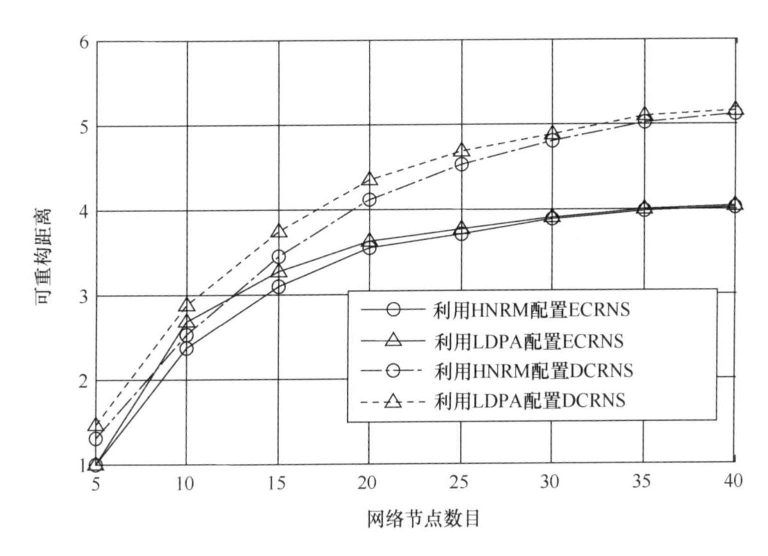

图 10-4-2　ECRNS 和 DCRNS 在通过两种方法配置之后的可重构距离

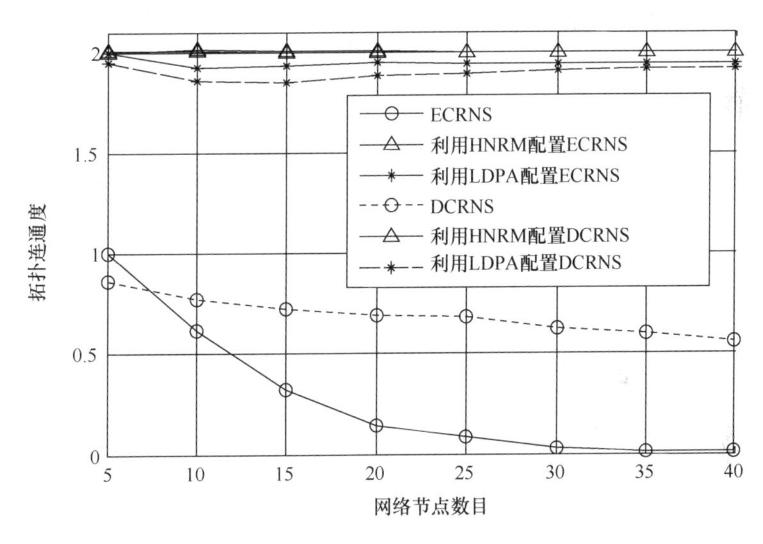

图 10-4-3　ECRNS 和 DCRNS 在通过两种方法配置之后的拓扑连通性

图 10-4-1 展示了 ECRNS 和 DCRNS 随着网络图规模增大的最小配置可重构节点数。从图中可以很容易看到，在配置这两类网络图时，HNRM 和对比方法 LDPA 对网络图的配置的节点数是相同的，都是最小配置数。图 10-4-2 展示了 ECRNS 和 DCRNS 两种网络图在通过两种方法配置之后的可重构距离随网络规模增大的情况。从图中可以看出，对于两类网络图，HNRM 都是优于 LDPA 方法的。图 10-4-3 展示了 ECRNS 和 DCRNS 两种网络图在通过两种方法配置之后的

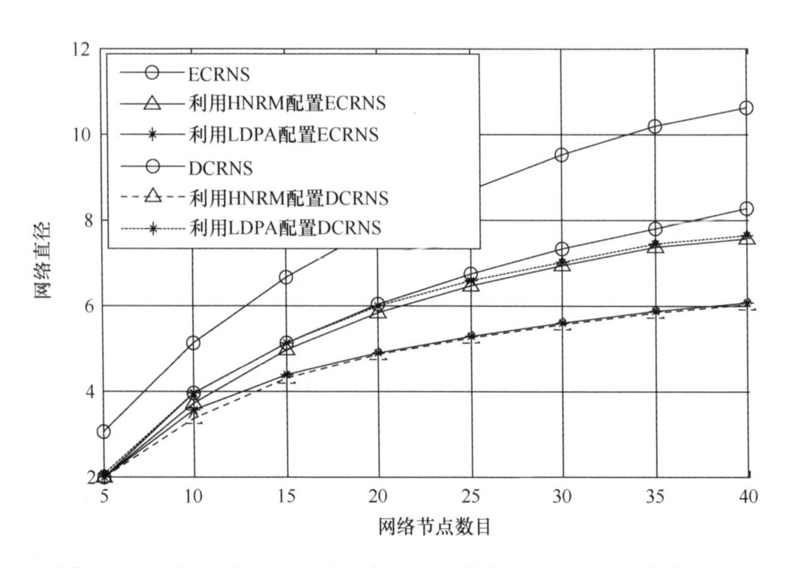

图 10-4-4　ECRNS 和 DCRNS 在通过两种方法配置之后的拓扑直径

拓扑连通性随网络规模增大的情况。从图中可以明显看出，HNRM 不论在什么情况下均达到了二连通，而对比方法 LDPA 没有。图 10-4-4 展示了 ECRNS 和 DCRNS 两种网络图在通过两种方法配置之后的拓扑直径随网络规模增大的情况。从图中也可以看到，通过拓扑优化，网络拓扑直径明显降低。在降低网络拓扑直径方面，两类方法具有一定的性能相似性。

总之，本章提出的方法不仅能以最少的可重构节点配置保证了二连通要求，保证了系统的拓扑鲁棒性，同时也能有效提高信息物理融合能源系统的拓扑通信效率。

10.4.2　拓扑重构策略实验

本部分利用数值实验对本章提出的方法 HNRM 在拓扑重构性能进行测试。实验中仍然采用了 ECRNS 和 DCRNS 两种网络图。图 10-4-5 展示了通过 HNRM 和 LDPA 方法配置之后的损失节点数目和重构比率 γ 之间的关系，其中 x-轴表示损失节点的数目；y-轴表示 1000 次重复实验的平均 γ。图 10-4-6 展示了通过 HNRM 和 LDPA 方法配置之后损失 5 节点情况下网络图规模和重构比率 γ 之间的关系，其中 x-轴表示损失节点的数目；y-轴表示 1000 次重复实验的平均 γ。两个实验结果都表明了 HNRM 比 LDPA 具有更好的性能。

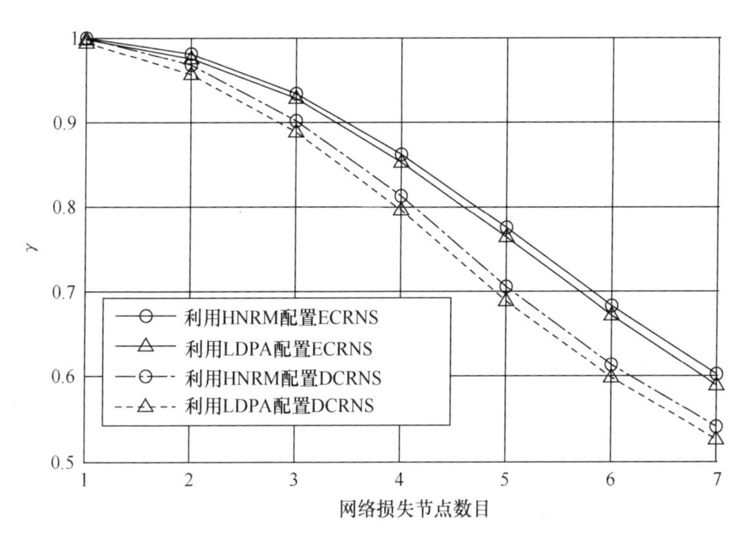

图 10-4-5 ECRNS 和 DCRNS 通过 HNRM 和 LDPA 方法配置之后的损失节点数目和重构比率 γ 之间的关系

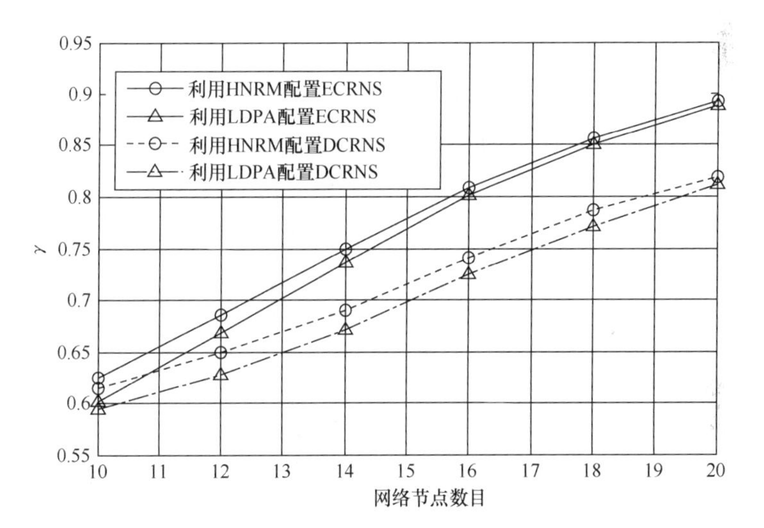

图 10-4-6 ECRNS 和 DCRNS 通过 HNRM 和 LDPA 方法配置之后损失 5 节点情况下网络图规模和重构比率 γ 之间的关系

10.5 本章小结

信息物理融合能源系统对于网络的鲁棒性要求很高。本章侧重在研究如何通过系统的有线通信网络基础上添加一些无线通信资源以提高系统的拓扑鲁棒性和通信效率。通过理论分析求解和实验研究,我们发现本章提出的方法能够获得最优的网络化系统的可重构配置。本章提出的方法在对信息物理融合能源系统由于部分节点损失的情况下的拓扑重构也具有很好的性能。概括起来说就是,我们的方法既能以最小配置节点数目达到系统的二连通的拓扑鲁棒性要求,同时在降低网络直径方面性能良好,提高了系统的通信效率。本章的理论模型和算法的细节感兴趣的读者可以参考文献[29]。

然而本章只考虑了拓扑鲁棒性,对于更一般的系统鲁棒性(如系统参数的不确定性或通信延迟对系统整体性能的影响)将在未来研究中考虑。另外,如果能够对网络节点损失建立起一定的模型,必能更好地对信息物理融合能源系统的重构性能进行改善。

参考文献

[1] 汪小帆,等. 复杂网络理论及其应用. 北京:清华大学出版社. 2006:18-36.

[2] Flax B. Intelligent buildings. IEEE Communications Magazine,1991,29(4):24-27.

[3] Amin M. Toward self-healing energy infrastructure systems. IEEE Computer Applications in Power,2001,14(1):20-28.

[4] Amin M,Giacomoni A. Smart Grid-Safe,Secure,Self-Healing:Challenges and Opportunities in Power System Security,Resiliency,and Privacy. IEEE Power and Energy Magazine,2012(1-2):33-40.

[5] Li M,Luh P,Michel L,et al. Corrective line switching with security constraints for the base and contingency cases. IEEE Transactions on Power Systems,2012,27(1):125-133.

[6] Wang J,Rong L. Cascade-based attack vulnerability on the US power grid. Safety Science,2009,47(10):1332-1336.

[7] Zhao Q,Sun K,Zheng D,et al. A study of system splitting strategies for island operation of power system:A two-phase method based on OBDDs. IEEE Transactions on Power Systems,2003,18(4):1556-1565.

[8] Sekiyama K,Araki H. Network topology reconfiguration against targeted and random attack//Self-Organizing Systems,Berlin Heidelberg:Springer,2007:119-130.

[9] Eswaran K,Tarjan R. Augmentation problems. SIAM Journal on Computing,1976,5(4):653-665.

[10] Watanabe T, Nakamura A. A minimum 3-connectivity augmentation of a graph. Journal of Computer and System Sciences, 1993, 46(1): 91-128.

[11] Hsu T. Undirected vertex-connectivity structure and smallest four-vertex-connectivity augmentation//Algorithms and Computations. Berlin Heidelberg: Springer, 1995: 274-283.

[12] Jordán T. A note on the vertex-connectivity augmentation problem. Journal of Combinatorial Theory, Series B, 1997, 71(2): 294-301.

[13] Jackson B, Jordán T. A near optimal algorithm for vertex connectivity augmentation//Algorithms and Computation. Berlin Heidelberg: Springer, 2000: 313-325.

[14] Bokhari S, Raza A. Reducing the diameters of computer networks. IEEE Transactions on Computers, 1986, 100(8): 757-761.

[15] Snoonia D. Smart building. IEEE Spectrum, 2003, 40(8): 18-23.

[16] Knauth S, Kistler R, Kaslin D, et al. SARBAU towards highly self-configuring IP-fieldbus based building automation networks. IEEE International Conference on Advanced Information Networking and Applications, AINA 2008, 2008: 713-717.

[17] Leem C, Kim T, Chang K, et al. Performance evaluation of building network system integration using TCP/IP. IEEE International Symposium on Consumer Electronics, 2004: 515-518.

[18] Hong S, Lee S. Design and implementation of fault tolerance in the BACnet/IP protocol. IEEE Transactions on Industrial Electronics, 2010, 57(11): 3631-3638.

[19] Kistler R, Knauth S, Klapproth A. UPnP in integrated home-and building networks. IEEE International Workshop on Factory Communication Systems, 2008: 235-238.

[20] ZigBee Alliance 2010. http://www.zigbee.org.

[21] WirelessHART, HART Communication Foundation 2010. http://WirelessHART.hartcomm.org, 2010.

[22] ISA100, Wireless Systems for Automation 2010. http://www.isa.org.

[23] Agha K, Bertin M, Dang T, et al. Which wireless technology for industrial wireless sensor networks? The development of OCARI technology. IEEE Transactions on Industrial Electronics, 2009, 56(10): 4266-4278.

[24] Alcaraz C, Lopez J. A security analysis for wireless sensor mesh networks in highly critical systems. IEEE Transactions on Systems, Man, and Cybernetics, Part C: Applications and Reviews, 2010, 40(4): 419-428.

[25] Chepoi V, Estellon B, Vaxès Y. Approximation algorithms for forests augmentation ensuring two disjoint paths of bounded length. Theoretical Computer Science, 2008, 401(1): 131-143.

[26] Minge C, Zhao R, Schweigel M. Improved Optical Network Topology Redesign Ensuring Biconnectivity. IEEE Fourth Advanced International Conference on Telecommunications, AICT'08, Athens, 2008: 398-403.

[27] Schoone A, Bodlaender H, Van Leeuwen J. Diameter increase caused by edge deletion. Jour-

nal of Graph Theory, 1987, 11(3): 409-427.

[28] Bondy J, Murty U. Graph Theory with Applications. London: Macmillan, 1976.

[29] Wang H, Zhao Q, Guan X, et al. Reconfiguring networked infrastructures by adding wireless communication capabilities to selected nodes. IEEE Transactions on Wireless Communications, 2013, 12(9): 4158-4528.

第 11 章　信息物理融合能源系统的综合安全

本章提要

信息物理融合能源系统的综合安全近年来受到极大关注。系统安全性问题正在从工程故障为主的物理安全问题,变成同时考虑物理系统安全和网络信息安全的综合安全问题。本章介绍信息物理融合能源系统的综合安全的最新研究成果。首先介绍信息物理融合能源系统网络综合安全的概念和研究现状,然后概述电网故障连锁传播的研究现状,并讨论了有代表性的实际故障数据与随机分支过程模型相结合分析故障连锁传播规模的方法。从分析电网主动解列问题的描述出发,证明了其计算复杂性的下界,进而通过引入有序二元决策图(OBDD)模型,给出一种基于验证的电网解列面搜索算法,为应对大电网灾变情形下的潜在电网崩溃问题,提供一个系统性的解决思路。本章以电力系统状态估计的不良数据注入攻击为例,分析了信息物理融合能源系统的安全问题,介绍了异常流量索引的智能电网信息-物理关联安全监控方法,介绍了基于通信信道物理特征的通信加密方法。

11.0　本章符号列表

A_G	图 G 的邻接矩阵
A_G^*	图 G 的可达性矩阵 (连接矩阵)
$\mathrm{AP}_{i,j}$	从节点 i 流向节点 j 的有功功率
att	攻击者构造的攻击量测向量
b_{ij}	表示 ij 母线之间传输线通断状态的布尔变量
d	功率平衡容忍裕度
$\mathrm{DEK}(k)$	第 k 个时刻的动态密钥
$\mathrm{DS}(k)$	第 k 个时刻的动态密文
err	量测误差
Err_D	量测误差标准差对角矩阵 $\mathrm{diag}\{\sigma_1^2,\sigma_2^2,\cdots,\sigma_n^2\}$
$F(s)$	故障的总数分布的生成函数
$f_0(s)$	初始故障分布函数的生成函数
$F_n(s)$	Y_n服从分布的生成函数

$g_n(s)$	后代分布函数的生成函数
$g(\ )$	分布函数的生成函数
Gen	发电机母线的集合
$h(s)$	Z_1的概率生成函数
$h_n(s)$	Z_n的概率生成函数即为后代生成函数$h(s)$的 n 次迭代
Load	负荷母线的集合
mea	电力系统的量测值,本章为有功功率 P 和无功功率 Q
P_i	母线 i 的总功率
priority	Snort 报警事件的威胁程度
RS(k)	第 k 个时刻的重传 0-1 特征序列
sta	电力系统的状态值,本章为电压幅值 v 和相角 θ
sta_a	攻击者构造的攻击状态向量
$\hat{\text{sta}}$	电力系统状态的估计值
v_i	节点 i 的电压幅值
X_n	Galton-Watson 分支过程,X_n理解成某个家族第 n 代的人口总数
Y_n	第 n 代的单一故障触发的所有(直接或间接)后续次生故障的总数
η_k	离散型随机变量取 k 值的概率
η_{0k}	初始发生 k 个原生故障个数的概率
Ω_i	节点 i 上报警事件的累计影响因子
Ω_{im}	Snort 报警事件的信息影响因子
θ_i	节点 i 的电压相角
λ_n	泊松后代分布函数的参数
ξ_j	独立同分布(i. i. d.)的随机变量
σ_i	量测值 mea_i的标准差

11.1 信息物理融合能源系统综合安全概述

11.1.1 智能电网的网络信息安全问题

自智能电网概念提出伊始,其安全问题就受到了密切关注。政府组织、工业团体和学术机构针对智能电网通信技术方案的集成发布了各种测评报告,力求评估潜在的安全威胁,确定系统的安全需求,为未来电网安全策略的制定提供指导和支持。美国能源部在 2011 年的报告中,从电力公司、用电实体等不同电网参与者的角度对智能电网的安全架构进行了探讨[1]。Cisco 公司在《智能电网安全白皮书》

中对智能电网不同组件、通信协议和通信网络中的安全问题进行了详细的阐述[2]。MIT 发布的《电网的未来》报告中则广泛研究了智能电网关键通信设施的安全寿命周期、潜在威胁漏洞以及数据隐私等问题[3]。

上述研究报告中的一个核心关注点是智能电网中的网络攻击问题。电力系统的信息化使其面临着来自对信息设备和通信系统的安全攻击。2008 年 6 月 5 日的《华盛顿邮报》报道，历时 48 小时的美国佐治亚州核电站紧急关闭事件是由于网络故障（软件更新故障）导致的[4]。2009 年 4 月 8 日《华尔街日报》的一篇文章中指出，恶意攻击者已在电网中植入恶意软件，极有可能在未来对电网运行进行干扰[5]。同年的黑帽子大会上，Davis 在关于智能电网设备安全的报告中，介绍了一种可在智能设备中进行自我繁殖的智能电表蠕虫病毒[6]。智能电网中大量智能电子设备（intelligence electronic device，IED）、远程终端单元（remote terminal unit，RTU），高级电表量测设施（advanced metering infrastructure，AMI）的部署和使用，使得计算机网络中已经存在的安全攻击有可能对电力系统的关键基础设施构成威胁。如图 11-1-1 所示，智能电网中的潜在安全攻击包括：

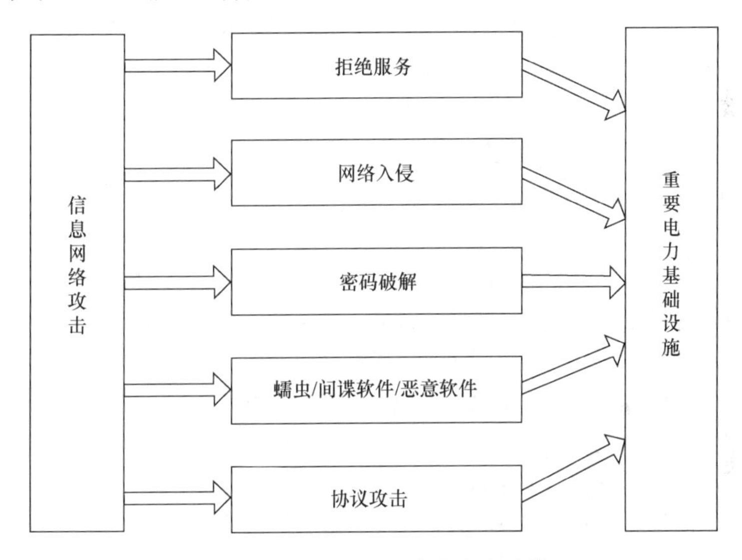

图 11-1-1　智能电网中的安全威胁

(1) 拒绝服务攻击（denial of service，DoS）：这类攻击通常通过伪造大量的连接请求造成系统服务资源耗竭，从而导致合法用户的请求无法得到正常响应。从电力系统的角度出发，目前广泛使用的智能电表设备，特别是家庭网络（home area network，HAN）中使用的电表，其允许连接数目的上限十分有限（通常小于 20[7]），对于拒绝服务攻击十分脆弱。一旦智能电表在某一时段内停止响应，攻击者即可伪造虚假的电表信息数据上报控制中心。此外，大规模电表同时停止响应将会对整个电网的稳定运行带来巨大的冲击。

(2) 网络入侵攻击(network intrusion):这类攻击通常利用工业控制系统的漏洞侵入实际的物理系统,可以获取用户的隐私信息、电网的关键运行参数,甚至可利用伪造的控制命令造成整个电力系统的瘫痪。智能电网中大量部署的智能电表设备,由于分布广泛、相应的保护措施较为薄弱,极易成为攻击者入侵和攻击的目标。攻击者一旦通过智能电表侵入电力公司的专用通信网络,就有可能使电网的控制系统等遭受大规模的损害。

(3) 密码破解攻击(password cracking):这类攻击通常是为了获取设备的访问控制权限。虽然对于智能电表的访问操作需要通过一定的认证识别机制,但由于电表本身的运算能力与存储资源十分有限,其认证机制一般较为简单。例如,某些智能电表的保护密码仅为少数数字的组合,且在通信中以明文形式进行传输。因此,攻击者通过流量监听或者暴力破解的方式即可轻易地获取密码和访问权限,这会对用户的隐私信息带来极大的威胁。与传统电力数据采集不同,智能电表将会在较短的时间间隔内(通常 15min 内)采集较为精确的用电信息。一旦电表的密码被恶意破解,将可能造成用户的用电模式特征、用电设备种类,以及用户人数和特定活动行为等大量个人隐私信息的泄露[8]。

(4) 蠕虫/间谍软件/恶意软件攻击(worm/spyware/malware):这类攻击通常寻找电力系统通信网络中的漏洞,嵌入恶意代码或者间谍软件,主要针对重要的电力基础设施,其造成的危害也正日益凸显。例如,2003 年 Slammer Worm 病毒就曾攻击过美国俄亥俄州 David Basse 核电站的监控系统,使该系统停止工作近 5 个小时[9]。而 2010 年 Stuxnet 病毒攻击伊朗 Bushehr 核电站的工控系统,对其在 Natanz 的核设施造成了破坏,直接导致了伊朗推迟核能源工厂启动的严重后果[10]。近年来,恶意代码攻击的数量规模和复杂程度均呈现快速增长的趋势。随着电网开放程度的不断加深,此类攻击事件将会在更深层面上对电力系统和电力市场造成更为广泛的影响。

(5) 协议攻击(protocol attack):这类攻击通常针对电力系统中的网络通信协议,这些协议在设计之初并没有整合必要的加密认证机制来抵御可能的网络攻击,同时面向其的信息安全产品仍处于起步阶段[11]。例如,在智能电表通信中广泛使用的 Modbus/TCP 协议,在 Internet 中使用较少,目前较为常用的安全软件并不支持此类协议的通信流量分析和安全监控。因此,攻击者可以通过监听电表通信报文,捕获到一些关键操作和命令信息(如电表密码认证或者固件升级等),一旦获得相应的访问权限,即可注入恶意的系统状态或者控制命令实施攻击。

未来智能电网应该具备良好的安全性和可靠性,能够抵御严重的系统故障,应对突发的灾害事件,保障稳定的电力传输与供给。然而,作为关系国家命脉的核心基础设施,智能电网正处在一个十字路口,先进通信系统驱动的电网现代化使其面临着安全攻击的风险。目前,智能电网不同组件(智能电表、智能电子设备、高级电表量测设施等)、通信协议(IEC61850、DNP3、Modbus 等)以及控制网络(工业控制系统)中存在的各种安全漏洞和隐患仍然是攻击者的首要目标和重要突破口,将会对电力系统的安全运行构成极大的威胁。同时,随着电网智能化程度的不断提高和新通信方式的不断出现,智能电网将具有愈加复杂的接入环境和更加灵活多样的接入方式,广阔的开放性和系统的复杂性使得其信息安全防护的难度持续增加。智能电网中的信息安全问题依然十分严峻。

11.1.2 智能电网信息安全监控

智能电网中的网络通信设施在很大程度上提高了电力系统的工作效率,但同时也带来了非常严重的安全隐私问题。通信系统的引入为潜在的恶意攻击者提供了侵入电力设施的新路径,可能导致对智能电网运行的干扰和破坏,甚至造成大规模的停电事故。因此,安全性和可靠性是智能电网急需解决的首要任务,得到了学术界和工业界的广泛关注。针对智能电网面临的各种信息安全威胁和挑战,许多学者和机构试图从信息网络和电力系统这两个不同层面研究可行的应对策略和解决方案:从信息网络安全的角度,研究者期望借助计算机网络中现有的、较为成熟的安全技术进行异常检测;从电力系统安全的角度,研究者希望结合电力系统的经典安全监控技术和智能电网的新技术进行异常检测。

1. 智能电网信息网络安全监控与防御

针对智能电网信息网络面临的安全威胁,研究者提出将信息安全技术引入智能电网中,如入侵检测、流量分析等,进行安全检测与监控。目前,计算机网络领域中已经形成了一些较为成熟的安全方案,可用于检测网络中的攻击事件和异常行为。陈伟等提出了一种利用 CUSUM 控制图分析流量中不对称的 SYN/ACK 包检测 DDoS 攻击的方法[12];Sun 等利用 AAR 模型参数变化检测网络流密度的突变情况,进而判别是否存在 DDoS 攻击[13];Guan 等采用数据包分布特性和区域连接度描述网络流量的时序变化特征,通过雷尼互信息熵度量相关变量间的关系,对大规模网络中的异常行为进行检测[14];武斌等提出了一种基于数据融合的报警记录分析模型,利用隶属函数对同一攻击行为报警信息进行融合分析,并利用改进 Apriori 算法对不同攻击报警事件进行关联分析[15]。

通过在智能电网中应用上述方法,研究者提出了一系列针对电网信息网络攻击的安全评估和检测方法,期望通过对智能电网中的流量特征和设备状态进行实时监控和分析,保证数据传输处理、设备调度控制、业务运行的安全。Yu 等提出了一种集成风险概率分析模型对电力系统中的安全威胁进行评估[16];Kundur 等给出了一种评估智能电网中信息安全攻击影响的分析框架[17];Kher 研究了一种基于机器学习的智能电网不良数据注入攻击的检测和定位方法[18]。Fadlullah 等利用概率模型分析电网通信流量和行为,实现对智能电网恶意行为的早期检测和定位[19];Zhang 等研究了一种分布式的入侵检测系统,采用支持向量机(support vector machine,SVM)和人工免疫系统(artificial immune system)识别智能电网中的恶意数据和攻击事件[20];Baig 等提出了一种分析智能电网通信流量的轻量级模式匹配算法,可以实现对各种攻击行为和设备异常状态的检测[21]。

此外,智能电网中大量部署的智能通信元件和远程终端设备要求采用合适的加密认证管理技术来进行保护。对于电网中关键电表、组件、设施的访问和通信均需要严格的加密认证机制,确保安全可靠的数据交换、访问授权和控制操作。目前,研究人员已经提出了很多增强认证的解决方案,如 Fouda 等研究了一种基于 Diffie-Hellman 协议的轻量级消息认证机制,可实现智能电表间的密钥共享和交叉认证[22];Gharavi 等提出了一种动态密钥更新机制,可以提高 IEEE 802.11s 标准对于 DDoS 攻击的抵御能力[23];Liu 等利用电表与控制中心之间无线通信的丢包重传机制实现了一种动态密钥加密策略,将通信的重传状态通过哈希运算生成动态密钥,实现对流量回放与监听攻击的有效防御[24]。同时,针对电力网络的信息安全标准 IEC62351、SHA 和 HMAC-SHA 等哈希密钥以及 TLS 和 SSL 等安全协议均可确保通信过程中信息的合法性与安全性,并能够抵御 DDoS 和流量回放等攻击。

然而,由于智能电网通信方式、通信协议、系统结构与互联网存在显著差别,上述网络信息安全技术的移植和应用存在巨大困难。同时,常规的信息安全解决方案并不总是适用于电力关键设施的系统环境。单纯的通信流量分析方法虽然可以辨识网络异常行为,但无法对传输的电力数据本身的合法性和真实性进行验证;入侵检测系统则在很大程度上依赖于检测规则的设置和统计特征的选取,通常存在较高的误报率,难以有效的辨识出攻击事件;而大量通信节点有限的计算能力和存储空间,导致现有的网络安全加密认证技术难以直接运用。因此,智能电网的安全监控需要同时考虑电力系统的量测数据和物理特征。

2. 智能电网物理数据安全监控与防御

状态估计方法已经被应用于检测电网不良数据,实现对系统异常的监控。经典的状态估计算法包括加权最小二乘法、加权最小绝对值法、快速分解法等,在状态估计结果基础上利用残差搜索、卡方检验、非二次准则识别等方法即可检测系统中的不良数据[25]。近年来,对于状态估计算法的研究主要关注检测精度的提高。如顾全等针对电力量测数据采集时间不同步的问题,引入时差补偿因子进行误差修正,提高估计的精度[26];Valverde 等提出了一种基于无味卡尔曼滤波(unscented Kalman filter)的动态状态估计方法,结合无味变换(unscented transformation)

与卡尔曼滤波(Kalman filter)理论处理高度非线性的网络方程数学模型,提高状态估计的精度[27]。

自从 Liu 在 2009 年首次提出了隐蔽式不良数据注入式攻击的概念后,研究者们也在试图寻找此问题的解决方案[28]。Bobba 等探讨了通过策略性保护电力量测数据帮助电力系统抵御不良数据注入攻击的可能性[29];Kim 等给出了一种选取保护量测数据的快速贪婪算法[30];Esmalifalak 对于电力市场中的安全风险进行了分析,利用博弈论建立了攻防行为策略模型,为不良数据检测提供支持和指导[31];Cui 等设计了基于自适应 CUSUM 的快速检测算法,用于保护电网中关键智能电表的集合[32];Pasqualetti 根据线性系统理论,建立了基于 Kron 形式的智能电网动态模型,用于检测并定位不良数据注入式攻击[33];Liu 等提出了一种基于自适应分区状态估计的不良数据检测算法,利用大系统分区提高检测精度,将不良数据定位在较小的子系统中[34]。

此外,随着 PMU、WAMS 等在电网中的逐步应用,一些研究人员和研究机构期望提出新的状态估计方法,研究热点开始转向于如何将传统状态估计方法与智能电网中的新技术进行结合,更加快速和准确的检测电力系统中的不良数据。Huang 等利用智能电表的历史数据存储功能,提出了一种基于 CUSUM 的不良数据注入攻击检测方法,通过分析历史数据的统计信息,采用 GLRT 技术求解不良数据攻击模型中的未知参数,可以在最短的时间内检测到不良数据注入攻击[35]。Farantatos 等提出了一种基于 PMU 的动态状态估计方法,实时提取电力系统的暂态波动,实现对电力系统的动态监测和控制[36];Huang 等研究了一种基于卡尔曼滤波和人工智能网络的智能电网不良数据检测方法,利用扩展卡尔曼滤波算法估计系统的实时状态并通过训练神经网络检测不良数据[37]。Valezunela 等借助最优潮流算法(optimal power flow),利用主成分分析(principal component analysis,PCA)将潮流数据分为正常数据域和异常数据域两部分,并通过分析异常数据域中的潮流数据检测被恶意篡改的量测值[38]。

基于物理模型的电力系统状态估计和不良数据检测能够充分考虑电网的物理特性,并能根据不同攻击策略进行量化分析,给出有针对性的防御措施,但如何提高检测的准确性和抵御隐蔽式数据注入攻击仍需进一步的探讨和研究。同时,通信架构引入后,面对智能电网中复杂的系统结构、海量的数据节点,传统电网异常检测技术在计算复杂度、检测精度上面临着巨大的挑战。此外,现有的电力系统模型并没有考虑潜在信息攻击造成的影响。因此,需要探究适用于智能电网系统结构的电力数据分析方法。

3. 基于物理与信息网络数据融合的安全监控

智能电网中的信息网络与物理系统之间存在着强关联性,因此从信息网络或者电力系统单一角度进行监控，难以实现智能电网的综合安全防御。集成化的电力、信息关联分析方法开始逐渐受到关注，期望设计出融合物理系统与信息网络的智能电网攻击检测架构，在整合电力系统动态特性和需求的同时，考虑控制系统的可操作性，实现信息防护和物理防护的协同连动。

系统数据异常检测针对电网物理数据，信息网络的异常检测数据主要针对各节点的通信行为和流量特征，两者在判别规则、报警格式、报警内容等方面都存在显著差异，物理系统与信息网络的关联融合仍存在诸多挑战性科学问题。

能源电力系统综合安全需求包括能源生产、传输、配送、使用过程对系统稳定运行的安全需求，表示为对各类物理量的严格约束条件。信息网络运行过程中数据有一致性、同一性、正确性、保密性的需求。两者之间可能存在复杂的相容和失配关系，以及非功能需求之间的交互关系。对产生的相容和失配关系和机理进行分析，进而检测出失配关系，为需求权衡和异常检测决策提供依据。

能源电力系统大量测量设备、控制设备、分布式储能装置等的使用，产生了来自不同应用领域和不同平台的海量系统运维数据和通信流量。这些多源、异构数据具有极其复杂的关联关系，其关联分析需要解耦高度混杂的交互过程。能源系统电力系统可用微分方程和连续边界条件描述，采用电力系统的潮流分析、状态估计等能够获得系统的所有状态。信息网络则是建立在认知学习和离散数学等非结构化知识的基础上，主要关注系统的功能实现，对于时空的连续性并不敏感。物理系统与信息网络数据与信息融合方法，能够更准确有效进行信息物理融合系统的安全监控，将在其后讨论。

11.2 故障连锁传播与电网崩溃

本节关于故障连锁传播与电网崩溃问题的内容主要参考了文献[39]和[40]。

11.2.1 故障连锁传播问题

在电力系统中的故障，可以粗略分为原发故障和次生故障两类。顾名思义，次生故障时由原发故障引起的故障。原本处于正常状态的电网，当发生原发故障后，有一定的可能性，超出了系统的自愈能力，引发一定范围的次生故障，如果这些故障又引起进一步的次生故障，就形成故障的蔓延，使故障的影响从局部扩展到全局，甚至导致电网崩溃。因此研究初始(原生)故障的影响会传播到多大范围，导致电网崩溃的风险水平，有重要的意义。

近年来，随着新能源的接入需求增加和对电网故障影响的趋势分析，都提示研究故障连锁传播规律及对策，是急需解决的问题。

一方面，现有工程上的故障处置方式上存在明显不足，导致大停电在世界范围内仍时有发生。工程上目前多数采用 $N-1$ 准则，即在资源配置和保护能力上，电网允许单一故障的发生可以进行清除和恢复，对于某些多重故障，也开始有所考虑，但基本限于固定的预设场景。但实际上对历史上大停电事故的分析表明，它们往往伴随单一原发故障引发的一连串的随机次生故障，使得现有工程方法难以应对。

另一方面，理论分析和实际数据的统计都表明，电网在经济可靠的运行目标驱动下，停电事故在规模上呈现出服从幂率分布特点，而故障的连锁传播，明显地增加了大规模停电事故发生的风险。

11.2.2　故障连锁传播问题研究面临的挑战

由于问题的复杂性，故障连锁传播问题研究面临的挑战是多方面的。

首先，故障连锁传播规律的认识问题，尚缺乏合适的理论工具。

能够引起故障的因素非常多，涉及系统状态的具体细节，包括(但不限于)处于检修状态的设备、电力传输的模式、自动或手动的系统操作模式。原发故障可能包括各种外界干扰，如强风、雷击、自然灾害(飓风、地震等)，短路或人为的误操作等。除原生故障外，还有许多机制可能触发次生故障。一般而言，当断路器动作或人工操作触发线路的切断，可能引起关联故障。造成断路的一些比较明显原因包括：

(1) 接地造成的传输线过载；

(2) 过流或电压过低触发的远端断路器动作；

(3) 操作状态变化情形下暴露出来的保护装置隐性失效或设置错误；

(4) 电压崩溃；

(5) 无功资源不足；

(6) 偏离正常频率或电压过低造成的电机失速；

(7) 发电机转子动态不稳定；

(8) 小信号不稳定；

(9) 发电机过(欠)励磁；

(10) 发电机超(欠)速；

(11) 操作员或维修员失误；

(12) 计算机或软件错误或失效；

(13) 操作过程错误。

这些失效机制中的一部分，甚至大部分都常发生在大规模故障连锁事件。

这些电网故障及传播方面的特点，造成在分析电网故障连锁传播过程时，如果完全忽略电网本身的故障关联机制，特别是忽略故障传播的非局部性(电压电流平衡等物理定律)，而简单地套用复杂网络中的故障传播(如疾病传播)模型，往往难以取得有说服力的分析结果；而采用能够详细描述电网动态特性的机理仿真模型，又往往面临计算量巨大的困难。

其次,故障连锁传播的控制问题,面临缺乏相应技术手段的困难。电网运行控制和决策,存在三个不同的时间尺度:①实时或准实时的系统操作;②运行计划,即系统运行的日前或月前准备;③长期规划,负责设备的更换或政策的改变。

在操作层面,如果出现紧急情况,虽然错误的决策影响可能很大,但操作员在现有的条件下,由于没有能够准确快速给出不同措施效果评价的工具,往往没有时间去改正错误。在运行计划时间尺度上,由于不确定性的存在,没有好的故障连锁传播预测方法,会导致冷备用投入、恢复计划等决策的困难。在长期规划层面,缺乏有效的分析理论和方法,由于系统运行状态的不确定性,同样会使得投资面临盲目性。

11.2.3 故障连锁传播问题的研究方法概述

在比较电网故障传播研究方法方面,IEEE 提出来一套比较完整的准则:

(1) 再现实际现象的准确度;

(2) 计算复杂度和执行速度;

(3) 对大规模数据的依赖性;

(4) 对结果的检查和解释的详细程度;

(5) 对电力系统的建模精确度(AC 或 DC 潮流,模型的尺寸限制,是否考虑控制设备的动态响应);

(6) 是否需要对事件发生频率或概率的量化描述。

这有助于全面了解各种算法的优缺点,如表 11-2-1 所示。

表 11-2-1 现有故障连锁传播研究方法分类及优缺点比较

方法类型	优点	缺点
基于历史数据的方法	真实(无建模假设)	要求长期准确的观测记录,无法回答预测问题
确定性仿真	接近标准的可靠性框架,如 $N-1$ 安全性	可能的灾变需要主观选取,缺少随机和风险评估,模型过于简化
随机仿真	能够支持定量的风险评估	仿真运行速度慢,模型偏简单
高层统计模型	描述故障的传播全局过程,计算简单可行	忽略了连锁传播的全部细节

根据当前研究方法存在的问题,建议在以下方面加以改进。

(1) 对于基于模型的所有方法,需要加强采用实际数据的检验,这需要工业界引入更完善的故障记录系统,同时工业界与研究机构需要加强合作。

(2) 提高随机仿真方法在初始条件和触发链锁故障方面的估计水平,提高仿真的效率。

(3) 重新评价在建模中需要考虑的与故障的发生与传播有关的因素,改进模型中对故障的描述。

特别是对仿真方法,需要考虑以下方面。

(1) 稳态分析方面,提高继电保护设备的建模精度。目前的方法中,对传输线过载切断阈值的设置有些随意。

(2) 从稳定性的角度分析故障的连锁传播。特别是在具有不确定性的新能源接入系统的规模不断增加的背景下,考虑电网的暂态和中期稳定性状态,对描述故障连锁传播的重要性不可忽略。

(3) 故障预防与应对策略的研究。

(4) 统一离线的潮流分析模型(母线-传输线模型)与电网能量管理系统使用的模型(节点-断路器模型)。

11.2.4　研究方法举例:预备知识(分支过程)

分支过程是一类随机过程,适合描述包含具有繁殖、变化和死亡等状态的个体的总数量的变化趋势。因此,分支过程常用来研究人口的变化规律。这里重点介绍 Galton-Watson 分支过程。

定义 11.1　Galton-Watson 分支过程是一个非负整数上的马尔可夫链。记该随机过程为$\{X_n, n=0,1,2,\cdots\}$,要求 X_n可以写成以下形式:

$$X_{n+1} = \sum_{j=1}^{X_n} \xi_j \tag{11-2-1}$$

其中,$\{\xi_j, j\geqslant 1\}$是独立同分布(i. i. d.)的随机变量,其共同分布函数为

$$\mathrm{Prob}(\xi_j = k) = \eta_k, \quad k=0,1,2,\cdots \tag{11-2-2}$$

满足 $\sum_{j=0}^{\infty} \eta_j = 1$。

我们可以把X_n理解成某个家族第 n 代的人口总数。生成函数是分支过程理论研究的基本工具之一。

定义 11.2　X_1的概率生成函数,记作 $g(s)$,定义为

$$g(s) = E(s^{Z_1}) = \sum_{k=0}^{\infty} \eta_k s^k, \quad |s| \leqslant 1 \tag{11-2-3}$$

称为是后代生成函数。

Galton-Watson 最早证明,X_n的概率生成函数即为后代生成函数 $g(s)$的 n 次迭代$g_n(s)$。这里,$g(s)$的 n 次迭代$g_n(s)$满足迭代关系

$$g_{n+1}(s) = g(g_n(s)), \quad g_1(s) = g(s), g_0(s) = s \tag{11-2-4}$$

11.2.5　利用分支过程和实际数据估计故障连锁传播范围

目前,在估计故障连锁传播范围方面,比较有代表性的模型是 Dobson 等提出

的。以下是该模型的概要介绍。

首先引入(故障)后代分布函数的概念,指单一故障发生的条件下,触发的直接次生故障个数的分布。这里采用一个较为简单的单参数分布——泊松分布。依据故障连锁传播的时间层次(代数),模型假定相应的泊松后代分布函数的参数为$\lambda_n, n=1,2,\cdots$。

接下来,定义初始故障分布函数及后代分布函数的生成函数,分别记作$f_0(s)$和$f_n(s)$,即

$$f_0(s) = \sum_{k=0}^{\infty} \eta_{0k} s^k \tag{11-2-5}$$

$$f_n(s) = \sum_{k=0}^{\infty} \mathrm{e}^{-\lambda_n} \frac{(\lambda_n)^k}{k!} s^k, \quad n = 1,2,\cdots \tag{11-2-6}$$

这里,η_{0k}是初始发生k个原生故障个数的概率。$\mathrm{e}^{-\lambda_n}\dfrac{(\lambda_n)^k}{k!}$是由一个第$n-1$代故障触发$k$个第$n$代(直接)次生故障的概率,$\lambda_n$是第$n$代泊松后代函数的参数。由泊松函数的性质可知$f_n(s)=\mathrm{e}^{-\lambda_n(s-1)}$。

该模型的优势在于,可以与实际发生的故障记录结合,给出故障总规模(个数)的预测。

记第n代的单一故障触发的所有(直接或间接)后续次生故障的总数为Y_n。记Y_n服从分布的生成函数为$F_n(s)=Es^{Y_n}$。则$F_n(s)$满足如下递推关系:

$$F_{n-1}(s)=f_n(sF_n(s)) \tag{11-2-7}$$

为了求出从原发故障(服从初始故障的分布)到全部次生故障的总数分布,我们可以计算其生成函数$F(s)$。为了简化计算,假设从第$n\geqslant 5$代起,第n代泊松后代函数的参数λ_n均相等,记作λ_{5+}。这样,可以证明,第4代的单个故障的全部后续次生故障的总数的服从的分布是一个λ_{5+}为参数的Borel分布,其生成函数$f_B(s)$的表达式为

$$f_{\mathrm{B}}(s) = \sum_{k=0}^{\infty} \mathrm{e}^{-k\lambda_{5+}} \frac{(k\lambda_{5+})^{k-1}}{k!} s^k \tag{11-2-8}$$

于是可以基于递推关系导出$F(s)$的表达式:

$$F(s)=f_0(sf_1(sf_2(sf_3(sf_4(sf_B(s)))))) \tag{11-2-9}$$

上述简化模型,在应用中比较方便,仅需要故障发生的具体时刻和基本标识。待估计的关键参数分别为原生故障发生数的概率分布$p_{0k}, k\geqslant 1$,和泊松后代分布函数的参数为$\lambda_n, n\leqslant 5$。分别估计如下:

$$\hat{p}_{0k}=\frac{\text{每次事件中的原生故障数}}{\text{故障连锁传播事件发生的总次数}}, \quad k\geqslant 1 \tag{11-2-10}$$

$$\hat{\lambda}_n=\frac{\text{第}\,n\,\text{代故障的总数}}{\text{第}\,n-1\,\text{代故障的总数}}, \quad n\leqslant 5 \tag{11-2-11}$$

以 NERC 发表的公开数据为基础，Dobson 统计的传输线切断故障发生的次数如表 11-2-2 所示。

表 11-2-2　NERC 传输线切断故障分代统计

代数	0	1	2	3	4	5	6	7	8	9	10
故障数	7539	1328	499	266	172	107	85	59	49	34	37

得到的传输线故障连锁传播模型的参数估计值如表 11-2-3 所示。

表 11-2-3　模型参数估计值

参数	$\hat{\lambda}_1$	$\hat{\lambda}_2$	$\hat{\lambda}_3$	$\hat{\lambda}_4$	$\hat{\lambda}_{5+}$
估计值	0.18	0.38	0.53	0.65	0.76

电网在灾变情况下的故障连锁传播过程非常复杂，解决故障连锁传播的规模预测、避免或减少故障发生带来的全局大规模停电事故的问题，仍在理论分析、计算仿真、工程技术等多方面开展更为全面和深入的研究。

11.3　电网解列问题的系统化方法

11.3.1　电网解列问题的形式描述

电网解类问题十分复杂。为了能从理论上入手，深入分析问题的本质，需要对问题涉及的因素进行分类，抽取主要因素，进行形式化的描述。

参照电网规划与管理的工程实践，从能量平衡和频率稳定的要求出发，我们将严重灾变情形下，电网的解列问题，定义为一类约束满足问题。我们要求电网解列后，必须满足如下基本的约束条件[41,42,43]：

(1) 能量平衡约束(power balance constraints，PBC)；

(2) 发电机同步约束(separation and synchronization constraint，SSC)；

(3) 割集约束(cutting set constraint，CSC)。

需要说明的是，这些条件仅仅是保持电网稳定的必要条件，而不是充分条件。事实上，满足这些条件的解，还要满足传输线容量约束、电压稳定性、暂态稳定性等条件。不过，由于问题的复杂性，我们在这里主要讨论如何快速搜索满足这些基本条件的解的集合的问题。同步发电机群的确定，有很多研究，例如，可以参考慢同调分群算法[44]。

电网的拓扑结构以图 Γ 表示。其节点集对应于负荷母线集合和发电机母线集合的并集

$$V(\Gamma)=\{\mathrm{Load}\_i, i\in\{1,2,\cdots,M\}\}\cup\{\mathrm{Gen}\_i, i\in\{1,2,\cdots,G\}\} \tag{11-3-1}$$

其边集对应于传输线集合

$$E(\Gamma)=\{\text{Line\_}l, l\in\{1,2,\cdots,L\}\} \tag{11-3-2}$$

以 p_i 来表示一母线 i 的(有功)功率，并约定负荷母线的功率是取负值，发电机母线的功率取正值。

举例来说，如图 11-3-1 所示为一个 5 母线的电网，所对应的顶点赋权图如图 11-3-2所示。

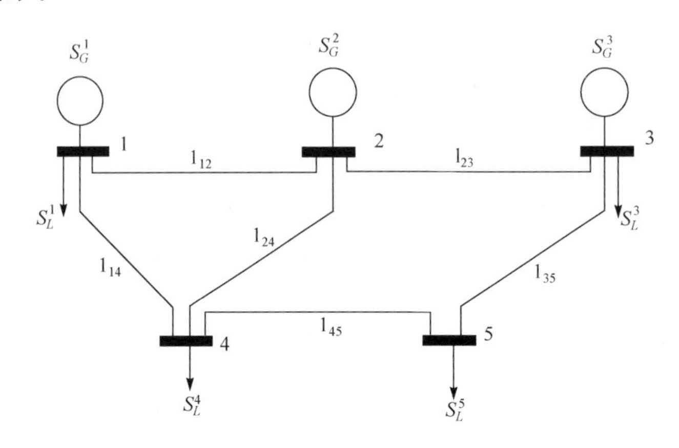

图 11-3-1 一个 5 母线的电网示例

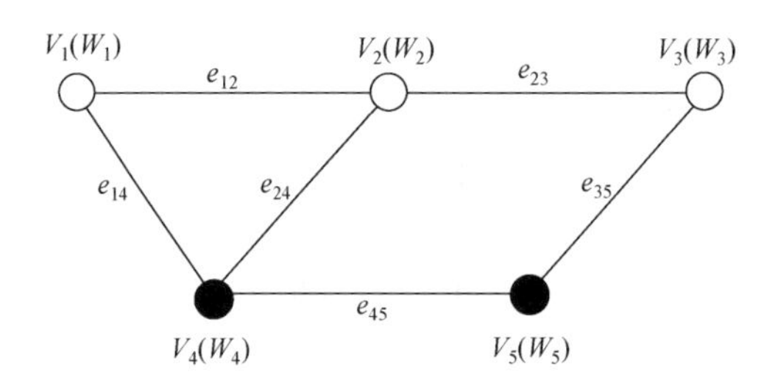

图 11-3-2 图 1 中 5 母线电网的拓扑图

其中，我们用白色节点表示负荷母线(标号为 1,2,3 的节点)，用黑色节点表示发电机母线(标号为 4,5 的节点)。节点标号旁边的括号中的数值表示母线的有功功率。

定义 11.3 解列面：给定电网对应的图 Γ，假定 Γ 为无向连通图。传输线集合$\{1,2,\cdots,L\}$的子集 κ 构成一个解列面，如果 Γ 去掉 κ 得到的子图为不连通。我们把 Γ 的解列面的集合记作$\chi(\Gamma)$。我们把由 κ 造成的孤岛(Γ 去掉 κ 得到子图的连通分支)集合记作 $\Xi(\Gamma,\kappa)$，用 $I(i)$表示节点 i 所对应的孤岛。

以图 11-3-1 中的电网为例，显然系统是连通的，因为任何两条母线之间都有由传输线构成的路径连接。我们看到，连接任何两个母线的传输线单独都不构成解列面。但是，我们说，连接母线 2，3 和连接母线 4，5 的这两条传输线就构成一个解列面，因为如果切断这两条传输线（如图 11-3-3 所示），将导致电网被人为地分成两个互相没有联系的孤岛 I_1 和 I_2（分别由 Γ 的仅包含母线 1，2，4 和包含母线 3，5 的子图构成）。

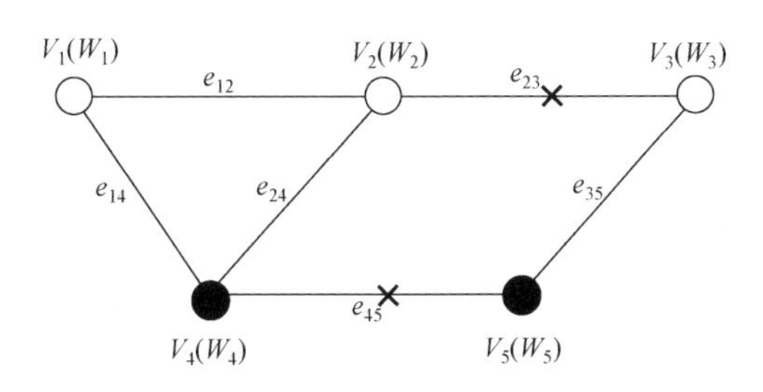

图 11-3-3　解列面的示例

定义 11.4　同步发电机群：给定电网，当发生灾变导致发电机之间出现失步时，发电机集合 $\{\text{Gen\_}i, i\in\{1,2,\cdots,G\}\}$ 按照相角是否接近分成的若干子集称为同步发电机群。我们把灾变导致的同步发电机群的集合记作 Ψ。我们记 $\Psi(\text{Gen\_}i)$ 为发电机 Gen_i 所在的同步发电机群。

定义 11.5　解列面搜索问题：给定电网对应的图 Γ，假定 Γ 为无向连通图。求 Γ 的解列面的集合 $\chi(\Gamma)$ 中满足约束条件 PBC、SSC、CSC 的全部解列面。形式上，这些条件可以描述为如下

PBC：

$$\left|\sum_{i\in V(I)} p_i\right| < d,\quad \forall I \in \Xi(\Gamma,\kappa) \tag{11-3-3}$$

其中，d 是容许的能量平衡裕度；$V(I)$ 表示孤岛 I 的节点集合。

SSC：

对于 $\forall \Psi, \Psi' \in \Psi$，若 $\Psi \neq \Psi'$ 且 $\Psi \subset V(I)$，$\Psi' \subset V(I')$，则 $I \neq I'$。　(11-3-4)

CSC：

若传输线 $(i,j) \in \kappa$，则 $I(i) \neq I(j)$。　(11-3-5)

11.3.2　电网解列问题的 NP 难性

我们给出一个关于电网解列问题的复杂度的下界。

定理 11.1[42]　11.3.1 节中定义的电网解列面搜索问题是 NP 难的。

证明　我们采取的基本思路是把 0-1 背包这个已知的 NP 完全问题在多项式时间归约到解列面搜索问题。

给定 0-1 背包的一个问题实例：给定 n 个正整数 $a_i \in \{1,2,\cdots,n\}$ 和另外一个正整数 K，问题是判定是否能够从这些数中选出一组数，使得它们的和等于 K？

我们建立映射关系：令负荷母线总共有 n 条，分别为 Load_i，$i\in\{1,2,\cdots,n\}$，第 i 条母线的功率 p(Load_i)等于 $-a_i$。令有两台发电机 Gen_1 和 Gen_2，在灾变情形下彼此为不同步。它们的功率 p(Gen_1) 和 p(Gen_2)分别为 K 和 $K-\sum_{i=1}^{n}a_i$。因此，假定有两个同步机群 $\Psi=\{\Psi_1,\Psi_2\}$，满足 $\Psi_1=\{$Gen_1$\}$，$\Psi_2=\{$Gen_2$\}$。令传输线的集合为使得 $V=\{$Load_$i,i\in\{1,2,\cdots,n\}\}\cup\{Gen_1,Gen_2\}$构成完全图的边集$\{$Line_$l,l\in\{1,2,\cdots,C_2^{n+2}\}\}$。这里 C_2^{n+2} 表示 $n+2$ 中取 2 的组合数。取平衡裕度为 $d=1$。至此我们完整地定义了一个电网解列面搜索问题的实例。

容易验证，如果该问题有一个可行解 κ，那么根据 PBC 式(11-3-1)，与发电机群{Gen_1}被划分到一个孤岛 I 中的所有负荷母线，其功率之和满足 $\left|\sum_{i\in V(I)}p_i\right|<1$，由于所有功率值均为整数，该孤岛中仅有一台发电机，功率为 K，该孤岛内所有负荷母线的功率取负号总合必然等于 K。它们构成了 0-1 背包问题的一个解。

反之，给定 0-1 背包问题的一个解，可以相应地构造解列面搜索问题的一个满足约束的割集。方法是先确定负荷节点集合的划分：在这个解中的数所对应的负荷母线与 Gen_1 分为一组，其他负荷母线与 Gen_2 分为一组。该割集就是连接这两组节点的传输线，其他传输线保留。容易验证，这样解列的电网，满足所有约束条件。

证明完成。

这个定理表明，在灾变情况下，要想找到满足电网稳定条件的解列方案，在最坏情况下，很可能不存在多项式时间的算法，除非 NP 完全问题被证明可以在多项式时间内进行求解。这就提示我们，必须寻找问题的结构信息，并尽可能加以充分利用，才有可能求解较大规模电网的解列问题。

11.3.3 预备知识：布尔表达式及其 OBDD

布尔表达式可以用来表示与之等价的集合(称为满足该表达式的集合)。若干集合取交集对应于等价的布尔表达式进行与(AND)运算。若干集合取并集对应于等价的布尔表达式进行或(OR)运算。集合取补集对应等价的布尔表达式取非(NOT)运算。对这些基本运算进行复合，可以组成复杂的布尔表达式。布尔表达式适合于表达逻辑关系，当把其自变量的取值都限制在{真，假}集合上进行赋值的时候，可以给出布尔表达式在给定赋值下的取值，结果或为真，或为假。布尔表达式的评价，服从布尔代数的基本规律，可以分层次进行。举例来说，布尔表达式 $s=(a\cdot b+c\cdot d)(e\cdot f+g\cdot h)$ 可以采取如图 11-3-4 的步骤进行，这里 AND(有时略去)表示“与”运算，OR 表示“或”运算。

可以先计算出 ab，cd，ef，gh 的结果，再计算出($ab+cd$)和($ef+gh$)的结果，最后计算出 s 的值。

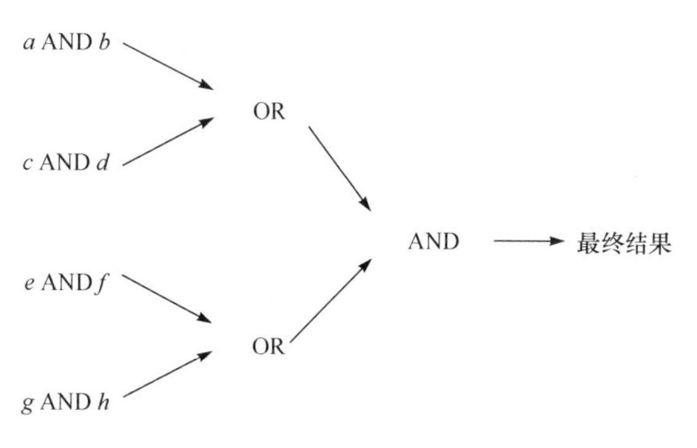

图 11-3-4　布尔表达式示例

以下简介布尔表达式所对应的 OBDD(有序二元决策图)[45]。这是一种通常能够紧凑描述布尔表达式的图形结构，该图形结构与布尔表达式在逻辑上等价。最早由 Bryant 引入。OBDD 的最大优势在于对于布尔表达式的常规运算(如与、或、非运算)都可以直接在对应的 OBDD 上进行，而不必转化回到布尔表达式。

OBDD 的图结构可以一个例子说明。给定含有 3 个变量的布尔表达式 $a\cdot b+c$，首先对一个布尔表达式的所有变量进行排序(此处为 $a<b<c$)，然后依次根据布尔变量取值为 0(左分支，虚线)或 1(右分支，实线)构建排序的二元决策树，如图 11-3-5 所示。

进而再通过化简，合并决策树上的冗余节点，得到底层只有 0 或 1 两个节点的有向无环图，对应于例子 $a\cdot b+c$ 的 OBDD 如图 11-3-6 所示。

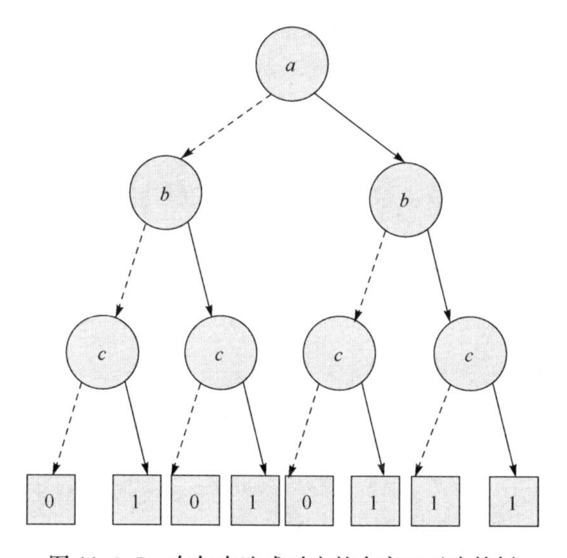

图 11-3-5　布尔表达式对应的有序二元决策树

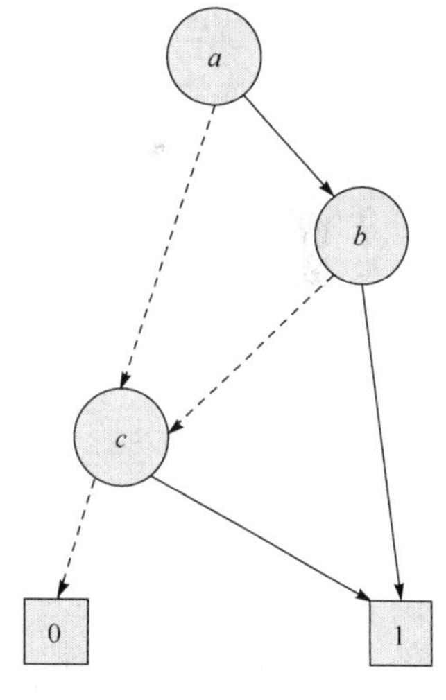

图 11-3-6　布尔表达式对应的 OBDD 示例

11.3.4 电网解列面搜索问题的约束条件

为了充分利用问题的结构信息，并且给出满足约束的所有解列面集合的紧凑描述，我们给出这些约束条件的布尔表达式。为此我们引入布尔变量来表示传输线的通断状态。为了便于紧凑描述，对于给定电网对应的图 Γ，首先定义符号化的母线邻接矩阵 $\boldsymbol{A}(\Gamma)$：

$$\boldsymbol{A}(\Gamma)=[a_{ij}] \tag{11-3-6}$$

其中，$a_{ij}=0$，如果母线 i 和 j 之间没有传输线相连；$a_{ij}=1$，如果母线 i 和 j 之间传输线始终相连，不可切断；$a_{ij}=b_{(i,j)}$，如果母线 i 和 j 之间传输线 (i,j) 的通断状态时解列面搜索问题的决策便利，即其通断状态 $b_{(i,j)}$ 为可控，可以人为指定为 1(表示接通)或 0(表示切断)。如果假定所有传输线通断状态均为可控则可得到图 11-3-1 中模型的符号化母线邻接矩阵为

$$\boldsymbol{A}_G=\begin{bmatrix} 0 & b_{12} & 0 & b_{14} & 0 \\ b_{12} & 0 & b_{23} & b_{24} & 0 \\ 0 & b_{23} & 0 & 0 & b_{35} \\ b_{14} & b_{24} & 0 & 0 & b_{45} \\ 0 & 0 & b_{35} & b_{45} & 0 \end{bmatrix} \tag{11-3-7}$$

其中，$b_{(i,j)}$ 被简记作 b_{ij}。

基于符号化的母线邻接矩阵 $\boldsymbol{A}(\Gamma)$，我们进而定义符号化的母线连通性矩阵 $\boldsymbol{A}^*(\Gamma)$：

$$\boldsymbol{A}^*(\Gamma)=\boldsymbol{A}^0(\Gamma)+\boldsymbol{A}^1(\Gamma)+\cdots+\boldsymbol{A}^{G+M}(\Gamma) \tag{11-3-8}$$

其中，$\boldsymbol{A}^0(\Gamma)$ 定义为单位阵，$\boldsymbol{A}^{k+1}(\Gamma)$ 定义为 $\boldsymbol{A}^k(\Gamma)\cdot\boldsymbol{A}(\Gamma)$。这里的 · 和 + 运算均为布尔变量矩阵的运算。在解列面选择为 $\boldsymbol{\kappa}$ 的情况下，所有可控传输线的通断状态随即给定，即切断 $\boldsymbol{\kappa}$ 集合的传输线，相应的布尔便利赋值为 0，其他传输线保持连接，相应的布尔变量赋值为 1。此时得到一个常数邻接矩阵和连通性矩阵，分别记作 $\boldsymbol{A}(\Gamma,\boldsymbol{\kappa}=0)$ 和 $\boldsymbol{A}^*(\Gamma,\boldsymbol{\kappa}=0)$。

PBC 的布尔表达式为

$$-d<\boldsymbol{p}\boldsymbol{A}^*(\Gamma,\boldsymbol{\kappa}=0)<d \tag{11-3-9}$$

其中，$\boldsymbol{p}$ 为所有母线的功率构成的向量。

SSC 的布尔表达式为

$$\boldsymbol{A}^*(\Gamma,\boldsymbol{\kappa}=0)_{\text{Gen}}\leqslant\boldsymbol{\Psi} \tag{11-3-10}$$

其中，布尔矩阵 $\boldsymbol{\Psi}$ 的元素定义为 $(\boldsymbol{\Psi})_{\text{Gen}\_i,\text{Gen}\_j}=1$，如果 Gen_$i$，Gen_$j$ 属于同一同步机群；$(\boldsymbol{\Psi})_{\text{Gen}\_i,\text{Gen}\_j}=0$，如果 Gen_$i$，Gen_$j$ 属于不同的同步机群。$\boldsymbol{A}^*(\Gamma,\boldsymbol{\kappa}=0)_{\text{Gen}}$ 表示行和列均限制在发电机节点上从 $\boldsymbol{A}^*$ 矩阵所取出的子矩阵。

CSC 的布尔表达式为

$$(\boldsymbol{A}^*(\Gamma,\kappa=0))_{i,j}=0,\quad 对于任意的(i,j)\in\kappa \tag{11-3-11}$$

11.3.5 基于验证的电网解列面搜索算法

在11.3.4节中，我们通过引入传输线通断状态的布尔变量，已经把解列面搜索问题的约束条件(11-3-1)～(11-3-3)转化为相应的等价布尔表达式(11-3-5)～(11-3-7)。本节利用软件验证理论中非常有效的OBDD(有序二元决策图)表示方法，建立一个基于验证的解列面搜索算法11.1。

算法11.1：基于验证的解列面搜索算法

第1步：构造连通性矩阵对应的OBDD

第2步：在第1步基础上，构造PBC约束布尔表达式(11-3-5)对应的OBDD

第3步：构造CSC约束布尔表达式(11-3-7)对应的OBDD

第4步：根据灾变情况所确定的同步机群划分情况，构造SSC约束布尔表达式(11-3-7)对应的OBDD

第5步：对PBC对应的OBDD，CSC对应的OBDD和SSC对应的OBDD进行合并(与运算)，求出同时满足这三个约束条件的解列面的所对应的OBDD。

以下对算法11.1进行说明：

第1、2步的OBDD构造，在已知各母线功率的情况下是可以实行并行计算的。特别地，$A^*(\Gamma)$的计算过程中，可以利用$A^*(\Gamma)=A^0(\Gamma)\oplus A^2(\Gamma)\oplus\cdots\oplus A^{2^s}(\Gamma)$来进行并行计算，其中$s$为使得$2^s$不小于$\Gamma$中最长路经长度的整数[41]。

另外，构造布尔表达式的OBDD有现成的软件包，如Jørn Lind-Nielsen开发的免费软件Buddy。

为了说明算法，以下给出一个算例的结果。

对图11-3-2给出的电力系统模型，假定以下功率和平衡裕度参数：

$$w_1=0.2,\quad w_2=0.3,\quad w_3=0.4,\quad w_4=-0.5,\quad w_5=-0.4,\quad d=0.1$$

假定发电机Gen_1和Gen_2构成一个同步机群，Gen_3构成另一个同步机群。则利用算法11.1可得到满足所有约束的解列面搜问题的OBDD解，如图11-3-7所示。其中假定了布尔变量的排列顺序为$b_{12}<b_{14}<b_{23}<b_{24}<b_{35}<b_{45}$。这里每一条从顶端($b_{12}$)到达到底层1节点的路径都对应着一个满足要求的解列面。

以图11-3-7中的最右侧路径为例，它代表了$\kappa=\{e23,e45\}$的解列面。该解列面的布尔表达式为$b_{12}b_{14}\bar{b}_{23}b_{35}\bar{b}_{45}$，其中变量符号上方的"-"表示逻辑"非"运算。

本节给出的基于验证的电网解列面搜索算法，为应对大电网灾变情形下的潜在电网崩溃问题，提供了一个系统性的解决思路。基于这个方法，可以在灾变发生后，根据同步机群的分布情况，给出符合功率平衡等条件的全部可行解列面，为解

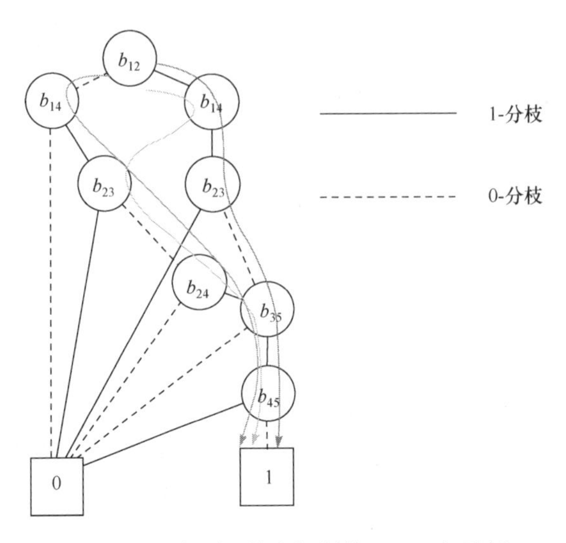

图 11-3-7　解列面搜索问题的 OBDD 解示例

列决策中尽量降低盲目性提供了支撑。同样的思路可以扩展到处理电网紧急控制中的切机切负荷决策问题中,详细情况,可参考文献[46]。

然而正如本节证明的结果,由于问题的复杂性,加之工程实施上的限制,如何避免大电网灾变情形下的崩溃和大停电事故,需要更全面的解决方案。

一方面,在可行解列面的搜索过程中,没有考虑传输线的容量约束,也没有考虑系统解列后系统是否动态稳定等问题,这些问题对于工程上作出正确的解列决策也是十分重要的,应当深入研究。为了增大可以处理问题的规模,需要充分研究利用电网自身的特点,进行必要的结构简化(如分区集结)。这方面的研究可参考相关研究,如文献[41]、[43]等。除了本节介绍的基于验证的解列面搜索算法外,在主动解列问题的研究上,还有一些其他有价值的思路,例如基于电网模型线性化灵敏度分析的主动解列算法[44]。

另一方面,从工程技术上,也需要研究如何改善电网的设计、研发更精确和快速的故障检测技术,特别是,如何充分利用先进的信息通信技术,提高态势感知和应急处理的能力,必将是智能电网研究的重要课题。

11.4　基于信息物理融合的网络信息安全监控

11.4.1　电力系统状态估计与不良数据注入攻击

在电力系统中,控制中心通常采用状态估计技术对系统运行状态进行分析,降低量测误差和计算系统实际状态,并以此给出调度策略。2009 年,Liu 和 Ning 提出的不良数据注入式攻击(bad data injection attack,BDI Attack)引发了研究者的广泛关注[28]。他们的工作证明,如果攻击者对于电力网络结构与参数信息有着充分的了解,则可以针对特定的量测数据构建隐蔽式不良数据注入攻击,传统的不良数据检测算法无法检测这一类攻击。

智能电网中的不良数据注入攻击是一种物理-信息攻击,在本质上由两个部分组成:在信息层,攻击者需要通过信息技术入侵智能电网以实现不良数据的注入;在物理层,攻击者需要根据电力网络的物理特性,构造相应的不良数据以实现其攻击目的。信息层攻击是不良数据注入式攻击的基础,攻击者以此获取智能电表的访问权限,并伪造量测读数。诸如密码破解、验证绕过、拒绝服务攻击等现有的互联网攻击技术均可用于实现智能电网的信息层攻击。与传统攻击中通过修改物理电路以实现偷电不同,智能电网中的物理层攻击的主要目的是针对电力系统不良数据检测机制,构建不良数据以实现其具体的攻击目的。因此,不良数据注入式攻击是对于通信网络的信息层攻击以及针对电力系统特性的物理层攻击二者的结合。

1. 电力系统状态估计

Schweppe 在 1975 年首次提出了利用状态估计(state estimation)对电力系统实时运行状态进行监控[47]。在如今,状态估计被广泛用于减小电力系统观测误差,检测不良数据,监控电力系统实时运行状态,其主要功能如下。

(1) 可观性分析:在状态估计之前,根据当前量测值信息,判断系统状态是否可观测。

(2) 状态估计:根据实时的量测数据,估计系统中终端节点的电压相角与幅值。

(3) 不良数据处理:检测并剔除量测值中的错误数据。

状态估计指控制中心通过传感器采集量测数据并根据量测数据估计电力系统运行状态的过程。控制中心在每个采样时刻根据估计所得的电压相角与幅值对电力实时调度作出决策。在早期的应用中,控制中心直接利用节点上的传感器采集实时运行状态,但是在实际应用中往往存在着量测值误差。当量测值受到自然灾害或者噪声干扰,则会对控制的可靠性产生影响。利用高精度量测设备可以在一定程度上解决这一问题,但是,受到投入成本的制约,电力系统中不会大量部署高精度量测设备。而状态估计基于加权最小二乘估计(weighted least square,WLS)算法,利用量测量的冗余来减少传输误差对于估计状态的影响。在状态估计中,节点有功/无功功率,线路实时潮流均可以作为量测数据。设 z 为量测向量,则电力系统量测模型为

$$\text{mea}=\begin{bmatrix}\text{mea}_1\\ \text{mea}_2\\ \vdots\\ \text{mea}_m\end{bmatrix}=\begin{bmatrix}h_1(\text{sta}_1,\text{sta}_2,\cdots,\text{sta}_n)\\ h_2(\text{sta}_1,\text{sta}_2,\cdots,\text{sta}_n)\\ \vdots\\ h_m(\text{sta}_1,\text{sta}_2,\cdots,\text{sta}_n)\end{bmatrix}+\begin{bmatrix}\text{err}_1\\ \text{err}_2\\ \vdots\\ \text{err}_m\end{bmatrix}=h(\text{sta})+\text{err} \tag{11-4-1}$$

其中,sta 为系统的状态,包括节点的电压幅值与相角;$h_i(\text{sta})$为第 i 个量测值与系统状态值之间的非线性函数;err 为量测误差,一般满足如下的假设:

$E(\text{err}_i)=0,\quad i=1,\cdots,m;\quad E(\text{err}_i,\text{err}_j)=0,\quad \text{Cov}(e)=\text{Err\_}D=\text{diag}\{\sigma_1^2,\sigma_2^2,\cdots,\sigma_m^2\}$,

σ_i是 mea_i的标准差。

状态估计的主要功能是根据实时量测数据 mea 求得最准确的状态估计值 $\hat{\text{sta}}$。一般通过最大似然估计(maximum likelihood estimation,MLE)实现。在加权最小二乘估计中,以最小化量测数据的估计值与真值间残差的加权平方和为优化目标,常见的似然函数为

$$\begin{aligned}J(x)&=\sum_{i=1}^{m}(\text{mea}_i-h_i(\text{sta}))^2/\text{Err\_}D_{ii}\\&=[\text{mea}-h(\text{sta})]^{\text{T}}\text{Err\_}D^{-1}[\text{mea}-h(\text{sta})]\end{aligned} \tag{11-4-2}$$

为了实现优化目标,需要满足似然函数的一阶导数为 0,即

$$\begin{aligned}g(x)&=\frac{\partial J(\text{sta})}{\partial \text{sta}}=-H^{\text{T}}(\text{sta})\text{Err\_}D^{-1}[\text{mea}-h(\text{sta})]=0\\H(x)&=\frac{\partial h(\text{sta})}{\partial \text{sta}}\end{aligned} \tag{11-4-3}$$

将非线性函数 $g(\text{sta})$展开为泰勒多项式并省去高次项(一般只会保留一次项),然后通过牛顿-拉夫逊迭代求解待估计的状态:

$$\begin{aligned}&\text{sta}^{k+1}=\text{sta}^k-[G(\text{sta}^k)]^{-1}g(\text{sta}^k)\\&G(\text{sta}^k)=\frac{\partial g(\text{sta}^k)}{\partial \text{sta}}=H^{\text{T}}(\text{sta}^k)\text{Err\_}D^{-1}H(\text{sta}^k)\\&g(\text{sta}^k)=\frac{\partial J(\text{sta}^k)}{\partial \text{sta}}=-H^{\text{T}}(\text{sta}^k)\text{Err\_}D^{-1}(\text{mea}-H(\text{sta}^k))\end{aligned} \tag{11-4-4}$$

其中,k 为迭代次数;sta^k为第 k 次迭代时的估计值;$G(\text{sta})$为增益矩阵。

增益矩阵通常是一个稀疏对称矩阵,当增益矩阵满秩则表明系统状态完全可观。最小加权二乘的基本流程见算法 11.2。

算法 11.2:加权最小二乘算法

输入:量测值方差矩阵 Err_D;状态值与量测值间的非线性函数 $h(\text{sta})$;量测数

据 mea。

输出:待估计状态值 sta。

步骤:

(1) 初始化,为 sta^0 赋初值,并设 $k=0$;

(2) 计算增益矩阵,$G(sta^k)=H(sta^k)^T Err\_D^{-1}H(sta^k)$;

(3) 分解 $G(sta^k)$,并求逆得到$[G(sta^k)]^{-1}$;

(4) 计算 $\Delta sta^k=[G(sta^k)]^{-1}H(sta^k)^T Err\_D^{-1}(mea-hstax^k))$;

(5) 判断$|\Delta sta^k|<\varepsilon$,讨论迭代的收敛性;

(6) 不成立:$sta^{k+1}=sta^k+\Delta sta^k$,$k=k+1$;转向步骤(2);

成立:终止迭代,$sta=sta^k$。

在状态估计中,有很多量测数据的选择方案。在传统的电力系统中,由于电表性能有限,无法采集到较多的量测值。在智能电网中,智能电表可以实现多种数据的量测功能。本章采用了美国 AEP 公司提出的“唯支路”量测技术。在这一方案中,选择通过传输线路的实时有功/无功潮流作为量测数据。此时,增益矩阵在迭代过程中可近似地认为是常量,这大大加快了状态估计的运算速度,节省了存储开销。

包括因意外事件导致的随机误差以及恶意注入攻击,均会对于状态估计的可靠性与鲁棒性造成严重影响。状态估计利用量测量冗余在一定程度上可以消除误差带来的影响,然而,较大的量测偏差可能使得状态估计的结果产生错误。有些不良数据可以通过能量守恒等物理定律进行检验,但是,在大多数情况下,需要借助更高级的手段进行不良数据检测(卡方检验,Chi-squares Test)。

在正常情况下,量测误差被认为是一组独立的随机变量服从零均值高斯分布,则加权最小二乘的目标函数:

$$
\begin{aligned}
J(sta) &= \sum_{i=1}^{m}(mea_i-h_i(sta))^2/Err\_D_{ii} \\
&= \sum_{i=1}^{m}\left(\frac{mea_i-h_i(sta)}{\sqrt{Err\_D_{ii}}}\right)^2
\end{aligned} \tag{11-4-5}
$$

$J(sta)$在正常情况下满足 $m-n$ 自由度的卡方分布,这是由于在电力系统量测模型是一个带有 m 个量测等式,自变量为 n 维状态向量的方程组。该卡方分布概率密度函数的累积和面积的计算公式为

$$
\Pr\{sta\geqslant sta_t\}=\int_{sta_t}^{\infty}\chi^2(u)du \tag{11-4-6}
$$

其中,$\Pr\{sta\geqslant sta_t\}$概率密度函数的累积和大于设定阈值 sta_t 的概率。

当给定一个设定阈值时,通常为 0.95,则可以根据卡方分布表查得对应的阈

值,换言之,此时累积和在设定阈值内的概率为 0.95。

当不良数据存在时,量测值真值与估计值之间的残差将呈现异常,其累计平方和很有可能不服从卡方分布。由此,卡方检验的基本流程见算法 11.3。

算法 11.3:卡方检验

输入:量测量方差矩阵 Err_D;m 维量测估计值 mea;量测真值 mea;预设定不良数据概率 p;状态量维数 n。

输出:不良数据存在情况。

步骤:

(1) 根据加权最小二乘结果,计算目标函数值:

$$J(\hat{\mathrm{sta}}) = \sum_{i=1}^{m}\left(\frac{\mathrm{mea}_i - h_i(\hat{\mathrm{sta}})}{\sqrt{\mathrm{Err\_}D_{ii}}}\right)^2$$

(2) 根据卡方分布表,查找 m - n 自由度下置信度为 p 的卡方分布阈值 $x_t = \chi^2_{(m-n),p}$;

(3) 检验是否成立:$J(\hat{\mathrm{sta}}) > \chi^2_{(m-n),p}$?

(4) 成立:以概率 p 认为不良数据存在;

不成立:以概率 p 认为不良数据不存在。

---

2. 不良数据注入攻击

在传统电力系统中,状态估计很好地满足了系统状态实时监控与控制调度需求。而在智能电网时代,智能电表在信息网络中部署规模广,且与易于访问。攻击者可以借助信息技术入侵智能电网并修改智能电表中的实时读数。根据电力网络基本模型,不良数据注入攻击中的物理层攻击可以描述为[28]

$$\mathrm{mea} = h(\mathrm{sta}) + \mathrm{Err} + \mathrm{att} \tag{11-4-7}$$

其中,att 为攻击者构造的攻击向量。

电力系统中的传统不良数据检测机制基于量测值与真值之间的残差。由于量测值噪声,一般认为服从均值为 0、协方差为 Err_D 的正态分布,因此,当量测值与真值之间的残差超过设定容忍阈值时(即 $|\hat{\mathrm{mea}} - \mathrm{mea}| > \tau$),则会认为存在不良数据。物理层的攻击的重要目标之一就是构建攻击向量 att 使之绕过电力系统不良数据检测。在直流模型中,状态值与量测值呈线性关系,其基本原理可以描述为

$$\begin{aligned}\mathrm{mea} &= H \cdot \mathrm{sta} + \mathrm{att} + \mathrm{Err} = H \cdot \mathrm{sta} + \mathrm{H} \cdot \mathrm{sta}_{\mathrm{att}} + \mathrm{Err} \\ &= H(\mathrm{sta} + \mathrm{sta}_{\mathrm{att}}) + \mathrm{Err}\end{aligned} \tag{11-4-8}$$

其中,H 为 $h(\mathrm{sta})$的雅可比矩阵;$\mathrm{sta}_{\mathrm{att}}$ 为攻击向量,满足 $\mathrm{att} = H \cdot \mathrm{sta}_{\mathrm{att}}$。

根据攻击者构造的攻击向量的形式可以看到。被修改的量测值与其估计后的

结果间的残差不会大于电力系统的误差容忍限。

本章利用状态估计对于量测误差的容忍机制，基于 IEEE 14 节点标准系统构建一个不良数据注入攻击实例，并分析其具体危害。IEEE 14 节点系统是根据美国 AEP 公司中西部地区在 1962 年 2 月的实时布局构建的物理模型。该标准系统由 14 个节点域 20 条传输线路构成。其中，状态变量数目为 27 个，包括 14 个节点电压幅值与 13 个节点相角（参考节点的相角默认为 0）；共有 20 对传输线有功和 20 对传输线无功潮流量测值。在我们的仿真实验中，这些量测数据通过 MATPOWER 工具箱生成，并添加了高斯噪声。MATPOWER 是由美国康奈尔大学开发的一套基于 MATLAB 的电力系统潮流系统。

IEEE 14 节点标准系统共包含 14 个终端节点，20 条传输线。因此系统中的状态量数目一共 27 个，量测量数目为 80 个。通过查询卡方分布表，得知在 95% 的置信度下，自由度为 53 的卡方检验阈值为 72.15。如图 11-4-1 所示，假设节点 1 和节点 2 之间传输线 $L_{1,2}$ 的量测数据被恶意攻击者进行了篡改，其中 $AP_{1,2}$（active power，有功功率）的值由 156.88MW 改为了 203.95MW。通常，为了保证系统中的能耗平衡，$AP_{2,1}$ 的值也会同时从 −152.59MW 改成为 −198.36MW（一般情况下，由于电力传输线的线损原因，$AP_{i,j}$ 和 $AP_{j,i}$ 的值并不相等）。此时，采用基于 MATLAB 的 MATPOWER 工具箱可以直接对系统进行状态估计和卡方检验，检测系统中是否存在不良数据。

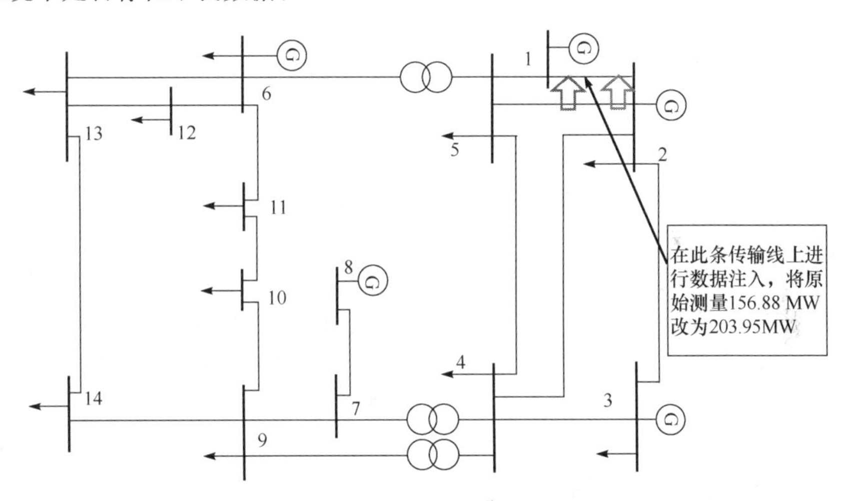

图 11-4-1　IEEE 14 节点系统的攻击案例

根据算法 11.3 计算得到的目标函数 $J(\hat{sta})$ 值为 50.66，而系统的不良数据检测阈值为 72.15，可知 $J(\hat{sta})$ 的值小于系统的阈值，见表 11-4-1。因此，采用传统的卡方检验将无法检测到该数据注入攻击行为。这类可以绕过经典状态估计和卡方检验的攻击也被定义为隐蔽式不良数据注入攻击。它为传统电力检测方法带来了极大的挑战，较高的漏报率可能造成电力能源偷窃，破坏经济调度，甚至导致控制中心错误的根据当前量测值切断供电线路避免过载。

表 11-4-1 不良数据注入攻击及其卡方检验结果

含有不良数据的量测量	$AP_{i,j}$		检测结果	
	原始数据	注入数据	系统阈值	$J(\hat{sta})$
$AP_{1,2}$	156.88	203.95	72.15	50.66
$AP_{2,1}$	−152.59	−198.36		

11.4.2 异常流量索引的智能电网信息-物理关联安全监控

异常网络流量索引的状态估计是一种新型智能电网安全监控方法，基于信息数据引导的信息-物理关联思想，通过将信息网络的通信流量和电力系统的物理约束整合在统一的系统模型中进行关联分析，实现对智能电网中攻击事件和行为的检测。它的基本思想是：智能电网信息网络中的异常流量报警被量化成为信息影响因子引入到电力系统的状态估计模型中，信息影响因子的引入可以在求解过程中降低疑似受到攻击的电力数据的影响，使得估计结果向真实值收敛，从而帮助检测一些隐蔽式不良数据注入攻击，提高检测精度。其具体实现的主要步骤如下：

(1) 异常网络流量检测与量化；

(2) 构建考虑信息网络影响的状态估计模型；

(3) 电力系统不良数据检测。

1. 异常网络流量数据的抽象和量化

智能电网信息网络通常利用流量分析和入侵检测技术监控系统的数据通信行为，检测系统中的潜在威胁事件。入侵检测系统(intrusion detection system，IDS)作为一种广泛使用的解决方案，提供了一种通过解读路由器、防火墙、服务器等网络设备工作日志保护系统免遭入侵的简单方法。IDS 可以探测对系统、网络、设备以及相关资源未经授权的访问、使用以及攻击行为：通过监控计算机系统或者网络的数据通信流量、行为等，与其保存的已知攻击知识库的内容进行模式匹配，寻找可能的恶意行为及攻击事件，一旦检测到匹配时即产生相应的报警信息，并能够自动做出不同的响应动作和操作。

本章以轻量级开源网络入侵检测系统 Snort 为例，介绍智能电网信息网络异常流量的检测。Snort 常用的工作模式包括数据包嗅探、数据包记录以及入侵检测等。嗅探器模式仅从网络中读取数据包，并以连续流的形式显示在终端上。数据包记录器模式则是把数据包记录到硬盘上。入侵检测模式是最复杂，同时也是最有价值的，可以支持实时流量解析。通常，Snort 工作在网络入侵检测模式下，利用其灵活丰富的语言功能对网络通信数据包进行充分分析，匹配预先设定的规则，并根据检测结果采取相应的响应动作。

作为一种常规的信息安全策略，Snort 在设计之初的目标对象是计算机网络，并没有考虑到电力系统的需求，无法直接适用于电力关键基础设施。因此，需要设计能够满足智能电网特性、需求和约束的入侵检测系统。借助 Snort 的规则定制功能，可以通过在 IDS 中加入对智能电力设备通信流量分析的支持，并依据电网的特性和需求设计相应的检测规则，实现对智能电网信息网络异常流量数据的报警。

针对智能电表设备使用的 Modbus/TCP 通信协议，通过对几种典型攻击行为的通信数据包分析和网络流量特征解析，发现目标是智能电力设备的典型攻击案例一般具有下述特性。

(1) 攻击对象通常是电力设备存放敏感信息的关键寄存器。以智能电网中使用的智能电表为例，它的电流互感比、电压互感比、电表连接类型等关键参数是分别存放在不同的寄存器中；西门子 SERTRON PAC4200 型智能电表的初级电流信息存放在寄存器 C35B 中，电表的连接类型存放在寄存器 C351 中；施耐德 PM800 型智能电表的初级电流信息存放在寄存器 0C81 中，初级电压信息存放在寄存器 0C85 中；由于初级电流信息、电表连接类型等与电力消耗数据的量测和计算直接相关，这些关键寄存器位置都是恶意攻击者的潜在攻击对象和目标。

(2) 不同的攻击类型和攻击行为具有明显不同的数据和流量特征。对于智能电表的典型攻击案例而言，恶意攻击者破译密码的行为会导致对智能电表存放密码状态寄存器的频繁读请求；恶意用户篡改智能电表互感比“偷电”行为会导致对存放“初级电流”和“次级电流”寄存器的写操作。恶意用户篡改电压互感比的行为则会导致对存放“初级电压”和“次级电压”寄存器的写操作；恶意攻击者修改电网的“虚拟”拓扑结构会导致对智能电表存放电表连接类型寄存器的写操作；这些不同类型的安全攻击将会呈现出的不同访问操作行为，可以作为模式特征和辨识依据对不同种类的攻击行为进行检测。

据此，适合智能电网信息网络的入侵检测是基于常规 Snort 定义关于电表设备通信流量和 Modbus/TCP 通信协议的相关检测规则，对智能电力设备敏感寄存器的读写操作进行监控，通过规则解析网络数据包并分析流量行为，实现对智能电表密码爆破、互感比篡改、连接类型修改等攻击行为的检测。例如，对智能电表密码保护的攻击行为可通过下述规则检测(以西门子 SERTRON PAC4200 型电表为例)：

对于上述规则的具体解析如下：

(1) alert 表示生成报警操作；

(2) tcp 表示监控的通信协议类型；

(3) $CLIENT_MODBUS_NET any 表示监控的源地址是网络中利用 Modbus 协议通信的所有客户设备、源端口则为任意端口(默认的端口号在 0～65535 之间)；

(4) $SERVER_MODBUS_NET any 则表示监控的目的地址是网络中利用 Modbus 协议通信的所有服务设备、目的端口同样为任意端口；

(5) <->代表对双向信息流动的监控。

具体规则体的含义：当检测到 10s 内对电表 FF0E 寄存器(西门子 SERTRON PAC4200 型智能电表存放密码信息的寄存器)的访问操作超过 3 次，即认为存在潜在的密码破解行为，会产生相应的报警信息，如图 11-4-2 所示。

```
alert tcp $CLIENT_MODBUS_NET any <-> $SERVER_MODBUS_NET any
(flow: established, to_server; content: "|ff|"; offset: 8; depth: 1; content:
"|0e|"; offset: 9; depth: 1; threshold: type both, track by_src, count 3, seconds
10; msg: "Possible MODBUS Password Modification Behaviour"; sid:
1000004; priority: 4;)
```

图 11-4-2　西门子 SERTRON PAC4200 型电表密码探测的检测规则

相应的，篡改智能电表互感比的攻击行为可通过下述规则检测，如图 11-4-3 所示。

```
alert tcp $CLIENT_MODBUS_NET any <-> $SERVER_MODBUS_NET any
(content: "|00 00|"; offset: 2; depth: 2; content: "|10|"; offset: 7; depth: 1;
content: "|c3|"; offset: 8; depth: 1; content: "|5b|"; offset: 9; depth: 1; flow:
established, to_server; msg: "Possible MODBUS Parameter Modification
Behaviour (primary current)"; sid: 1000002; priority: 5;)
```

图 11-4-3　西门子 SERTRON PAC4200 型电表互感比系数修改的检测规则

上述规则检测对电表 C35B 寄存器(西门子 SERTRON PAC4200 型电表存放初级电流信息的寄存器)的写操作，一旦检测到匹配，即认为存在潜在的电力参数篡改行为，同时产生相应的报警信息，并注明修改类型为初级电流信息。

依据不同的攻击类型及威胁程度，对信息网络的异常流量数据进行初步的评估和量化。对几种典型的智能电力设备安全攻击案例，如 DOS 攻击、密码破解攻击、数据篡改攻击等，进行异常流量的度量、分析和定义。针对几种不同品牌型号的智能电表，包括 GE、西门子、施耐德等电表设备，依据其存放重要电力配置参数的关键寄存器位置信息，定义可能的潜在攻击类型及其相应的敏感程度，如

表 11-4-2～表 11-4-4 所示。对于这些敏感寄存器的所有访问操作将会被记录为包含可疑攻击类型和相关电力参数的报警事件。

表 11-4-2　GE EPM9800 型电表关键寄存器及电力参数信息

电力设备品牌型号	潜在攻击事件		
	关键寄存器位置信息	重要电力参数信息	攻击事件敏感程度
GE EPM 9800 型电表	B354-B355	初级电流	高
	B356-B357	次级电流	高
	B35C-B35D	初级电压	高
	B35E-B35F	次级电压	低
	FF23-FF27	密码保护	低

表 11-4-3　SIMENS PAC4200 型电表关键寄存器及电力参数信息

电力设备品牌型号	潜在攻击事件		
	关键寄存器位置信息	重要电力参数信息	攻击事件敏感程度
SIMENS PAC4200 型电表	C35B	初级电流	高
	C35D	次级电流	高
	C355	初级电压	高
	C357	次级电压	高
	FF0E	密码保护	低

表 11-4-4　SCHNEIDER PM 800 型电表关键寄存器及电力参数信息

电力设备品牌型号	潜在攻击事件		
	关键寄存器位置信息	重要电力参数信息	攻击事件敏感程度
SCHNEIDER PM800 型电表	0C81	初级电流	高
	0C82	次级电流	高
	0C85	初级电压	高
	0C87	次级电压	高

上述电表设备潜在攻击事件敏感程度的定义与其对应的重要电力参数相关，如初级/次级电流、初级/次级电压等可以直接影响电流互感比和电压互感比的计算(GE EPM 9800 型电表的次级电压是两值默认，不允许随意设定，故此处稍有例外)，将会对系统的量测数据值产生直接影响。因此，设定这些参数相关的寄存器有较高的敏感程度。

由此，任意一个潜在攻击事件的威胁程度可以根据寄存器的位置及其相应的敏感度进行定义，不同访问操作类型的威胁等级定义如下。

表 11-4-5　威胁等级指标

目标对象	访问操作类型	
	写操作	读操作
高敏感寄存器	Ⅳ	Ⅲ
低敏感寄存器	Ⅱ	Ⅰ

异常流量报警的攻击类型和威胁指标被记录在报警日志中,依据表 11-4-5 的设定,可对异常网络流量的影响程度进行量化,生成信息网络影响因子。一般说来,异常流量数据的量化应该遵循下述的基本原则:

(1) 威胁等级较高的攻击事件对于系统产生的影响应该远大于威胁等级较低的攻击事件;

(2) 几个威胁指标较低的攻击事件加合起来对于系统施加的总影响应该少于一个威胁指标较高的攻击事件带来的影响;

(3) 多个攻击事件的累加影响程度不能无限制的爆炸式增长,应该设定一个上限作为阈值,并且这个设定的阈值不容易达到;

(4) 攻击事件影响因子的累计变化应该是非线性增长的。

基于上述影响因子量化的指导规则,不妨定义 $\boldsymbol{\Omega}$ 为电力系统中所有节点信息影响因子组成的矩阵,其具体取值可以根据信息网络中的报警日志确定。Snort 的报警记录一般按照“IP_src | IP_dst | Time | Sig_name | Sig_priority”的格式生成。因此,任一电力设备节点的所有异常流量信息可以通过 IP 地址进行回溯,同时确定相应的攻击类型和威胁指标。由此,基于电力系统的信息/物理拓扑结构,系统中任意终端节点 i 的所有报警记录将会被聚合在一起,计算出其相应的信息影响因子 Ω_{im},定义如下:

$$\Omega_{im} = \sum_{k\in \mathrm{alert(device\_}i)} \mathrm{level}^{\mathrm{priority}(k)} \tag{11-4-9}$$

其中,level 为攻击事件的加权威胁程度,其中 $m\geqslant 1$;alert(device_i)为信息网络中所有关于设备 i 的报警事件集合;priority(k)为设备 i 上第 k 个攻击事件的威胁程度。

为了在一定程度上缓解多个攻击事件加合后影响因子的快速累积变化,定义下述的平滑处理操作:

$$\Omega_i = \sqrt{1 + \sum_{k\in \mathrm{alert(device\_}i)} \mathrm{level}^{\mathrm{priority}}} \tag{11-4-10}$$

对 Ω_{im} 进行先加 1 再求平方根的处理可以使得整个量化操作呈现非线性的增长。由此,电力系统 n 个设备节点的信息影响因子矩阵 $\boldsymbol{\Omega}$ 定义如下:

$$\boldsymbol{\Omega} = \mathrm{DiagonalMatrix}(\Omega_1, \Omega_2, \cdots, \Omega_n) \tag{11-4-11}$$

2. 构建考虑信息网络影响的状态估计模型

基于表 11-4-1WLS 算法求解电力系统的状态估计问题,可以把信息影响因子矩阵 $\boldsymbol{\Omega}$ 直接作为附加权值整合到目标函数 $J(\boldsymbol{x})$ 中,即有

$$\min_{\mathrm{sta}} J_{\mathrm{ATSE}}(\mathrm{sta}) = \min_{\mathrm{sta}} [\mathrm{mea} - h(\mathrm{sta})]^{\mathrm{T}} (\boldsymbol{\Omega} \cdot \mathrm{Err\_}D)^{-1} [\mathrm{mea} - h(\mathrm{sta})] \tag{11-4-12}$$

仍采用加权最小二乘算法和牛顿拉夫逊迭代方法进行求解,此时增量 Δx^k 的计算如下式:

$$\Delta \mathrm{sta}^k = G(\mathrm{sta}^k)^{-1} H^{\mathrm{T}}(\mathrm{sta}^k) \cdot (\boldsymbol{\Omega} \cdot \mathrm{Err\_}D)^{-1} \cdot [\mathrm{mea} - h(\mathrm{sta}^k)] \tag{11-4-13}$$

收敛准则仍为 $\max|\Delta \mathrm{sta}^k| < \varepsilon$。

通过引入信息影响因子作为附加权重,可以获得更为准确的状态估计值,记为 $\hat{\mathrm{sta}}_{\mathrm{ATSE}}$。这是由于系统中的疑似不良数据对于估计结果的影响可以在一定程度上被削弱,使得估计值向真实值更好的收敛。因此,通过在电力系统状态估计模型中整合信息网络的影响,可以在不影响系统原有的物理拓扑结构和系统可观性的前提下,为电力数据的权值分配提供一个灵活的调整方法。

综上,异常流量数据索引的状态估计算法见算法 11.4。

算法 11.4:异常流量数据索引的加权最小二乘算法

输入:量测值方差矩阵 $\boldsymbol{R}$;状态值与量测值间的非线性函数 $h(\mathrm{sta})$;量测数据 mea;信息影响因子矩阵 $\boldsymbol{\Omega}$。

输出:待估计状态值 $\hat{\mathrm{sta}}_{\mathrm{ATSE}}$。

步骤:

(1) 初始化,为 sta^0 赋初值,并设 $k=0$;

(2) 计算增益矩阵,$G(\mathrm{sta}^k) = H(\mathrm{sta}^k)^{\mathrm{T}} \mathrm{Err\_}D^{-1} H(\mathrm{sta}^k)$;

(3) 初始化,为 sta^0 赋初值,并设 $k=0$;

(4) 计算增益矩阵,$G(\mathrm{sta}^k) = H(\mathrm{sta}^k)^{\mathrm{T}} \mathrm{Err\_}D^{-1} H(\mathrm{sta}^k)$;

(5) 分解 $G(\mathrm{sta}^k)$,并求逆得到 $[G(\mathrm{sta}^k)]^{-1}$;

(6) 计算 $\Delta \mathrm{sta}^k = G(\mathrm{sta}^k)^{-1} H^{\mathrm{T}}(\mathrm{sta}^k) \cdot (\boldsymbol{\Omega} \cdot \mathrm{Err\_}D)^{-1} \cdot [\mathrm{mea} - h(\mathrm{sta}^k)]$;

(7) 判断 $|\Delta \mathrm{sta}^k| < \varepsilon$,讨论迭代的收敛条件;

(8) 不成立:$\mathrm{sta}^{k+1} = \mathrm{sta}^k + \Delta \mathrm{sta}^k$,$k=k+1$;转向步骤(2);

成立:终止迭代,$\hat{\mathrm{sta}}_{\mathrm{ATSE}} = \mathrm{sta}^k$。

---

3. 异常网络流量数据的抽象和量化

电力系统中的经典不良数据检测方法,即卡方检验,被继续用来检测系统中可

能存在的错误数据。对于标准的电力系统,它的量测误差 e 通常服从均值为零,方差为 R 的高斯分布。由此,将异常流量数据引导的状态估计算法的目标函数写成量测误差的形式,可以得到

$$J(\hat{\mathrm{sta}}_{\mathrm{ATSE}})=\sum_{i=1}^{m}\mathrm{Err\_}D_{ii}^{-1}\ (\mathrm{mea}-h(\hat{\mathrm{sta}}_{\mathrm{ATSE}}))^2=\sum_{i=1}^{m}\left(\frac{\mathrm{Err}_i}{\sqrt{\mathrm{Err\_}D_{ii}}}\right)^2 \tag{11-4-14}$$

其中,Err_i 为第 i 个量测值的量测误差;$\mathrm{Rrr\_}D_{ii}$ 为第 i 个量测值量测误差的标准差;m 为量测值的数目。

由于 $\dfrac{\mathrm{Err}_i}{\sqrt{\mathrm{Err}-D_{ii}}}$ 服从标准正态分布,并且一共有 n 个量测值满足电力约束方程,所以 $J(\hat{\mathrm{sta}}_{\mathrm{ATSE}})$ 依旧满足自由度为 $(m-n)$ 的卡方分布,卡方检验的过程如下:

$$\begin{cases} J(\hat{\mathrm{sta}}_{\mathrm{ATSE}})\geqslant\chi^2_{(m-n),p}\rightarrow & \text{存在不良数据} \\ J(\hat{\mathrm{sta}}_{\mathrm{ATSE}})<\chi^2_{(m-n),p}\rightarrow & \text{电力数据正常} \end{cases} \tag{11-4-15}$$

4. 示例 11-1

以图 11-4-1 中的 IEEE 14 节点标准系统的不良数据注入攻击为例,采用基于异常流量数据索引的状态估计和卡方检验方法进行检测。

异常流量数据索引的电力系统状态估计,首先需要对各个电力节点的信息影响因子进行量化。信息网络中的报警事件通过仿真得到,根据表 11-4-2~表 11-4-5 以及式(11.4.9)和式(11.4.10)提供的量化规则、指标和方法,计算出相应的影响因子,如表 11-4-6 所示。

表 11-4-6 电力系统疑似攻击节点的信息影响因子

异常流量数据报警	寄存器/攻击类型	威胁程度	加权威胁指标	信息影响因子
$L_{1,2}$	参数/写操作	Ⅳ	16.0	4.06
	密码/写操作	Ⅱ	1.5	
$L_{2,3}$	参数/读操作	Ⅲ	2.89	2.26
	密码/读操作	Ⅰ	1.1	
	设备信息/读操作	Ⅰ	1.1	
$L_{4,7}$	参数/读操作	Ⅲ	2.89	1.99
	设备信息/读操作	Ⅰ	1.1	
$L_{5,6}$	设备信息/读操作	Ⅰ	1.1	1.05
$L_{6,11}$	参数/读操作	Ⅱ	1.5	1.61
	设备信息/读操作	Ⅰ	1.1	
$L_{12,13}$	参数/读操作	Ⅰ	1.1	1.48
	设备信息/读操作	Ⅰ	1.1	

表 11-4-6 计算出来的信息影响因子，将在电力系统状态估计的过程中被作为附加权重加入到系统模型中，得到的状态估计结果如表 11-4-7 所示。

表 11-4-7　状态估计结果的比较

传输线 ID#	量测数据		估计结果	
	原始数据	注入数据	基于异常流量的状态估计	传统状态估计
$L_{1,2}$	156.88	203.95	175.11	204.53
$L_{1,5}$	75.51	75.51	80.97	83.92
$L_{2,3}$	73.24	73.24	72.12	72.89
$L_{2,4}$	56.13	56.13	57.24	49.33
$L_{2,5}$	41.52	41.52	42.15	35.98
$L_{4,7}$	28.07	28.07	26.08	27.80
$L_{5,6}$	44.09	44.09	45.14	41.82
$L_{6,11}$	7.35	7.35	7.43	6.98
$L_{12,13}$	1.61	1.61	4.01	0.56

在得到上述估计结果后，利用卡方检验对系统进行不良数据检测。利用异常流量数据索引的状态估计算法得到的 $J(\hat{sta}_{ATSE})$值为 233.29，远远超过了系统卡方检验的阈值 72.15，因此可以判断系统中存在不良数据。与传统电力状态估计的 $J(\hat{sta})=50.66$ 相比，可以发现基于异常流量索引的状态估计将会获得更加精确的估计结果，从而识别一些可以绕过传统状态估计检测的隐蔽式不良数据注入攻击行为。

通过表 11-4-7 中两种状态估计方法结果的分析和比较，可以看出遭到数据注入攻击的传输线 $L_{1,2}$利用传统状态估计算法得到的估计值为 204.53MW，估计结果向篡改后的注入数据(203.95MW)收敛；而利用异常流量数据索引的状态估计算法，计算得到的 $L_{1,2}$估计值为 175.11MW，则是对原始数据(156.88MW)更为真实的反映。显然，异常流量索引的状态估计可以极大地降低系统中一些已经疑似遭到攻击的“不良”数据在估计过程中对结果产生的影响。

11.5　信息物理融合系统的数据安全

11.5.1　电力系统数据安全技术

传统的电力通信在输电网中主要以电力线载波形式为主，信号通过电力线路的其中一相线路来传递，其自身从物理层面存在缺陷，例如，高频信号衰减会影响信号传输的可靠性;线路如果发生三相接地故障,高频信号也会无法传送,这对于电力系统的纵联保护的影响非常大,瞬时故障不能及时切除会导致系统的故障范围扩大。而对于智能电网,信息网络和电力网络的融合度更高,这会弥补传统电网通信物理层的缺陷,但又会引入新的风险。如果通道攻击者可以入侵、窃听并通过篡改数据等手段破坏电网中的信息网络,途径和方式更多样,影响也更广泛。如何保证数据的完整性、一致性和正确性等是智能电网安全的核心问题。

输电网络的通信设备有:包括大容量、高速实时的电力专用智能化光传输系统、电力无线宽带通信网、电力通信通道加密装置和面向智能变电站应用的系列化工业以太网交换机。配、用环节通信设备主要包括:智能配用电一体化通信系统及光纤网络等核心通信设备、低压电力线载波通信设备、中高压电力载波通信设备、配电网工频通信设备、智能家庭网络通信设备和电力专用通信控制芯片。上述设备中,输电网的通信网络中装设有电力通信通道加密装置,而配电用电也会在终端采用加密芯片来提高各级子站通信安全和用户用电信息安全,但这些硬件所采用的规范标准并不统一。

电力系统中的信息流分为了两类:对于传感器和智能电表之间的通信,采用电力载波线通信和无线通信(如 Zigbee、6LowPAN、Z-wave 等)结合的方式;而对于智能电表与其他电力设施之间的通信可以采用移动通信技术或互联网。对于在中国电网中广泛使用的电力线载波通信,由于其是在已有设施上的技术,故从建设成本上来说是一个有前景的技术,但由于电力线载波通信中数据传输是广播的,所以安全问题更加突出。

而在标准方面,IEC 针对之前提出的一系列电力系统通信协议开发了 IEC 62351 标准,作为电力系统数据与通信安全的标准。IEC 62351 由八部分组成。其中第三部分 IEC 62351-3 为包括 TCP/IP 平台的安全性规范,它提供任何包括 TCP/IP 协议平台的安全性规范,指定了传输层安全性(TLS)的使用。这部分介绍了在电力系统运行中有可能使用的 TLS 的参数和整定值,IEC 62351-3 中说明了针对的威胁三种:中间人(man-in-the-middle),主要通过认证技术来防止;重放攻击(Replay),主要通过专门的状态处理设备防止;窃听(Eavesdrop),主要通过加密方法防止。其中还提到密钥交换算法需要支持最大不低于 1024 位的密钥,RSA 和 Diffe-Hellman 机制均可以采用。IEC 62351 的第五部分 IEC 62351-5 是 IEC 60870-5 及其衍生规约的安全性标准,主要强调威胁有:欺骗(spoofing)、篡改(modification)、重放攻击(replay),并对身份认证安全方案提出了一些设计议题。

传统的加密算法根据密钥的使用数量分为两大类:对称密钥加密(symmetric key cryptography)和非对称密钥加密(asymmetric key cryptography)。对称密钥加密只使用一个密钥,通信双方事先协定好密钥后才能通信,也称为私钥加密(private key cryptography),包括 DES(data encryption standard)、Triple DES、

AES(advanced encryption standard)等。对称密钥的优势在于其效率,使用于处理大规模数据,但是同时面临的问题是密钥的生命周期。一般建议对称密钥定期更换密码,但这对于智能电网的设备是一个噩梦,难以想象如何对成千上万分布广泛的电力设备进行密钥的管理和定期维护。

非对称密钥需要两个密钥:公开密钥(public key)和私有密钥(private key)。公开密钥与私有密钥是一对,如果用公开密钥对数据进行加密,只有用对应的私有密钥才能解密;如果用私有密钥对数据进行加密,那么只有用对应的公开密钥才能解密。对称密码体制中只有一种密钥,并且是非公开的,如果要解密就得让对方知道密钥。所以保证其安全性就是保证密钥的安全,而非对称密钥体制有两种密钥,其中一个是公开的,这样就可以不需要像对称密码那样传输对方的密钥,消除了最终用户交换密钥的需要,其保密性相对对称加密更好。非对称密码体制的特点:算法强度复杂、安全性依赖于算法与密钥但是由于其算法复杂,而使得加密解密速度没有对称加密解密的速度快。但非对称密钥同样在更新密钥,而他的密钥更需不是通信双方交换密钥而来,而是通过公钥基础设施(public key infrastructure, PKI)来实现密钥分配和更新,PKI是一种遵循标准的利用公钥加密技术为电子商务的开展提供一套安全基础平台的技术和规范。该方法面临两大问题:第一,严重依赖于一个可信的第三方进行密钥管理,导致PKI的安全成为系统安全的关键;第二,非对称密钥算法计算复杂度较高,现有电力设备上难以直接运行,对海量设备进行升级更新面临成本问题。

在智能电网中,期望能对密钥进行自动的动态更新,同时避免密钥分发引入的安全隐患,同时对于加密算法本身又希望不涉及复杂的运算。对此美国马萨诸塞大学Weibo Gong教授团队提出一种基于通信过程中数据包重传特性的密钥动态更新方法,解决了对称密钥的自动更新问题,为智能电网的数据安全提出新的思路。研究者将该思想改进并应用在智能电网的无线通信加密中,提出了基于数据包重传序列的智能电网动态密钥生成方法。

11.5.2 基于数据包重传的智能电网动态密钥生成方法

智能电网中无线通信的收发双方通过观测通信数据帧,分析提取出无线通信过程的数据传输特性,并利用重传的特征序列生成动态密钥,并利用密钥对通信数据进行加密和解密,通信双方的加解密模块的设计和部署如图11-5-1所示。

动态密钥加密算法主要分为三个模块。

1. 传输特性分析模块

这个模块负责监控所有的通信数据包,并分析重传情况,生成重传序列。通信双方的重传机制采用广泛使用的停止等待协议。发送方发送一个数据帧后就等待

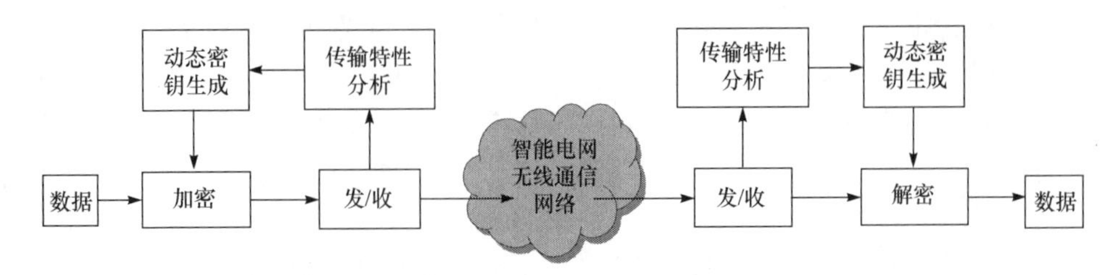

图 11-5-1　动态加密算法原理

当前数据帧的确认帧。超时重传,超过 3 次视为不可达。接收方在收到数据帧后给发送方发送确认帧帧表示当前数据帧已收到。根据这个协议,当随机地发送一个数据帧时,可能存在三种情形,如图 11-5-2 所示。

情形 1:发送方仅发送一次数据帧且被接收方正确接收,并正确收到确认帧,确认发送成功,不用重传数据帧。

情形 2:接收方接收到数据帧,但发送方在等待时间内没有正确收到确认帧,认为本次发送失败,重传数据帧。

情形 3:接收方没有正确地接收到数据帧,因此不会发送确认帧。发送方在等待时间内没有收到确认帧,认为本次发送失败,重传数据帧。

造成通信中不能正确接收到数据帧的原因有很多,包括其他电磁信号的干扰导致的帧丢失,或者数据帧部分错误导致数据帧校验和错误,以及网络拥塞使数据帧处理不及时导致的丢包等。上述三种情况中后两种情形都会导致数据包进行重传。

收发双方通过分析数据包的重传特性,生成重传 0-1 特征序列(retransmission sequence,RS),其中 0 表示数据包没有重传,1 表示数据发生了重传(数据包发送失败会终止通信或不断重传,不单独考虑)。

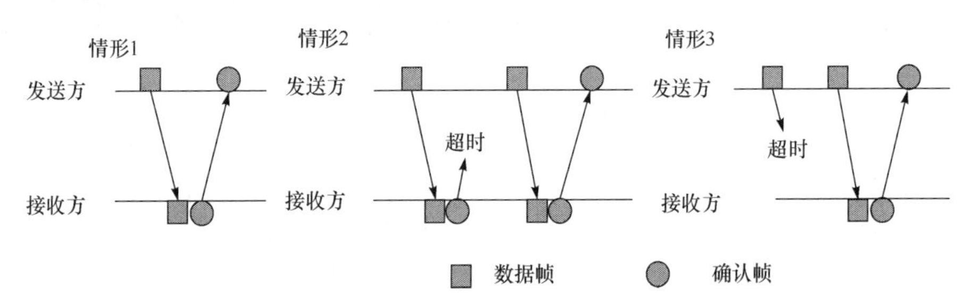

图 11-5-2　停止等待协议下的重传特征分析

该模块主要用于产生 RS,其中特征序列长度固定、滑动更新、具体生成方式如下:

(1) 特征序列初始化为一个固定的序列,长度为 N。

(2) 发送或收到一个新的数据包后，将特征序列整体向左移动一位，最高为移出，最低位初始值为 0。

(3) 当发送方在超时间隔内正确接收到接收方的确认帧后，特征序列的最低位保持不变(为 0)。当发送方超时重传，最低位置 1。接收方在得到重传信息后，按照同样的方法处理，生成和发送方同样的特征序列。

为了尽量保证特征序列里面不能全零，特征序列长度应当适当长些。而如果从减少运算量方面来考虑，特征序列的长度则不能太长。选择时应在两个因素之间取折中，适当长些。

2. 动态密钥生成模块

将 RS 进行 HASH 运算，生成动态密文(dynamic secret，DS)。

$$DS(k)=f_{HASH}(RS(k)) \tag{11-5-1}$$

其中，$RS(k)$表示第 k 个时刻的重传 0-1 特征序列；$DS(k)$表示第 k 个时刻的动态密文；$f_{HASH}(\cdot)$表示用于生成动态密钥的哈希函数。

大部分的哈希函数均可用于动态密钥的生成，如 MD2、MD4、MD5、SHA-0、SHA-1 等，具体选择使用哪一种算法需要根据不同的应用平台进行综合考虑。HASH 算法的选择考虑在两个方面：安全、速度。根据资料表明 MD2 很安全，但是速度极慢；速度方面，最快的是 MD4，MD5 比 SHA-1 快，具体速度对比如表 11-5-1 所示。

表 11-5-1　几种 HASH 算法的长度和运算相对速度对比[48]

加密算法	长度	相对速度
MD4	128	1
MD5	128	0.68
REPEMD-128	128	0.39
SHA-1	160	0.29
REPEMD-160	160	0.24

需要注意的是，这些评估指标都是针对 32 位计算机而言的。虽然这些算法的结构或多或少有些相似，但 MD2 的设计与 MD4 和 MD5 完全不同，那是因为 MD2 是为 8 位机器做过设计优化的，设计结构与 MD4 和 MD5 完全不同，而 MD4 和 MD5 却是面向 32 位的电脑。即这些算法如果在 8 位机器的平台下运行，MD2 算法反而是最快的。

从安全性能而言，一般认为 MD5 优于 MD4 和 MD2。但考虑到动态密文算法会动态更新密钥，可以通过提高动态密钥更新的频率，减少相同密钥使用的次数，以弥补由暴力破解导致的安全性能上的缺陷。因此，动态密文方法对加密算法本身的安全性要求相对较低。

为了进一步提高密码的安全性，将动态密文与用于加密数据的密钥进行异或操作，将历史数据与动态更新的数据关联生成新的动态密钥(dynamic encryption key, DEK)。

$$\text{DEK}(k)=\text{DS}(k)\oplus\text{DEK}(k-1) \tag{11-5-2}$$

3. 加密/解密模块

加密和解密均采用对称加密算法，收发双方采用相同的加密/解密模块。

$$\begin{aligned}&\text{Encrypt}(\text{Data},\text{DEK}(k))=\text{Cipher}\\&\text{Decrypt}(\text{Cipher},\text{DEK}(k))=\text{Data}^{D}\end{aligned} \tag{11-5-3}$$

其中，Encrypt 和 Decrypt 分别表示加密和解密函数；Data 表示需要加密的数据；Cipher 表示加密后的密文；Data^{D}表示根据密文解密得到的数据。

绝大部分的对称加密方法都适用，如异或、AES、DES 等。为了提高运算效率，可以采用最简单的异或方式。

$$\begin{aligned}&\text{Data}\oplus\text{DEK}(k)=\text{Cipher}\\&\text{Cipher}\oplus\text{DEK}(k)=\text{Data}^{D}\end{aligned} \tag{11-5-4}$$

4. 示例 11-2

模拟远程抄表系统，通信协议采用 ZigBee，控制中心(control center, CC)通过发送请求给智能终端(smart terminal, ST)获取终端的电力量测数据；攻击者(adversary)通过将设置 MAC 层为混杂模式进行窃听，如图 11-5-3。其中 ZigBee 通信模块采用 CC2430-F128 开发板搭建，哈希算法采用 MD2，重传 0-1 特征序列的长度设为 128 位，远程终端的智能电网选用西门子 SENTRON PAC4200。

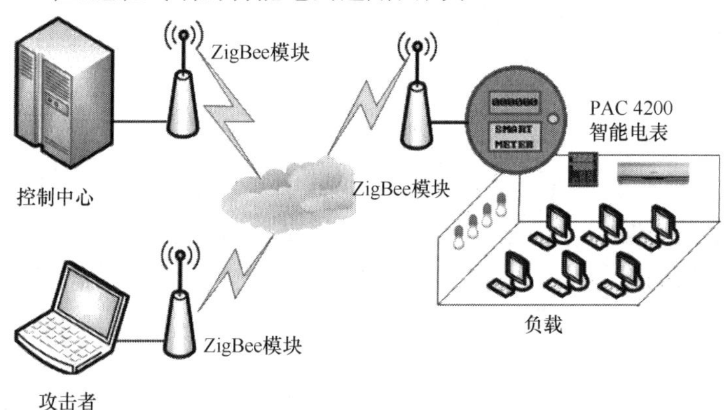

图 11-5-3 无线抄表与窃听实验环境

如图 11-5-4 和图 11-5-5 所示，通过在控制中心和攻击者上安装相同的解密工具，分析在通信双方发生重传和第三方丢失部分数据报文时，密钥的动态生成和数据加密过程。图中框 1 显示的是上一时刻的重传 0-1 特征序列 RS($k-1$)；框 2 显示收到报文的数据，该数据为远程终端加密后的密文 Cipher；框 3 显示当前时刻的重传 0-1 特征序列 RS(k)；框 4 显示当前时刻使用的动态密钥 DEK(k)；框 5 显示解密得到的数据 Data^D；框 6 显示根据解密得到数据还原的远程终端各种量测值。

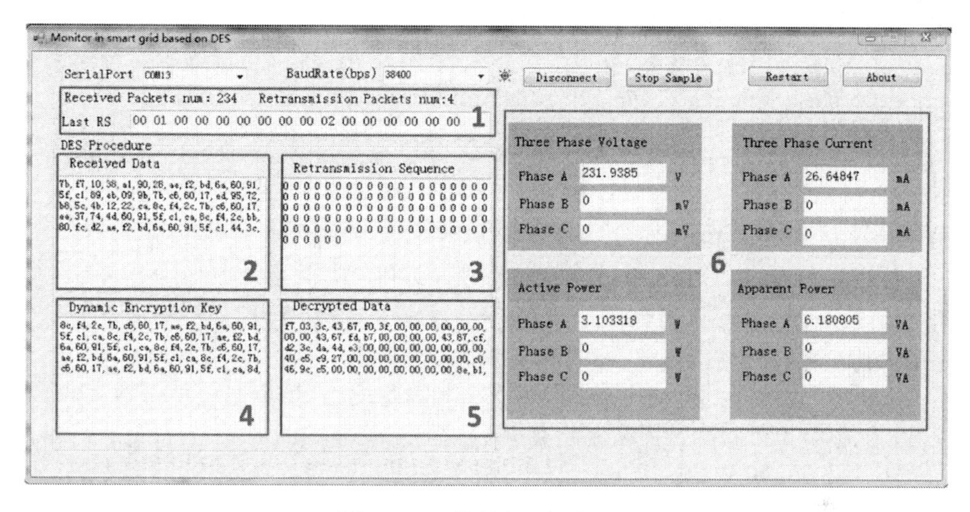

图 11-5-4　控制中心解密过程

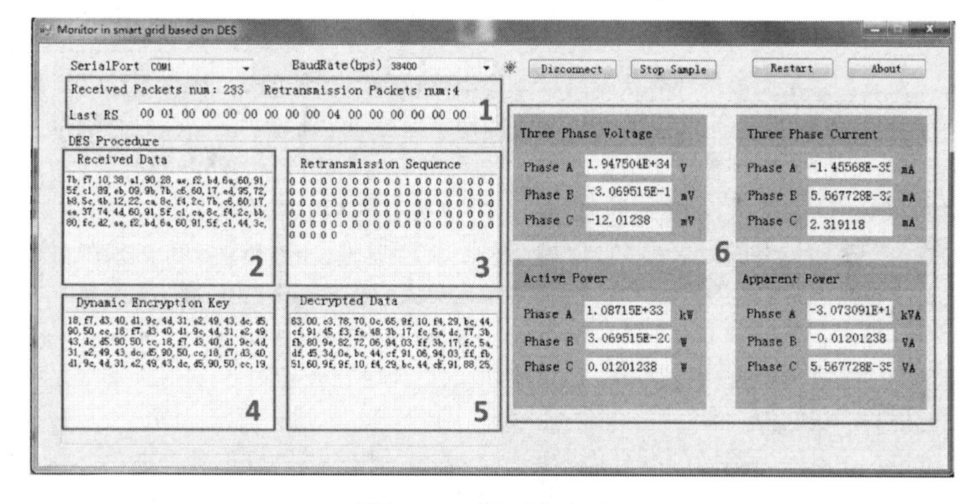

图 11-5-5　攻击者解密过程

对比控制中心和攻击者的解密过程。两者之前接收到的报文统计结果存在差异,控制中心共接收到 234 个报文,而攻击者只监听到 233 个。对比两者生成的重传 0-1 特征序列,实验中采用 128 位的 RS,其中控制中心为 RS_{CC}"00 01 00 00 00 00 00 00 00 02 00 00 00 00 00 00",可推断两次重传的报文为第 16 个和第 79 个;攻击者为 RS_{AD}"00 01 00 00 00 00 00 00 00 04 00 00 00 00 00 00",可推断两次重传的报文为第 16 个和第 78 个。由此可见,攻击者未能完整监听到远程终端和控制中心第 17 到第 77 个通信报文的全部内容。

根据动态密钥的计算公式(11.5.1)和式(11.5.2),得到控制中心和攻击者生成不同的动态密钥 DEK_{CC}和 DEK_{AD}。

$$\begin{aligned} DEK_{CC}(1) &= DEK_{CC}(0) \oplus f_{MD2}(RS_{CC}) \\ &= 8c,f4,2c,7b,c6,60,17,ae,f2,bd,6a,60,91,5f,c1,ca \\ DEK_{AD}(1) &= DEK_{CC}(0) \oplus f_{MD2}(RS_{AD}) \\ &= 18,f7,d3,40,d1,9c,4d,31,e2,49,43,dc,d5,90,50,cc \end{aligned} \tag{11-5-5}$$

其中,哈希函数采用 MD2;$DEK_{CC}(0)$表示系统的初始密码(假设系统原始密码为全 0,考虑到系统部署和调试,该密码为默认设置)。

不同的动态密钥,使得两者对于收到的相同数据包,解密的结果完全不同:控制中心得到远程终端的只在一个相位工作,电压幅值为 231.9385V;攻击者得到对应的数据为 1.9475×10^{34}V。

11.6　基于信息-物理关联的综合能源系统安全面临的挑战

由于大容量风电场和光伏电站接入输电网需要传统能源的配合,能量流传输强度增加,电网的安全裕度减小,保证电网稳定运行的困难增加。与信息系统相关的故障(软故障)也可能引发实际电气设备的故障,甚至成为大停电事故的诱因。美加 2003 年 8.14 大停电中,能量管理系统中状态估计功能的瘫痪也是使得初始的小范围故障最终成为导致 750 万用户大停电的原因之一。电网的安全控制正从面向物理系统的安全防护走向涉及自然和社会因素的综合灾变防御,正从利用本地自动控制装置保护本地系统免受系统故障的冲击的传统继电保护走向综合利用全网的信息进行分析,有选择地将部分本地信息传送到远端,以共同阻止重大故障的传播的广域防护。

以智能电网为基础的综合能源系统是典型的"信息-物理融合系统"(cyber-physical systems,CPS)。智能电网应用新型传感和信息获取、嵌入式处理、数字化通信等 IT 技术,支持电流和信息在网内所有用户和节点间双向流动[11],在带来极大节能减排效益的同时,信息网络的各种漏洞和脆弱性很可能将影响其安全,如通过篡改用电数据"窃电"、攻击控制电力设备、窃取用户隐私信息、劫持远程设备控制命令、发出虚假指令造成电网瘫痪等。信息网络与电力系统之间存在着强关联性、非确定性和高度混杂性等特性，因此从单纯信息或者电力系统角度的安全监控是不完备的。集成化的电力、信息关联分析方法开始逐渐受到关注。研究者们期望设计一个完整的安全威胁模型架构，在整合电力系统动态特性和需求的同时，考虑控制系统的可操作性，实现信息防护和物理防护的协同连动。

基于信息-物理关联的智能电网安全监控策略，研究了信息网络与电力系统之间的交互关系和关联模式，通过网络流量特征与电网物理约束的关联分析，建立统一的关联模型，结合使用信息安全技术与电网异常检测技术，保证智能电网的安全运行。然而，信息网络的异常检测主要针对各节点的通信行为和流量特征，电力系统的异常检测主要针对节点上报的电力信息，两者在判别规则、报警格式、报警内容等方面都存在显著差异，信息-物理关联的检测思路在实际应用中存在诸多问题。

1）信息、物理异构数据的同构化问题

经典的电力系统模型通常利用微分方程和连续边界条件来处理问题，关注影响系统实现的细节因子和约束条件；传统的信息网络则是建立在认知学习和离散数学等非结构化知识的基础上，主要关注系统的功能实现，对于时空的连续性并不敏感。因此，如何将连续的电力量测数据和离散的通信流量数据进行同构，成为智能电网信息-物理关联检测方法面临的一个巨大障碍。

2）多源数据的关联分析问题

智能电网中大量智能电表、智能设备、分布式储能装置等的使用，产生了来自不同应用领域和不同平台的海量电力、通信数据。这些多源、异构数据具有极其复杂的关联关系，其关联分析需要解耦高度混杂的交互过程。因此，如何从动态的、相异的、多维的混合领域中完成对不同电力设备的抽象和量化成为智能电网信息-物理关联检测方法面临的一个巨大挑战。

3）不同安全需求的建模问题

智能电网中的攻击行为分析和安全需求建模是其安全监控和防御的基石。然而，智能电网的安全需求既包括信息网络中对通信行为和数据的要求，也包括电力系统中对各类物理量的严格约束，这两者之间可能存在复杂的相容和失配关系。因此，如何协调处理智能电网中的各种安全需求，建立统一的分析模型，也成为信息-物理关联检测方法面临的一个巨大困难。

11.7　本章小结

随着信息技术在能源系统中的广泛应用，信息物理融合能源系统面临日益严峻的综合安全问题。本章从物理系统和信息网络的角度分别讨论相关的安全风险和防御技术，并提出几种基于信息物理融合的综合安全监控方法。

未来的能源系统是一个信息网络与物理系统高度融合的复杂系统，信息物理融合是当前学术界和工业界关注的前沿方向，但面对信息网络与物理系统中异构数据分析、多源信息融合、综合安全建模等挑战性难题，目前尚无系统的理论和方法，有待科研人员进一步研究和探索。

参考文献

[1] Energy Sector Control Systems Working Group. Roadmap to achieve energy delivery systems cybersecurity. 2011. http://www.energy.gov/oe/downloads/roadmap-achieve-energy-delivery-systems-cybersecurity-2011

[2] Cisco. Security for the Smart Grid. 2009. http://www.cisco.com/c/en/us/solutions/industries/energy/external-utilities-smart-grid/security.html

[3] Massachusetts Institute of Technology. The future of the electric grid. 中国南方电网云南电网公司译. 电网的未来. 北京：中国水利水电出版社，2013.

[4] B. Krebs,"Cyber incident blamed for nuclear power plant shutdown," Washington Post, June,2008. 5:p. 2008.

[5] S. Gorman,"Electricity grid in US penetrated by spies," The Wall Street Journal,2009. 8.

[6] M. Davis,"SmartGrid Device Security," Adventures in a new medium,2009.

[7] EPM 9800 Instruction Manual (Rev. A3). 2008.

[8] Laughman C,Lee K,Cox R,et al. Power signature analysis. IEEE transactions on Power and Energy Magazine,2003,1(2):56-63.

[9] K. Poulsen,"Slammer worm crashed Ohio nuke plant network," Security Focus, vol. 19,2003.

[10] A. Matrosov,E. Rodionov,D. Harley,J. Malcho,"Stuxnet Under the Microscope (Revision 1.31)," http://www.eset.com/resources/white-papers/Stuxnet_Under_the_Microscope.pdf

[11] Dong W,Yan L,Jafari M,et al. An integrated security system of protecting Smart Grid against cyber attacks. Proceedings of Innovative Smart Grid Technologies (ISGT),2010:1-7.

[12] 陈伟，等. 一种轻量级的拒绝服务攻击检测方法. 计算机学报，2006，29(8)：1392-1400.

[13] 孙钦东，等. 基于时间序列分析的分布式拒绝服务攻击检测. 计算机学报，2005，28(5)：767-773.

[14] Guan X,Qin T,Li W. Dynamic feature analysis and measurement for large-scale network monitoring. IEEE Transactions on Information Forensics and Security,2010,5(4):905-919.

[15] 武斌，等. Honeynet 中的告警日志分析. 北京邮电大学学报，2008，31(6)：63-66.

[16] Jiaxi Y,Anjia M,Zhizhong G. Vulnerability assessment of cyber security in power industry. Power Systems Cenference and Exposition,Atlanta,2006:2200-2205.

[17] Kundur D,Feng X,Liu S,et al. Butler-Purry,Towards a framework for cyber attack impact

analysis of the electric smart grid. IEEE International Conference on Smart Grid Communications (SmartGridComm),2010:244-249.

[18] Kher S,Nutt V,Dasgupta D,et al. A detection model for anomalies in smart grid with sensor network. Future of Instrumentation International Workshop (FIIW),Gatlinburg,2012:1-4.

[19] Fadlullah Z M,Fouda M M,Kato N,et al. An early warning system against malicious activities for smart grid communications. IEEE Network,2011. 25(5):pp. 50-55.

[20] Zhang Y,Wang L,Sun W,et al. Distributed intrusion detection system in a multi-layer network architecture of smart grids. IEEE Transactions on Smart Grid,2011,2(4):796-808.

[21] Baig Z. On the use of pattern matching for rapid anomaly detection in smart grid infrastructures. IEEE International Conference on Smart Grid Communications (SmartGridComm),2011:214-219.

[22] Fouda M,Fadlullah Z,Kato N,et al. Towards a light-weight message authentication mechanism tailored for smart grid communications. IEEE Conference on Computer Communications Workshops,Shanghai,2011:1018-1023.

[23] Gharavi H,Hu B. Dynamic key refreshment for smart grid mesh network security. IEEE PES Innovative Smart Grid Technologies (ISGT),2013:1-6.

[24] Liu T,Liu Y,Sun Y,et al. A dynamic secret-based encryption scheme for smart grid wireless communication. IEEE Transactions on Smart Grid,2014,5(3),1175-1182.

[25] Abur A,Exposito A. Power System State Estimation:Theory and Implementation. Boca Raton:CRC Press,2004.

[26] 顾全,等. 量测数据时差补偿状态估计方法. 电力系统自动化,2009,(8):44-47.

[27] Valverde G,Terzija V. Unscented Kalman filter for power system dynamic state estimation. IET generation,transmission & distribution,2011,5(1):29-37.

[28] Liu Y,Ning P,Reiter M K. False data injection attacks against state estimation in electric power grids. ACM Transactions on Information and System Security (TISSEC),2011,14(1):13.

[29] Bobba R,Rogers K,Wang Q,et al. Detecting false data injection attacks on dc state estimation. Proceedings of First Workshop on Secure Control Systems CPSWEEK,Stockholm,2010:1-9.

[30] Kim T,Poor H. Strategic protection against data injection attacks on power grids. IEEE Transactions on Smart Grid,2011,2(2):326-333.

[31] Esmalifalak M,Shi G,Han Z,et al. Bad data injection attack and defense in electricity market using game theory study. IEEE Transactions on Smart Grid,2013,4(1):160-169.

[32] Cui S,Han Z,Kar S,et al. Coordinated data-injection attack and detection in the smart grid:A detailed look at enriching detection solutions. IEEE Signal Processing Magazine,2012,29(5):106-115.

[33] Pasqualetti F,Dorfler F,Bullo F. Cyber-Physical attacks in power networks: Models,fun-

damental limitations and monitor design. IEEE Conference on Decision and Control and European Control Conference (CDC-ECC), Orlando, 2011: 2195-2201.

[34] Liu T, Gu Y, Wang D, et al. A novel method to detect bad data injection attack in smart grid. IEEE Conference on Computer Communications Workshops, Turin, 2013: 49-54.

[35] Huang Y, Li H, Campbell K A, et al. Defending false data injection attack on smart grid network using adaptive CUSUM test. Annual Conference on Information Sciences and Systems (CISS), Baltimore, 2011: 1-6.

[36] Farantatos E, Stefopoulos G K, Cokkinides G J, et al. PMU-based dynamic state estimation for electric power systems. IEEE Power & Energy Society General Meeting, Calgary, 2009: 1-8.

[37] Esmalifalak M, Shi G, Han Z, et al. Bad data injection attack and defense in electricity market using game theory study. IEEE Transactions on Smart Grid, 2013, 4(1): 160-169.

[38] Valenzuela J, Wang J, Bissinger N. Real-time intrusion detection in power system operations. IEEE Transactions on Power Systems, 2013, 28(2): 1052-1062.

[39] Vaiman M, Bell K, Chen Y, et al. Risk assessment of cascading outages: Methodologies and challenges. IEEE Transactions on Power Systems, 2012: 27(2): 631-641.

[40] Dobson I. Estimating the propagation and extent of cascading line outages from utility data with a branching process. IEEE Transactions on Power Systems, 2012, 27, (4): 2146-2155.

[41] Li X, Zhao Q C. Parallel implementation of OBDD-based splitting surface search for power system. IEEE Transactions on Power Systems, 2007, 22(4): 1583-1593.

[42] Zhao Q C, Sun K, Zheng D Z, et al. A study of system splitting strategies for island operation of power system: A two-phase method based on OBDDs. IEEE Transactions on Power Systems, 2003, 18(4): 1556-1565.

[43] Sun K, Zheng D, Lu Q. Splitting strategies for islanding operation of large-scale power systems using OBDD-based methods. IEEE Transactions on Power Systems, 2003, 18(2): 912-923.

[44] Xu G, Vittal V. Slow coherency based cutset determination algorithm for large power systems. IEEE Transactions on Power Systems, 2010, 25(2): 877-884.

[45] Bryant R. Graph-based algorithms for boolean function manipulation. IEEE Transactions on Computers, 1986, 100(8): 677-691.

[46] Zhao Q, Li X, Zheng D. OBDD-based load shedding algorithm for power systems//Handbook of Power Systems I. Berlin: Springer, 2010: 235-253.

[47] Handschin E, et al. Bad data analysis for power system state estimation. IEEE Transactions on Power Apparatus and Systems, 1975, 94(2): 329-337.

[48] Menezes A, Oorschot P, Vanstone S. 应用密码学手册. 北京：电子工业出版社, 2005.

索　　引